저자 소개

성 영 휘 ywsung@kumoch.ac.kr

고려대학교 전자공학과 학사

KAIST 전기및전자공학과 석사, 박사

영국 Oxford university 박사 후 연구원

LG산전 선임연구원

금오공과대학교 전자공학부 교수

48시간만에 끝내는 로봇공학

발행일	2022년 3월 10일 초판 2쇄
저자	성영휘
발행인	오성준
발행처	카오스북
주소	서울 은평구 통일로73길 31
전화	02-3144-8755
팩스	02-3144-8757
등록번호	제2020-000074호
웹사이트	www.chaosbook.co.kr
ISBN	978-89-98338-24-4 93550
정가	23,000원

서 문

로봇이란 단어가 사람들에게 알려진 이후로 100년 가까운 시간이 흘렀고, 최초의 로봇이 개발된 이후로도 50여년이 흘렀다. 다른 학문 분야와 비해 보면 결코 길지 않은 이 세월 동안, 로봇공학은 괄목할 만한 성장을 이루었다. 초기 로봇의 대두는 노동자들의 일거리를 빼앗을 수 있다는 우려 속에 시작되어 부정적인 시각도 있었지만, 인류의 현재 생활과 또한 미래 생활 속에서 로봇이 없는 상황은 상상하기 어렵다. 산업용 로봇 기술이 포화상태에 이르면서 로봇 산업에 침체기가 있었지만, 정보 통신 및 기타 관련 산업의 발달에 따라 로봇은 다시 한번 주목을 받는 분야가 되고 있다.

현재 로봇은 산업용 응용에서 벗어나 서비스 로봇, 필드 로봇, 복지 로봇, 의료 로봇, 군사용 로봇 등 거의 모든 산업 분야에의 접목이 시도되고 있으며 이에 따라 세계 유수의 경제, 기술 분야 전문 기관들은 로봇 산업의 규모가 괄목할 만한 정도로 커지게 될 것이라 전망하고 있다. 한편, 우리나라에서도 지능형 로봇 분야가 대한민국 10대 성장 동력 분야로 선정되고 현재 많은 물적 인적 자원이 투입되어 연구 개발이 국가적 차원에서 진행되고 있다.

로봇공학은 전자공학, 기계공학, 컴퓨터공학, 정보공학 등 많은 학문 분야의 지식이 직간접으로 접목되어야 하는 복합 학문 분야이다. 따라서 관련 분야의 내용이 방대하고 일부 분야는 매우 깊은 학문적 이해가 필요한 학문이다. 또한 요즘의 로봇 연구는 이론적인 연구에 머물지 않고 실제 시스템을 제작하여 현실 세계에서도 잘 동작할 수 있다는 것을 보여주어야 하는 단계까지 요구하고 있다. 따라서 로봇공학을 공부하는 학생들은 단순한 이론 습득에 머무르지 않고 학습한 이론이 실제 로봇 시스템에서는 어떻게 활용되고 있는가 하는 것을 이해하여야 한다. 물론 단순하더라도 실제 시스템을 직접 제작하여 구동시켜 보는 것이 최선의 공부 방법임은 더 말할 나위가 없다.

로봇공학을 전반적으로 이해하기 위해서는 앞서 언급한 바와 같이 여러 관련 분야에 대한 비교적 높은 이해가 필요하다. 아마도 이러한 점 때문에 학부 수준에서 용이하게 참고할 수 있는 로봇공학 관련 문헌을 찾기가 쉽지 않고, 또한 로봇공학의 이론이 실제 로봇 시스템에 어떻게 접목되는가 하는 내용을 다룬 문헌들이 드문 이유일 것이라 생각한다. 이 교재는 주로 학부 3,4학년 수준의 학생들이 참고할 수 있는 정도의 난이도로 저술되었다. 물론 일부 내용은 비교적 깊이가 있어서 대학원 수준에서도 다룰 수 있을 것이다.

이 책의 내용은 학부에서 한 학기(약 48시간) 정도에 다룰 수 있는 분량으로 크게 두 부분으로 구성되어 있다. 1부에서는 로봇공학의 기초 이론을 다루었다. 로봇공학의 관련 부분을 모두 다룬다는 것은 매우 어렵고 분량이 방대해 지므로 학생들이 학부 고학년에서 실제 로봇 시스템을 제작할 때 필수적으로 필요한 부분만을 포함하도록 하였다. 또한 가능한 수치적인 예를 많이 포함하여 독자들의 이해를 돕도록 하였다. 2부에서는 실제 로봇 시스템의 예를 다루었다. 2부의 7장에서는 산업 현장에서 사용되고 있는 산업용 로봇의 구동 방법 및 프로그래밍 예를 다루었고 2부의 8장에서는 금오공과대학교 로봇 연구실에서 다년간 연구해 온 지능형 로봇의 실제 구현 예에 대하여 다루었다. 특히 지능형 로봇 시스템을 구현하는데 필요한 내용들을 수록하였고, 각 내용들을 1부에서 배운 이론적인 내용들이 어떻게 응용되고 적용되는지와 연관 지어 서술하였으므로, 독자들은 로봇공학의 이론이 실제 시스템에 어떻게 적용될 수 있는지를 이해할 수 있을 것으로 기대한다.

성 영 휘

목 차

제1부

제2부

제 1 부

Introduction to Robotics 48시간만에 끝내는 로봇공학

제1장
서론

1.1 개요

로봇공학이라는 분야는 비교적 새롭고 복합적인 학문 분야이다. 전자공학, 기계공학, 전산학, 정보 과학 등의 여러 학문 분야가 한데 어우러져 이루어진 분야로 다루는 영역이 매우 광범위하다. 전통적인 생산 기반 기술에서 시작하여 자동화를 중심으로 발전해 온 로봇공학 분야는 현대에 들어서는 특히 정보 통신 기술과 접목되면서 서비스 로봇, 필드 로봇, 복지 로봇, 의료 로봇, 군사용 로봇, 교육 로봇 등 다양한 분야로 확산되고 있다. 이에 따라 세계 유수의 경제, 기술 분야 전문 기관들은 로봇 산업의 규모가 머지않은 장래에 비약적으로 커지게 될 것이라 전망하고 있다. 한편, 우리나라에서도 지능형 로봇 분야에 많은 물적 인적 자원이 투입되어 다양한 분야에서의 로봇 연구 개발이 국가적 차원에서 진행되고 있다.

이 책은 크게 세 부분으로 구성되어 있다. 제1부 이론 편에서는 전통적인 로봇공학의 기초 이론에 대하여 배운다. 로봇공학의 관련 부분을 모두 다룬다는 것은 매우 어렵고 분량이 방대해 지므로 학생들이 학부 고학년에서 실제 로봇 시스템을 제작할 때 필수적으로 필요한 부분만이 포함되도록 하였다. 이를 위해 로봇 머니퓰레이터(manipulator)와 지능형 로봇에 적용할 수 있는 로봇 기구학(kinematics), 속도기구학 (dynamics), 경로 계획(path planning)을 다룬다. 제2부 실제 편은 1부에서 공부한 이론적인 내용들이 실제 산업용 로봇과 지능형 로봇 시스템에서 어떻게 적용되고 활용되는가를 다룬다. 산업용 로봇 부분에서는 산업용 머니퓰레이터를 구동시키고 프로그램하는 방법을 다루고 로봇을 사용한 작업 공정에서 어떻게 로봇 시스템을 해석하고 이를 바탕으로 궤적 계획을 하는가의 문제를 다룬다. 지능형 로봇 시스템에서는 로봇공학 이론을 적용하여 개발된 2족 보행 로봇과 4족 보행 로봇을 소개한다.

1.2 로봇의 정의 및 연혁

로봇에 대한 정의는 정의하는 주체에 따라 다양하게 정의되고 있는데, 현재는 지능형 로봇(intelligent robot), 퍼스널 로봇(personal robot), 서비스 로봇(service robot), 유비쿼터스 로봇(ubiquitous robot) 등 많은 새로운 로봇 용어와 정의가 생겨나고 있다.

미국로봇협회(RIA: Robot Institute of America)는 로봇을 다음과 같이 정의하고 있다.

"로봇은 자재, 부품, 공구, 특수 장치 등을 프로그램된 대로 움직여서 여러 종류의 작업을 수행할 수 있도록 해주는 재프로그램이 가능하고 다기능을 가진 머니퓰레이터이다."

미국로봇협회의 로봇에 대한 이러한 정의는 지능형 로봇이 존재하지 않던 시대에 산업용 머니퓰레이터에 국한된 정의이다.

국내에서는 2000년대 이후에 지능형 로봇에 대한 연구 개발이 활발히 이루어지면서 "외부환경을 인식하고 스스로 상황을 판단하여 자율적으로 동작하는 로봇"으로 지능형 로봇을 정의하고 있다.

로봇이란 용어는 1922년 초에 체코의 극작가인 Karel Capek(카렐 차펙)의 희곡 <Rosumms's Universal Robots>에서 체코어로 일 또는 노동자를 뜻하는 robota를 사용한 것으로부터 유래되었다고 알려져 있다. 다음은 로봇의 발전 과정을 나타낸 것이다.

- 1942 : 미국의 작가 Issac Asimov 가 <I Robot>이란 책을 출판.
- 1948 : R. Goertz가 미국의 아르곤 국립 연구소(Argon National Laboratory)에서 방사성 물질을 로봇으로 원격처리할 목적으로 마스터-슬레이브 머니퓰레이터(master-slave manipulator) 개발.
- 1952 : 미국 MIT에서 최초의 수치 제어 장치(NC : Numerically controlled machine) 개발.

- 1954 : George Devol이 최초의 프로그램 가능한 로봇(programmable robot) 설계
- 1955 : Denavit-Hartenberg 표현법 제안
- 1956 : Joseph Engleberger가 로봇 회사인 Unimation Company 설립
- 1961 : 최초의 Unimate 로봇이 GM의 공장에서 사용됨.
- 1963 : 최초의 로봇 비젼 시스템(vision system) 개발
- 1971 : Stanford 대학에서 머니퓰레이터인 스탠포드 암(Stanford Arm) 개발
- 1973 : 스탠포드 대학에서 최초의 로봇 프로그래밍 언어인 WAVE 개발
- 1974 : Cincinnati Milacron사에서 최초의 컴퓨터 제어 로봇인 T^3 개발
- 1978 : Unimation사에서 PUMA 로봇 개발
- 1979 : 일본에서 SCARA 로봇 개발
- 1981 : Carnegie-Mellon 대학에서 최초의 직접구동 로봇(direct-drive robot) 개발
- 1997 : 일본 혼다 사람 크기의 2족 보행 로봇 P3 발표
- 1999 : 일본 소니 지능형 4족 보행 강아지 로봇 아이보(Aibo) 발매
- 2000 : 혼다 P3 후속 기종으로 2족 보행 로봇 아시모(Asimo) 발표
- 2000 : 한국 벤처기업 다진 소형 2족 보행 로봇 루시(Lucy) 개발
- 2003 : 미국 NASA 화상탐사 로봇 Spirit, Opportunity 개발
- 2004 : 한국 지능형 로봇이 10대 차세대 성장동력산업으로 선정
- 2004 : 한국 KAIST 사람 크기의 2족 보행 로봇 휴보(Hubo) 개발
- 2006 : 미국 Boston dynamics사 4족 보행 군사용 로봇 BigDog 개발

1.3 로봇의 구성 요소

로봇 시스템의 구성 요소는 로봇을 구성하고 있는 전기 기계 장치인 기구부, 로봇에 동력을 공급하는 전원장치, 로봇 팔 끝에 부착하여 다양한 작업을 하도록 해주는 툴(tool) 또는 엔드 이펙터(end effector), 주변 환경 감지 및 로봇의 상태 파악을 위한 외부/내부 센서, 로봇의 전기모터를 구동하기 위한 서보(servo)장치, 로봇이 다양한 기능을 수행할 수 있도록 해 주고 또한 로봇의 구동기를 제어해 주는

로봇 제어기, 티치 펜던트(teach pendant) 또는 조이스틱(joystick) 등과 같이 로봇을 조종하거나 로봇의 사용을 편리하게 해 주는 인터페이스 장치 등이다.

그림 1.1은 산업용 머니퓰레이터 시스템의 한 예이고 그림 1.2는 지능형 로봇 시스템의 한 예이다.

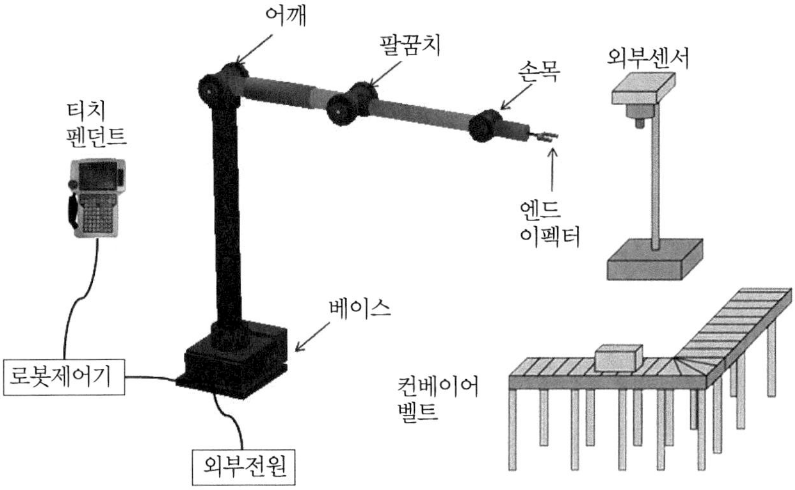

그림 1.1 산업용 로봇 머니퓰레이터 시스템의 구성 요소

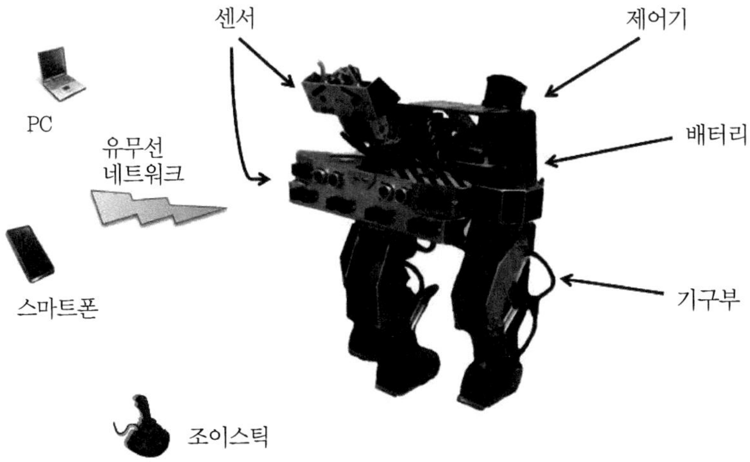

그림 1.2 지능형 로봇 시스템의 구성 요소

1.4 로봇의 응용 분야

한국산업기술진흥원에 따르면 "협의의 로봇산업은 개인서비스용 로봇, 전문서비스용 로봇, 제조업용 로봇 등과 같이 로봇 및 관련 부품, 소재의 제조, 유통, 로봇 소프트웨어 및 서비스 콘텐츠 등을 포함하는 산업을 말하고 광의의 로봇산업은 무인자동차, 무인항공기, IT/BT/NT(Information technology, Bio technology, Nano technology) 생산 장비 등의 신산업과 로봇 기반 서비스의 확대를 통한 복지, 교육, 문화, 예술 등 로봇기술의 융합을 통해 타 분야의 로봇화로 파생되는 산업"을 말한다.

로봇의 응용 분야는 다음과 같이 매우 광범위하다.

(1) 제조업용 로봇 : 자동차 제조, 전자제품 제조, 조선 제조 등 다양한 제조업 분야에서 자동화를 위해 사용되는 로봇을 말한다.

- 핸들링 로봇(Handling robot)
- 용접 로봇
- 도장 로봇(painting robot)
- 실링 로봇
- 운반 로봇
- 검사 로봇
- 조립 로봇
- 포장 로봇

그림 1.3 용접 로봇(ABB사의 IRB1600ID)

(2) 개인 서비스 로봇 : 개인의 건강, 교육, 가사, 안전, 정보제공 등의 서비스와 관련이 있는 로봇을 말한다.

- 청소로봇
- 도우미 로봇(안내, 간병, 정보 제공, 서빙, 장애인 보조 등)
- 엔터테인먼트 로봇(게임, 오락, 애완 등)
- 교육 보조 로봇(영어, 동화 등)
- 활동 지원 로봇(근력 강화, 탑승형 등)
- 가사 지원 로봇(청소, 방범, 홈 네트워크 제어 등)

그림 1.4 (주) 다진의 2족 보행 로봇 Lucy

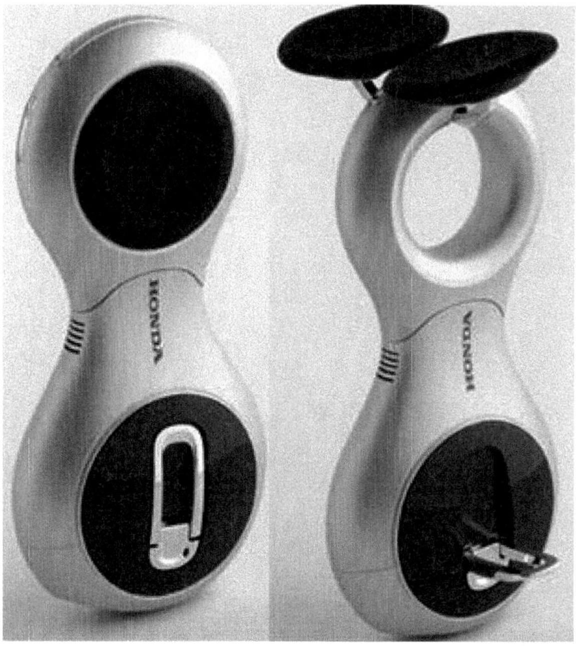

그림 1.5 일본 혼다사의 외 바퀴형 로봇 U3-X

그림 1.6 한국 (주)동부로봇의 강아지 로봇 제니보

(3) 전문 서비스 로봇 : 재난 방재, 의료, 군사, 건설, 극한 환경 작업 등을 보조해 줄 수 있는 로봇을 말한다.

- 의료용 로봇(수술, 간호, 재활 등)
- 군사용 로봇(위험물 탐지/제거, 감시/경계, 병사 지원, 물자 수송 등)
- 재난 방재 로봇(소방, 경비, 구조 등)
- 극한 작업 로봇(오염지역, 우주, 심해 등의 탐사/작업 등)
- 건설 작업 로봇

그림 1.7 한국 (주)호야로봇의 소방보조 로봇

그림 1.8 BROKK사의 원격제어 건물 해체 로봇(BROKK 400)

1.5 로봇 관련 용어

이 절에서는 주로 산업용 로봇에서 자주 사용하는 용어에 대해서 살펴본다.

엑추에이터(Actuator)

전기, 유압, 공압을 이용하여 동작을 발생시키는 원동기를 말한다. 전기 엑추에이터로는 주로 서보모터(servomotor)를 사용하며 설치 영역이 작고 소음이 작다. 전기 모터는 회전운동에 의해 작동하므로 직선 운동으로 바꾸기 위해서는 볼-스크루, 랙-피니언 등의 기계 장치가 필요하다. 공압 엑추에이터는 공기의 압력을 이용하여 주로 직선 운동을 발생시킨다. 공압 공급을 위해 공기 압축기가 별도로 필요하며 소음이 크다. 주로 로봇의 엔드 이펙터와 같이 일정 거리만큼 이동하여 정지하는 용도로 사용한다. 유압 엑추에이터는 유체의 압력을 이용하여 운동을 발생시키며 큰 부하를 다룰 수 있는 장점이 있으나 기름의 누출, 유류 탱크, 펌프 등 부가적인 설비의 필요성 등의 단점이 있다. 일반적인 응용에서의 산업용 로봇이나 지능형 로봇의 대부분은 전기 모터를 사용하여 제작된다.

관절(Joint)과 링크(link)

머니퓰레이터는 두개의 링크가 하나의 관절로 연결되어 있다. 사람과 비교하여 보면, 어깨 관절과 팔꿈치 관절 사이, 팔꿈치 관절과 손목 관절 사이의 부위 등을 링크라 할 수 있다.

회전 관절(Revolute joint)과 직동 관절(Prismatic joint)

하나의 관절에는 두 개의 링크가 연결되어 있는데, 두 번째 링크가 첫 번째 링크에 대해서 회전 운동을 하는 관절이 회전 관절이고, 두 번째 링크가 첫 번째 링크에 대해서 직선 운동을 하는 관절이 직동 관절이다. 사람의 경우에는 모든 관절이 회전 관절로 이루어져 있다. 머니퓰레이터에서는 각 관절마다 하나씩의 좌표축을 갖게 되는데, 회전 관절의 회전축과 직동 관절의 직선 운동 축을 z축으로 표시한다. 또한 회전 관절의 관절 변수(joint variable)는 각도이므로 θ, 직동 관절의 관절 변수는 거리(distance)이므로 d로 표시한다. 그림 1.9는 회전 관절과 직동 관절을 나타낸다.

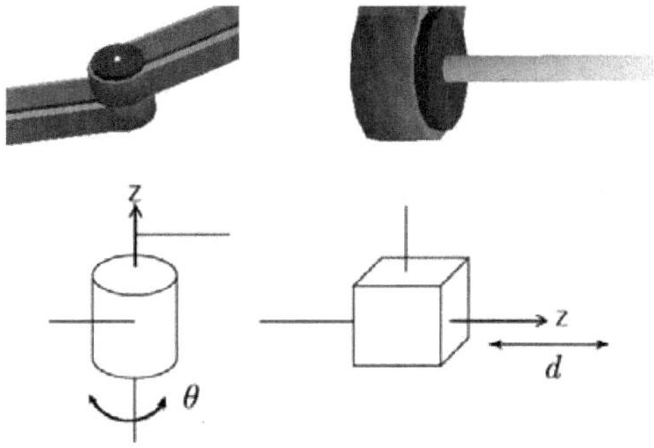

(a) 회전 관절 (b) 직동 관절

그림 1.9 로봇 머니퓰레이터에서의 관절 표현

작업 공간(Workspace)

머니퓰레이터가 가능한 모든 운동을 다 실행했을 때, 손끝(end-effector, 또는 말단장치)의 지나간 자국이 만드는 전체 부피를 말한다.

가반중량(Payload)

머니퓰레이터의 성능을 나타내는 스펙 중의 하나로 로봇이 들고 작업을 할 수 있는 최대 중량을 말한다.

스트로크(Stroke)

머니퓰레이터의 성능을 나타내는 스펙 중의 하나로 직동 관절 로봇에서 로봇이 이동할 수 있는 최대 거리를 말한다.

정확도(Accuracy)

머니퓰레이터가 작업 공간 내에 지정된 점에 얼마나 가까이 갈 수 있는가를 나타내는 척도이다. 머니퓰레이터의 계산오차, 머니퓰레이터가 얼마나 정교하게 만들어졌는가, 기어의 백래시(backlash), 링크의 강성(rigidity) 등에 따라 정확도가 좌우된다. 예를 들면 (1,1,1)의 위치에 가라고 명령을 주었을 때, 이 로봇이 실제로 (1,1,1)에 얼마나 가까이 갈 수 있는가 하는 정도를 나타낸다.

반복 정밀도(Repeatability)

이전에 가리켜 주었던 점에 머니퓰레이터가 얼마나 가까이 다시 갈 수 있는가 하는 것을 나타내는 척도이다. 예를 들면 (1,1,1)의 위치를 가라고 했을 때 머니퓰레이터가 (0.9, 1, 1)로 갔다고 하자. 이 머니퓰레이터는 정확도 항에서 언급했던 요인들 때문에 (0.9, 1, 1)이 (1, 1, 1)인줄 잘못 알고 있는 것이며(이는 정확도의 문제이다.) 머니퓰레이터에게 (1, 2, 2)로 갔다가 다시 (1, 1, 1)의 위치로 가라고 명령을 내렸을 때, 머니퓰레이터가 이전에 갔던 (0.9, 1, 1)의 위치에 얼마나 가까이 갈 수 있는가 하는 것이 반복 정밀도이다. 반복 정밀도는 주로 인코더의 분해능에 의해 영향을 받으며, 보통의 머니퓰레이터는 반복 정밀도가 정확도보다 좋다. 산업용 로봇의 특성상 반복적인 작업이 많고 이는 한 위치를 반복적으로 간다는 것을 의미하므로 반복정밀도가 중요하다.

점대점(PTP; Point-to-point) 제어와 CP(Continuous path) 제어

점대점 제어는 도달할 두 지점만을 지정하고 두 지점 사이의 경로는 제어하지 않는 방식이고 CP 제어는 두 지점 사이를 직선으로 이동하는 것과 같이 두 지점뿐 아니라 두 지점 사이의 전체 경로도 지정하는 제어 방식이다.

구형 손목(Spherical wrist)

3차원 공간상에서 방향을 지정하기 위해서는 3개의 자유도가 필요한데, 머니퓰레이터의 손목 부위의 3개의 관절(자유도)의 회전축이 모두 한 점에서 만나도록 설계된 손목을 말한다. 이러한 구형 손목을 갖는 머니퓰레이터는 위치와 방

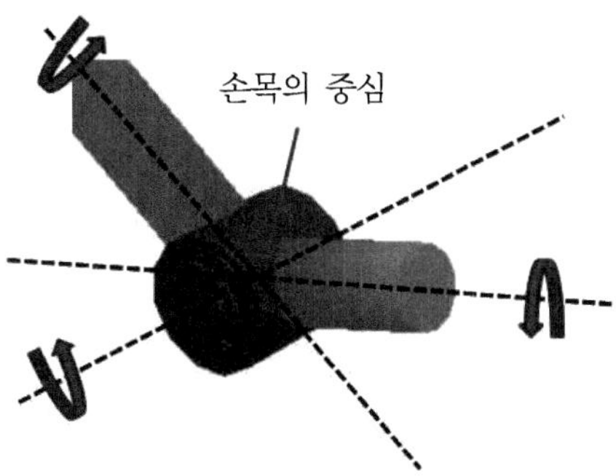

그림 1.10 구형 손목의 예

향을 따로 떼어 생각할 수 있기 때문에 해석하기가 간단하여 많은 머니퓰레이터들이 구형 손목을 갖도록 설계된다. 그림 1.10은 구형 손목의 한 예이다.

말단 장치(손, end-effector, tool)

사람의 손에 해당하는 부위로 머니퓰레이터의 손목에 부착되어 여러 가지 다양한 작업을 할 수 있도록 설계된 기구를 말한다. 그림 1.11은 말단 장치의 한 예를 보이고 있다.

그림 1.11 말단 장치의 한 예(RE2사의 엔드이펙터)

자유도(DOF; Degree Of Freedom)

우리가 다루는 대부분의 머니퓰레이터에서 자유도의 수는 머니퓰레이터의 관절의 수와 같다. 3차원 공간상의 한 점을 손가락 끝으로 가리킨다고 생각해 보자. 우리의 발끝을 기준점으로 잡았을 때, 발끝에서 본 이 점의 위치는 3차원 벡터로 표시할 수 있다. 즉 공간상의 한 점의 위치(position)를 나타내는 데에는 3개의 자유도가 필요하다. 한편 이 점을 가리키는 우리의 손가락의 방향은 어떠한가? 손가락 끝의 위치는 같지만 손가락의 방향은 다를 수 있다. 3차원 공간상에서의 방향이므로 방향(orientation) 지정에 역시 3자유도가 필요하다. 위에서 살펴본 바와 같이 머니퓰레이터가 공간상에서 작업을 할 때에, 작업 영역내의 임의의 위치를 임의의 방향으로 도달하기 위해서는 총 6자유도(6관절)가 필요하다는 것을 알 수 있다.

여유 자유도 머니퓰레이터(Redundant manipulator)

앞에서 살펴본 바와 같이 공간상에서 작업하기 위해서는 6 자유도가 필요한데, 자유도가 필요한 자유도보다 더 많은 경우(7 자유도 이상), 여유분의 자유도가 있으므로 이를 여유 자유도 머니퓰레이터라 한다. 여유 자유도 머니퓰레이터는 관절의 수가 많아지므로 가격이 비싸고, 제어하기가 어려워지지만, 매우 유연한 동작이 가능하다는 장점이 있다. 사람의 경우에는 많은 여유 자유도가 있어서 상당히 유연하게 움직일 수 있는 것이다.

그림 1.12 여유자유도 머니퓰레이터(YASKAWA DIA10)

1.6 로봇 머니퓰레이터의 분류

산업용 머니퓰레이터에서 가장 많이 사용되는 머니퓰레이터의 형태는 직교 형상 머니퓰레이터, 스카라 머니퓰레이터(수평다관절 로봇), 수직다관절 머니퓰레이터이다. 우선 직교 형상(Cartesian configuration) 머니퓰레이터는 세 관절이 모두 직동 관절로 이루어져 있으며 가장 단순한 형태의 머니퓰레이터이다. 테이블 위에서의 조립 작업 등에 많이 사용된다. 그림 1.13은 직교 형상 머니퓰레이터의 한 예이다. 그림 1.14는 직교 형상 머니퓰레이터의 관절 구조를 나타내고 있으며 그림 1.15는 직교 형상 머니퓰레이터의 작업 공간을 도시한 것이다.

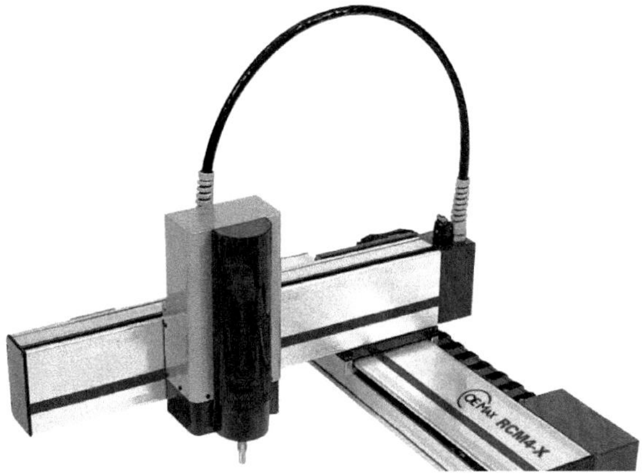

그림 1.13 직교 형상 머니퓰레이터의 예 (삼성전자 RCM4-M)

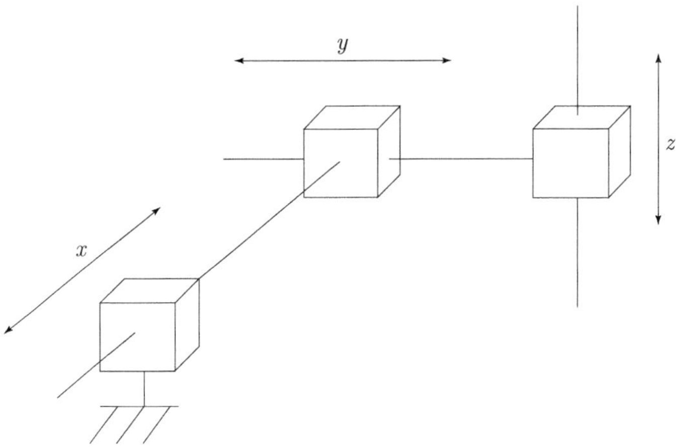

그림 1.14 직교 형상 머니퓰레이터의 관절 구조

스카라형 머니퓰레이터(SCARA : Selective Compliant Articulated Robot for Assembly)는 수평다관절 로봇이라고도 부른다. 처음 두 개의 회전 관절을 이용하여 평면에서의 운동이 가능하며 세 번째 직동 관절을 사용하여 수직 방향으로의 직선 이동을 할 수 있고, 마지막 네 번째 관절을 사용하여 수직 방향에 대한 회전 운동을 할 수 있는 형태의 머니퓰레이터로서 평면상에서의 조립 공정에 많이 사용되는 머니퓰레이터이다. 그림 1.16은 스카라 타입 머니퓰레이터를 보이고 있다. 그림 1.17은 스카라형 머니퓰레이터의 관절 구조를 나타내고 있으며, 그림 1.18은 작업 공간을 도시한 것이다.

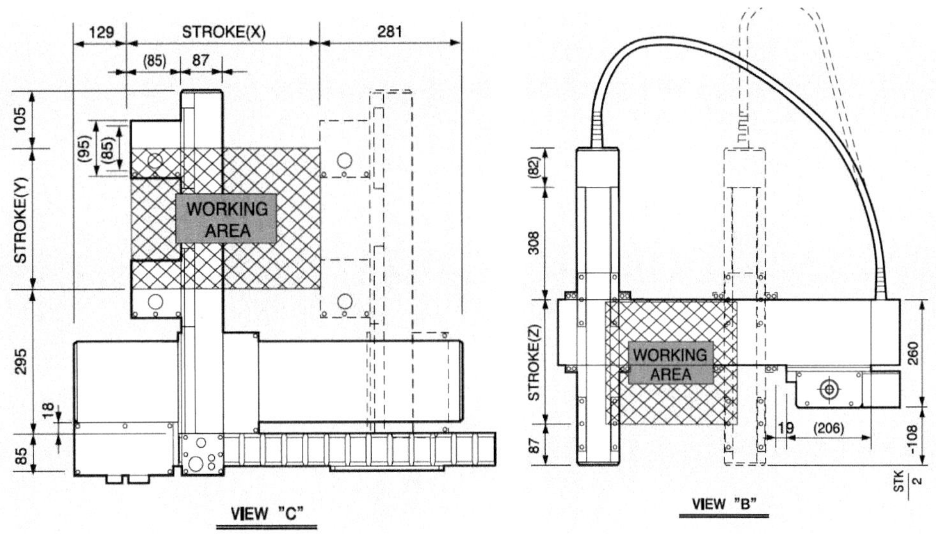

(a) 평면도 (b) 측면도

그림 1.15 직교 형상 머니퓰레이터의 작업 공간 (삼성전자 RCM4-M)

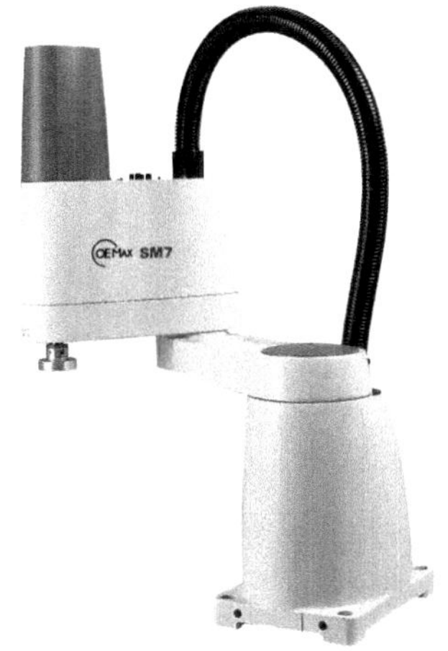

그림 1.16 스카라형 머니퓰레이터 (삼성전자 SM7)

수직 다관절형이라고도 하는 다관절 형상(articulated configuration) 머니퓰레이터는 처음 세 개의 관절이 모두 회전 관절을 가지며 마지막 세 개의 관절은 구형 손목이다. 이 머니퓰레이터는 사람의 팔과 유사한 구조이며 산업용 로봇의 일반적인 형태이다. 그림 1.19는 다관절 형상 머니퓰레이터의 일종인 일본 YASKAWA사의 머니퓰레이터 MH50이다. 그림 1.20은 다관절 형상 머니퓰레이터의 관절 구조를 나타내고 있으며 그림 1.21은 작업 공간을 도시한 것이다.

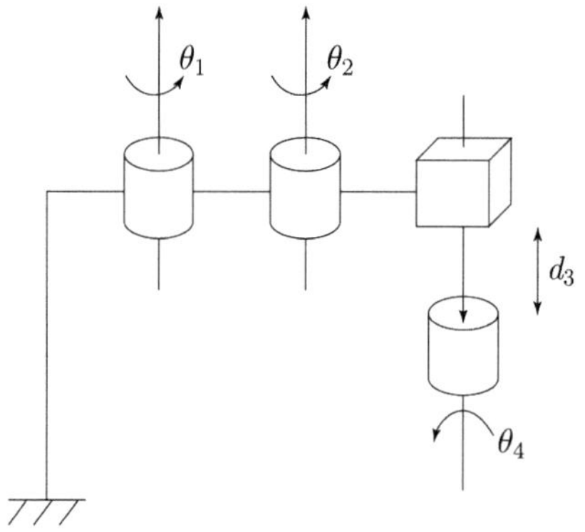

그림 1.17 스카라형 머니퓰레이터의 관절 구조

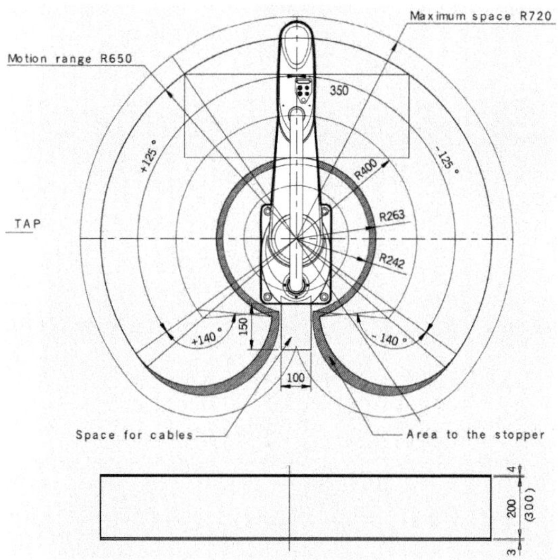

그림 1.18 스카라형 머니퓰레이터(삼성전자 SM7)의 작업 공간

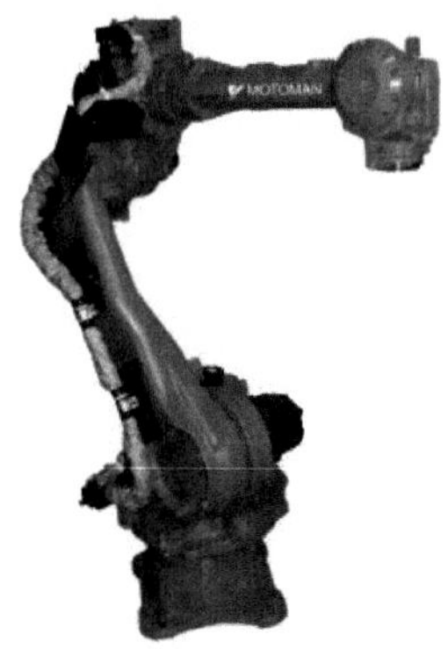

그림 1.19 다관절 형상 머니퓰레이터의 예 (YASKAWA MH50)

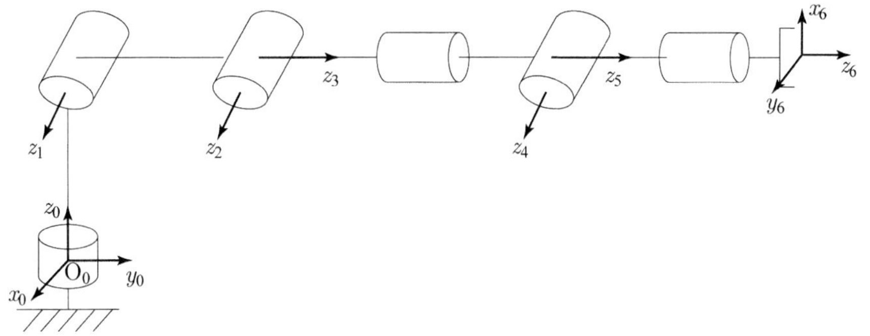

그림 1.20 다관절 형상 머니퓰레이터의 관절 구조

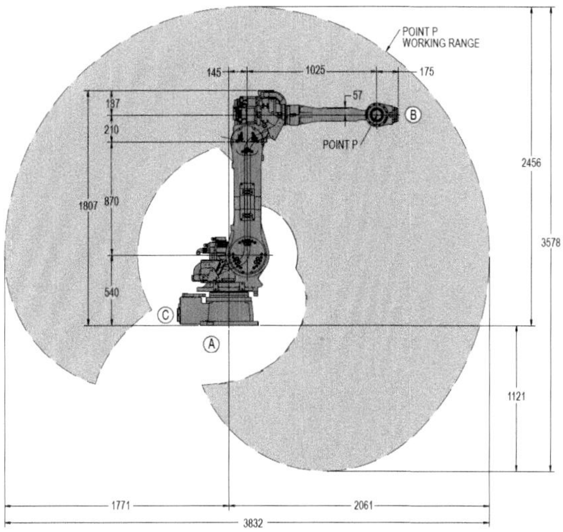

그림 1.21 다관절 형상 머니퓰레이터(YASKAWA MH50)의 작업 공간

참고문헌

[1] Mark W. Spong and M. Vidyasagar, "Robot dynamics and control", John Wiley & Sons, 1989

[2] Saeed B. Niku, "Introduction to Robotics", Prentice Hall, 2001

[3] 제 1차 지능형 로봇 기본계획, 교과부외, 2009

[4] ABB 코리아 홈페이지, http://www.abb.co.kr/

[5] 혼다 홈페이지, http://www.honda.co.jp/

[6] 동부로봇 홈페이지, http://www.dongburobot.com/

[7] 호야로봇 홈페이지, http://www.hoyarobot.com/

[8] BROKK사 홈페이지, http://www.brokk.ru/

[9] RE2사 홈페이지, http://www.resquared.com/

[10] YASKAWA 홈페이지, http://www.yaskawa.co.kr/

[11] RS오토메이션 홈페이지, http://www.rsautomation.co.kr/

제2장 좌표계와 변환

2.1 행렬의 기초

행렬의 정의

m개의 가로줄(행)과 n개의 세로줄(열)로 배열된 숫자들을 한 쌍의 괄호로 묶어 놓은 것을 $m \times n$ 차원의 행렬이라 하고, 행렬에 있는 각 숫자들을 행렬의 요소라 부른다. 특별히 i행과 j열에 있는 요소를 $\boldsymbol{A}_{ij}$로 표시한다. 다음은 2×3 행렬과 3×3 행렬의 예이다.

$$\begin{bmatrix} 1 & 2 & 3 \\ 4 & 5 & 6 \end{bmatrix}, \quad \begin{bmatrix} 1 & 2 & 3 \\ 4 & 5 & 6 \\ 7 & 8 & 9 \end{bmatrix} \tag{2.1.1}$$

식 (2.1.1)의 첫 번째 행렬에서 $\boldsymbol{A}_{11} = 1, \boldsymbol{A}_{12} = 2, \boldsymbol{A}_{23} = 6$이다.

행벡터와 열벡터

행이 하나인 행렬을 행벡터, 열이 하나인 벡터를 열벡터라고 한다. 다음은 각각 행벡터와 열벡터의 예이다.

$$\begin{bmatrix} 1 \; 2 \; 3 \; 4 \end{bmatrix} \;, \quad \begin{bmatrix} 4 \\ 5 \\ 6 \end{bmatrix} \tag{2.1.2}$$

n차 정방행렬의 정의

행렬에서 m과 n이 같을 경우를 n차 정방행렬(square matrix)이라 한다. 식 (2.1.1)의 두 번째 행렬은 3차 정방행렬이다. n차 정방 행렬 $\boldsymbol{A}$에서 요소 $\boldsymbol{A}_{11}$, $\boldsymbol{A}_{22}$, …, $\boldsymbol{A}_{nn}$를 대각 요소라 하고, 이 대각 요소들의 합을 정방 행렬의 trace라 하며, 다음 식과 같다.

$$trace\ \boldsymbol{A} = \sum_{i=1}^{n} \boldsymbol{A}_{ii} \tag{2.1.3}$$

행렬의 상등

두 개의 행렬 $\boldsymbol{A} = [\boldsymbol{A}_{ij}]$, $\boldsymbol{B} = [\boldsymbol{B}_{ij}]$ 는 $\boldsymbol{A}_{ij} = \boldsymbol{B}_{ij}$, $(i = 1,2,...,m; j = 1,2, ...,n)$일 경우에 같다고 한다. 식 (2.1.4)와 같은 경우에는 $a = 1$, $b = 2$, $c = 3$, $d = 4$, $e = 5$, $f = 6$이다.

$$\begin{bmatrix} 1 & 2 & 3 \\ 4 & 5 & 6 \end{bmatrix} = \begin{bmatrix} a & b & c \\ d & e & f \end{bmatrix} \tag{2.1.4}$$

행렬의 덧셈

행렬에서의 덧셈은 같은 차원의 행렬에서만 정의되며 같은 위치에 있는 요소들끼리의 덧셈으로 정의된다. 식 (2.1.5)는 행렬의 덧셈의 예이다. 행렬의 덧셈에서는 교환법칙과 결합법칙이 성립한다.
즉, $\boldsymbol{A} + \boldsymbol{B} = \boldsymbol{B} + \boldsymbol{A}$, $(\boldsymbol{A} + \boldsymbol{B}) + \boldsymbol{C} = \boldsymbol{A} + (\boldsymbol{B} + \boldsymbol{C})$이다.

$$\begin{bmatrix} 1 & 2 & 3 \\ 4 & 5 & 6 \end{bmatrix} + \begin{bmatrix} -1 & 3 & 6 \\ 2 & -7 & 4 \end{bmatrix} = \begin{bmatrix} 0 & 5 & 9 \\ 6 & -2 & 10 \end{bmatrix} \tag{2.1.5}$$

행렬의 곱셈

행렬에서의 곱셈은 $m \times n$ 행렬과 $n \times p$ 행렬 사이에 정의되며 곱셈의 결과는

$m \times p$ 행렬이 된다. 식 (2.1.6)은 2×3 행렬 $\boldsymbol{A}$와 3×2 행렬 $\boldsymbol{B}$의 곱을 나타낸다. 행렬의 곱셈에서는 일반적으로 교환법칙이 성립하지 않는다. 즉 $\boldsymbol{AB} \neq \boldsymbol{BA}$이다. 한편 행렬의 곱셈에서는 결합법칙이 성립한다. 즉, $(\boldsymbol{AB})\boldsymbol{C} = \boldsymbol{A}(\boldsymbol{BC})$가 성립한다.

$$\begin{aligned} \boldsymbol{AB} &= \begin{bmatrix} a_{11} & a_{12} & a_{13} \\ a_{21} & a_{22} & a_{23} \end{bmatrix} \begin{bmatrix} b_{11} & b_{12} \\ b_{21} & b_{22} \\ b_{31} & b_{32} \end{bmatrix} \\ &= \begin{bmatrix} a_{11}b_{11} + a_{12}b_{21} + a_{13}b_{31} & a_{11}b_{12} + a_{12}b_{22} + a_{13}b_{32} \\ a_{21}b_{11} + a_{22}b_{21} + a_{23}b_{31} & a_{21}b_{12} + a_{22}b_{22} + a_{23}b_{32} \end{bmatrix} \end{aligned} \tag{2.1.6}$$

행렬에서는 분배법칙이 성립한다. 즉 $(\boldsymbol{A}+\boldsymbol{B})\boldsymbol{C} = \boldsymbol{AC}+\boldsymbol{BC}$, $\boldsymbol{A}(\boldsymbol{B}+\boldsymbol{C}) = \boldsymbol{AB}+\boldsymbol{AC}$이다.

예제 2.1

다음 행렬 $\boldsymbol{A}, \boldsymbol{B}, \boldsymbol{C}$에 대해서 덧셈의 결합법칙이 성립함을 보여라. 곱셈의 결합법칙이 성립함을 보여라. 또한 곱셈의 교환법칙은 성립하지 않음을 보여라.

$$\boldsymbol{A} = \begin{bmatrix} 1 & 2 \\ 3 & 4 \end{bmatrix}, \quad \boldsymbol{B} = \begin{bmatrix} 1 & -1 \\ 0 & 2 \end{bmatrix}, \quad \boldsymbol{C} = \begin{bmatrix} -1 & 3 \\ 2 & 1 \end{bmatrix}$$

풀이

$$(\boldsymbol{A}+\boldsymbol{B})+\boldsymbol{C} = \begin{bmatrix} 2 & 1 \\ 3 & 6 \end{bmatrix} + \begin{bmatrix} -1 & 3 \\ 2 & 1 \end{bmatrix} = \begin{bmatrix} 1 & 4 \\ 5 & 7 \end{bmatrix}$$

$$\boldsymbol{A}+(\boldsymbol{B}+\boldsymbol{C}) = \begin{bmatrix} 1 & 2 \\ 3 & 4 \end{bmatrix} + \begin{bmatrix} 0 & 2 \\ 2 & 3 \end{bmatrix} = \begin{bmatrix} 1 & 4 \\ 5 & 7 \end{bmatrix}$$

따라서 $(\boldsymbol{A}+\boldsymbol{B})+\boldsymbol{C} = \boldsymbol{A}+(\boldsymbol{B}+\boldsymbol{C})$, 즉 덧셈의 결합법칙이 성립한다.

$$\boldsymbol{AB} = \begin{bmatrix} 1 & 2 \\ 3 & 4 \end{bmatrix} \begin{bmatrix} 1 & -1 \\ 0 & 2 \end{bmatrix} = \begin{bmatrix} 1 & 3 \\ 3 & 5 \end{bmatrix}$$

$$\boldsymbol{BA} = \begin{bmatrix} 1 & -1 \\ 0 & 2 \end{bmatrix} \begin{bmatrix} 1 & 2 \\ 3 & 4 \end{bmatrix} = \begin{bmatrix} -2 & -2 \\ 6 & 8 \end{bmatrix}$$

따라서 $\boldsymbol{AB} \neq \boldsymbol{BA}$, 즉 곱셈의 교환법칙은 성립하지 않는다.

$$(\boldsymbol{AB})\boldsymbol{C} = \left(\begin{bmatrix} 1 & 2 \\ 3 & 4 \end{bmatrix} \begin{bmatrix} 1 & -1 \\ 0 & 2 \end{bmatrix} \right) \begin{bmatrix} -1 & 3 \\ 2 & 1 \end{bmatrix} = \begin{bmatrix} 1 & 3 \\ 3 & 5 \end{bmatrix} \begin{bmatrix} -1 & 3 \\ 2 & 1 \end{bmatrix} = \begin{bmatrix} 5 & 6 \\ 7 & 14 \end{bmatrix}$$

$$A(BC)=\begin{bmatrix}1 & 2\\3 & 4\end{bmatrix}\left(\begin{bmatrix}1 & -1\\0 & 2\end{bmatrix}\begin{bmatrix}-1 & 3\\2 & 1\end{bmatrix}\right)=\begin{bmatrix}1 & 2\\3 & 4\end{bmatrix}\begin{bmatrix}-3 & 2\\4 & 2\end{bmatrix}=\begin{bmatrix}5 & 6\\7 & 14\end{bmatrix}$$

따라서 $(AB)C=A(BC)$, 즉 곱셈의 결합법칙이 성립한다.

영행렬, 단위행렬, 대각행렬

$\boldsymbol{A}$ 행렬의 모든 요소가 0인 행렬을 영행렬(zero matrix)이라 하며 $\boldsymbol{A}=\boldsymbol{0}$으로 표시한다. 정방 행렬인 $\boldsymbol{A}$ 행렬의 대각 요소는 모두 1이고, 나머지 요소들은 모두 0인 행렬을 단위행렬(identity matrix)이라 하며 n차 단위행렬을 $\boldsymbol{I}_n$으로 표시한다. 대각행렬(diagonal matrix)은 대각 요소를 제외한 모든 요소가 0인 행렬이다. 따라서 단위행렬은 대각행렬의 특별한 경우이다. 단위행렬은 행렬의 곱셈에 대한 항등원이다.

$$\boldsymbol{AI}=\boldsymbol{IA}=\boldsymbol{A} \tag{2.1.7}$$

전치행렬

행렬 $\boldsymbol{A}$의 전치행렬(transpose matrix)은 $\boldsymbol{A}^T$로 표시하고 $\boldsymbol{A}_{ij}^T=\boldsymbol{A}_{ji}$이다.

$$\boldsymbol{A}=\begin{bmatrix}a & b & c\\d & e & f\end{bmatrix},\quad \boldsymbol{A}^T=\begin{bmatrix}a & d\\b & e\\c & f\end{bmatrix} \tag{2.1.8}$$

전치행렬에서는 식 (2.1.9)에서와 같은 등식이 성립한다. 이 식에서 k는 스칼라 값이다. 역행렬과 전치행렬이 같은 행렬을 직교행렬(orthogonal matrix)이라 한다.

$$(\boldsymbol{A}^T)^T=\boldsymbol{A},\quad (k\boldsymbol{A})^T=k\boldsymbol{A}^T \tag{2.1.9}$$

$$(\boldsymbol{A}+\boldsymbol{B})^T=\boldsymbol{A}^T+\boldsymbol{B}^T$$

$$(\boldsymbol{AB})^T=\boldsymbol{B}^T\boldsymbol{A}^T$$

대칭행렬

정방행렬 $\boldsymbol{A}$에서 $\boldsymbol{A}^T = \boldsymbol{A}$가 성립할 때, 이 행렬을 대칭행렬(symmetric matrix)이라 한다. 즉 대칭 행렬에서는 $\boldsymbol{A}_{ij} = \boldsymbol{A}_{ji}$이다. 식 (2.1.10)은 대칭 행렬의 예이다. 임의의 정방행렬 $\boldsymbol{A}$에 대해서 $\boldsymbol{A}+\boldsymbol{A}^T$는 항상 대칭행렬이다.

$$\begin{bmatrix} 1 & 2 & -3 \\ 2 & 5 & 6 \\ -3 & 6 & 9 \end{bmatrix} \tag{2.1.10}$$

왜대칭행렬

정방행렬 $\boldsymbol{A}$에서 $\boldsymbol{A}^T = -\boldsymbol{A}$가 성립할 때, 이 행렬을 왜대칭행렬(skew-symmetric matrix)이라 한다. 즉 왜대칭 행렬에서는 $\boldsymbol{A}_{ij} = -\boldsymbol{A}_{ji}$이다. 따라서 왜대칭 행렬의 대각 요소는 모두 0이다. 식 (2.1.11)은 왜대칭행렬의 예이다. 임의의 정방행렬 $\boldsymbol{A}$에 대해서 $\boldsymbol{A}-\boldsymbol{A}^T$는 항상 왜대칭행렬이다.

$$\begin{bmatrix} 0 & -2 & 3 \\ 2 & 0 & 6 \\ -3 & -6 & 0 \end{bmatrix} \tag{2.1.11}$$

행렬식

정방행렬 $\boldsymbol{A}$의 행렬식(determinant)은 $|\boldsymbol{A}|$로 표시하며, 다음과 같은 순서로 구한다. (1) 하나의 행 또는 열을 선택한다. (2) 선택한 행 또는 열의 각 요소와 선택한 행과 열을 제외한 나머지 요소에 대한 행렬식을 곱하며, 이때 생성된 요소의 부호는 +, −를 교대로 사용한다. 다음은 2차 정방행렬과 3차 정방행렬의 행렬식이다.

$$\begin{vmatrix} a_{11} & a_{12} \\ a_{21} & a_{22} \end{vmatrix} = a_{11}a_{22} - a_{12}a_{21}, \tag{2.1.12}$$

$$\det\left(\begin{bmatrix} 1 & 2 \\ 3 & 4 \end{bmatrix}\right) = \begin{vmatrix} 1 & 2 \\ 3 & 4 \end{vmatrix} = 1 \times 4 - 2 \times 3 = -2,$$

$$\begin{vmatrix} a_{11} & a_{12} & a_{13} \\ a_{21} & a_{22} & a_{23} \\ a_{31} & a_{32} & a_{33} \end{vmatrix} = a_{11}\begin{vmatrix} a_{22} & a_{23} \\ a_{32} & a_{33} \end{vmatrix} - a_{12}\begin{vmatrix} a_{21} & a_{23} \\ a_{31} & a_{33} \end{vmatrix} + a_{13}\begin{vmatrix} a_{21} & a_{22} \\ a_{31} & a_{32} \end{vmatrix}$$

$$= a_{11}(a_{22}a_{33} - a_{23}a_{32}) - a_{12}(a_{21}a_{33} - a_{23}a_{31}) + a_{13}(a_{21}a_{32} - a_{22}a_{31})$$

역행렬

$\boldsymbol{A}$와 $\boldsymbol{B}$가 정방행렬이고 $\boldsymbol{AB} = \boldsymbol{BA} = \boldsymbol{I}$가 성립할 때 $\boldsymbol{B}$를 $\boldsymbol{A}$의 역행렬이라 하고 $\boldsymbol{B} = \boldsymbol{A}^{-1}$로 표시한다. 이 때 $\boldsymbol{A}$도 $\boldsymbol{B}$의 역행렬이라 하고 $\boldsymbol{A} = \boldsymbol{B}^{-1}$이라 한다. 식 (2.1.13)에서 두 행렬은 서로에 대한 역행렬이다.

$$\begin{bmatrix} 1 & 2 & 3 \\ 1 & 3 & 3 \\ 1 & 2 & 4 \end{bmatrix} \begin{bmatrix} 6 & -2 & -3 \\ -1 & 1 & 0 \\ -1 & 0 & 1 \end{bmatrix} = \begin{bmatrix} 1 & 0 & 0 \\ 0 & 1 & 0 \\ 0 & 0 & 1 \end{bmatrix} = \boldsymbol{I} \quad (2.1.13)$$

$\boldsymbol{A}$의 역행렬은 다음과 같은 성질을 가지고 있다.

$$(\boldsymbol{A}^{-1})^{-1} = \boldsymbol{A} \quad (2.1.14)$$
$$(\boldsymbol{AB})^{-1} = \boldsymbol{B}^{-1}\boldsymbol{A}^{-1}$$
$$(\boldsymbol{A}^{T})^{-1} = (\boldsymbol{A}^{-1})^{T}$$

역행렬은 다음과 같이 정의된다.

$$\boldsymbol{A}^{-1} = \frac{adj(A)}{\det(A)} \quad (2.1.15)$$

식 (2.1.15)에서 $adj(\boldsymbol{A}) = [cof(\boldsymbol{A})]^T$ 이고 $cof(\boldsymbol{A})$는 다음과 같이 정의된다.

$$cof(\boldsymbol{A}) = \begin{bmatrix} c_{11} & c_{12} & \cdots & c_{1n} \\ c_{21} & c_{22} & \cdots & c_{2n} \\ & \vdots & & \\ c_{n1} & c_{n2} & \cdots & c_{nn} \end{bmatrix} \quad (2.1.16)$$

식 (2.1.16)에서 $c_{ij}=(-1)^{i+j}\boldsymbol{M}_{ij}$ 이고 $\boldsymbol{M}_{ij}$ 는 i번째 행과 j번째 열을 제외한 나머지 요소들로 구성된 한 차수가 낮은 행렬식을 의미한다.

예제 2.2

다음 2차 정방행렬 $\boldsymbol{A}$의 역행렬을 구하여라.

$$\boldsymbol{A}=\begin{bmatrix} a & b \\ c & d \end{bmatrix}$$

풀이

$$\boldsymbol{A}^{-1}=\frac{1}{ad-bc}\begin{bmatrix} d & -b \\ -c & a \end{bmatrix}$$

$$\boldsymbol{A}=\begin{bmatrix} 1 & 2 \\ 3 & 4 \end{bmatrix},\quad \boldsymbol{A}^{-1}=-\frac{1}{2}\begin{bmatrix} 4 & -2 \\ -3 & 1 \end{bmatrix}$$

예제 2.3

다음 3차 정방행렬 $\boldsymbol{A}$의 역행렬을 구하여라.

$$\boldsymbol{A}=\begin{bmatrix} -1 & 1 & 2 \\ 3 & -1 & 1 \\ -1 & 3 & 4 \end{bmatrix}$$

풀이

$\boldsymbol{A}^{-1}=\dfrac{adj(\boldsymbol{A})}{\det(\boldsymbol{A})}$ 이므로

$$\det(\boldsymbol{A})=\begin{vmatrix} -1 & 1 & 2 \\ 3 & -1 & 1 \\ -1 & 3 & 4 \end{vmatrix}=(-1)\begin{vmatrix} -1 & 1 \\ 3 & 4 \end{vmatrix}-\begin{vmatrix} 3 & 1 \\ -1 & 4 \end{vmatrix}+2\begin{vmatrix} 3 & -1 \\ -1 & 3 \end{vmatrix}=10$$

$$\boldsymbol{c}_{11}=\begin{vmatrix} -1 & 1 \\ 3 & 4 \end{vmatrix}=-7,\quad \boldsymbol{c}_{12}=-\begin{vmatrix} 3 & 1 \\ -1 & 4 \end{vmatrix}=-13,\quad \boldsymbol{c}_{13}=\begin{vmatrix} 3 & -1 \\ -1 & 3 \end{vmatrix}=8$$

$$\boldsymbol{c}_{21}=-\begin{vmatrix} 1 & 2 \\ 3 & 4 \end{vmatrix}=2,\quad \boldsymbol{c}_{22}=\begin{vmatrix} -1 & 2 \\ -1 & 4 \end{vmatrix}=-2,\quad \boldsymbol{c}_{23}=-\begin{vmatrix} -1 & 1 \\ -1 & 3 \end{vmatrix}=2$$

$$\boldsymbol{c}_{31}=\begin{vmatrix} 1 & 2 \\ -1 & 1 \end{vmatrix}=3,\quad \boldsymbol{c}_{32}=-\begin{vmatrix} -1 & 2 \\ 3 & 1 \end{vmatrix}=7,\quad \boldsymbol{c}_{33}=\begin{vmatrix} -1 & 1 \\ 3 & -1 \end{vmatrix}=-2$$

따라서

$$adj(\boldsymbol{A}) = \begin{bmatrix} c_{11} & c_{12} & c_{13} \\ c_{21} & c_{22} & c_{23} \\ c_{31} & c_{32} & c_{33} \end{bmatrix}^T = \begin{bmatrix} -7 & 2 & 3 \\ -13 & -2 & 7 \\ 8 & 2 & -2 \end{bmatrix}$$

따라서 3차 정방행렬 $\boldsymbol{A}$의 역행렬은 다음과 같다.

$$\boldsymbol{A}^{-1} = \frac{adj(\boldsymbol{A})}{\det(\boldsymbol{A})} = \frac{1}{10}\begin{bmatrix} -7 & 2 & 3 \\ -13 & -2 & 7 \\ 8 & 2 & -2 \end{bmatrix}$$

역행렬을 이용한 선형 연립방정식의 해

역행렬을 이용하면 선형 연립방정식의 해를 간편하게 구할 수 있다. 다음과 같이 미지수가 n개, 선형 방정식이 n개인 연립방정식이 있다.

$$\begin{cases} a_{11}x_1 + a_{12}x_2 + \cdots + a_{1n}x_n = b_1 \\ a_{21}x_1 + a_{22}x_2 + \cdots + a_{2n}x_n = b_2 \\ \qquad\qquad\vdots \\ a_{n1}x_1 + a_{n2}x_2 + \cdots + a_{nn}x_n = b_n \end{cases} \tag{2.1.17}$$

식 (2.1.17)의 연립방정식을 행렬을 이용하여 표시하면 다음과 같다.

$$\boldsymbol{A}\boldsymbol{x} = \boldsymbol{b} \tag{2.1.18}$$

$$\boldsymbol{A} = \begin{bmatrix} a_{11} & a_{12} & \cdots & a_{1n} \\ a_{21} & a_{22} & & a_{2n} \\ \vdots & & & \\ a_{n1} & a_{n2} & \cdots & a_{nn} \end{bmatrix}, \quad \boldsymbol{x} = \begin{bmatrix} x_1 \\ x_2 \\ \vdots \\ x_n \end{bmatrix}, \quad \boldsymbol{b} = \begin{bmatrix} b_1 \\ b_2 \\ \vdots \\ b_n \end{bmatrix}$$

식 (2.1.18)에서 행렬 $\boldsymbol{A}$의 역행렬이 존재하는 경우 해 $\boldsymbol{x}$는 다음과 같이 구할 수 있다.

$$\boldsymbol{x} = \boldsymbol{A}^{-1}\boldsymbol{b} \tag{2.1.19}$$

예제 2.4

다음 연립방정식을 행렬을 이용하여 풀어라.

$$\begin{cases} 2x_1 + x_2 = 4 \\ x_1 - 2x_2 = -3 \end{cases}$$

풀이

주어진 연립방정식을 행렬로 표시하면 다음과 같다.

$$\boldsymbol{Ax} = \boldsymbol{b},\ \boldsymbol{A} = \begin{bmatrix} 2 & 1 \\ 1 & -2 \end{bmatrix},\ \boldsymbol{x} = \begin{bmatrix} x_1 \\ x_2 \end{bmatrix},\ \boldsymbol{b} = \begin{bmatrix} 4 \\ -3 \end{bmatrix}$$

$$\boldsymbol{x} = \boldsymbol{A}^{-1}\boldsymbol{b}$$

$$= -\frac{1}{5}\begin{bmatrix} -2 & -1 \\ -1 & 2 \end{bmatrix}\begin{bmatrix} 4 \\ -3 \end{bmatrix} = -\frac{1}{5}\begin{bmatrix} -5 \\ -10 \end{bmatrix} = \begin{bmatrix} 1 \\ 2 \end{bmatrix}$$

즉, $x_1 = 1$, $x_2 = 2$

예제 2.5

다음 연립방정식을 행렬을 이용하여 풀어라.

$$\begin{cases} 2x_1 + x_2 = 4 \\ 4x_1 + 2x_2 = 2 \end{cases}$$

풀이

$\boldsymbol{A} = \begin{bmatrix} 2 & 1 \\ 4 & 2 \end{bmatrix}$ 이고 $\det(\boldsymbol{A}) = \begin{vmatrix} 2 & 1 \\ 4 & 2 \end{vmatrix} = 2 \times 2 - 1 \times 4 = 0$ 이므로 $\boldsymbol{A}$ 의 역행렬이 존재하지 않으며 따라서 이 연립방정식의 해는 존재하지 않는다. 연립방정식의 두 번째 식의 왼쪽 편에 $\frac{1}{2}$ 을 곱하면 첫 번째 식의 왼쪽 편이 된다. 따라서 기본적으로 같은 식인 것이다. 같은 식의 값이 4이면서 1일 수는 없으므로 이 연립방정식의 해는 없는 것이다.

2.2 벡터와 삼각함수의 기초

스칼라와 벡터

크기만을 가지는 양을 스칼라(scalar)라 하고, 크기와 방향을 가지는 양을 벡터(vector)라 한다. 사람의 키, 강수량, 자동차의 속력 등은 크기만 있고 방향은 없으므로 스칼라 양이고, 힘, 자동차의 속도 등은 어느 방향으로 어느 정도의 크기를 가지고 있는지를 나타내는 양이므로 벡터이다.

벡터의 크기와 방향

벡터는 크기와 방향을 가지고 있으므로 이를 쉽게 나타내기 위해서 그림 2.1과 같이 유향선분(방향을 가진 선분)으로 나타낸다. 벡터의 크기는 선분의 길이로 나타내고, 벡터의 방향은 선분의 방향으로 나타낸다.

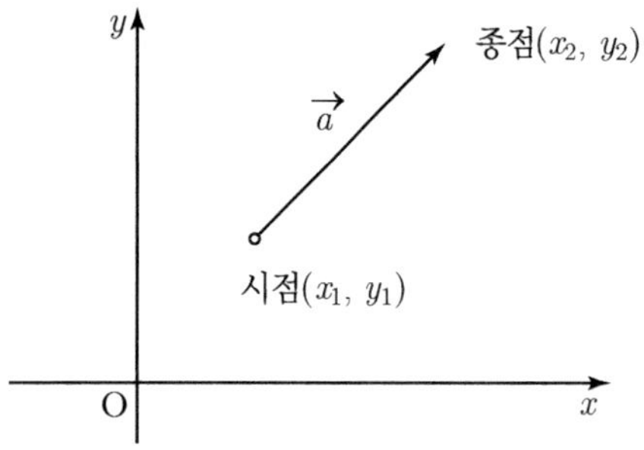

그림 2.1 벡터

벡터의 상등

두 벡터 $\boldsymbol{a}$와 $\boldsymbol{b}$가 시점과 종점이 다를지라도 벡터의 크기와 방향이 각각 같으면

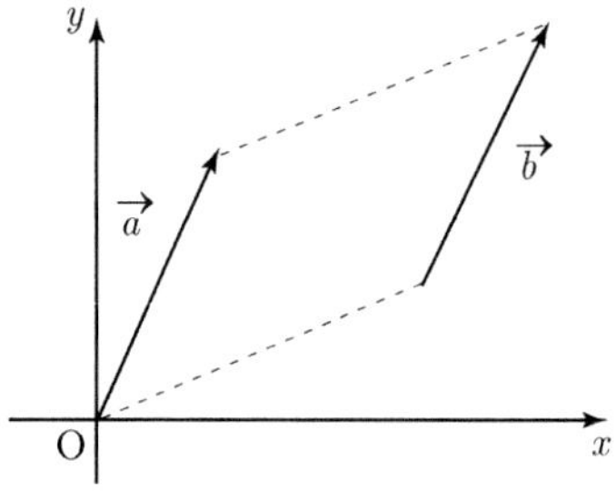

그림 2.2 벡터의 상등

서로 같다고 하고, $\boldsymbol{a}=\boldsymbol{b}$로 나타낸다.

벡터의 덧셈과 뺄셈

두 벡터 $\boldsymbol{a}$와 $\boldsymbol{b}$의 덧셈인 $\boldsymbol{a}+\boldsymbol{b}$를 구하는 방법은 2가지가 있다. 첫 번째 방법에서는 두 벡터의 시점을 일치시킨 후 두 벡터를 포함하는 평행사변형을 만들었을 때 대각선이 $\boldsymbol{a}+\boldsymbol{b}$이다. 두 번째 방법에서는 그림 2.3에 나타낸 바와 같이 한 벡터의 종점과 나머지 벡터의 시점을 일치시킨 후 두 벡터를 포함하는 삼각형을 만들었을 때 나머지 한 변이 $\boldsymbol{a}+\boldsymbol{b}$이다.

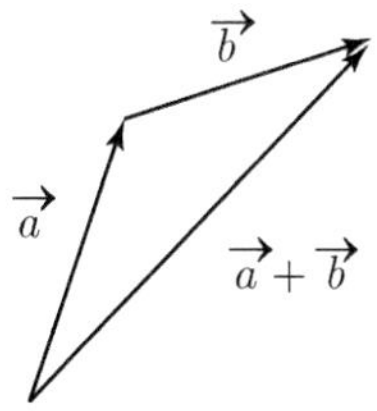

그림 2.3 벡터의 덧셈

벡터와 스칼라와의 곱

실수 m과 벡터 $\boldsymbol{a}$의 곱인 $m\boldsymbol{a}$는 $m>0$이면 $\boldsymbol{a}$와 같은 방향이고 크기가 $m|\boldsymbol{a}|$인 벡터이고, $m<0$이면 $\boldsymbol{a}$와 반대 방향이고 크기가 $|m||\boldsymbol{a}|$인 벡터이고, $m=0$이면 크기가 0인 벡터 즉 영벡터이다.

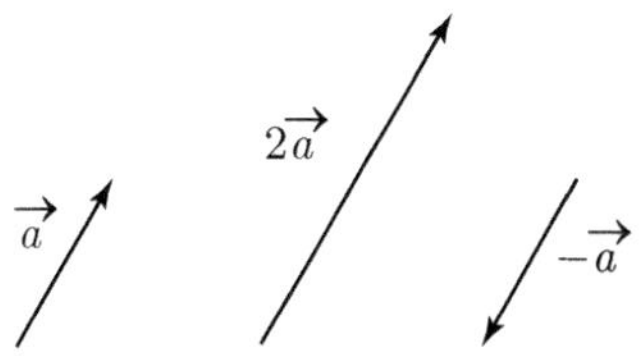

그림 2.4 벡터와 스칼라와의 곱

위치 벡터

시점이 좌표계의 원점인 벡터를 위치벡터(position vector)라 하며 모든 벡터는 시점을 원점이 되도록 평행 이동하여 위치벡터로 표시할 수 있다. 위치벡터에서는 시점이 원점으로 고정되므로 종점의 성분만이 중요하게 된다. 즉 일반적인 벡터 표시는 시점과 종점의 두 점이 필요하지만 위치벡터는 종점 한 점만으로 표현할 수 있다.

단위벡터

크기가 1인 벡터를 단위벡터(unit vector)라 한다. 그림 2.5는 2차원 직교 좌표계와 3차원 직교좌표계에서의 단위벡터를 표시한 것이다. 이후부터는 2차원 좌표계에서 $\boldsymbol{x}$축 방향의 단위벡터를 $\boldsymbol{i}$, $\boldsymbol{y}$축 방향의 단위벡터를 $\boldsymbol{j}$로 표시하고, 3차원 좌표계에서는 $\boldsymbol{x}$축 방향의 단위벡터를 $\boldsymbol{i}$, $\boldsymbol{y}$축 방향의 단위벡터를 $\boldsymbol{j}$, $\boldsymbol{z}$축 방향의 단위벡터를 $\boldsymbol{k}$로 표시하기로 한다.

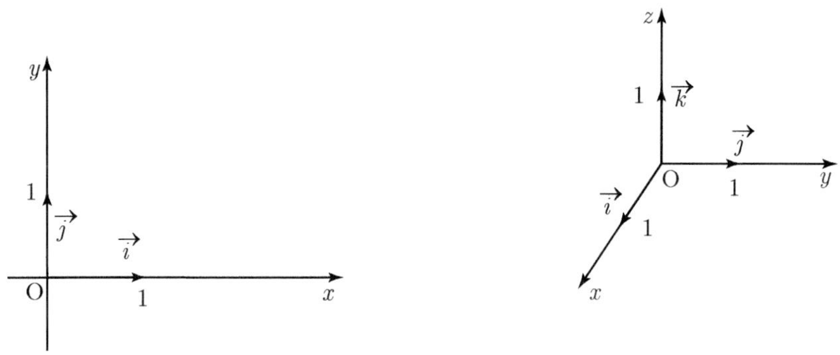

그림 2.5 2차원 직교좌표와 3차원 직교 좌표에서의 단위 벡터

2차원 평면 벡터의 성분

2차원 직교좌표계의 원점 o를 시점으로 하는 벡터 $\boldsymbol{a}$의 종점의 좌표를 (a_x, a_y)라 할 때 a_x를 벡터 $\boldsymbol{a}$의 x성분, a_y를 벡터 $\boldsymbol{a}$의 y성분이라고 하며 $\boldsymbol{a}=(a_x, a_y)$로 나타내며 벡터 $\boldsymbol{a}$의 크기는 $|\boldsymbol{a}|=\sqrt{(a_x^2+a_y^2)}$ 이다. 또한 벡터 $\boldsymbol{a}$는 단위벡터 $\boldsymbol{i}$, $\boldsymbol{j}$를 사용하여 표시하면 다음과 같다.

$$\boldsymbol{a}=a_x\boldsymbol{i}+a_y\boldsymbol{j} \tag{2.2.1}$$

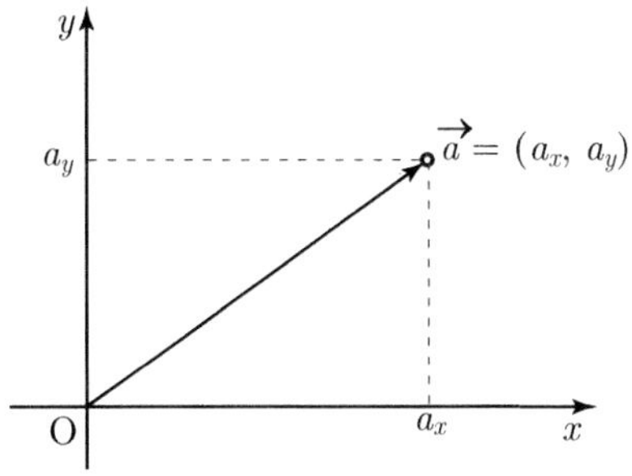

그림 2.6 2차원 평면 벡터의 성분

2차원 평면 벡터의 방향 코사인

영벡터가 아닌 벡터 $\boldsymbol{a} = (a_x, a_y)$가 $\boldsymbol{x}$축 및 $\boldsymbol{y}$축의 양의 방향과 이루는 각도가 각각 α, β 일 때 $a_x = |\boldsymbol{a}|\cos\alpha$, $a_y = |\boldsymbol{a}|\cos\beta$이고, 벡터 $\boldsymbol{a}$와 같은 방향의 단위 벡터는 $(\cos\alpha,\ \cos\beta)$이다. 이때 이 $\cos\alpha$, $\cos\beta$를 벡터 $\boldsymbol{a}$의 방향 코사인이라고 한다.

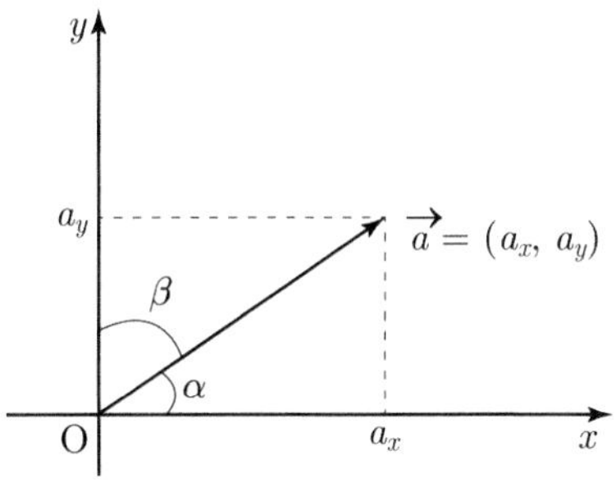

그림 2.7 2차원 평면 벡터의 방향 코사인

예제 2.6

벡터 $\boldsymbol{a} = (1,\ \sqrt{3})$일 때, 다음을 구하여라.

(1) 벡터 $\boldsymbol{a}$의 크기를 구하여라.

(2) 벡터 $\boldsymbol{a}$를 단위벡터 $\boldsymbol{i}$, $\boldsymbol{j}$를 사용하여 표시하라.

(3) 벡터 $\boldsymbol{a}$와 같은 방향의 단위벡터를 구하여라.

(4) 벡터 $\boldsymbol{a}$의 방향 코사인을 구하여라.

풀이

(1) $|\boldsymbol{a}| = \sqrt{(a_x^2 + a_y^2)} = \sqrt{(1^2 + (\sqrt{3})^2)} = 2$

(2) $\boldsymbol{a} = a_x\boldsymbol{i} + a_y\boldsymbol{j} = 1\boldsymbol{i} + \sqrt{3}\,\boldsymbol{j} = \boldsymbol{i} + \sqrt{3}\,\boldsymbol{j}$

(3) $\frac{1}{|\boldsymbol{a}|}\boldsymbol{a} = \frac{1}{2}(1, \sqrt{3}) = (\frac{1}{2}, \frac{\sqrt{3}}{2})$

(4) $\cos\alpha = \frac{1}{2}$, $\cos\beta = \frac{\sqrt{3}}{2}$ $(\alpha = 60°,\ \beta = 30°)$

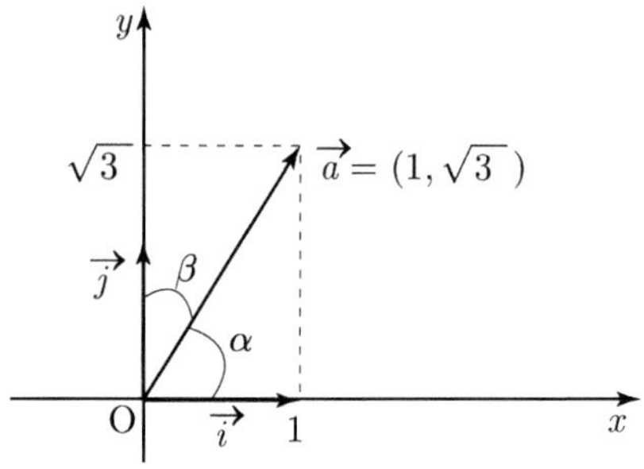

그림 2.8 예제 2.6을 위한 그림

3차원 공간 벡터의 성분

3차원 직교좌표계의 원점 o를 시점으로 하는 벡터 $\boldsymbol{a}$의 종점의 좌표를 (a_x, a_y, a_z)라 할 때 a_x를 벡터 $\boldsymbol{a}$의 x성분, a_y를 벡터 $\boldsymbol{a}$의 y성분, a_z를 벡터 $\boldsymbol{a}$의 z성분이라고 하며 $\boldsymbol{a} = (a_x, a_y, a_z)$로 나타내며 벡터 $\boldsymbol{a}$의 크기는 $|\boldsymbol{a}| = \sqrt{(a_x^2 + a_y^2 + a_z^2)}$ 이다. 또한 벡터 $\boldsymbol{a}$는 단위벡터 $\boldsymbol{i}$, $\boldsymbol{j}$, $\boldsymbol{k}$를 사용하여 표시하면 다음과 같다.

$$\boldsymbol{a} = a_x\boldsymbol{i} + a_y\boldsymbol{j} + a_z\boldsymbol{k} \tag{2.2.2}$$

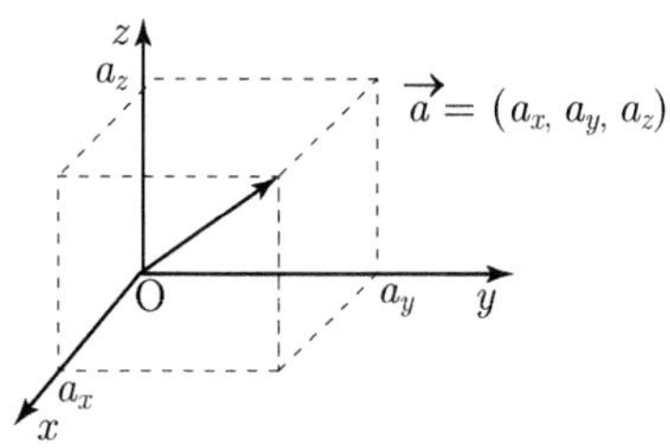

그림 2.9 3차원 공간 벡터의 성분

3차원 공간 벡터의 방향 코사인

영벡터가 아닌 벡터 $\boldsymbol{a} = (a_x, a_y, a_z)$가 x축, y축 및 z축의 양의 방향과 이루는 각도가 각각 α, β, γ 일 때 $a_x = |\boldsymbol{a}|\cos\alpha$, $a_y = |\boldsymbol{a}|\cos\beta$, $a_z = |\boldsymbol{a}|\cos\gamma$이고, 벡터 $\boldsymbol{a}$와 같은 방향의 단위벡터는 $(\cos\alpha, \cos\beta, \cos\gamma)$이다. 이때 이 $\cos\alpha$, $\cos\beta$, $\cos\gamma$를 벡터 $\boldsymbol{a}$의 방향코사인이라고 한다.

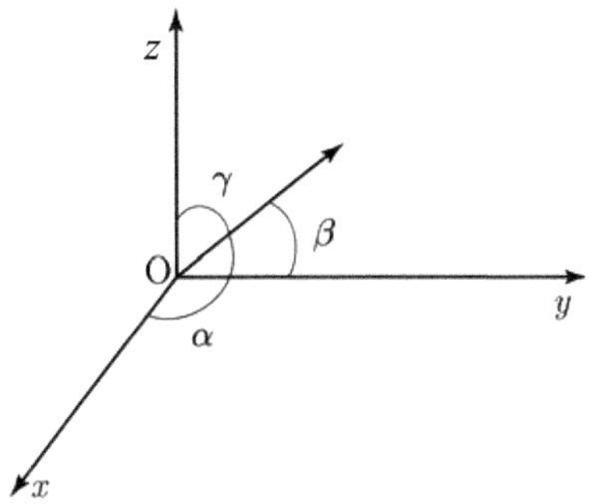

그림 2.10 3차원 공간 벡터의 방향 코사인

예제 2.7

벡터 $a = (3, -2, 6)$일 때, 다음을 구하여라.

(1) 벡터 a의 크기를 구하여라.

(2) 벡터 a를 단위벡터 i, j, k를 사용하여 표시하라.

(3) 벡터 a와 같은 방향의 단위벡터를 구하여라.

(4) 벡터 a의 방향 코사인을 구하여라.

풀이

(1) $|\boldsymbol{a}| = \sqrt{(a_x^2 + a_y^2 + a_z^2)} = \sqrt{(3^2 + (-2)^2 + 6^2)} = \sqrt{49} = 7$

(2) $\boldsymbol{a} = a_x \boldsymbol{i} + a_y \boldsymbol{j} + a_z \boldsymbol{k} = 3\boldsymbol{i} - 2\boldsymbol{j} + 6\boldsymbol{k}$

(3) $\dfrac{1}{|a|} a = \dfrac{1}{7}(3, -2, 6) = (\dfrac{3}{7}, -\dfrac{2}{7}, \dfrac{6}{7})$

(4) $\cos\alpha = \dfrac{3}{7}$, $\cos\beta = -\dfrac{2}{7}$, $\cos\gamma = \dfrac{6}{7}$

벡터의 내적

두 벡터 $\boldsymbol{a}$, $\boldsymbol{b}$의 내적은 $\boldsymbol{a} \bullet \boldsymbol{b}$로 표시하며 다음과 같이 정의된다.

$$\boldsymbol{a} \bullet \boldsymbol{b} = |\boldsymbol{a}||\boldsymbol{b}|\cos\theta \tag{2.2.3}$$

식 (2.2.3)에서 θ는 두 벡터 $\boldsymbol{a}$, $\boldsymbol{b}$가 이루는 각의 크기($0 \leq \theta \leq \pi$)이다. 내적의 결과는 스칼라이다. 또한 두 벡터 $\boldsymbol{a}$, $\boldsymbol{b}$가 수직일 경우에는 $\boldsymbol{a} \bullet \boldsymbol{b} = 0$이다. 식 (2.2.3)과 그림 2.11에서 $|\boldsymbol{a}|\cos\theta$는 벡터 $\boldsymbol{a}$를 벡터 $\boldsymbol{b}$ 위로 투영시킨 크기를 나타낸다.

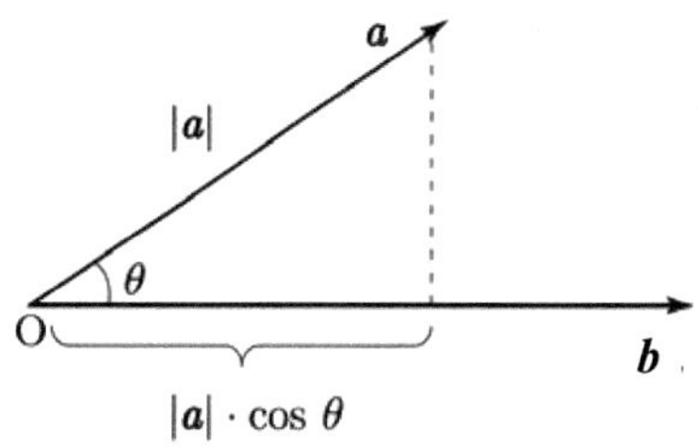

그림 2.11 두 벡터의 내적

벡터의 내적의 성분 표시

두 벡터 $\boldsymbol{a} = [a_1, a_2, a_3]^T$ 와 $\boldsymbol{b} = [b_1, b_2, b_3]^T$의 내적을 성분을 사용하여 표시하면 다음과 같다.

$$\boldsymbol{a} \bullet \boldsymbol{b} = a_1 b_1 + a_2 b_2 + a_3 b_3 \tag{2.2.4}$$

벡터의 외적

두 벡터 $\boldsymbol{a}$, $\boldsymbol{b}$의 외적은 $\boldsymbol{a} \times \boldsymbol{b}$로 표시하며 다음과 같이 정의된다.

$$\boldsymbol{a} \times \boldsymbol{b} = (|\boldsymbol{a}||\boldsymbol{b}|\sin\theta)\boldsymbol{n} \tag{2.2.5}$$

식 (2.2.5)에서 θ는 두 벡터 $\boldsymbol{a}$, $\boldsymbol{b}$가 이루는 각의 크기($0 \leq \theta \leq \pi$)이다. 외적의 결과는 벡터이다. 식 (2.2.5)에서 두 벡터 $\boldsymbol{a}$, $\boldsymbol{b}$의 외적의 크기는

이고 방향은 $\boldsymbol{n}$이다. 벡터 $\boldsymbol{n}$은 두 벡터 $\boldsymbol{a}$, $\boldsymbol{b}$가 이루는 평면에 수직인 단위벡터로 벡터 $\boldsymbol{a}$에서 벡터 $\boldsymbol{b}$로 오른나사를 돌릴 때 나사가 나아가는 방향이 벡터 $\boldsymbol{n}$의 방향이다.

두 벡터 $\boldsymbol{a}$, $\boldsymbol{b}$가 평행일 경우에는 $\boldsymbol{a}\times\boldsymbol{b}=0$이다.

벡터의 외적의 성분 표시

두 벡터 $\boldsymbol{a}=[a_1, a_2, a_3]^T$ 와 $\boldsymbol{b}=[b_1, b_2, b_3]^T$의 외적을 성분을 사용하여 표시하면 다음과 같다.

$$\boldsymbol{a}\times\boldsymbol{b}=\begin{vmatrix}\boldsymbol{a}_x & \boldsymbol{a}_y & \boldsymbol{z}_x \\ a_1 & a_2 & a_3 \\ b_1 & b_2 & b_3\end{vmatrix} \tag{2.2.6}$$

$$=(a_2b_3-a_3b_2)\boldsymbol{a}_x+(a_3b_1-a_1b_3)\boldsymbol{a}_y+(a_1b_2-a_2b_1)\boldsymbol{a}_z$$

각의 양과 음

시초선 OX에서 동경 OP가 회전할 경우, 시계 바늘과 반대 방향의 회전을 양의 방향, 시계 바늘과 같은 방향의 회전을 음의 방향이라고 한다.

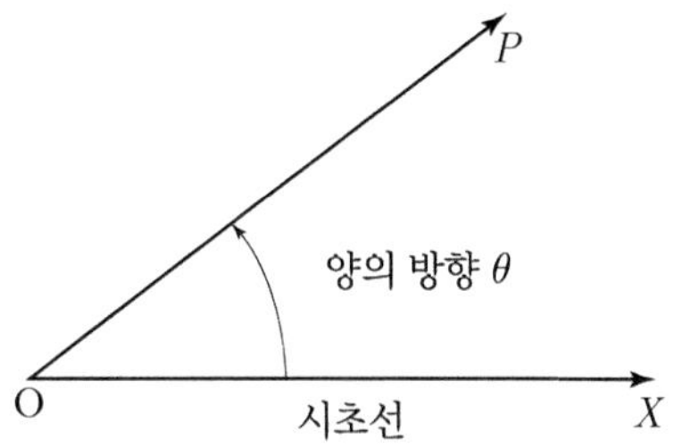

그림 2.12 각의 부호

60분법과 호도법을 사용한 각의 크기

일상생활에서 주로 사용하는 '도'를 이용하여 60°와 같이 각의 크기를 나타내는 것을 60분법이라고 하고, 1 호도(라디안, radian)를 단위로 각의 크기를 나타내는 방법을 호도법이라 한다. 1 라디안은 반지름의 길이 r인 원에서 길이가

r인 호 AB를 잡을 때, 이 호에 대한 중심각 AOB의 크기이다. 이때 중심각 AOB의 크기는 반지름의 길이 r의 크기와는 무관하게 항상 일정하다. 호도법과 60분법 표기 사이에는 식 (2.2.7)과 같은 관계가 있다.

$$\pi\text{라디안} = 180^\circ \tag{2.2.7}$$

$$1\text{라디안} = \frac{180^\circ}{\pi} \simeq 57^\circ$$

$$1^\circ = \frac{\pi}{180}\text{라디안} \simeq 0.01745\,\text{라디안}$$

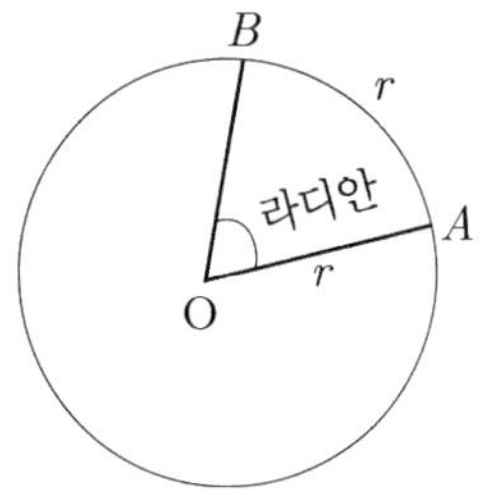

그림 2.13 호도법에 따른 각의 크기

삼각비

$\angle C = \frac{\pi}{2}$ 인 직각삼각형 ABC 에서 $\angle A = \theta$라 할 때, 삼각비는 다음과 같다.

$$\sin\theta = \frac{a}{c}, \quad \cos\theta = \frac{b}{c}, \quad \tan\theta = \frac{a}{b} \tag{2.2.8}$$

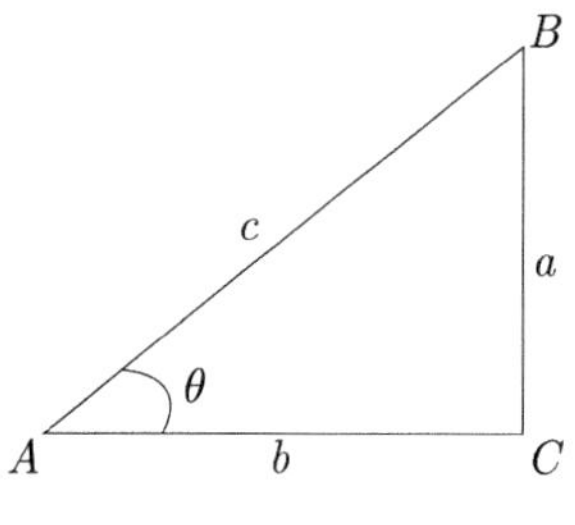

그림 2.14 삼각비

특수각의 삼각비

그림 2.15의 삼각형들에서 특수각에 대한 삼각비를 다음과 같이 쉽게 구할 수 있다.

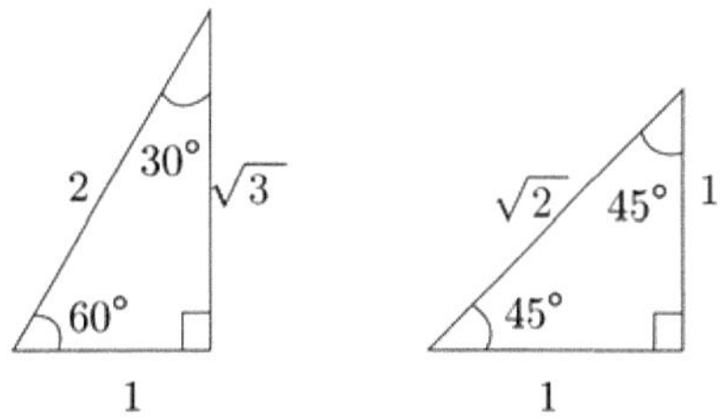

그림 2.15 특수각의 삼각비

표 2.1 특수각의 삼각비

	$30^\circ (=\frac{\pi}{6})$	$45^\circ (=\frac{\pi}{4})$	$60^\circ (=\frac{\pi}{3})$
sin	$\frac{1}{2}$	$\frac{1}{\sqrt{2}}$	$\frac{\sqrt{3}}{2}$
cos	$\frac{\sqrt{3}}{2}$	$\frac{1}{\sqrt{2}}$	$\frac{1}{2}$
tan	$\frac{1}{\sqrt{3}}$	1	$\sqrt{3}$

삼각함수

그림 2.16에서 OP가 나타내는 일반각의 크기를 θ, 점 P의 좌표를 (x, y)라 할 때, $\sin\theta = \frac{y}{r}$, $\cos\theta = \frac{x}{r}$, $\tan\theta = \frac{y}{x}$를 θ의 삼각함수라 한다.

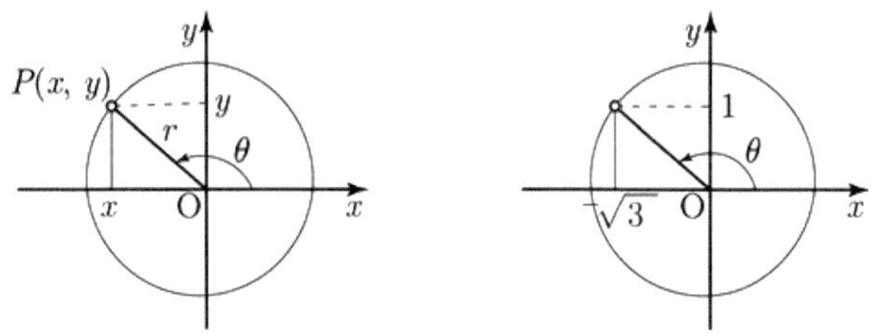

그림 2.16 삼각함수의 정의

예제 2.8

점 P의 좌표가 $(-\sqrt{3}, 1)$이고 OP를 동경으로 하는 각을 θ라 할 때 $\sin\theta$, $\cos\theta$, $\tan\theta$ 의 값을 구하여라.

풀이

$x=-\sqrt{3}$, $y=1$, $r=2$이므로 $\sin\theta=\dfrac{y}{r}=\dfrac{1}{2}$, $\cos\theta=\dfrac{x}{r}=-\dfrac{\sqrt{3}}{2}$,

$\tan\theta=\dfrac{y}{x}=\dfrac{1}{-\sqrt{3}}=-\dfrac{\sqrt{3}}{3}$ 이다.

삼각함수의 값의 부호

그림 2.16에서 r은 길이이므로 항상 양이고, 삼각함수의 부호는 x와 y의 부호에 따라 결정된다. 따라서 각 사분면에서의 부호는 다음과 같다.

표 2.2 삼각함수의 값의 부호와 사분면

	제 1사분면	제 2사분면	제 3사분면	제 4사분면
θ	$0<\theta<\frac{\pi}{2}$	$\frac{\pi}{2}<\theta<\pi$	$\pi<\theta<\frac{3}{2}\pi$	$\frac{3}{2}\pi<\theta<2\pi$
$\sin\theta$	+	+	−	−
$\cos\theta$	+	−	−	+
$\tan\theta$	+	−	+	-
부호	모두 +	sin만 +	tan만 +	cos만 +

삼각함수 사이의 관계

임의의 각 θ에 대해 다음의 관계가 성립한다.

$$\tan\theta=\frac{\sin\theta}{\cos\theta}, \quad \sin^2\theta+\cos^2\theta=1 \tag{2.2.9}$$

삼각함수의 성질

임의의 각 θ에 대해 다음이 성립한다.

$$\sin(-\theta) = -\sin\theta \ , \ \cos(-\theta) = \cos\theta \ , \ \tan(-\theta) = -\tan(\theta) \quad (2.2.10)$$

$$\sin(\pi-\theta) = \sin\theta \ , \ \cos(\pi-\theta) = -\cos\theta \ , \ \tan(\pi-\theta) = -\tan\theta$$

$$\sin(\frac{\pi}{2}-\theta) = \cos\theta \ , \ \cos(\frac{\pi}{2}-\theta) = \sin\theta \ , \ \tan(\frac{\pi}{2}-\theta) = \frac{1}{\tan\theta}$$

제2 코사인법칙

그림 2.17과 같은 삼각형에서 다음이 성립한다.

$$b^2 = a^2 + c^2 - 2ac\cos\theta \quad (2.2.11)$$

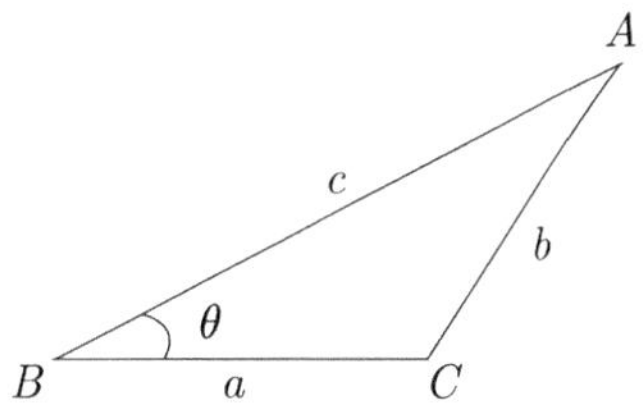

그림 2.17 제2 코사인법칙

삼각함수의 덧셈정리

임의의 각 α, β에 대하여 다음이 성립한다.

$$\sin(\alpha+\beta) = \sin\alpha\cos\beta + \cos\alpha\sin\beta \quad (2.2.12)$$

$$\sin(\alpha-\beta) = \sin\alpha\cos\beta - \cos\alpha\sin\beta$$

$$\cos(\alpha+\beta) = \cos\alpha\cos\beta - \sin\alpha\sin\beta$$

$$\cos(\alpha-\beta) = \cos\alpha\cos\beta + \sin\alpha\sin\beta$$

2.3 좌표계와 변환행렬

2.3.1 2차원 직교좌표계에서의 변환 행렬

일반적으로 로봇 머니퓰레이터는 고정된 베이스를 갖는다. 로봇 머니퓰레이터가 하는 가장 기본적인 작업은 이 베이스를 기준으로 하여 임의의 위치에, 임의의 방향으로 놓여진 어떤 사물을 잡아서 처리하는 것이다. 로봇이 이러한 일을 수행할 수 있기 위해서는 공간상의 한 점의 위치와 방향이 로봇의 베이스 좌표계에 대해서 알려져 있어야 한다. 여기에서는 우선 공간상에서의 임의의 점의 위치와 방향을 특정한 좌표계에 대해서 어떻게 표시하는가 하는 문제를 다룬다.

우선 2차원 평면상에서의 예를 살펴보자. 그림 2.18에는 원점이 같은 두 개의 좌표계 $\boldsymbol{x}_0-\boldsymbol{y}_0$, $\boldsymbol{x}_1-\boldsymbol{y}_1$이 주어져 있다. 이 2차원 평면상에 있는 한 점 $\boldsymbol{P}$에 대해서 다음을 생각해 보자.

(1) 점 $\boldsymbol{P}$는 $\boldsymbol{x}_0-\boldsymbol{y}_0$ 좌표계에서 어떻게 표현되는가.

(2) 점 $\boldsymbol{P}$는 $\boldsymbol{x}_1-\boldsymbol{y}_1$ 좌표계에서 어떻게 표현되는가.

(3) 위의 두 표현 사이에는 어떤 관계가 있는가.

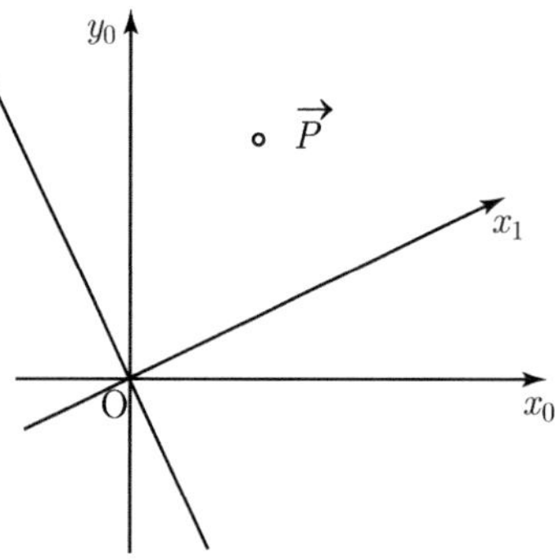

그림 2.18 2차원 평면상에서의 두 개의 좌표계

좌표계 $\boldsymbol{x}_0-\boldsymbol{y}_0$의 $\boldsymbol{x}_0$ 방향의 단위 벡터를 $\boldsymbol{i}_0$, $\boldsymbol{y}_0$ 방향의 단위 벡터를 $\boldsymbol{j}_0$라 하고, 좌표계 $\boldsymbol{x}_1-\boldsymbol{y}_1$의 $\boldsymbol{x}_1$ 방향의 단위 벡터를 $\boldsymbol{i}_1$, $\boldsymbol{y}_1$ 방향의 단위 벡터를 $\boldsymbol{j}_1$이라 하자.

점 $\boldsymbol{P}$를 $\boldsymbol{x}_0-\boldsymbol{y}_0$ 좌표계에서 표시한 점을 $\boldsymbol{P}_0$라 하면 그림 2.19에 나타난 바와 같이 P_{0x}는 점 $\boldsymbol{P}$를 $\boldsymbol{x}_0$축 방향으로 투영한 크기 즉, $\boldsymbol{x}_0$축 방향 성분의 크기이고, P_{0y}는 점 $\boldsymbol{P}$를 $\boldsymbol{y}_0$축 방향으로 투영한 크기 즉, $\boldsymbol{y}_0$축 방향 성분의 크기이다. 따라서 이 점 $\boldsymbol{P}_0$의 위치는 $\boldsymbol{x}_0-\boldsymbol{y}_0$ 좌표계에서 식 (2.3.1)과 같이 표현된다.

$$\boldsymbol{P}_0 = P_{0x}\,\boldsymbol{i_0} + P_{0y}\,\boldsymbol{j_0} = \begin{bmatrix} P_{0x} \\ P_{0y} \end{bmatrix} \tag{2.3.1}$$

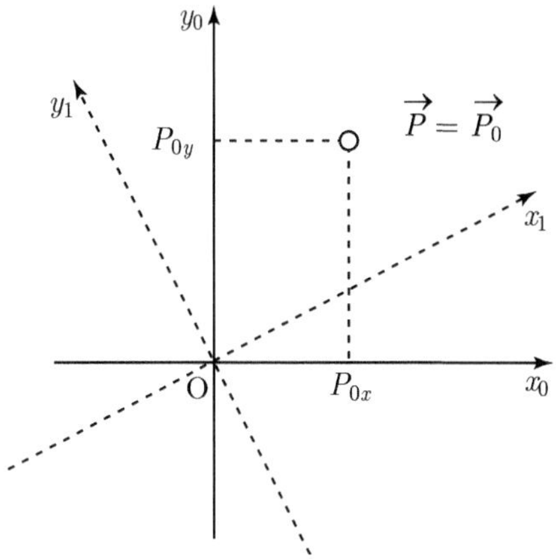

그림 2.19 $\boldsymbol{x}_0 - \boldsymbol{y}_0$ 좌표계에서 표시한 점 $\boldsymbol{P}$

점 $\boldsymbol{P}$를 $\boldsymbol{x}_1 - \boldsymbol{y}_1$ 좌표계에서 표시한 점을 $\boldsymbol{P}_1$이라 하면 그림 2.20에 나타난 바와 같이 P_{1x}는 점 $\boldsymbol{P}$를 $\boldsymbol{x}_1$축 방향으로 투영한 크기 즉, $\boldsymbol{x}_1$축 방향 성분의 크기이고, P_{1y}는 점 $\boldsymbol{P}$를 $\boldsymbol{y}_1$축 방향으로 투영한 크기 즉 $\boldsymbol{y}_1$축 방향 성분의 크기이다. 따라서 이 점 $\boldsymbol{y}_1$의 위치는 $\boldsymbol{x}_1 - \boldsymbol{y}_1$ 좌표계에서는 다음 식과 같이 표현된다.

$$\boldsymbol{P}_1 = P_{1x}\,\boldsymbol{i_1} + P_{1y}\,\boldsymbol{j}_1 = \begin{bmatrix} P_{1x} \\ P_{1y} \end{bmatrix} \tag{2.3.2}$$

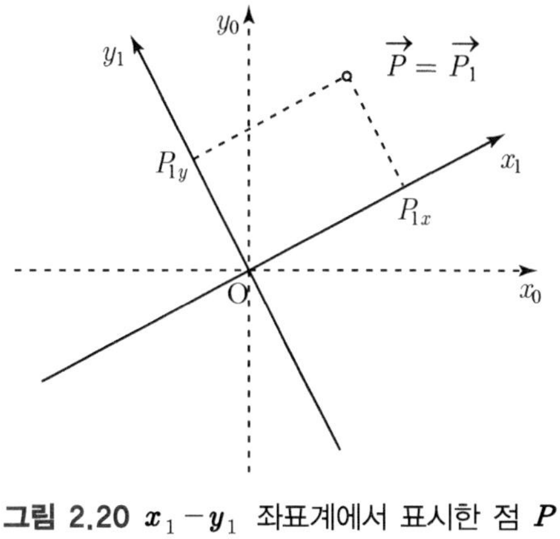

그림 2.20 $\boldsymbol{x}_1 - \boldsymbol{y}_1$ 좌표계에서 표시한 점 $\boldsymbol{P}$

$\boldsymbol{P}_0$와 $\boldsymbol{P}_1$은 같은 점 $\boldsymbol{P}$를 표시만 달리 한 것이고 같은 점이기 때문에 각 성분들 사이에는 다음과 같은 관계가 성립한다.

$$\begin{aligned} P_{0x} &= \boldsymbol{P}_0 \cdot \boldsymbol{i}_0 = \boldsymbol{P} \cdot \boldsymbol{i}_0 = \boldsymbol{P}_1 \cdot \boldsymbol{i}_0 = (P_{1x}\boldsymbol{i}_1 + P_{1y}\boldsymbol{j}_1) \cdot \boldsymbol{i}_0 \\ &= P_{1x}\boldsymbol{i}_1 \cdot \boldsymbol{i}_0 + P_{1y}\boldsymbol{j}_1 \cdot \boldsymbol{i}_0 \end{aligned} \tag{2.3.3}$$

$$\begin{aligned} P_{0y} &= \boldsymbol{P}_0 \cdot \boldsymbol{j}_0 = \boldsymbol{P} \cdot \boldsymbol{j}_0 = \boldsymbol{P}_1 \cdot \boldsymbol{j}_0 = (P_{1x}\boldsymbol{i}_1 + P_{1y}\boldsymbol{j}_1) \cdot \boldsymbol{j}_0 \\ &= P_{1x}\boldsymbol{i}_1 \cdot \boldsymbol{j}_0 + P_{1y}\boldsymbol{j}_1 \cdot \boldsymbol{j}_0 \end{aligned} \tag{2.3.4}$$

식 (2.3.3)과 식 (2.3.4)를 행렬 형태로 다시 쓰면 다음 식과 같다.

$$\begin{bmatrix} P_{0x} \\ P_{0y} \end{bmatrix} = \begin{bmatrix} \boldsymbol{i}_1 \cdot \boldsymbol{i}_0 & \boldsymbol{j}_1 \cdot \boldsymbol{i}_0 \\ \boldsymbol{i}_1 \cdot \boldsymbol{j}_0 & \boldsymbol{j}_1 \cdot \boldsymbol{j}_0 \end{bmatrix} \begin{bmatrix} P_{1x} \\ P_{1y} \end{bmatrix} \tag{2.3.5}$$

식 (2.3.5)에서 두 좌표계의 단위행렬들 사이의 내적으로 이루어진 행렬을 다음과 같이 정의하자.

$$\begin{bmatrix} \boldsymbol{i}_1 \cdot \boldsymbol{i}_0 & \boldsymbol{j}_1 \cdot \boldsymbol{i}_0 \\ \boldsymbol{i}_1 \cdot \boldsymbol{j}_0 & \boldsymbol{j}_1 \cdot \boldsymbol{j}_0 \end{bmatrix} = \boldsymbol{R}_0^1 \tag{2.3.6}$$

이제 식 (2.3.5)를 다시 쓰면 식 (2.3.7)과 같이 쓸 수 있다.

$$\boldsymbol{P}_0 = \begin{bmatrix} \boldsymbol{i}_1 \cdot \boldsymbol{i}_0 & \boldsymbol{j}_1 \cdot \boldsymbol{i}_0 \\ \boldsymbol{i}_1 \cdot \boldsymbol{j}_0 & \boldsymbol{j}_1 \cdot \boldsymbol{j}_0 \end{bmatrix} \boldsymbol{P}_1 \tag{2.3.7}$$

$$\Rightarrow \quad \boldsymbol{P}_0 = \boldsymbol{R}_0^1 \boldsymbol{P}_1$$

식 (2.3.7)에서 $\boldsymbol{P}_0$는 $\boldsymbol{P}$를 $\boldsymbol{x}_0 - \boldsymbol{y}_0$ 좌표계에서 표시한 점이고, $\boldsymbol{P}_1$은 점 $\boldsymbol{P}$를 $\boldsymbol{x}_1 - \boldsymbol{y}_1$ 좌표계에서 표시한 점이다. 따라서 $\boldsymbol{P}_1$ 에 $\boldsymbol{R}_0^1$를 곱해서 $\boldsymbol{P}_0$와 같아졌다는 것은 2×2 행렬인 $\boldsymbol{R}_0^1$이 $\boldsymbol{x}_1 - \boldsymbol{y}_1$ 좌표계에서 표시된 점 $\boldsymbol{P}_1(=\boldsymbol{P})$을 $\boldsymbol{x}_0 - \boldsymbol{y}_0$ 좌표계에 대한 표시인 $\boldsymbol{P}_0(=\boldsymbol{P})$로 변환하여 주었다는 것을 의미한다. 이러한 이유로 $\boldsymbol{R}_0^1$를 변환행렬(transformation matrix)이라고 부른다. $\boldsymbol{R}_0^1$의 표현에서 윗첨자로 표기된 좌표계($\boldsymbol{x}_1 - \boldsymbol{y}_1$)를 아래첨자로 표기된 좌표계($\boldsymbol{x}_0 - \boldsymbol{y}_0$)로 변환한다는 것에 유의하라.

이번에는 역으로 $\boldsymbol{x}_0 - \boldsymbol{y}_0$ 좌표계에서 표시된 점을 $\boldsymbol{x}_1 - \boldsymbol{y}_1$ 좌표계에서 표시된 점으로 변환하는 과정을 살펴보자.
앞에서와 같은 방법을 사용하면 다음 식을 얻을 수 있다.

$$P_{1x} = \boldsymbol{P}_1 \cdot \boldsymbol{i}_1 = \boldsymbol{P} \cdot \boldsymbol{i}_1 = \boldsymbol{P}_0 \cdot \boldsymbol{i}_1 = (P_{0x}\boldsymbol{i}_0 + P_{0y}\boldsymbol{j}_0) \cdot \boldsymbol{i}_1 \qquad (2.3.8)$$
$$= P_{0x}\boldsymbol{i}_0 \cdot \boldsymbol{i}_1 + P_{0y}\boldsymbol{j}_0 \cdot \boldsymbol{i}_1$$

$$P_{1y} = \boldsymbol{P}_1 \cdot \boldsymbol{j}_1 = \boldsymbol{P} \cdot \boldsymbol{j}_1 = \boldsymbol{P}_0 \cdot \boldsymbol{j}_1 = (P_{0x}\boldsymbol{i}_0 + P_{0y}\boldsymbol{j}_0) \cdot \boldsymbol{j}_1 \qquad (2.3.9)$$
$$= P_{0x}\boldsymbol{i}_0 \cdot \boldsymbol{j}_1 + P_{0y}\boldsymbol{j}_0 \cdot \boldsymbol{j}_1$$

식 (2.3.8)과 식 (2.3.9)를 행렬 형태로 다시 쓰면 다음 식과 같다.

$$\begin{bmatrix} P_{1x} \\ P_{1y} \end{bmatrix} = \begin{bmatrix} \boldsymbol{i}_0 \cdot \boldsymbol{i}_1 & \boldsymbol{j}_0 \cdot \boldsymbol{i}_1 \\ \boldsymbol{i}_0 \cdot \boldsymbol{j}_1 & \boldsymbol{j}_0 \cdot \boldsymbol{j}_1 \end{bmatrix} \begin{bmatrix} P_{0x} \\ P_{0y} \end{bmatrix} \qquad (2.3.10)$$

식 (2.3.10)에서 두 좌표계의 단위행렬들 사이의 내적으로 이루어진 행렬을 다음과 같이 정의하자.

$$\begin{bmatrix} \boldsymbol{i}_0 \cdot \boldsymbol{i}_1 & \boldsymbol{j}_0 \cdot \boldsymbol{i}_1 \\ \boldsymbol{i}_0 \cdot \boldsymbol{j}_1 & \boldsymbol{j}_0 \cdot \boldsymbol{j}_1 \end{bmatrix} = \boldsymbol{R}_1^0 \qquad (2.3.11)$$

이제 식 (2.3.10)을 다시 쓰면 식 (2.3.12)와 같이 쓸 수 있다.

$$\boldsymbol{P}_1 = \begin{bmatrix} \boldsymbol{i}_0 \cdot \boldsymbol{i}_1 & \boldsymbol{j}_0 \cdot \boldsymbol{i}_1 \\ \boldsymbol{i}_0 \cdot \boldsymbol{j}_1 & \boldsymbol{j}_0 \cdot \boldsymbol{j}_1 \end{bmatrix} \boldsymbol{P}_0 \qquad (2.3.12)$$

$$\Rightarrow \quad \boldsymbol{P}_1 = \boldsymbol{R}_1^0 \boldsymbol{P}_0$$

식 (2.3.12)에서 $\boldsymbol{P}_0$에 $\boldsymbol{R}_1^0$를 곱해서 $\boldsymbol{P}_1$과 같아졌다는 것은 2×2행렬인 $\boldsymbol{R}_1^0$이 $\boldsymbol{x}_0 - \boldsymbol{y}_0$ 좌표계에서 표시된 점 $\boldsymbol{P}_0(=\boldsymbol{P})$을 $\boldsymbol{x}_1 - \boldsymbol{y}_1$ 좌표계에 대한 표시인$\boldsymbol{P}_1(=\boldsymbol{P})$로 변환하여 주었다는 것을 의미한다.

변환 행렬 $\boldsymbol{R}_1^0$은 윗첨자로 표기된 좌표계$(0 : \boldsymbol{x}_0 - \boldsymbol{y}_0)$를 아래첨자로 표기된 좌표계$(1 : \boldsymbol{x}_1 - \boldsymbol{y}_1)$로 변환한다는 것에 유의하라.

한편, 식 (2.3.7)에서 $\boldsymbol{P}_0 = \boldsymbol{R}_0^1 \boldsymbol{P}_1$이므로 $\boldsymbol{P}_1 = (\boldsymbol{R}_0^1)^{-1}\boldsymbol{P}_0$이다. 또한 식

(2.3.12)에서 $\boldsymbol{P}_1 = \boldsymbol{R}_1^0 \boldsymbol{P}_0$이므로 $\boldsymbol{R}_1^0 = (\boldsymbol{R}_0^1)^{-1}$와 같다. 또한 식 (2.3.6)과 식 (2.3.11)에서 $\boldsymbol{R}_1^0$ 과 $\boldsymbol{R}_0^1$의 요소들을 비교해 보면 $\boldsymbol{R}_1^0 = (\boldsymbol{R}_0^1)^T$ 임을 알 수 있다. 따라서 두 변환행렬 사이에는 다음 식과 같은 관계가 성립한다.

$$\boldsymbol{R}_1^0 = (\boldsymbol{R}_0^1)^{-1} = (\boldsymbol{R}_0^1)^T \tag{2.3.13}$$

예제 2.9

원점이 같은 두 좌표계 $x_0 - y_0$, $x_1 - y_1$에 그림 2.21에서와 같이 점 P가 놓여있다. 점 P를 두 좌표계에서 각각 표시하라. 두 좌표계 사이의 변환 행렬인 $\boldsymbol{R}_0^1$와 $\boldsymbol{R}_1^0$을 구하여라. $\boldsymbol{R}_0^1$와 $\boldsymbol{R}_1^0$ 사이의 관계식 (2.3.13)을 검증하라.

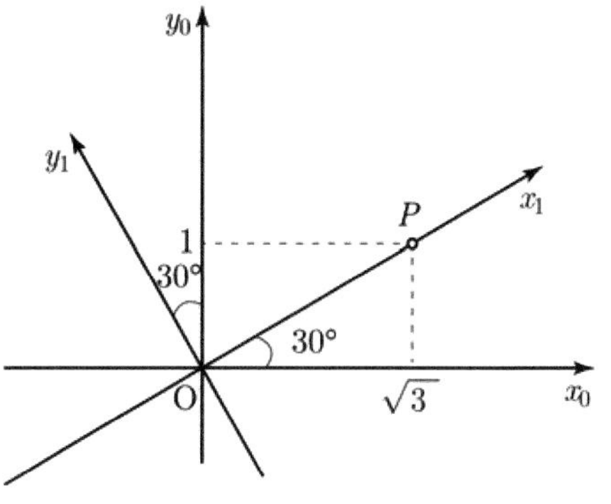

그림 2.21 예제 2.9를 위한 그림

풀이

그림 2.21에서 다음을 알 수 있다.

$$\boldsymbol{P}_0 = P_{0x}\,\boldsymbol{i}_0 + P_{0y}\,\boldsymbol{j}_0 = \sqrt{3}\,\boldsymbol{i}_0 + 1\ \boldsymbol{j}_0 = \begin{bmatrix} P_{0x} \\ P_{0y} \end{bmatrix} = \begin{bmatrix} \sqrt{3} \\ 1 \end{bmatrix}$$

$$\boldsymbol{P}_1 = P_{1x}\,\boldsymbol{i}_1 + P_{1y}\,\boldsymbol{j}_1 = 2\boldsymbol{i}_1 + 0\ \boldsymbol{j}_1 = \begin{bmatrix} P_{1x} \\ P_{1y} \end{bmatrix} = \begin{bmatrix} 2 \\ 0 \end{bmatrix}$$

또한 두 좌표계 사이의 기하학적 관계로부터 식 (2.3.6)에 나타나 있는 단위 벡터들 사이의 내적을 다음과 같이 구할 수 있다.

$$\boldsymbol{i}_1 \cdot \boldsymbol{i}_0 = \cos(30^\circ) = \frac{\sqrt{3}}{2}, \quad \boldsymbol{j}_1 \cdot \boldsymbol{i}_0 = \cos(120^\circ) = -\frac{1}{2} \tag{2.3.14}$$
$$\boldsymbol{i}_1 \cdot \boldsymbol{j}_0 = \cos(60^\circ) = \frac{1}{2}, \quad \boldsymbol{j}_1 \cdot \boldsymbol{j}_0 = \cos(30^\circ) = \frac{\sqrt{3}}{2}$$

따라서 $\boldsymbol{R}_0^1$은 식 (2.3.6)에 위의 결과를 대입하면 다음과 같다.

$$\boldsymbol{R}_0^1 = \begin{bmatrix} \boldsymbol{i}_1 \cdot \boldsymbol{i}_0 & \boldsymbol{j}_1 \cdot \boldsymbol{i}_0 \\ \boldsymbol{i}_1 \cdot \boldsymbol{j}_0 & \boldsymbol{j}_1 \cdot \boldsymbol{j}_0 \end{bmatrix} = \begin{bmatrix} \frac{\sqrt{3}}{2} & -\frac{1}{2} \\ \frac{1}{2} & \frac{\sqrt{3}}{2} \end{bmatrix} \tag{2.3.15}$$

$\boldsymbol{R}_0^1$는 다음 식에서와 같이 $\boldsymbol{P}_1$을 $\boldsymbol{P}_0$로 변환시켜준다.

$$\boldsymbol{R}_0^1 \boldsymbol{P}_1 = \begin{bmatrix} \frac{\sqrt{3}}{2} & -\frac{1}{2} \\ \frac{1}{2} & \frac{\sqrt{3}}{2} \end{bmatrix} \begin{bmatrix} 2 \\ 0 \end{bmatrix} = \begin{bmatrix} \sqrt{3} \\ 1 \end{bmatrix} = \boldsymbol{P}_0$$

$\boldsymbol{R}_1^0$은 식 (2.3.11)에 식 (2.3.14)에 주어진 값을 대입하면 다음과 같다.

$$\boldsymbol{R}_1^0 = \begin{bmatrix} \boldsymbol{i}_0 \cdot \boldsymbol{i}_1 & \boldsymbol{j}_0 \cdot \boldsymbol{i}_1 \\ \boldsymbol{i}_0 \cdot \boldsymbol{j}_1 & \boldsymbol{j}_0 \cdot \boldsymbol{j}_1 \end{bmatrix} = \begin{bmatrix} \frac{\sqrt{3}}{2} & \frac{1}{2} \\ -\frac{1}{2} & \frac{\sqrt{3}}{2} \end{bmatrix} \tag{2.3.16}$$

$\boldsymbol{R}_1^0$는 다음 식에서와 같이 $\boldsymbol{P}_0$을 $\boldsymbol{P}_1$로 변환시켜준다.

$$\boldsymbol{R}_1^0 \boldsymbol{P}_0 = \begin{bmatrix} \frac{\sqrt{3}}{2} & \frac{1}{2} \\ -\frac{1}{2} & \frac{\sqrt{3}}{2} \end{bmatrix} \begin{bmatrix} \sqrt{3} \\ 1 \end{bmatrix} = \begin{bmatrix} 2 \\ 0 \end{bmatrix} = \boldsymbol{P}_1 \tag{2.3.17}$$

한편 식 (2.3.15)와 식 (2.3.16)으로부터 $\boldsymbol{R}_1^0 = (\boldsymbol{R}_0^1)^T$을 알 수 있다. 또한 $(\boldsymbol{R}_0^1)^{-1}$을 구해보면 다음과 같다.

$$(\boldsymbol{R}_0^1)^{-1} = \frac{1}{\frac{\sqrt{3}}{2} \times \frac{\sqrt{3}}{2} - (-\frac{1}{2}) \times (\frac{1}{2})} \begin{bmatrix} \frac{\sqrt{3}}{2} & \frac{1}{2} \\ -\frac{1}{2} & \frac{\sqrt{3}}{2} \end{bmatrix} = \begin{bmatrix} \frac{\sqrt{3}}{2} & \frac{1}{2} \\ -\frac{1}{2} & \frac{\sqrt{3}}{2} \end{bmatrix} \tag{2.3.18}$$

따라서 두 변환행렬 사이에는 $\boldsymbol{R}_1^0 = (\boldsymbol{R}_0^1)^{-1} = (\boldsymbol{R}_0^1)^T$이 성립한다.

다음에는 변환행렬의 기하학적인 의미를 알아보자. $\boldsymbol{R}_0^1$는 식 (2.3.6)으로 나타내어진다. 이 행렬의 첫 번째 열을 보면 $\boldsymbol{i}_1 \bullet \boldsymbol{i}_0$와 $\boldsymbol{i}_1 \bullet \boldsymbol{j}_0$로 구성되어 있다. $\boldsymbol{i}_1, \boldsymbol{i}_0, \boldsymbol{j}_1, \boldsymbol{j}_0$는 모두 크기가 1인 단위벡터들이고 $\boldsymbol{i}_1 \bullet \boldsymbol{i}_0$은 $\boldsymbol{i}_1$을 $\boldsymbol{i}_0$로 투영시킨 크기이고, $\boldsymbol{i}_1 \bullet \boldsymbol{j}_0$은 $\boldsymbol{i}_1$을 $\boldsymbol{j}_0$로 투영시킨 크기이다. 따라서 첫 번째 열벡터는 $\boldsymbol{x}_1$축 방향의 단위 벡터인 $\boldsymbol{i}_1$을 $\boldsymbol{x}_0 - \boldsymbol{y}_0$ 좌표계에서 표시한 것과 같다. 즉 다음과 같다.

$$\begin{bmatrix} \boldsymbol{i}_1 \bullet \boldsymbol{i}_0 \\ \boldsymbol{i}_1 \bullet \boldsymbol{j}_0 \end{bmatrix} = (\boldsymbol{i}_0 \bullet \boldsymbol{i}_0)\boldsymbol{i}_0 + (\boldsymbol{i}_1 \bullet \boldsymbol{j}_0)\boldsymbol{j}_0 \tag{2.3.19}$$

두 번째 열을 보면 $\boldsymbol{j}_1 \bullet \boldsymbol{i}_0$와 $\boldsymbol{j}_1 \bullet \boldsymbol{j}_0$로 구성되어 있다. $\boldsymbol{j}_1 \bullet \boldsymbol{i}_0$은 $\boldsymbol{j}_1$을 $\boldsymbol{i}_0$로 투영시킨 크기이고, $\boldsymbol{j}_1 \bullet \boldsymbol{j}_0$은 $\boldsymbol{j}_1$을 $\boldsymbol{j}_0$로 투영시킨 크기이다. 따라서 두 번째 열 벡터는 $\boldsymbol{y}_1$축 방향의 단위 벡터인 $\boldsymbol{j}_1$을 $\boldsymbol{x}_0 - \boldsymbol{y}_0$ 좌표계에서 표시한 것과 같다.

마찬가지로 해석하면 $\boldsymbol{x}_0 - \boldsymbol{y}_0$ 좌표계를 $\boldsymbol{x}_1 - \boldsymbol{y}_1$ 좌표계로 변환시키는 $\boldsymbol{R}_1^0$의 첫 번째 열은 $\boldsymbol{x}_0$축 방향의 단위 벡터인 $\boldsymbol{i}_0$을 $\boldsymbol{x}_1 - \boldsymbol{y}_1$ 좌표계에서 표시한 것과 같고, 두 번째 열은 $\boldsymbol{y}_0$축 방향의 단위 벡터인 $\boldsymbol{j}_0$을 $\boldsymbol{x}_1 - \boldsymbol{y}_1$ 좌표계에서 표시한 것과 같다. 이와 같이 기하학적인 의미를 생각하면 변환행렬을 쉽게 구할 수 있다.

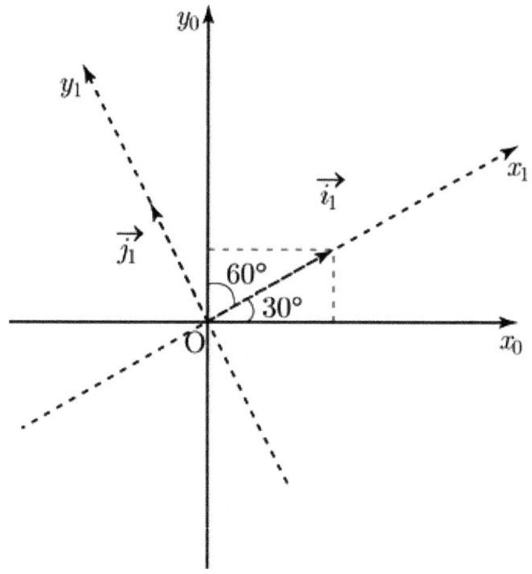

그림 2.22 $\boldsymbol{x}_0 - \boldsymbol{y}_0$ 좌표계에서 표시한 단위 벡터 $\boldsymbol{i}_1$

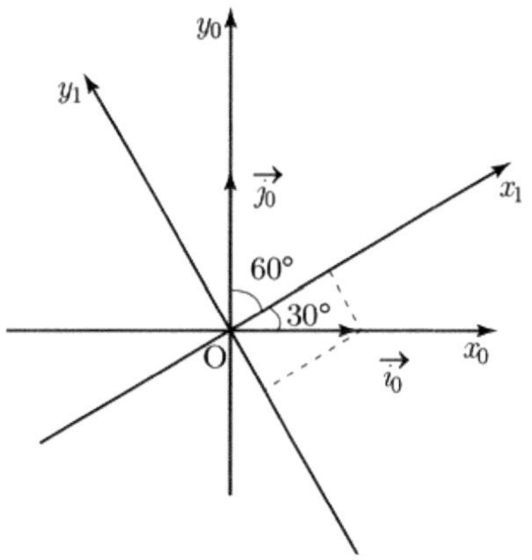

그림 2.23 $x_1 - y_1$ 좌표계에서 표시한 단위 벡터 i_0

예제 2.10

예제 2.9에서 변환행렬들 사이의 기하학적인 해석을 통하여 R_0^1, R_1^0을 구하여라.

풀이

우선 R_0^1을 구해보자. 그림 2.22에서 x_1축 방향의 단위 벡터인 i_1을 $x_0 - y_0$ 좌표계에서 표시한 것이 R_0^1의 첫 번째 열벡터이며 이는 다음과 같이 표시된다.

$$\begin{bmatrix} \cos 30^\circ \\ \cos 60^\circ \end{bmatrix} = \begin{bmatrix} \cos 30^\circ \\ \sin 30^\circ \end{bmatrix} = \begin{bmatrix} \frac{\sqrt{3}}{2} \\ \frac{1}{2} \end{bmatrix} \tag{2.3.20}$$

식 (2.3.20)과 그림 2.22를 보면 i_1이 x_0축의 양의 방향과 이루는 각이 30°이고 y_0축의 양의 방향과 이루는 각이 60°이다. 즉 식 (2.3.20)의 성분들은 i_1의 방향 코사인과 같다. 다시 말하면 i_1의 방향 코사인이란 i_1을 $x_0 - y_0$좌표계에서 표시하였을 때의 성분들이 되는 것이다.

y_1축 방향의 단위벡터인 j_1을 $x_0 - y_0$ 좌표계에서 표시한 것은 R_0^1의 두 번째 열벡터이며, 이는 다음과 같이 표시된다.

$$\begin{bmatrix} \cos 120^\circ \\ \cos 30^\circ \end{bmatrix} = \begin{bmatrix} -\frac{1}{2} \\ \frac{\sqrt{3}}{2} \end{bmatrix} \tag{2.3.21}$$

따라서 R_0^1는 식 (2.3.20)과 식 (2.3.21)로부터 다음과 같이 구해진다.

$$R_0^1 = \begin{bmatrix} \frac{\sqrt{3}}{2} & -\frac{1}{2} \\ \frac{1}{2} & \frac{\sqrt{3}}{2} \end{bmatrix} \tag{2.3.22}$$

그림 2.23을 참고하여 같은 방식으로 R_1^0을 구하면 다음과 같다.

$$R_1^0 = \begin{bmatrix} \frac{\sqrt{3}}{2} & \frac{1}{2} \\ -\frac{1}{2} & \frac{\sqrt{3}}{2} \end{bmatrix} \tag{2.3.23}$$

2.3.2 3차원 좌표계에서의 변환 행렬

3차원 공간상에서의 두 개의 좌표계 사이의 변환의 경우에는 2.3.1에서 살펴 본 2차원의 경우와 차원의 차이만 있을 뿐, 본질적으로는 다를 바가 없다. 2.3.1의 경우를 확장하여 생각하여 보자.

그림 2.24에 원점을 공유하는 $x_0-y_0-z_0$, $x_1-y_1-z_1$ 두 개의 좌표계가 주어져 있다. 이 3차원 평면상에 있는 한 점 P에 대해서 2.3.1에서와 같은 과정을 통하여 해석해 보자.

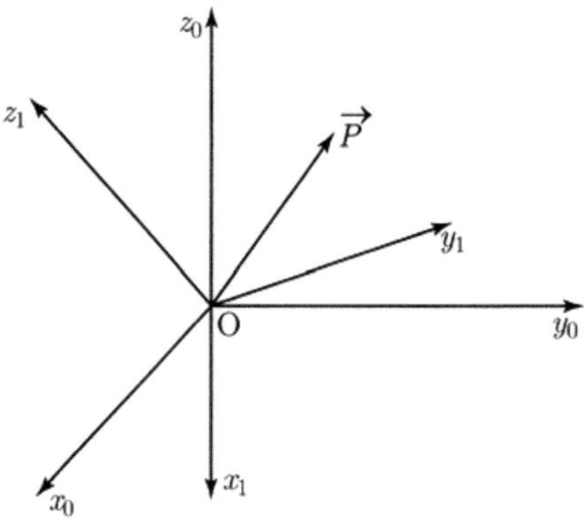

그림 2.24 3차원 평면상에서의 두 개의 좌표계

좌표계 $x_0-y_0-z_0$의 x_0 방향의 단위벡터를 i_0 , y_0 방향의 단위벡터를 j_0, z_0 방향의 단위벡터를 k_0라 하고, 좌표계 $x_1-y_1-z_1$의 x_1 방향의 단위벡터를

$\boldsymbol{i}_1$, $\boldsymbol{y}_1$ 방향의 단위벡터를 $\boldsymbol{j}_1$, $\boldsymbol{z}_1$ 방향의 단위벡터를 $\boldsymbol{k}_1$이라 하자. 점 $\boldsymbol{P}$를 $\boldsymbol{x}_0-\boldsymbol{y}_0-\boldsymbol{z}_0$좌표계에서 표시한 점을 $\boldsymbol{P}_0$, $\boldsymbol{x}_1-\boldsymbol{y}_1-\boldsymbol{z}_1$ 좌표계에서 표시한 점을 $\boldsymbol{P}_1$이라 하면 다음의 식이 성립한다.

$$\boldsymbol{P}_0=\begin{bmatrix}\boldsymbol{i}_1\cdot\boldsymbol{i}_0 & \boldsymbol{j}_1\cdot\boldsymbol{i}_0 & \boldsymbol{k}_1\cdot\boldsymbol{i}_0\\ \boldsymbol{i}_1\cdot\boldsymbol{j}_0 & \boldsymbol{j}_1\cdot\boldsymbol{j}_0 & \boldsymbol{k}_1\cdot\boldsymbol{j}_0\\ \boldsymbol{i}_1\cdot\boldsymbol{k}_0 & \boldsymbol{j}_1\cdot\boldsymbol{k}_0 & \boldsymbol{k}_1\cdot\boldsymbol{k}_0\end{bmatrix}\boldsymbol{P}_1=\boldsymbol{R}_0^1\boldsymbol{P}_1 \tag{2.3.24}$$

$$\Rightarrow\quad \boldsymbol{R}_0^1=\begin{bmatrix}\boldsymbol{i}_1\cdot\boldsymbol{i}_0 & \boldsymbol{j}_1\cdot\boldsymbol{i}_0 & \boldsymbol{k}_1\cdot\boldsymbol{i}_0\\ \boldsymbol{i}_1\cdot\boldsymbol{j}_0 & \boldsymbol{j}_1\cdot\boldsymbol{j}_0 & \boldsymbol{k}_1\cdot\boldsymbol{j}_0\\ \boldsymbol{i}_1\cdot\boldsymbol{k}_0 & \boldsymbol{j}_1\cdot\boldsymbol{k}_0 & \boldsymbol{k}_1\cdot\boldsymbol{k}_0\end{bmatrix}$$

$$\boldsymbol{P}_1=\begin{bmatrix}\boldsymbol{i}_0\cdot\boldsymbol{i}_1 & \boldsymbol{j}_0\cdot\boldsymbol{i}_1 & \boldsymbol{k}_0\cdot\boldsymbol{i}_1\\ \boldsymbol{i}_0\cdot\boldsymbol{j}_1 & \boldsymbol{j}_0\cdot\boldsymbol{j}_1 & \boldsymbol{k}_0\cdot\boldsymbol{j}_1\\ \boldsymbol{i}_0\cdot\boldsymbol{k}_1 & \boldsymbol{j}_0\cdot\boldsymbol{k}_1 & \boldsymbol{k}_0\cdot\boldsymbol{k}_1\end{bmatrix}\boldsymbol{P}_0=\boldsymbol{R}_1^0\boldsymbol{P}_0 \tag{2.3.25}$$

$$\Rightarrow\quad \boldsymbol{R}_1^0=\begin{bmatrix}\boldsymbol{i}_0\cdot\boldsymbol{i}_1 & \boldsymbol{j}_0\cdot\boldsymbol{i}_1 & \boldsymbol{k}_0\cdot\boldsymbol{i}_1\\ \boldsymbol{i}_0\cdot\boldsymbol{j}_1 & \boldsymbol{j}_0\cdot\boldsymbol{j}_1 & \boldsymbol{k}_0\cdot\boldsymbol{j}_1\\ \boldsymbol{i}_0\cdot\boldsymbol{k}_1 & \boldsymbol{j}_0\cdot\boldsymbol{k}_1 & \boldsymbol{k}_0\cdot\boldsymbol{k}_1\end{bmatrix}$$

두 변환행렬들 사이에는 다음의 관계가 성립한다.

$$\boldsymbol{R}_1^0=(\boldsymbol{R}_0^1)^{-1}=(\boldsymbol{R}_0^1)^T \tag{2.3.26}$$

$$\boldsymbol{R}_0^1=(\boldsymbol{R}_1^0)^{-1}=(\boldsymbol{R}_1^0)^T \tag{2.3.27}$$

식 (2.3.24)에서 $\boldsymbol{R}_0^1$의 첫 번째 열을 보면 $\boldsymbol{i}_1\cdot\boldsymbol{i}_0$, $\boldsymbol{i}_1\cdot\boldsymbol{j}_0$, $\boldsymbol{i}_1\cdot\boldsymbol{k}_0$로 구성되어 있다. 이들은 각각 $\boldsymbol{i}_1$을 $\boldsymbol{i}_0$, $\boldsymbol{j}_0$, $\boldsymbol{k}_0$로 투영시킨 크기이며 단위행렬들 간의 내적이기 때문에 곧 $\boldsymbol{i}_1$의 방향코사인이다. 따라서 첫 번째 열벡터는 $\boldsymbol{x}_1$축 방향의 단위 벡터인 $\boldsymbol{i}_1$을 $\boldsymbol{x}_0-\boldsymbol{y}_0-\boldsymbol{z}_0$ 좌표계에서 표시한 것과 같다.

두 번째 열을 보면 $\boldsymbol{j}_1\cdot\boldsymbol{i}_0$, $\boldsymbol{j}_1\cdot\boldsymbol{j}_0$, $\boldsymbol{j}_1\cdot\boldsymbol{k}_0$로 구성되어 있다. 이들은 각각 $\boldsymbol{j}_1$을 $\boldsymbol{i}_0$, $\boldsymbol{j}_0$, $\boldsymbol{k}_0$로 투영시킨 크기이며 단위행렬들 간의 내적이기 때문에 곧 $\boldsymbol{j}_1$의 방향 코사인이다. 따라서 두 번째 열벡터는 $\boldsymbol{y}_1$축 방향의 단위벡터인 $\boldsymbol{j}_1$을

$x_0 - y_0 - z_0$ 좌표계에서 표시한 것과 같다.

세 번째 열을 보면 $k_1 \cdot i_0$, $k_1 \cdot j_0$, $k_1 \cdot k_0$로 구성되어 있다. 이들은 각각 k_1을 i_0, j_0, k_0로 투영시킨 크기이며 단위행렬들 간의 내적이기 때문에 k_1의 방향 코사인이다. 따라서 세 번째 열벡터는 z_1축 방향의 단위벡터인 k_1을 $x_0 - y_0 - z_0$ 좌표계에서 표시한 것과 같다.

마찬가지로 해석하면 $x_0 - y_0 - z_0$ 좌표계를 $x_1 - y_1 - z_1$ 좌표계로 변환시키는 R_1^0의 첫 번째 열은 x_0축 방향의 단위벡터인 i_0을 $x_1 - y_1 - z_1$ 좌표계에서 표시한 것과 같고, 두 번째 열은 y_0축 방향의 단위벡터인 j_0을 $x_1 - y_1 - z_1$ 좌표계에서 표시한 것과 같으며, 세 번째 열은 z_0축 방향의 단위벡터인 k_0을 $x_1 - y_1 - z_1$ 좌표계에서 표시한 것과 같다.

2.4 회전 변환과 이동 변환

2.4.1 회전 변환

이 절에서 다룰 주된 내용은 두 좌표계 사이가 얼마나 틀어져 있는가(회전 변환)와 얼마나 떨어져 있는가(이동 변환) 하는 것이다.

로봇 머니퓰레이터의 예를 들어보자. 그림 2.25는 수직다관절 머니퓰레이터를 표시한 것인데, 그림에서 보는 바와 같이 머니퓰레이터는 각 관절마다 하나씩의 좌표계를 갖고 있다. 머니퓰레이터가 움직일 때마다 머니퓰레이터의 손끝의 위치와 각 관절 값들(그림의 경우에는 각 관절들의 회전각), 그리고 각 관절에 부착되어 있는 좌표계들 사이의 방향과 위치 관계가 바뀌게 된다. 따라서 머니퓰레이터의 손끝의 위치(또는 작업 공간내의 작업 대상물의 위치) 등을 결정하기 위해서는 각 좌표계 사이의 변환 관계를 공부해야 할 필요가 있는 것이다.

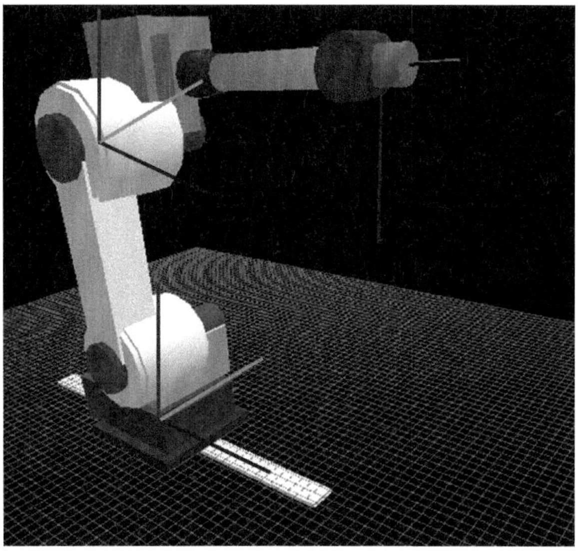

그림 2.25 머니퓰레이터와 좌표계

머니퓰레이터의 해석에서 가장 자주 쓰이는 회전 변환은 좌표계의 기본축인 $\boldsymbol{x}$, $\boldsymbol{y}$, $\boldsymbol{z}$축에 대한 회전 변환이다. 그림 2.26에서와 같이 좌표계 $\boldsymbol{x}_0-\boldsymbol{y}_0-\boldsymbol{z}_0$의 $\boldsymbol{z}_0$ 축에 대하여 양의 각도 θ만큼 회전하였을 때의 좌표계를 $\boldsymbol{x}_1-\boldsymbol{y}_1-\boldsymbol{z}_1$이라 하자. 축에 대한 회전에서 각도의 양의 방향은 해당 축에서 보았을 때 반시계 방향의 회전을, 음의 방향은 시계 방향의 회전을 말한다.

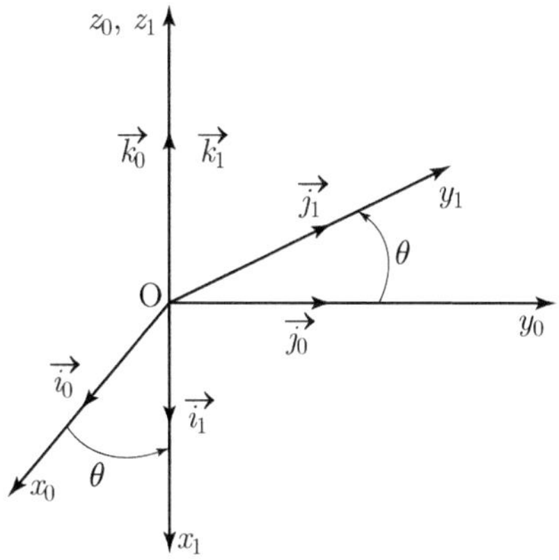

그림 2.26 $\boldsymbol{z}_0$ 축을 중심으로 각도 θ만큼 회전시킨 경우

두 좌표계 사이의 관계를 쉽게 파악하기 위하여 $\boldsymbol{z}_0, \boldsymbol{z}_1$축에서 바라보았을 때를 다시 그리면 그림 2.27과 같다.

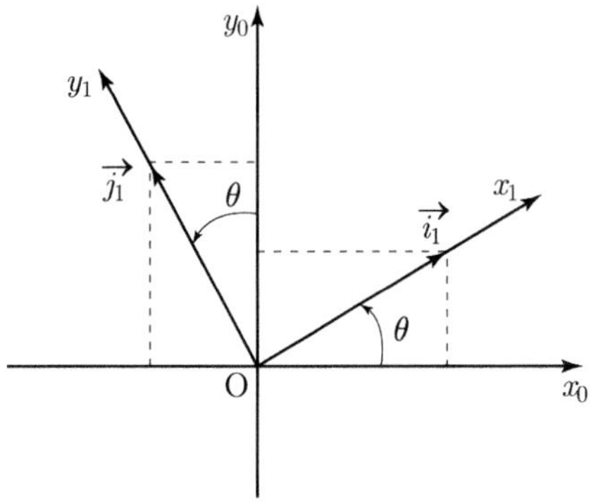

그림 2.27 $\boldsymbol{z}_0$ 축을 중심으로 각도 θ 만큼 회전시킨 경우

그림에서 두 좌표계 사이의 기하학적 관계로부터 다음을 구할 수 있다.

$$\boldsymbol{i}_1 \cdot \boldsymbol{i}_0 = \cos\theta, \quad \boldsymbol{j}_1 \cdot \boldsymbol{i}_0 = \cos(90° + \theta) = -\sin\theta \tag{2.4.1}$$

$$\boldsymbol{i}_1 \cdot \boldsymbol{j}_0 = \cos(90° - \theta) = \sin\theta, \boldsymbol{j}_1 \cdot \boldsymbol{j}_0 = \cos\theta, \quad \boldsymbol{k}_1 \cdot \boldsymbol{k}_0 = 1$$

식 (2.4.1)을 제외한 나머지 모든 내적들은 단위벡터들이 서로 직교하므로 0이다. 따라서 이때의 회전 변환행렬 $\boldsymbol{R}_0^1$은 식 (2.3.24)로부터 (2.4.2)와 같이 주어진다. 이 변환행렬을 특히 $\boldsymbol{z}$축에 대한 회전행렬이라 하고 $\boldsymbol{R}_{z,\theta}$로 표기한다.

$$\boldsymbol{R}_0^1 = \begin{bmatrix} \boldsymbol{i}_1 \cdot \boldsymbol{i}_0 & \boldsymbol{j}_1 \cdot \boldsymbol{i}_0 & \boldsymbol{k}_1 \cdot \boldsymbol{i}_0 \\ \boldsymbol{i}_1 \cdot \boldsymbol{j}_0 & \boldsymbol{j}_1 \cdot \boldsymbol{j}_0 & \boldsymbol{k}_1 \cdot \boldsymbol{j}_0 \\ \boldsymbol{i}_1 \cdot \boldsymbol{k}_0 & \boldsymbol{j}_1 \cdot \boldsymbol{k}_0 & \boldsymbol{k}_1 \cdot \boldsymbol{k}_0 \end{bmatrix} \tag{2.4.2}$$

$$= \begin{bmatrix} \cos\theta & -\sin\theta & 0 \\ \sin\theta & \cos\theta & 0 \\ 0 & 0 & 1 \end{bmatrix} \equiv \boldsymbol{R}_{z,\theta}$$

예제 2.11

좌표계 $\boldsymbol{x}_0 - \boldsymbol{y}_0 - \boldsymbol{z}_0$의 $\boldsymbol{z}_0$축에 대하여 $\theta = 45°$만큼 회전하였을 때의 좌표계를 $\boldsymbol{x}_1 - \boldsymbol{y}_1 - \boldsymbol{z}_1$이라 하자. 좌표계 $\boldsymbol{x}_1 - \boldsymbol{y}_1 - \boldsymbol{z}_1$에서 표현된 점 $\boldsymbol{P}$는 $(\sqrt{2}, 0, 0)^T$로 표시된다. 이 점에 대한 좌표계 $\boldsymbol{x}_0 - \boldsymbol{y}_0 - \boldsymbol{z}_0$에서의 표현을 구하라.

풀이

$\boldsymbol{z}_0$축에 대하여 $\theta = 45°$만큼 회전한 후, 양의 $\boldsymbol{z}_0$축에서 보았을 때의 좌표계 사이의 관계는 그림 2.28과 같을 것이다. 이때

$$\boldsymbol{R}_{z,\theta} = \begin{bmatrix} \cos 45° & -\sin 45° & 0 \\ \sin 45° & \cos 45° & 0 \\ 0 & 0 & 1 \end{bmatrix} = \begin{bmatrix} \frac{1}{\sqrt{2}} & -\frac{1}{\sqrt{2}} & 0 \\ \frac{1}{\sqrt{2}} & \frac{1}{\sqrt{2}} & 0 \\ 0 & 0 & 1 \end{bmatrix}$$ 이므로,

$$\boldsymbol{P}_0 = \boldsymbol{R}_0^1 \boldsymbol{P}_1 = \boldsymbol{R}_{z,\ 45°} \boldsymbol{P}_1 = \begin{bmatrix} \frac{1}{\sqrt{2}} & -\frac{1}{\sqrt{2}} & 0 \\ \frac{1}{\sqrt{2}} & \frac{1}{\sqrt{2}} & 0 \\ 0 & 0 & 1 \end{bmatrix} \begin{pmatrix} \sqrt{2} \\ 0 \\ 0 \end{pmatrix} = \begin{pmatrix} 1 \\ 1 \\ 0 \end{pmatrix}$$ 이다.

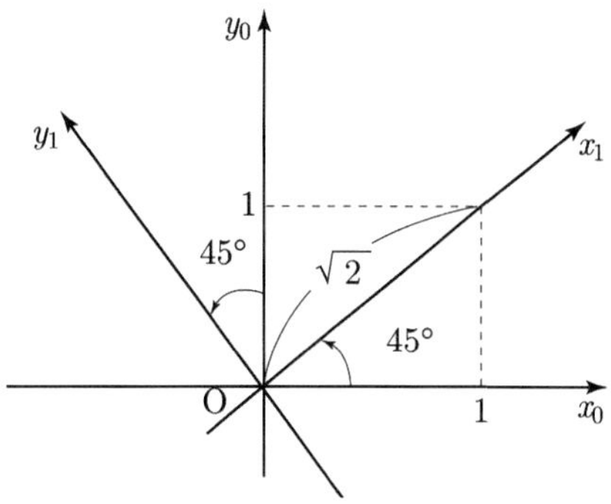

그림 2.28 $\boldsymbol{z}_0$축에 대하여 $\theta = 45°$만큼 회전하였을 때의 좌표계 사이의 관계

$\boldsymbol{x}_0$축을 중심으로 각도 θ만큼 회전시킨 경우와 $\boldsymbol{y}_0$축을 중심으로 각도 θ만큼 회전시킨 경우에 좌표계 사이의 관계는 그림 2.29와 같다. $\boldsymbol{x}_0$축을 중심으로 각도 θ만큼 회전시킨 경우의 단위행렬들 사이의 내적 중 0이 아닌 성분들은 다음과 같다.

$$\boldsymbol{i}_1 \cdot \boldsymbol{i}_0 = 1, \quad \boldsymbol{j}_1 \cdot \boldsymbol{j}_0 = \cos\theta, \quad \boldsymbol{k}_1 \cdot \boldsymbol{j}_0 = \cos(90° + \theta) = -\sin\theta$$

$$\boldsymbol{j}_1 \cdot \boldsymbol{k}_0 = \cos(90° - \theta) = \sin\theta, \quad \boldsymbol{k}_1 \cdot \boldsymbol{k}_0 = \cos\theta \tag{2.4.3}$$

이때의 회전 변환행렬 $\boldsymbol{R}_0^1$은 식 (2.3.24)로부터 (2.4.4)와 같이 주어진다. 이 변환행렬을 특히 x축에 대한 회전행렬이라 하고 $\boldsymbol{R}_{x,\theta}$로 표기한다.

$$\boldsymbol{R}_0^1 = \begin{bmatrix} 1 & 0 & 0 \\ 0 & \cos\theta & -\sin\theta \\ 0 & \sin\theta & \cos\theta \end{bmatrix} \equiv \boldsymbol{R}_{x,\theta} \tag{2.4.4}$$

y_0축을 중심으로 각도 θ만큼 회전시킨 경우의 단위행렬들 사이의 내적 중 0이 아닌 성분들은 다음과 같다.

$$\boldsymbol{i}_1 \cdot \boldsymbol{i}_0 = \cos\theta, \quad \boldsymbol{j}_1 \cdot \boldsymbol{j}_0 = 1, \quad \boldsymbol{k}_1 \cdot \boldsymbol{i}_0 = \cos(90° - \theta) = \sin\theta$$

$$\boldsymbol{i}_1 \cdot \boldsymbol{k}_0 = \cos(90° + \theta) = -\sin\theta, \quad \boldsymbol{k}_1 \cdot \boldsymbol{k}_0 = \cos\theta \tag{2.4.5}$$

이때의 회전 변환행렬 $\boldsymbol{R}_0^1$은 식 (2.3.24)로부터 (2.4.6)과 같이 주어진다. 이 변환행렬을 특히 y축에 대한 회전행렬이라 하고 $\boldsymbol{R}_{y,\theta}$로 표기한다.

$$\boldsymbol{R}_0^1 = \begin{bmatrix} \cos\theta & 0 & \sin\theta \\ 0 & 1 & 0 \\ -\sin\theta & 0 & \cos\theta \end{bmatrix} \equiv \boldsymbol{R}_{y,\theta} \tag{2.4.6}$$

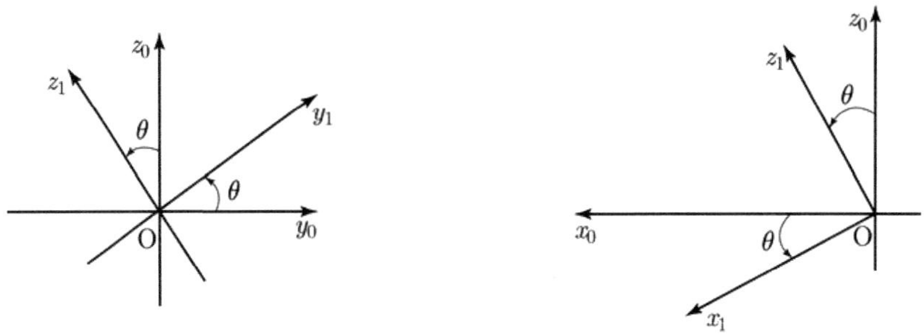

(a) x_0축에 대한 θ 회전 (b) y_0축에 대한 θ 회전

그림 2.29 x_0축과 y_0축을 중심으로 회전한 경우

2.4.2 회전 변환의 합성

앞에서 살펴본 바와 같이 하나의 회전 변환은 3×3 행렬로 나타낼 수 있다. 만일 회전 변환이 여러 번 일어났다면 최종 결과로 나타내어지는 회전 변환도 하나의 3×3 행렬로 나타낼 수 있을 것이다. 이 절에서는 개별적인 회전 변환을 나타내는 회전행렬들과 최종 결과를 나타내는 회전행렬 사이에 어떤 관계가 있는지 살펴본다.

원점이 일치하는 세 개의 좌표계 $\boldsymbol{x}_0-\boldsymbol{y}_0-\boldsymbol{z}_0$, $\boldsymbol{x}_1-\boldsymbol{y}_1-\boldsymbol{z}_1$, $\boldsymbol{x}_2-\boldsymbol{y}_2-\boldsymbol{z}_2$가 있을 때, 점 $\boldsymbol{P}$를 세 개의 좌표계에서 표시하면 각각, $\boldsymbol{P}_0$, $\boldsymbol{P}_1$, $\boldsymbol{P}_2$로 표시할 수 있다. 이 표현들 사이에는 $\boldsymbol{P}_0=\boldsymbol{R}_0^1\boldsymbol{P}_1$, $\boldsymbol{P}_0=\boldsymbol{R}_0^2\boldsymbol{P}_2$, $\boldsymbol{P}_1=\boldsymbol{R}_1^2\boldsymbol{P}_2$의 관계가 있다.

$$\boldsymbol{P}_0=\boldsymbol{R}_0^1\boldsymbol{P}_1=\boldsymbol{R}_0^1(\boldsymbol{R}_1^2\boldsymbol{P}_2)=\boldsymbol{R}_0^1\boldsymbol{R}_1^2\boldsymbol{P}_2=\boldsymbol{R}_0^2\boldsymbol{P}_2 \tag{2.4.7}$$

식 (2.4.7)의 마지막 두 항으로부터 다음과 같은 합성법칙을 얻을 수 있다.

$$\boldsymbol{R}_0^2=\boldsymbol{R}_0^1\boldsymbol{R}_1^2 \tag{2.4.8}$$

식 (2.4.8)의 행렬은 점 $\boldsymbol{P}$를 좌표계 $\boldsymbol{x}_2-\boldsymbol{y}_2-\boldsymbol{z}_2$에서 표시한 것인 $\boldsymbol{P}_2$를 좌표계 $\boldsymbol{x}_0-\boldsymbol{y}_0-\boldsymbol{z}_0$에서 표시한 것인 $\boldsymbol{P}_0$로 바꾸기 위해서는 우선 $\boldsymbol{P}_2$를 $\boldsymbol{R}_1^2$ 행렬을 이용하여 좌표계 $\boldsymbol{x}_1-\boldsymbol{y}_1-\boldsymbol{z}_1$에서 표시한 것인 $\boldsymbol{P}_1$으로 바꾼 후, 다시 $\boldsymbol{R}_0^1$ 행렬을 이용하여 $\boldsymbol{P}_1$을 $\boldsymbol{P}_0$로 바꿀 수 있다는 것을 의미한다.

일반적인 회전 변환의 합성에서는 두 가지 종류의 좌표계를 정의할 필요가 있다. 하나는 고정 좌표계(fixed frame)이고 다른 하나는 현 좌표계(current frame)이다. 고정 좌표계는 말 그대로 변화하지 않고 그대로 고정되어 있는 좌표계이고 현 좌표계는 회전에 의해서 생긴 좌표계를 말한다. 좌표계 $\boldsymbol{x}_0-\boldsymbol{y}_0-\boldsymbol{z}_0$에 대해서 좌표계 $\boldsymbol{x}_1-\boldsymbol{y}_1-\boldsymbol{z}_1$을 $\boldsymbol{R}_0^1$에 의해 회전했다면 좌표계 $\boldsymbol{x}_0-\boldsymbol{y}_0-\boldsymbol{z}_0$는 고정 좌표계이고, 좌표계 $\boldsymbol{x}_1-\boldsymbol{y}_1-\boldsymbol{z}_1$는 현 좌표계이다.

회전 변환의 합성 법칙에서 주의해야할 점은 여러 번의 회전 변환을 연달아 수행할 때, 회전을 어떤 좌표계에 대해서 하는가에 따라 변환 행렬을 곱하는 위치가 달라진다는 것이다. 즉, 고정 좌표계 $\boldsymbol{x}_0-\boldsymbol{y}_0-\boldsymbol{z}_0$와 현 좌표계 $\boldsymbol{x}_1-\boldsymbol{y}_1-\boldsymbol{z}_1$, 이 두 좌표계 사이의 회전행렬 $\boldsymbol{R}_0^1$이 주어졌을 때, 세 번째 좌표계 $\boldsymbol{x}_2-\boldsymbol{y}_2-\boldsymbol{z}_2$가

(1) 현 좌표계에 대한 회전 $\boldsymbol{R}_1^2$에 의해 얻어진다면, $\boldsymbol{R}_1^2$을 $\boldsymbol{R}_0^1$의 뒤에 곱한다. 즉,

$$\boldsymbol{R}_0^2=\boldsymbol{R}_0^1\boldsymbol{R}_1^2 \tag{2.4.9}$$

(2) 고정 좌표계에 대한 회전 $\boldsymbol{R}_1^2$에 의해 얻어진다면, $\boldsymbol{R}_1^2$을 $\boldsymbol{R}_0^1$의 앞에 곱한다. 즉,

$$\boldsymbol{R}_0^2=\boldsymbol{R}_1^2\boldsymbol{R}_0^1 \tag{2.4.10}$$

(3) 위의 두 경우 모두 $\boldsymbol{R}_0^2$는 고정 좌표계 $\boldsymbol{x}_0-\boldsymbol{y}_0-\boldsymbol{z}_0$와 좌표계 $\boldsymbol{x}_2-\boldsymbol{y}_2-\boldsymbol{z}_2$ 사이의 변환을 나타낸다. 일반적으로 식 (2.4.9)에 의해 생기는 좌표계 $\boldsymbol{x}_2-\boldsymbol{y}_2-\boldsymbol{z}_2$는 식 (2.4.10)에 의해 생기는 좌표계 $\boldsymbol{x}_2-\boldsymbol{y}_2-\boldsymbol{z}_2$와는 같지 않다.

예제 2.12

현 $\boldsymbol{y}$축에 대하여 ψ만큼 회전한 후, 이어서 현 $\boldsymbol{z}$축에 대하여 θ만큼 회전한 것을 나타내는 회전 행렬을 구하여라.

풀이

처음의 좌표계는 $\boldsymbol{x}_0-\boldsymbol{y}_0-\boldsymbol{z}_0$와 $\boldsymbol{x}_1-\boldsymbol{y}_1-\boldsymbol{z}_1$가 일치되어 있으므로 현 $\boldsymbol{y}$축은 고정 $\boldsymbol{y}$축과 같으며 $\boldsymbol{y}_0=\boldsymbol{y}_1$이다. ψ만큼 회전한 후에는 좌표계 $\boldsymbol{x}_0-\boldsymbol{y}_0-\boldsymbol{z}_0$와 좌표계 $\boldsymbol{x}_1-\boldsymbol{y}_1-\boldsymbol{z}_1$가 틀어져 있게 된다. 이때의 현 좌표계는 $\boldsymbol{x}_1-\boldsymbol{y}_1-\boldsymbol{z}_1$이므로 현 $\boldsymbol{z}$축은 $\boldsymbol{z}_1$축을 나타낸다. 따라서 합성된 변환은 다음과 같이 주어진다.

$$\boldsymbol{R}=\boldsymbol{R}_{y,\psi}\boldsymbol{R}_{z,\theta}=\begin{bmatrix}\cos\psi & 0 & \sin\psi\\ 0 & 1 & 0\\ -\sin\psi & 0 & \cos\psi\end{bmatrix}\begin{bmatrix}\cos\theta & -\sin\theta & 0\\ \sin\theta & \cos\theta & 0\\ 0 & 0 & 1\end{bmatrix} \tag{2.4.11}$$

$$=\begin{bmatrix}\cos\psi\cos\theta & -\cos\psi\sin\theta & \sin\psi\\ \sin\theta & \cos\theta & 0\\ -\sin\psi\cos\theta & \sin\psi\sin\theta & \cos\psi\end{bmatrix}$$

예제 2.13

현 z축에 대하여 θ만큼 회전한 후, 이어서 현 y축에 대하여 ψ만큼 회전한 것을 나타내는 회전행렬을 구하여라.

풀이

(예제 2.11)에서와 유사한 방법으로 합성된 변환행렬을 다음과 같이 구할 수 있다.

$$\boldsymbol{R} = \boldsymbol{R}_{z,\theta}\boldsymbol{R}_{y,\psi} = \begin{bmatrix} \cos\theta & -\sin\theta & 0 \\ \sin\theta & \cos\theta & 0 \\ 0 & 0 & 1 \end{bmatrix}\begin{bmatrix} \cos\psi & 0 & \sin\psi \\ 0 & 1 & 0 \\ -\sin\psi & 0 & \cos\psi \end{bmatrix} \quad (2.4.12)$$

$$= \begin{bmatrix} \cos\psi\cos\theta & -\sin\theta & \sin\psi\cos\theta \\ \sin\theta\cos\psi & \cos\theta & \sin\theta\sin\psi \\ -\sin\psi & 0 & \cos\psi \end{bmatrix}$$

예제 2.12와 예제 2.13에서의 결과인 두 식을 비교해 보면 합성 변환의 결과가 같지 않음을 알 수 있다. 일반적인 행렬에서 곱셈의 교환 법칙이 성립하지 않으므로 회전 변환의 합성에서도 교환 법칙이 성립하지 않음은 당연하다. 따라서 회전 변환의 합성에서는 행렬의 곱의 순서에 주의해야 한다.

예제 2.14

그림 2.30의 (a)에서 (b), 그리고 (c)와 같이 회전 변환이 일어났다고 할 때, 최종 변환 행렬을 구하고 이를 두 가지 방법으로 설명하여라.

풀이

그림 2.30의 (a)에서는 초기에 모든 좌표계가 일치한 상태를 나타낸다. 이 상태에서 x_0축 ($= x_1$축 $= x_2$축)에 대하여 -90° 회전한 상태가 (b)에 표시되어 있다(회전축에서 보았을 때, 반시계 방향의 회전이 +각도임을 주의하라).

(b)의 상태에서 (c)의 상태로 가는 것은 두 가지로 해석할 수 있다. 즉 (1) 현 좌표계인 z_1축에 대하여 -45° 회전 변환하여 $x_2-y_2-z_2$좌표계를 얻었다. 또는 (2) 고정 좌표계인 y_0축에 대하여 -45° 회전 변환하여 $x_2-y_2-z_2$ 좌표계를 얻었다. 위의 어느 해석을 따르던지 최종 결과는 그림 (c)에 나타난 것과 같으므로 (1)과 (2)에서 얻는 결과는 같아야 한다. 실제로 그러한가 살펴보자.

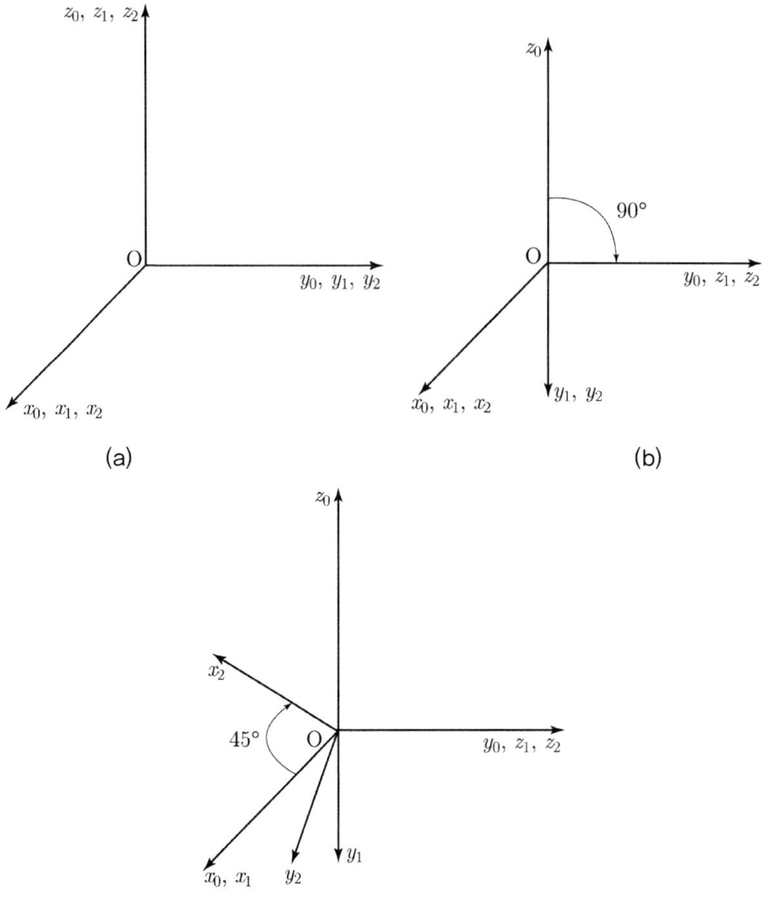

(c)

그림 2.30 예제 2.14를 위한 그림

(1)과 같이 해석하였을 경우 최종 변환 행렬은 다음과 같다.

$$\boldsymbol{R}_0^2 = \boldsymbol{R}_0^1 \boldsymbol{R}_1^2 = \boldsymbol{R}_{x,\,-90^\circ} \boldsymbol{R}_{z,\,-45^\circ}$$

$$= \begin{bmatrix} 1 & 0 & 0 \\ 0 & 0 & 1 \\ 0 & -1 & 0 \end{bmatrix} \begin{bmatrix} \frac{1}{\sqrt{2}} & \frac{1}{\sqrt{2}} & 0 \\ -\frac{1}{\sqrt{2}} & \frac{1}{\sqrt{2}} & 0 \\ 0 & 0 & 1 \end{bmatrix}$$

$$= \begin{bmatrix} \frac{1}{\sqrt{2}} & \frac{1}{\sqrt{2}} & 0 \\ 0 & 0 & 1 \\ \frac{1}{\sqrt{2}} & -\frac{1}{\sqrt{2}} & 0 \end{bmatrix}$$

(2)의 해석을 따랐을 경우 최종 변환 행렬은 다음과 같다.

$$R_0^2 = R_1^2 R_0^1 = R_{y,\,-45^\circ} R_{x,\,-90^\circ}$$

$$= \begin{bmatrix} \frac{1}{\sqrt{2}} & 0 & -\frac{1}{\sqrt{2}} \\ 0 & 1 & 0 \\ \frac{1}{\sqrt{2}} & 0 & \frac{1}{\sqrt{2}} \end{bmatrix} \begin{bmatrix} 1 & 0 & 0 \\ 0 & 0 & 1 \\ 0 & -1 & 0 \end{bmatrix}$$

$$= \begin{bmatrix} \frac{1}{\sqrt{2}} & \frac{1}{\sqrt{2}} & 0 \\ 0 & 0 & 1 \\ \frac{1}{\sqrt{2}} & -\frac{1}{\sqrt{2}} & 0 \end{bmatrix}$$

위의 두 해석의 결과가 같음을 알 수 있다.

2.4.3 방향을 표시하는 방법

로봇공학에서 특정의 기준좌표계에 대해서 로봇 엔드 이펙터 또는 이동 로봇 등의 방향(orientation)을 표현하는 것은 매우 중요한 문제이다. 여기에서는 이와 같은 방향을 표시하는 방법에 대하여 살펴본다.

일반적인 회전 변환을 나타내는 행렬은 다음 식과 같이 표현되었었다.

$$R_0^1 = \begin{bmatrix} i_1 \cdot i_0 & j_1 \cdot i_0 & k_1 \cdot i_0 \\ i_1 \cdot j_0 & j_1 \cdot j_0 & k_1 \cdot j_0 \\ i_1 \cdot k_0 & j_1 \cdot k_0 & k_1 \cdot k_0 \end{bmatrix} \tag{2.4.13}$$

식 (2.4.13)의 회전행렬은 방향 코사인을 나타내므로 $x_1 - y_1 - z_1$ 좌표계의 방향을 $x_0 - y_0 - z_0$ 좌표계에 대해서 표현한 것임을 알 수 있다. 따라서 이러한 회전행렬로 로봇의 방향을 나타낼 수 있다. 그런데 이 회전행렬에 있는 9개의 원소는 모두 독립적인 양은 아니고, 서로 연관관계가 있다. 즉 모든 행벡터와 열벡터는 크기가 1이며, 임의의 두 행벡터 또는 임의의 두 열벡터는 서로 수직이다. 이러한 제한조건을 고려하면 방향을 나타내는데 9개의 원소가 모두 필요한 것은 아니다.

$\boldsymbol{R}_0^1$은 한 좌표계($\boldsymbol{x}_0-\boldsymbol{y}_0-\boldsymbol{z}_0$)에 대한 다른 좌표계($\boldsymbol{x}_1-\boldsymbol{y}_1-\boldsymbol{z}_1$)의 상대적인 방향을 나타내는 행렬인데, 방향을 나타내는 데에는 3 자유도만 있으면 충분하므로 위의 $\boldsymbol{R}_0^1$과 같은 회전 변환 행렬은 3개의 독립적인 양(quantity)으로 표시가 가능하다. 이 절에서는 이와 같이 3개의 독립적인 양을 사용하여 임의의 회전을 표현할 수 있는 세 가지 방법(즉 $\boldsymbol{R}_0^1$을 3개의 변수로 표현하는 방법)에 대하여 살펴본다.

$Z-Y-Z$ 오일러 각도(Euler angles) 표시법

그림 2.31에서와 같이 $\boldsymbol{x}_0-\boldsymbol{y}_0-\boldsymbol{z}_0$ 좌표계에 대한 $\boldsymbol{x}_3-\boldsymbol{y}_3-\boldsymbol{z}_3$ 좌표계의 방향을 나타내는 행렬은 축 $\boldsymbol{z}$($\boldsymbol{z}_0$축$=\boldsymbol{z}_1$축)에 대하여 α각도 회전하고, 현 $\boldsymbol{y}$축($\boldsymbol{y}_1$축)에 대하여 β각도 회전한 후, 현 $\boldsymbol{z}$축($\boldsymbol{z}_2$축)에 대하여 γ각도 회전한 것으로 표현할 수 있다. 이 세 각도 $\{\alpha,\beta,\gamma\}$를 $Z-Y-Z$ 오일러 각도라 한다. 즉, 오일러 표시법은 $\boldsymbol{R}_0^3$을 현 $\boldsymbol{z}$축, 현 $\boldsymbol{y}$축, 다시 현 $\boldsymbol{z}$축에 대한 연속적인 회전으로 표현한 것이다. 현 축에 대한 회전이므로 연속하는 회전 변환을 나타내는 행렬을 뒤쪽에 곱해 나간다. 오일러각도로 회전 변환 행렬 $\boldsymbol{R}_0^3$을 나타내면 다음과 같다.

$$\boldsymbol{R}_0^3=\boldsymbol{R}_{z,\alpha}\boldsymbol{R}_{y,\beta}\boldsymbol{R}_{z,\gamma}=\begin{bmatrix} c\alpha & -s\alpha & 0 \\ s\alpha & c\alpha & 0 \\ 0 & 0 & 1 \end{bmatrix}\begin{bmatrix} c\beta & 0 & s\beta \\ 0 & 1 & 0 \\ -s\beta & 0 & c\beta \end{bmatrix}\begin{bmatrix} c\gamma & -s\gamma & 0 \\ s\gamma & c\gamma & 0 \\ 0 & 0 & 1 \end{bmatrix} \tag{2.4.14}$$

$$=\begin{bmatrix} c\alpha c\beta c\gamma-s\alpha s\gamma & -c\alpha c\beta s\gamma-s\alpha c\gamma & c\alpha s\beta \\ s\alpha c\beta c\gamma+c\alpha s\gamma & -s\alpha c\beta s\gamma+c\alpha c\gamma & s\alpha s\beta \\ -s\beta c\gamma & s\beta s\gamma & c\beta \end{bmatrix}$$

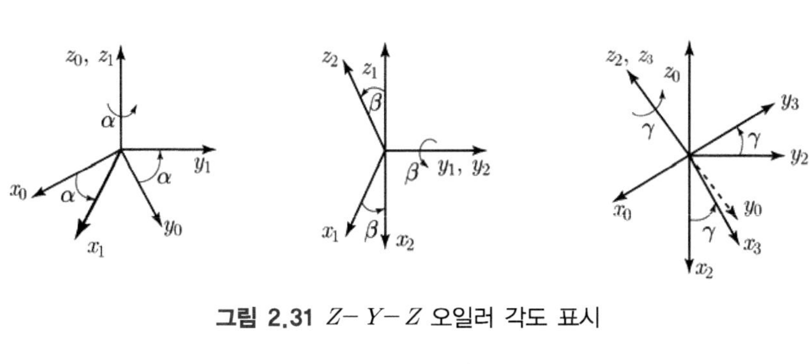

그림 2.31 $Z-Y-Z$ 오일러 각도 표시

예제 2.15

$Z-Y-Z$ 오일러 각도가 $90^\circ, -90^\circ, 180^\circ$ 일 때 회전 변환 행렬을 구하여라.

풀이

식 (2.4.14)로부터 다음과 같다.

$$\boldsymbol{R}_0^3 = \begin{bmatrix} \cos 90^\circ & -\sin 90^\circ & 0 \\ \sin 90^\circ & \cos 90^\circ & 0 \\ 0 & 0 & 1 \end{bmatrix} \begin{bmatrix} \cos(-90^\circ) & 0 & \sin(-90^\circ) \\ 0 & 1 & 0 \\ -\sin(-90^\circ) & 0 & \cos(-90^\circ) \end{bmatrix} \begin{bmatrix} \cos 180^\circ & -\sin 180^\circ & 0 \\ \sin 180^\circ & \cos 180^\circ & 0 \\ 0 & 0 & 1 \end{bmatrix}$$

$$= \begin{bmatrix} 0 & -1 & 0 \\ 1 & 0 & 0 \\ 0 & 0 & 1 \end{bmatrix} \begin{bmatrix} 0 & 0 & -1 \\ 0 & 1 & 0 \\ 1 & 0 & 0 \end{bmatrix} \begin{bmatrix} -1 & 0 & 0 \\ 0 & -1 & 0 \\ 0 & 0 & 1 \end{bmatrix} \tag{2.4.15}$$

$$= \begin{bmatrix} 0 & 1 & 0 \\ 0 & 0 & -1 \\ -1 & 0 & 0 \end{bmatrix}$$

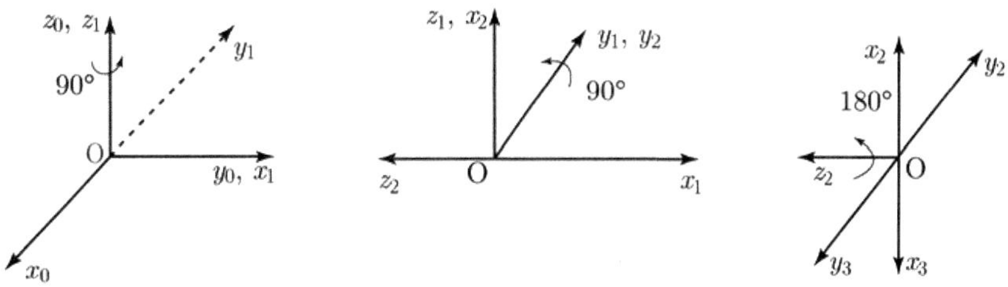

그림 2.32 예제 2.15를 위한 그림

$Z-Y-X$ 오일러 각도(Euler angles) 표시법

그림 2.33에서와 같이 $\boldsymbol{x}_0-\boldsymbol{y}_0-\boldsymbol{z}_0$ 좌표계에 대한 $\boldsymbol{x}_3-\boldsymbol{y}_3-\boldsymbol{z}_3$ 좌표계의 방향을 나타내는 행렬은 축 $\boldsymbol{z}$ ($\boldsymbol{z}_0$축$=\boldsymbol{z}_1$축)에 대하여 α각도 회전하고, 현 $\boldsymbol{y}$축($\boldsymbol{y}_1$축)에 대하여 β각도 회전한 후, 현 $\boldsymbol{x}$축($\boldsymbol{x}_2$축)에 대하여 γ각도 회전한 것으로 표현할 수 있다. 이 세 각도 $\{\alpha, \beta, \gamma\}$를 $Z-Y-X$ 오일러 각도라 한다. 즉, 오일러 표시법은 $\boldsymbol{R}_0^3$을 현 $\boldsymbol{z}$축, 현 $\boldsymbol{y}$축, 다시 현 $\boldsymbol{x}$축에 대한 연속적인 회전으로 표현한 것이다. 현 축에 대한 회전이므로 연속하는 회전 변환을 나타내는 행렬을 뒤쪽

에 곱해나간다. 오일러각도로 회전 변환 행렬 $\boldsymbol{R}_0^3$을 나타내면 다음과 같다.

$$\boldsymbol{R}_0^3 = \boldsymbol{R}_{z,\alpha}\boldsymbol{R}_{y,\beta}\boldsymbol{R}_{x,\gamma} = \begin{bmatrix} c\alpha & -s\alpha & 0 \\ s\alpha & c\alpha & 0 \\ 0 & 0 & 1 \end{bmatrix} \begin{bmatrix} c\beta & 0 & s\beta \\ 0 & 1 & 0 \\ -s\beta & 0 & c\beta \end{bmatrix} \begin{bmatrix} 1 & 0 & 0 \\ 0 & c\gamma & -s\gamma \\ 0 & s\gamma & c\gamma \end{bmatrix} \tag{2.4.16}$$

$$= \begin{bmatrix} c\alpha c\beta & c\alpha s\beta s\gamma - s\alpha c\gamma & c\alpha s\beta c\gamma + s\alpha s\gamma \\ s\alpha c\beta & s\alpha s\beta s\gamma + c\alpha c\gamma & s\alpha s\beta c\gamma - c\alpha s\gamma \\ -s\beta & c\beta s\gamma & c\beta c\gamma \end{bmatrix}$$

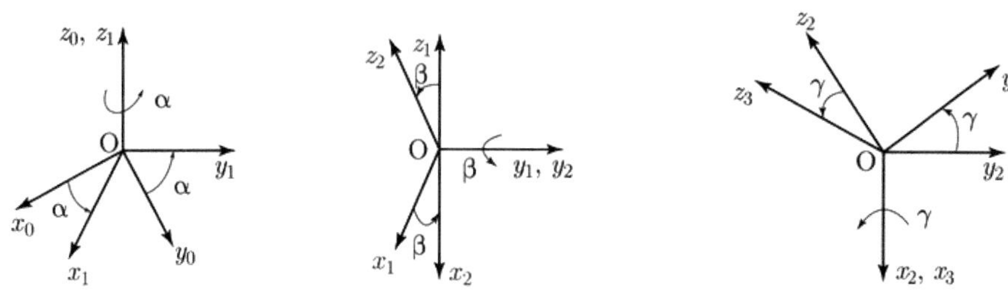

그림 2.33 $Z-Y-X$ 오일러 각도 표시

예제 2.16

$Z-Y-X$ 오일러 각도가 $90°$, $-90°$, $180°$일 때 회전 변환 행렬을 구하여라.

풀이

식 (2.4.16)으로부터 다음과 같다.

$$\boldsymbol{R}_0^3 = \begin{bmatrix} \cos 90° & -\sin 90° & 0 \\ \sin 90° & \cos 90° & 0 \\ 0 & 0 & 1 \end{bmatrix} \begin{bmatrix} \cos(-90°) & 0 & \sin(-90°) \\ 0 & 1 & 0 \\ -\sin(-90°) & 0 & \cos(-90°) \end{bmatrix} \begin{bmatrix} 1 & 0 & 0 \\ 0 & \cos 180° & -\sin 180° \\ 0 & \sin 180° & \cos 180° \end{bmatrix}$$

$$= \begin{bmatrix} 0 & -1 & 0 \\ 1 & 0 & 0 \\ 0 & 0 & 1 \end{bmatrix} \begin{bmatrix} 0 & 0 & -1 \\ 0 & 1 & 0 \\ 1 & 0 & 0 \end{bmatrix} \begin{bmatrix} 1 & 0 & 0 \\ 0 & -1 & 0 \\ 0 & 0 & -1 \end{bmatrix} \tag{2.4.17}$$

$$= \begin{bmatrix} 0 & 1 & 0 \\ 0 & 0 & 1 \\ 1 & 0 & 0 \end{bmatrix}$$

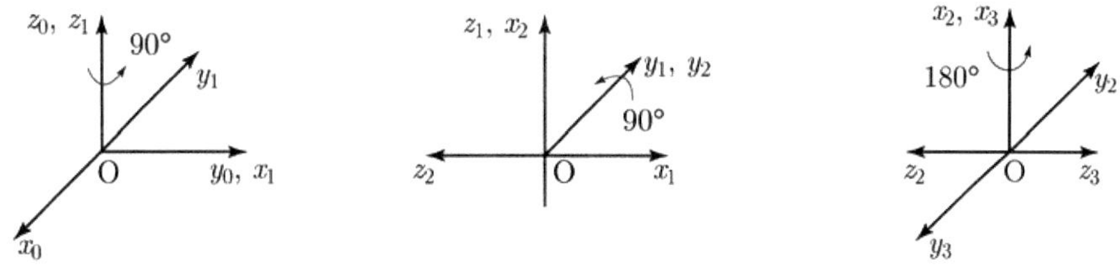

그림 2.34 예제 2.16을 위한 그림

롤, 피치, 요 각도(Roll, Pitch, Yaw angles)

그림 2.35에서와 같이 임의의 회전행렬(즉, $\boldsymbol{x}_0-\boldsymbol{y}_0-\boldsymbol{z}_0$ 좌표계에 대한 $\boldsymbol{x}_3-\boldsymbol{y}_3-\boldsymbol{z}_3$ 좌표계의 방향을 나타내는 행렬)은 고정 좌표계에 대한 3번의 회전으로 표시할 수 있다. 즉, $\boldsymbol{x}_0$축에 대하여 γ각도 회전(요)하고, $\boldsymbol{y}_0$축에 대하여 β각도 회전(피치)한 후, $\boldsymbol{z}_0$축에 대하여 α각도 회전(롤)한 것으로 표현할 수 있다. 즉, 롤, 피치, 요 각도로 표현한 것은 $\boldsymbol{R}_0^3$을 고정 $\boldsymbol{x}$축, 고정 $\boldsymbol{y}$축, 고정 $\boldsymbol{z}$축에 대한 연속적인 회전으로 표현한 것이다. 롤, 피치, 요 각도로 회전 변환 행렬 $\boldsymbol{R}_0^3$을 나타내면 다음 식과 같다.

$$\boldsymbol{R}_0^3 = \boldsymbol{R}_{z,\alpha}\boldsymbol{R}_{y,\beta}\boldsymbol{R}_{x,\gamma} = \begin{bmatrix} c\alpha & -s\alpha & 0 \\ s\alpha & c\alpha & 0 \\ 0 & 0 & 1 \end{bmatrix}\begin{bmatrix} c\beta & 0 & s\beta \\ 0 & 1 & 0 \\ -s\beta & 0 & c\beta \end{bmatrix}\begin{bmatrix} 1 & 0 & 0 \\ 0 & c\gamma & -s\gamma \\ 0 & s\gamma & c\gamma \end{bmatrix} \quad (2.4.18)$$

$$= \begin{bmatrix} c\alpha c\beta & c\alpha s\beta s\gamma - s\alpha c\gamma & c\alpha s\beta c\gamma + s\alpha s\gamma \\ s\alpha c\beta & s\alpha s\beta s\gamma + c\alpha c\gamma & s\alpha s\beta c\gamma - c\alpha s\gamma \\ -s\beta & c\beta s\gamma & c\beta c\gamma \end{bmatrix}$$

식 (2.4.18)과 식 (2.4.16)을 비교해보면 같은 식이라는 것을 알 수 있다. $Z-Y-X$ 오일러 각 표현법은 현 좌표계에 대한 회전이므로 후속하는 회전 행렬을 뒤쪽에 곱해 나가고, 롤, 피치, 요 각도 표현법은 고정좌표계에 대한 회전이므로 후속하는 회전 행렬을 앞쪽에 곱해 나가므로, $Z-Y-X$ 오일러 각 표현법에서 α, β, γ 순으로 회전한 것과 롤, 피치, 요 각도 표현법에서 γ, β, α 순으로 회전한 것은 같은 결과를 나타내게 된다.

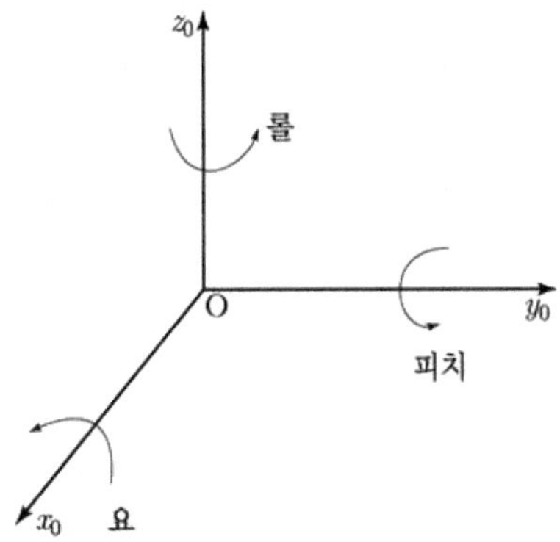

그림 2.35 롤 피치 요 각도

예제 2.17

$\frac{\pi}{2}$의 요, 다음에 $-\frac{\pi}{2}$의 피치, 다음에 $\frac{\pi}{2}$의 롤을 나타내는 회전행렬을 구하여라.

풀이

요는 고정 좌표계 $\boldsymbol{x}_0$축에 대한 회전, 피치는 고정 좌표계 $\boldsymbol{y}_0$축에 대한 회전, 롤은 고정 좌표계 $\boldsymbol{z}_0$축에 대한 회전이므로 후속 회전을 나타내는 행렬을 결과식의 앞에 곱해주면 된다. 따라서 다음과 같다.

$$\boldsymbol{R}_0^3 = \boldsymbol{R}_{z,\frac{\pi}{2}} \boldsymbol{R}_{y,-\frac{\pi}{2}} \boldsymbol{R}_{x,\frac{\pi}{2}}$$

$$= \begin{bmatrix} 0 & -1 & 0 \\ 1 & 0 & 0 \\ 0 & 0 & 1 \end{bmatrix} \begin{bmatrix} 0 & 0 & -1 \\ 0 & 1 & 0 \\ 1 & 0 & 0 \end{bmatrix} \begin{bmatrix} 1 & 0 & 0 \\ 0 & 0 & -1 \\ 0 & 1 & 0 \end{bmatrix}$$

$$= \begin{bmatrix} 0 & 0 & 1 \\ 0 & -1 & 0 \\ 1 & 0 & 0 \end{bmatrix}$$

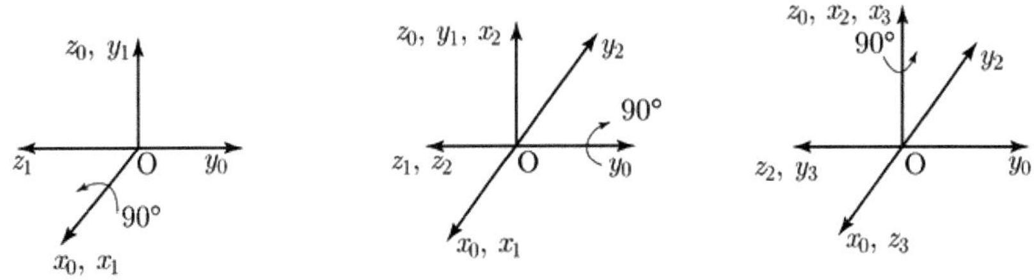

그림 2.36 예제 2.17을 위한 그림

2.4.4 이동 변환

이 절에서는 두 좌표계 $\boldsymbol{x}_0-\boldsymbol{y}_0-\boldsymbol{z}_0$과 $\boldsymbol{x}_1-\boldsymbol{y}_1-\boldsymbol{z}_1$ 사이에 회전 변환은 없고 원점 사이의 거리만 떨어져 있는 이동 변환만 존재할 경우에 대해서 생각해 보자.

그림 2.37에 원점이 일치하고 방향이 같은 두 좌표계 $\boldsymbol{x}_0-\boldsymbol{y}_0-\boldsymbol{z}_0$, $\boldsymbol{x}_1-\boldsymbol{y}_1-\boldsymbol{z}_1$와 한 점 $\boldsymbol{P}$가 있다.

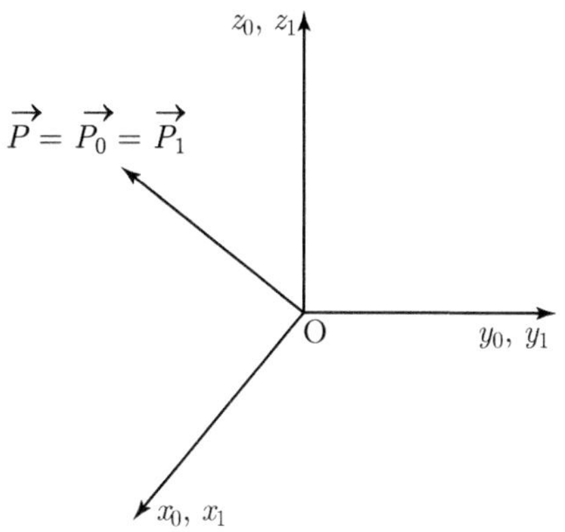

그림 2.37 동일한 두 좌표계에서의 $\boldsymbol{P}$

점 $\boldsymbol{P}$를 좌표계 $\boldsymbol{x}_0-\boldsymbol{y}_0-\boldsymbol{z}_0$에서 표현한 것이 $\boldsymbol{P}_0$이고, 좌표계 $\boldsymbol{x}_1-\boldsymbol{y}_1-\boldsymbol{z}_1$에서 표현한 것이 $\boldsymbol{P}_1$이라 하자. 두 좌표계는 일치하므로 두 좌표계 사이의 회전행렬은 단위행렬 $\boldsymbol{I}$ 이다. 따라서 다음의 관계가 성립한다.

$$\boldsymbol{P}_0=\boldsymbol{R}_0^1\boldsymbol{P}_1=\boldsymbol{I}\boldsymbol{P}_1=\boldsymbol{P}_1 \tag{2.4.19}$$

이제 그림 2.38에서와 같이 $\boldsymbol{x}_1-\boldsymbol{y}_1-\boldsymbol{z}_1$ 좌표계가 방향의 변화는 없이 $\boldsymbol{x}_0-\boldsymbol{y}_0-\boldsymbol{z}_0$ 좌표계로부터 $\boldsymbol{x}_0$, $\boldsymbol{y}_0$, $\boldsymbol{z}_0$ 방향으로 각각 d_x, d_y, d_z 만큼 평행이동하였다고 하자. 이때 점 $\boldsymbol{P}$는 좌표계 $\boldsymbol{x}_1-\boldsymbol{y}_1-\boldsymbol{z}_1$과 같이 붙어서 이동하였다고 하자.

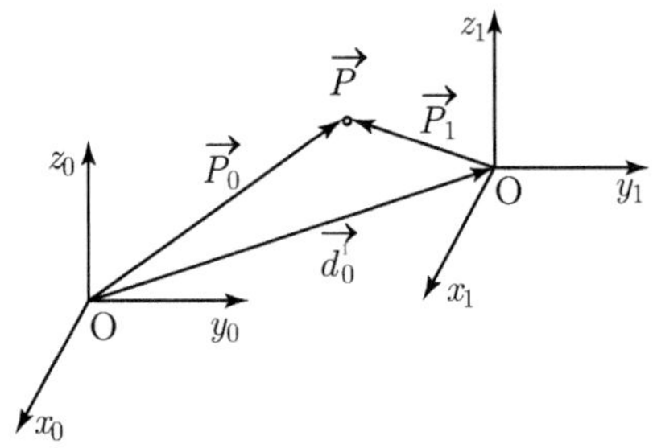

그림 2.38 두 좌표계 사이의 이동 변환이 있을 경우의 $\boldsymbol{P}$

$\boldsymbol{x}_1-\boldsymbol{y}_1-\boldsymbol{z}_1$ 좌표계의 원점을 $\boldsymbol{x}_0-\boldsymbol{y}_0-\boldsymbol{z}_0$ 좌표계에 대하여 표현한 벡터를 $\boldsymbol{d}_0^1$라고 하면 $\boldsymbol{d}_0^1$는 다음과 같이 표현된다.

$$\boldsymbol{d}_0^1=\begin{bmatrix} dx \\ dy \\ dz \end{bmatrix} \tag{2.4.20}$$

이때 그림 2.38에서 알 수 있는 바와 같이 다음이 성립한다.

$$\boldsymbol{P}_0=\boldsymbol{R}_0^1\boldsymbol{P}_1+\boldsymbol{d}_0^1 \tag{2.4.21}$$

식 (2.4.21)은 점 $\boldsymbol{P}$를 좌표계 $\boldsymbol{x}_1-\boldsymbol{y}_1-\boldsymbol{z}_1$에 대해서 표현한 벡터를 좌표계 $\boldsymbol{x}_0-\boldsymbol{y}_0-\boldsymbol{z}_0$에 대한 표현으로(우변의 첫째항) 바꾼 후에, $\boldsymbol{x}_1-\boldsymbol{y}_1-\boldsymbol{z}_1$ 좌표계의 원점을 $\boldsymbol{x}_0-\boldsymbol{y}_0-\boldsymbol{z}_0$ 좌표계에 대하여 표현한 벡터(우변의 둘째항)와 더한 것이 점 $\boldsymbol{P}$를 좌표계 $\boldsymbol{x}_0-\boldsymbol{y}_0-\boldsymbol{z}_0$에 대해서 표현한 벡터(좌변)와 같다는 것을 의미한다.

예제 2.18

두 좌표계 $\boldsymbol{x}_0-\boldsymbol{y}_0-\boldsymbol{z}_0$과 $\boldsymbol{x}_1-\boldsymbol{y}_1-\boldsymbol{z}_1$이 그림 2.39의 (a)에서와 같이 일치해 있었다. 그림에서 지면으로 나오는 방향이 $\boldsymbol{z}_0$, $\boldsymbol{z}_1$ 방향이다. 점 $\boldsymbol{P}$는 두 좌표계 모두에서 $[-1,1,0]^T$로 표시된다. 이제 그림 2.39의 (b)에서와 같이 $\boldsymbol{x}_1-\boldsymbol{y}_1-\boldsymbol{z}_1$ 좌표계와 점 $\boldsymbol{P}$가 $\boldsymbol{x}_0$ 방향으로 2만큼 이동하였다. 이 때 점 $\boldsymbol{P}$를 $\boldsymbol{x}_0-\boldsymbol{y}_0-\boldsymbol{z}_0$ 좌표계에서 표시한 $\boldsymbol{P}_0$를 구하여라.

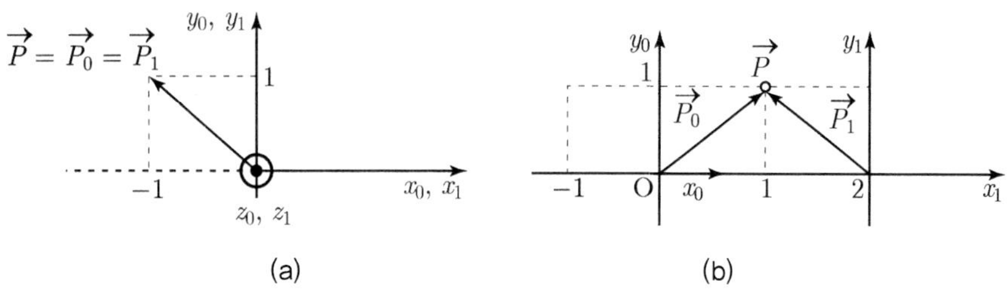

그림 2.39 예제 2.18을 위한 그림

풀이

그림 2.39의 (a)에서 점 $\boldsymbol{P}$는 다음과 같이 표현된다.

$$\boldsymbol{P} = \boldsymbol{P}_0 = \boldsymbol{P}_1 = \begin{bmatrix} -1 \\ 1 \\ 0 \end{bmatrix} \tag{2.4.22}$$

그림 2.39의 (b)에서 두 좌표계 사이에는 회전 변환이 없으므로 방향이 같고, 회전행렬은 단위행렬 $\boldsymbol{I}$ 이다. 점 $\boldsymbol{P}$는 좌표계 $\boldsymbol{x}_1 - \boldsymbol{y}_1 - \boldsymbol{z}_1$와 같이 이동하였으므로 $\boldsymbol{P}_1$은 변화가 없고, 좌표계 $\boldsymbol{x}_1 - \boldsymbol{y}_1 - \boldsymbol{z}_1$의 원점을 $\boldsymbol{x}_0 - \boldsymbol{y}_0 - \boldsymbol{z}_0$ 좌표계에 대하여 표현한 벡터인 $\boldsymbol{d}_0^1$은 다음과 같이 표현된다.

$$\boldsymbol{P}_1 = \begin{bmatrix} -1 \\ 1 \\ 0 \end{bmatrix}, \quad \boldsymbol{d}_0^1 = \begin{bmatrix} 2 \\ 0 \\ 0 \end{bmatrix} \tag{2.4.23}$$

따라서, $\boldsymbol{P}_0$는 다음과 같이 표현된다.

$$\boldsymbol{P}_0 = \boldsymbol{I}\boldsymbol{P}_1 + \boldsymbol{d}_0^1 = \boldsymbol{P}_1 + \boldsymbol{d}_0^1 = \begin{bmatrix} 1 \\ 1 \\ 0 \end{bmatrix} \tag{2.4.24}$$

2.5 동차 변환

2.5.1 동차변환행렬

지금까지는 고정 좌표계와 회전 좌표계의 원점이 일치되어 있는 상태에서 두 좌표계 사이의 상대적인 회전(rotation)만 있는 경우 또는 좌표계들 사이의 방향의 변화는 없고 이동변환(translation)만 있는 경우에 대하여 다루었다. 이 절에서는 이 두 가지의 회전 변환과 이동변환이 같이 존재하는 경우를 하나의 방법으로 다룰 수 있도록 해 주는 동차변환(Homogeneous transformation)에 대하여 살펴본다.

그림 2.40에 원점이 서로 떨어져있고 방향도 다른 두 좌표계 $\boldsymbol{x}_0-\boldsymbol{y}_0-\boldsymbol{z}_0$, $\boldsymbol{x}_1-\boldsymbol{y}_1-\boldsymbol{z}_1$와 한 점 P가 있다. $\boldsymbol{x}_1-\boldsymbol{y}_1-\boldsymbol{z}_1$ 좌표계의 원점을 $\boldsymbol{x}_0-\boldsymbol{y}_0-\boldsymbol{z}_0$ 좌표계에 대하여 표현한 벡터를 $\boldsymbol{d}_0^1$라고 하자.

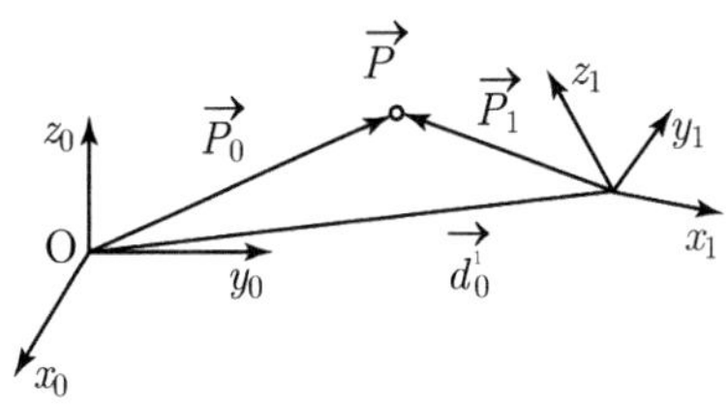

그림 2.40 두 좌표계 사이에 회전변환과 이동 변환이 모두 있는 경우

두 좌표계의 방향이 서로 다르므로 둘 사이의 회전행렬은 $\boldsymbol{R}_0^1$로 표시되며 이는 단위행렬이 아니다.

점 $\boldsymbol{P}$를 좌표계 $\boldsymbol{x}_0-\boldsymbol{y}_0-\boldsymbol{z}_0$에서 표현한 $\boldsymbol{P}_0$를 구하기 위해서는 각각의 벡터들을 좌표계 $\boldsymbol{x}_0-\boldsymbol{y}_0-\boldsymbol{z}_0$ 에 대해서 표현해야 한다. 따라서 다음과 같이 구해진다.

$$\boldsymbol{P}_0=\boldsymbol{R}_0^1\boldsymbol{P}_1+\boldsymbol{d}_0^1 \tag{2.5.1}$$

식 (2.4.19)와 비교해 보면 $\boldsymbol{d}_0^1$와 $\boldsymbol{P}_1$의 합이 아니라 $\boldsymbol{d}_0^1$와 $\boldsymbol{R}_0^1\boldsymbol{P}_1$의 합 임에 주의하라. 이는 합에 관련된 벡터들은 모두 같은 좌표계인 $\boldsymbol{x}_0-\boldsymbol{y}_0-\boldsymbol{z}_0$좌표계에 대한 표현으로 변환한 후에 합해야 한다는 것을 의미한다.

예제 2.19

두 좌표계 $\boldsymbol{x}_0 - \boldsymbol{y}_0 - \boldsymbol{z}_0$과 $\boldsymbol{x}_1 - \boldsymbol{y}_1 - \boldsymbol{z}_1$이 그림 2.41과 같이 주어져 있다. 이때 점 $\boldsymbol{P}$를 $\boldsymbol{x}_0 - \boldsymbol{y}_0 - \boldsymbol{z}_0$ 좌표계에서 표시한 $\boldsymbol{P}_0$를 구하여라.

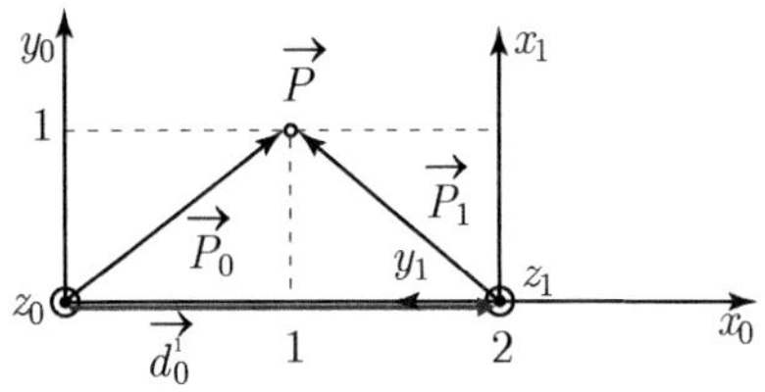

그림 2.41 예제 2.19를 위한 그림

풀이

그림 2.41에서 두 좌표계 사이의 방향을 살펴보면 $\boldsymbol{x}_1$ 방향의 단위벡터는 $\boldsymbol{y}_0$ 방향이고, $\boldsymbol{y}_1$ 방향의 단위벡터는 $-\boldsymbol{x}_0$ 방향이고, $\boldsymbol{z}_1$ 방향의 단위벡터는 $\boldsymbol{z}_0$ 방향이다. 따라서 회전행렬은 다음과 같이 구할 수 있다.

$$\boldsymbol{R}_0^1 = \begin{bmatrix} 0 & -1 & 0 \\ 1 & 0 & 0 \\ 0 & 0 & 1 \end{bmatrix} \tag{2.5.2}$$

$\boldsymbol{d}_0^1$와 $\boldsymbol{P}_1$은 다음과 같다.

$$\boldsymbol{d}_0^1 = \begin{bmatrix} 2 \\ 0 \\ 0 \end{bmatrix}, \quad \boldsymbol{P}_1 = \begin{bmatrix} 1 \\ 1 \\ 0 \end{bmatrix} \tag{2.5.3}$$

따라서 $\boldsymbol{P}_0$는 다음과 같이 구할 수 있다.

$$\boldsymbol{P}_0 = \boldsymbol{R}_0^1 \boldsymbol{P}_1 + \boldsymbol{d}_0^1 = \begin{bmatrix} 0 & -1 & 0 \\ 1 & 0 & 0 \\ 0 & 0 & 1 \end{bmatrix} \begin{bmatrix} 1 \\ 1 \\ 0 \end{bmatrix} + \begin{bmatrix} 2 \\ 0 \\ 0 \end{bmatrix} = \begin{bmatrix} 1 \\ 1 \\ 0 \end{bmatrix} \tag{2.5.4}$$

다음과 같이 $\boldsymbol{P}_0$를 구해서는 안 된다는 것을 확인하라.

$$\boldsymbol{P}_0 = \boldsymbol{P}_1 + \boldsymbol{d}_0^1 = \begin{bmatrix} 1 \\ 1 \\ 0 \end{bmatrix} + \begin{bmatrix} 2 \\ 0 \\ 0 \end{bmatrix} = \begin{bmatrix} 3 \\ 1 \\ 0 \end{bmatrix} \neq \begin{bmatrix} 1 \\ 1 \\ 0 \end{bmatrix} \tag{2.5.5}$$

식 (2.5.1)은 두 좌표계 사이에 회전 변환과 이동 변환이 모두 있는 경우로서 회전 변환은 3×3의 정방행렬로 표시되고, 이동 변환은 3×1의 벡터로 표시될 수 있음을 알았다. 이러한 회전 변환과 이동 변환을 다음과 같은 4×4의 정방행렬로 표현한다면 하나의 행렬로 표현되므로 편리하다.

$$\boldsymbol{T}_0^1 = \begin{bmatrix} \boldsymbol{R}_0^1 & \boldsymbol{d}_0^1 \\ \boldsymbol{0} & 1 \end{bmatrix} \tag{2.5.6}$$

식 (2.5.6)에서 $\boldsymbol{0} = [0 \quad 0 \quad 0]$은 1×3의 영벡터이다. 식 (2.5.6)과 같은 변환행렬 $\boldsymbol{T}_0^1$를 동차변환행렬(Homogeneous transformation matrix)이라고 한다.

식 (2.5.1)을 동차변환행렬로 표현할 수 있으려면 점 $\boldsymbol{P}$를 나타내는 벡터들은 4×1의 벡터가 되어야 한다. 따라서 다음과 같이 벡터를 정의한다.

$$\boldsymbol{p}_0 = \begin{bmatrix} \boldsymbol{P}_0 \\ 1 \end{bmatrix}, \quad \boldsymbol{p}_1 = \begin{bmatrix} \boldsymbol{P}_1 \\ 1 \end{bmatrix} \tag{2.5.7}$$

이제 식 (2.5.1)은 다음과 같이 표현할 수 있다.

$$\boldsymbol{p}_0 = \begin{bmatrix} \boldsymbol{R}_0^1 & \boldsymbol{d}_0^1 \\ \boldsymbol{0} & 1 \end{bmatrix} \boldsymbol{p}_1 = \boldsymbol{T}_0^1 \boldsymbol{p}_1 \tag{2.5.8}$$

2.5.2 동차변환행렬의 계산

동차변환행렬은 회전변환과 이동변환이 있는 경우를 모두 나타낼 수 있으므로 당연히 회전변환만 있는 경우와 이동변환만 있는 경우도 나타낼 수 있다. 회전변환만 있는 경우에는 이동변환에 해당하는 $\boldsymbol{d}_0^1 = \boldsymbol{0}$이므로 다음과 같이 나타낼 수 있다. x축을 중심으로 각도 θ 만큼 회전시킨 경우의 동차변환행렬 $\boldsymbol{T}_{x,\theta}$는 다음과 같다.

$$\boldsymbol{T}_{x,\theta} = \begin{bmatrix} 1 & 0 & 0 & 0 \\ 0 & c\theta & -s\theta & 0 \\ 0 & s\theta & c\theta & 0 \\ 0 & 0 & 0 & 1 \end{bmatrix} \tag{2.5.9}$$

$\boldsymbol{y}$축을 중심으로 각도 θ만큼 회전시킨 경우의 동차변환행렬 $\boldsymbol{T}_{\boldsymbol{y},\theta}$는 다음과 같다.

$$\boldsymbol{T}_{\boldsymbol{y},\theta}=\begin{bmatrix} c\theta & 0 & s\theta & 0 \\ 0 & 1 & 0 & 0 \\ -s\theta & 0 & c\theta & 0 \\ 0 & 0 & 0 & 1 \end{bmatrix} \tag{2.5.10}$$

$\boldsymbol{z}$축을 중심으로 각도 θ만큼 회전시킨 경우의 동차변환행렬 $\boldsymbol{T}_{\boldsymbol{z},\theta}$는 다음과 같다.

$$\boldsymbol{T}_{\boldsymbol{z},\theta}=\begin{bmatrix} c\theta & -s\theta & 0 & 0 \\ s\theta & c\theta & 0 & 0 \\ 0 & 0 & 1 & 0 \\ 0 & 0 & 0 & 1 \end{bmatrix} \tag{2.5.11}$$

회전이 없이 $\boldsymbol{x}$, $\boldsymbol{y}$, $\boldsymbol{z}$방향으로 각각 dx, dy, dz만큼의 이동 변환만 있는 경우에는 $\boldsymbol{R}_0^1=\boldsymbol{I}$이므로 동차변환행렬은 다음과 같이 나타낼 수 있다.

$$\boldsymbol{T}_{\boldsymbol{x},dx}=\begin{bmatrix} 1 & 0 & 0 & dx \\ 0 & 1 & 0 & 0 \\ 0 & 0 & 1 & 0 \\ 0 & 0 & 0 & 1 \end{bmatrix},\ \boldsymbol{T}_{\boldsymbol{y},dy}=\begin{bmatrix} 1 & 0 & 0 & 0 \\ 0 & 1 & 0 & dy \\ 0 & 0 & 1 & 0 \\ 0 & 0 & 0 & 1 \end{bmatrix},\boldsymbol{T}_{\boldsymbol{z},dz}=\begin{bmatrix} 1 & 0 & 0 & 0 \\ 0 & 1 & 0 & 0 \\ 0 & 0 & 1 & dz \\ 0 & 0 & 0 & 1 \end{bmatrix} \tag{2.5.12}$$

회전변환과 이동변환이 있는 일반적인 경우의 동차변환행렬은 다음과 같다.

$$\boldsymbol{T}=\begin{bmatrix} n_x & s_x & a_x & d_x \\ n_y & s_y & a_y & d_y \\ n_z & s_z & a_z & d_z \\ 0 & 0 & 0 & 1 \end{bmatrix} \tag{2.5.13}$$

3×3 회전행렬 $\boldsymbol{R}$에서 논하였던 회전의 합성과 변환 순서에 대한 내용은 4×4 동차변환 $\boldsymbol{T}$에 대해서도 똑같이 적용된다.

예제 2.20

$x_1 - y_1 - z_1$ 좌표계는 $x_0 - y_0 - z_0$ 좌표계를 x축을 중심으로 −90°만큼 회전하고, 다시 현 y축을 중심으로 90°만큼 회전하고, 다시 고정 y축을 따라 10m 이동을 하고 다시 현 z축을 중심으로 90°만큼 회전하여 얻었다. 이 복합 변환을 나타내는 동차변환 행렬을 구하라. 초기 좌표계와 최종 좌표계를 그려라.

풀이

고정 좌표계에 대한 변환은 행렬을 앞에 곱하고 현 좌표계에 대한 변환은 행렬을 뒤에 곱하므로 구하는 변환은 다음과 같다.

$$T_0^1 = T_{y,10m}\, T_{x,-90^\circ}\, T_{y,+90^\circ}\, T_{z,90^\circ} \tag{2.5.14}$$

$$= \begin{bmatrix} 1 & 0 & 0 & 0 \\ 0 & 1 & 0 & 10 \\ 0 & 0 & 1 & 0 \\ 0 & 0 & 0 & 1 \end{bmatrix} \begin{bmatrix} 1 & 0 & 0 & 0 \\ 0 & 0 & 1 & 0 \\ 0 & -1 & 0 & 0 \\ 0 & 0 & 0 & 1 \end{bmatrix} \begin{bmatrix} 0 & 0 & 1 & 0 \\ 0 & 1 & 0 & 0 \\ -1 & 0 & 0 & 0 \\ 0 & 0 & 0 & 1 \end{bmatrix} \begin{bmatrix} 0 & -1 & 0 & 0 \\ 1 & 0 & 0 & 0 \\ 0 & 0 & 1 & 0 \\ 0 & 0 & 0 & 1 \end{bmatrix} = \begin{bmatrix} 0 & 0 & 1 & 0 \\ 0 & 1 & 0 & 10 \\ -1 & 0 & 0 & 0 \\ 0 & 0 & 0 & 1 \end{bmatrix}$$

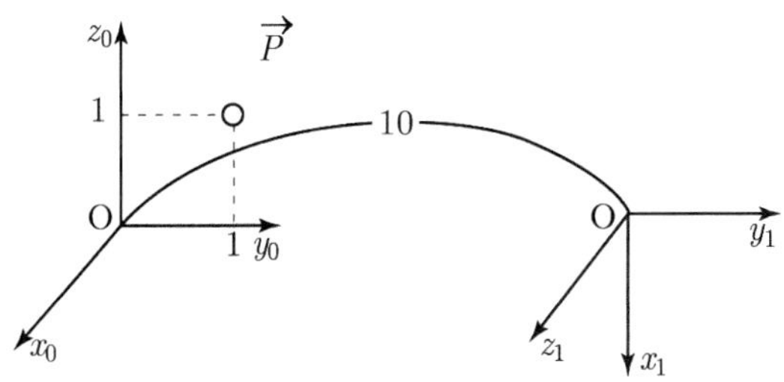

그림 2.42 예제 2.20을 위한 그림

다음에는 동차변환행렬의 역행렬을 구해보자. $x_0 - y_0 - z_0$ 좌표계와 $x_1 - y_1 - z_1$ 좌표계에서의 한 점 P는 다음과 같이 표시될 수 있다.

$$p_0 = T_0^1 p_1 \;\Rightarrow\; p_1 = (T_0^1)^{-1} p_0, \quad p_1 = T_1^0 p_0 \tag{2.5.15}$$

$$\Rightarrow T_1^0 = (T_0^1)^{-1}$$

동차변환행렬의 역행렬은 다음 식과 같이 주어진다.

$$T_0^1 = \begin{bmatrix} \boldsymbol{R}_0^1 & \boldsymbol{d}_0^1 \\ \boldsymbol{0} & 1 \end{bmatrix}, \quad T_1^0 = (T_0^1)^{-1} = \begin{bmatrix} (\boldsymbol{R}_0^1)^T & -(\boldsymbol{R}_0^1)^T \boldsymbol{d}_0^1 \\ \boldsymbol{0} & 1 \end{bmatrix} \tag{2.5.16}$$

예제 2.21

예제 2.20에서 구한 동차변환행렬의 역행렬을 구하여라. $\boldsymbol{x}_0 - \boldsymbol{y}_0 - \boldsymbol{z}_0$ 좌표계에서 $[0, 1, 1]^T$로 주어지는 점 $\boldsymbol{P}$를 $\boldsymbol{x}_1 - \boldsymbol{y}_1 - \boldsymbol{z}_1$ 좌표계에 대해 표시하여라.

풀이

T_0^1 에서 $\boldsymbol{R}_0^1$ 와 $\boldsymbol{d}_0^1$ 를 구하면 다음과 같다.

$$T_0^1 = \begin{bmatrix} \boldsymbol{R}_0^1 & \boldsymbol{d}_0^1 \\ \boldsymbol{0} & 1 \end{bmatrix} = \begin{bmatrix} 0 & 0 & 1 & 0 \\ 0 & 1 & 0 & 10 \\ -1 & 0 & 0 & 0 \\ 0 & 0 & 0 & 1 \end{bmatrix}, \ \boldsymbol{R}_0^1 = \begin{bmatrix} 0 & 0 & 1 \\ 0 & 1 & 0 \\ -1 & 0 & 0 \end{bmatrix}, \ \boldsymbol{d}_0^1 = \begin{bmatrix} 0 \\ 10 \\ 0 \end{bmatrix}$$

따라서

$$(\boldsymbol{R}_0^1)^T = \begin{bmatrix} 0 & 0 & -1 \\ 0 & 1 & 0 \\ 1 & 0 & 0 \end{bmatrix}, \ -(\boldsymbol{R}_0^1)^T \boldsymbol{d}_0^1 = -\begin{bmatrix} 0 & 0 & -1 \\ 0 & 1 & 0 \\ 1 & 0 & 0 \end{bmatrix} \begin{bmatrix} 0 \\ 10 \\ 0 \end{bmatrix} = \begin{bmatrix} 0 \\ -10 \\ 0 \end{bmatrix}$$

T_1^0 은 다음과 같이 구할 수 있다.

$$T_1^0 = (T_0^1)^{-1} = \begin{bmatrix} (\boldsymbol{R}_0^1)^T & -(\boldsymbol{R}_0^1)\boldsymbol{d}_0^1 \\ \boldsymbol{0} & 1 \end{bmatrix} = \begin{bmatrix} 0 & 0 & -1 & 0 \\ 0 & 1 & 0 & -10 \\ 1 & 0 & 0 & 0 \\ 0 & 0 & 0 & 1 \end{bmatrix}$$

$\boldsymbol{P}_0$ 로부터 $\boldsymbol{p}_0$ 를 정의하면 다음과 같다.

$$\boldsymbol{P}_0 = \begin{bmatrix} 0 \\ 1 \\ 1 \end{bmatrix} \ => \ \boldsymbol{p}_0 = \begin{bmatrix} 0 \\ 1 \\ 1 \\ 1 \end{bmatrix}$$

$\boldsymbol{p}_1$ 은 다음과 같이 구할 수 있다.

$$\boldsymbol{p}_1 = \boldsymbol{T}_1^0 \boldsymbol{p}_0 = (\boldsymbol{T}_0^1)^{-1} \boldsymbol{p}_0 = \begin{bmatrix} 0 & 0 & -1 & 0 \\ 0 & 1 & 0 & -10 \\ 1 & 0 & 0 & 0 \\ 0 & 0 & 0 & 1 \end{bmatrix} \begin{bmatrix} 0 \\ 1 \\ 1 \\ 1 \end{bmatrix} = \begin{bmatrix} -1 \\ -9 \\ 0 \\ 1 \end{bmatrix}$$

$$\therefore \boldsymbol{P}_1 = \begin{bmatrix} -1 \\ -9 \\ 0 \end{bmatrix}$$

2.5.3 변환행렬의 적용

그림 2.43과 같이 로봇이 작업대 위에 위치한 물건을 집어 옮기는 작업을 하는 상황을 생각해 보자.

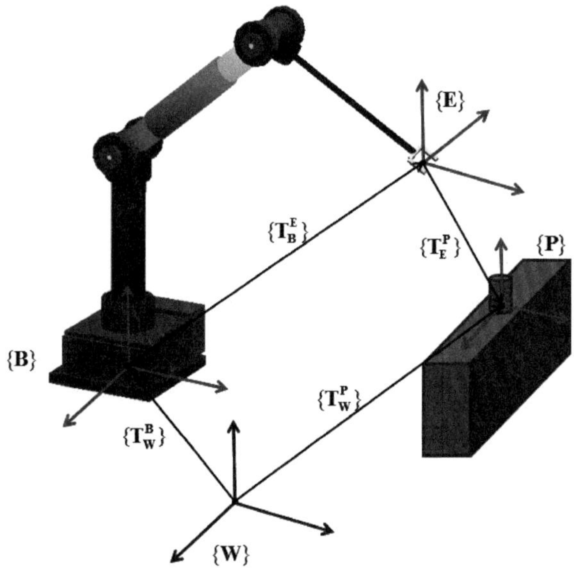

그림 2.43 로봇 작업 환경에서 좌표계 사이의 변환 행렬

일반적으로 로봇의 작업 환경에는 전체 환경에서 기준이 되는 월드좌표계(world coordinates) $\{W\}$가 설정되어 있어서 이 월드 좌표계를 기준으로 여러 물체들의 상대적인 위치를 정한다. 로봇은 작업장 내에 고정된 위치에 부착되며 로봇의 베이스에 로봇 베이스 좌표계 $\{B\}$를 설정한다. 월드 좌표계에 대한 로봇 베이스 좌표계의 위치와 방향은 작업장을 설계할 때 정해지게 되므로 두 좌표계 사

이의 동차 변환행렬인 $\boldsymbol{T}_W^B$ 는 결정되어 있다.

작업장 내에서 작업 대상물의 위치도 역시 정해져 있으므로 작업 대상물의 좌표계 $\{\boldsymbol{P}\}$를 월드 좌표계에 대해서 표현한 $\boldsymbol{T}_W^P$도 알고 있는 행렬이다. 로봇의 툴이 작업 대상물을 쉽게 잡도록 하기 위해서 로봇 툴과 작업 대상물과의 상대적인 방향과 위치도 미리 설정해 주게 되므로 두 좌표계 사이의 관계인 $\boldsymbol{T}_E^P$ 도 알고 있는 행렬이다.

이 좌표계들 사이에는 다음과 같은 관계를 갖는다.

$$\boldsymbol{T}_W^P = \boldsymbol{T}_W^B \boldsymbol{T}_B^E \boldsymbol{T}_E^P \tag{2.5.17}$$

식 (2.4.41)의 변환행렬들 중에서 결정되어야 하는 행렬은 $\boldsymbol{T}_B^E$ 이며 이는 다음과 같이 구해진다.

$$\boldsymbol{T}_B^E = (\boldsymbol{T}_W^B)^{-1} \boldsymbol{T}_W^P (\boldsymbol{T}_E^P)^{-1} \tag{2.5.18}$$

$\boldsymbol{T}_B^E$는 로봇 베이스에 대한 로봇 툴의 위치와 방향을 나타내는데, 이는 로봇의 각 관절 값들의 변화에 따라 변하게 된다. 관절 값이 주어졌을 때 로봇 엔드 이펙터 또는 툴 좌표계의 방향과 위치를 구하는 것은 순기구학과 관계가 있고, 로봇 엔드 이펙터 또는 툴 좌표계의 방향과 위치가 주어졌을 때 로봇의 각 관절 값을 구하는 것은 역기구학과 관계가 있다. 식 (2.5.18)에서 $\boldsymbol{T}_B^E$가 결정되면 이로부터 역기구학을 풀어 로봇의 각 관절 값을 구하게 된다.

참고문헌

[1] Mark W. Spong and M. Vidyasagar, "Robot dynamics and control", John Wiley & Sons, 1989

[2] Saeed B. Niku, "Introduction to Robotics", Prentice Hall, 2001

[3] John J. Craig, "Introduction to Robotics", Prentice Hall, 2001, 2005

제3장 순기구학

3.1 개요

그림 3.1은 2축 평면 머니퓰레이터를 나타내고 있다. 이 머니퓰레이터는 실제로 사용되는 머니퓰레이터라기보다는, 간단한 구조로 되어있어 이해하기 쉽기 때문에 머니퓰레이터의 여러 개념을 설명하기 위해서 자주 예로 들게 되는 머니퓰레이터이다. 이 머니퓰레이터는 2개의 회전 관절로 이루어져 있다. 즉 2개의 축을 가지고 있다. 또한 두 개의 관절의 회전 축은 지면에 수직으로 SCARA형 머니퓰레이터를 위에서 내려다보았을 때와 비슷한 모양이고, $z=0$인 평면상 즉, 지면상에서만 움직이므로 평면 머니퓰레이터이다. 또한 사람의 어깨부터 손목 사이의 부분과 비슷하기 때문에 팔꿈치형이라고도 불린다.

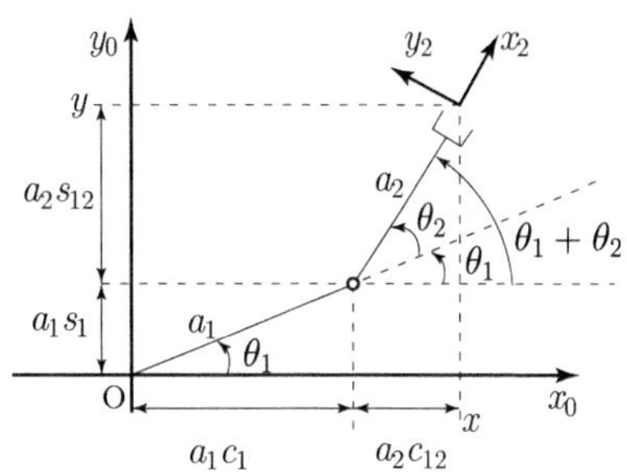

그림 3.1 회전 관절을 갖는 2축 평면 머니퓰레이터

그림과 같이 두 회전 관절 변수를 각각 θ_1, θ_2라 하고, 머니퓰레이터의 손끝의 위치를 x, y로 표시하자. 이는 그림 3.1에서는 $\boldsymbol{x}_2-\boldsymbol{y}_2-\boldsymbol{z}_2$ 좌표계의 원점의 위치를 나타낸다. 또한 상박의 길이를 a_1, 하박의 길이를 a_2라 하자. 이때 우리가 관

심 있는 다음과 같은 두 가지 질문을 살펴 보자.

(1) 관절 변수가 $\theta_1 = 30°$, $\theta_2 = 45°$일 때, 머니퓰레이터의 손끝의 위치 (position) x, y의 값은 무엇이고, 손끝의 방향(orientaion)은 어느 방향인가?
(2) 머니퓰레이터의 손끝의 위치가 $x = 2$, $y = 3$이 되기 위해서는 관절 변수 θ_1, θ_2의 값이 무엇이 되어야 하는가?

위의 (1)의 예와 같이 관절 변수(회전 관절이든 직선 관절이든 관계없다)의 값이 주어졌을 때 머니퓰레이터의 손끝의 위치와 방향을 구하는 문제를 순기구학(Forward Kinematics) 문제라 하고, (2)의 예와 같이 머니퓰레이터 손끝의 위치와 방향이 주어졌을 때, 관절 변수의 값을 구하는 문제를 역기구학(Inverse Kinematics) 문제라 한다. 순기구학은 이번 장에서 다룰 것이고 역기구학은 4장에서 다룰 것이다.

위의 예에서 관절 변수의 값 θ_1, θ_2와 머니퓰레이터 손끝의 위치 x, y의 값, 그리고 손끝의 방향 사이의 관계를 살펴보자.

$c_1 = \cos\theta_1$, $s_1 = \sin\theta_1$, $c_{12} = \sin(\theta_1 + \theta_2)$, $s_{12} = \sin(\theta_1 + \theta_2)$ 등으로 표시하면, 그림 3.1에 나타낸 바와 같이 다음의 관계가 있음을 알 수 있다. 우선 손끝의 위치는 $\boldsymbol{x}_2 - \boldsymbol{y}_2 - \boldsymbol{z}_2$ 좌표계의 원점을 $\boldsymbol{x}_0 - \boldsymbol{y}_0 - \boldsymbol{z}_0$ 좌표계에서 표시한 것으로 식 (3.1.1)과 같다.

$$x = a_1 c_1 + a_2 c_{12} \quad (3.1.1)$$

$$y = a_1 s_1 + a_2 s_{12}$$

한편, 손끝의 방향은 $\boldsymbol{x}_0 - \boldsymbol{y}_0 - \boldsymbol{z}_0$ 좌표계에 대한 $\boldsymbol{x}_2 - \boldsymbol{y}_2 - \boldsymbol{z}_2$ 좌표계의 방향을 나타내고 식 (3.1.2)와 같이 표현된다.

$$R_0^2 = \begin{pmatrix} \mathbf{i}_2 \bullet \mathbf{i}_0 & \mathbf{j}_2 \bullet \mathbf{i}_0 \\ \mathbf{i}_2 \bullet \mathbf{j}_0 & \mathbf{j}_2 \bullet \mathbf{j}_0 \end{pmatrix} = \begin{pmatrix} c_{12} & -s_{12} \\ s_{12} & c_{12} \end{pmatrix} \quad (3.1.2)$$

위의 식 (3.1.1)과 (3.1.2)를 2축 평면 머니퓰레이터의 순기구학 방정식이라 하며, 이 식을 구하는 것을 순기구학 문제를 푼다고 말한다. 즉, 머니퓰레이터의 순기구학 문제를 푼다는 것은 머니퓰레이터의 손끝의 좌표계와 기준이 되는 기준 좌표계 사이의 방향과 거리를 구하는 것이라고 할 수 있다. 머니퓰레이터의 길이를 $a_1 = 1\text{m}$, $a_2 = 2\text{m}$라고 하였을 때, 관절 변수가 $\theta_1 = 30°$, $\theta_2 = 45°$의 값을 가지면 머니퓰레이터의 손끝의 위치 x, y의 값과 손끝의 방향은 다음과 같다.

$$x = 1 \times \cos 30° + 2 \times \cos(30° + 45°) = 1.38\text{m} \tag{3.1.3}$$

$$y = 1 \times \sin 30° + 2 \times \sin(30° + 45°) = 2.43\text{m}$$

$$\boldsymbol{R}_0^2 = \begin{bmatrix} c_{12} & -s_{12} \\ s_{12} & c_{12} \end{bmatrix} \tag{3.1.4}$$

$$= \begin{bmatrix} \cos(30° + 45°) & -\sin(30° + 45°) \\ \sin(30° + 45°) & \cos(30° + 45°) \end{bmatrix}$$

$$= \begin{bmatrix} 0.26 & -0.96 \\ 0.96 & 0.26 \end{bmatrix}$$

위에서 살펴본 바와 같이, 순기구학 방정식을 구하고 나면 관절 변수의 값의 변화에 따른 머니퓰레이터의 손끝의 위치와 방향은 단지 관절 변수의 값을 순기구학 방정식에 대입하기만 하면 구할 수 있다. 이 예의 경우에는 머니퓰레이터의 구조가 매우 간단하기 때문에 체계적인 방법을 도입하지 않고도, 간단한 기하학적 관찰로부터 쉽게 순기구학 방정식을 구할 수 있었다. 그러나 일반적인 머니퓰레이터의 경우에는 이러한 방법을 사용하기가 어렵다. 따라서 일반적인 머니퓰레이터의 순기구학 문제를 풀기 위해서는 보다 체계적인 방법을 도입할 필요가 생기게 된다. 3장에서는 이와 같이 체계적인 방법을 도입하여 머니퓰레이터의 순기구학 문제를 푸는 방법을 다룬다.

3.2 로봇 관절 좌표계 사이의 변환 행렬

3.2.1 관절 좌표계와 관절변수

머니퓰레이터는 링크(links)들이 관절(joints)로 연결된 것으로, 일반적으로 두 개의 링크가 연결되는 곳이 관절을 나타낸다. 머니퓰레이터의 관절은 구성 형태에 따라 여러 가지 종류가 있으나 대표적인 것은 그림 3.2에 나타낸 바와 같이 회전관절(revolute joint)이나 직선관절(prismatic joint)이다.

회전관절이나 직선관절은 1 자유도를 갖게 되므로 하나의 변수로 관절의 운동을 기술할 수 있다. 즉 회전관절의 경우에는 두 링크 사이의 상대적인 회전각으로, 직선관절의 경우에는 두 링크 사이의 상대적인 이동거리로 표현할 수 있게 된다. 이러한 하나의 실수를 관절 변수라 한다.

(a) 회전 관절 (b) 직선 관절

그림 3.2 머니퓰레이터의 관절의 종류

우선 머니퓰레이터의 해석을 간단하게 하기 위하여 다음과 같은 용어를 정의하자. 그림 3.3을 참고하라.

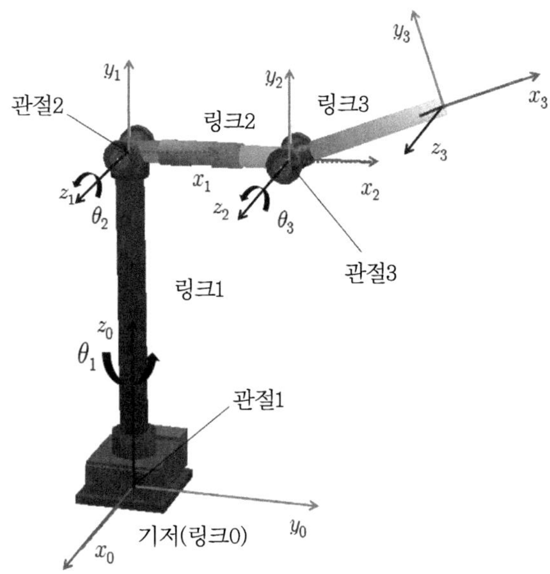

그림 3.3 로봇 머니퓰레이터와 좌표계

(1) 링크

그림 3.3은 3개의 회전 관절을 가지고 있는 머니퓰레이터이다. 머니퓰레이터를 작동시키기 위해서는 보통 작업 장소의 바닥이나 천정 또는 벽면 등에 고정시켜야 한다. 이와 같이 머니퓰레이터가 고정되는 부위를 머니퓰레이터의 기저(base)라 하며, 이 기저가 링크 0이 된다. 이후 차례로 링크 1, 링크 2와 같은 순서로 링크의 번호를 붙인다. 즉, 링크는 0번부터 시작된다.

(2) 관절

관절은 1번부터 번호를 붙여나간다. 즉, 1번 관절은 링크 0과 링크 1을 연결하고, 2번 관절은 링크 1과 링크 2를 연결한다. i번 관절은 $i-1$번 링크와 i번 링크를 연결한다. i번 관절 변수는 회전 관절인 경우에는 θ_i, 직선 관절인 경우에는 d_i로 표시한다.

(3) 좌표계

좌표계는 각각의 링크에 부착한다. 즉, 링크 0(=기저)에 머니퓰레이터의 여러 좌표계들의 기준이 되는 좌표계를 부착하고, 이것을 $\boldsymbol{x}_0-\boldsymbol{y}_0-\boldsymbol{z}_0$ 좌표계(이후에는 0 좌표계로 부르기로 하자.)라 한다. 이후 링크 1의 적절한 위치에 $\boldsymbol{x}_1-\boldsymbol{y}_1-\boldsymbol{z}_1$ 좌표계를(이후에는 1좌표계로 부르기로 하자.), 링크 2의 적절한 위치에 $\boldsymbol{x}_2-\boldsymbol{y}_2-\boldsymbol{z}_2$ 좌표계를(이후에는 2좌표계로 부르기로 하자.) 부착한다. 이와 같은 방식으로 마지막 링크까지 좌표계를 부착한다.

3.2.2 관절 좌표계들 사이의 관계

3.1절에서 살펴본 바와 같이, 머니퓰레이터의 순기구학은 머니퓰레이터에 존재하는 각 좌표계들 사이의 관계를 구하는 것이라고 말할 수 있다. 이런 관점에서 각 좌표계들 사이의 변환 관계를 나타내는 행렬들을 다음과 같이 정의한다.

(1) 인접한 두 좌표계 사이의 변환 관계를 나타내는 $\boldsymbol{A}_{i-1}^{i}$:

i 좌표계를 $i-1$ 좌표계에 대해서 표현하는 변환행렬을 $\boldsymbol{A}_{i-1}^{i}$라고 한다. $\boldsymbol{A}_{i-1}^{i}$는

값이 고정된 행렬이 아니고 i번 관절 변수의 함수이다. 회전 관절 변수와 직선 관절 변수를 동시에 나타내기 위해 i번 관절 변수를 q_i로 표시하자. 2장에서 배운 바와 같이 동차행렬은 회전변환과 직선변환으로 이루어져 있다. 즉, $\boldsymbol{A}_{i-1}^{i}$는 다음과 같다.

$$\boldsymbol{A}_{i-1}^{i} \quad = \quad \boldsymbol{A}_{i-1}^{i}(q_i) = \begin{bmatrix} \boldsymbol{R}_{i-1}^{i}(q_i) & \boldsymbol{d}_{i-1}^{i}(q_i) \\ 0 & 1 \end{bmatrix} \tag{3.2.1}$$

(2) 기준좌표계와 엔드 이펙터(손끝) 좌표계 사이의 변환 관계를 나타내는 행렬 :

머니퓰레이터의 관절이 n개 있다면, 최종 좌표계인 엔드 이펙터(end effector) 좌표계는 n좌표계이다. 그림 3.3의 예에서는 기준좌표계는 0좌표계이고, 손끝좌표계는 3좌표계이다. 머니퓰레이터의 순기구학 문제란, 기준좌표계에 대한 이 손끝 좌표계의 방향과 위치를 구하는 것이며 결국, 다음과 같은 행렬 $\boldsymbol{T}$ 를 구하는 문제와 같다.

$$\boldsymbol{T}_0^n = \boldsymbol{A}_0^1(q_1)\boldsymbol{A}_1^2(q_2)\cdots \boldsymbol{A}_{n-1}^{n}(q_n) = \begin{bmatrix} \boldsymbol{R}_0^n & \boldsymbol{d}_0^n \\ 0 & 1 \end{bmatrix} \tag{3.2.2}$$

여기에서 행렬 $\boldsymbol{R}_0^n$ 는 0좌표계(기준좌표계)에 대한 n좌표계(손끝좌표계)의 방향을 표시(n좌표계의 방향을 0좌표계에 대해서 표시)하고, 벡터 $\boldsymbol{d}_0^n$는 0좌표계의 원점에서 n좌표계의 원점까지의 거리벡터를 0좌표계에 대해서 표시한 것이다.

3.3 D-H 표시법

3.3.1 4개의 파라미터로 나타내는 A_{i-1}^{i}

임의의 변환 행렬 $\boldsymbol{A}$는 회전 변환을 나타내는 3×3 행렬 $\boldsymbol{R}$과 이동변환을 나타내는 3×1 벡터 $\boldsymbol{d}$로 구성되어 있으며, 2장에서 배운 바와 같이 $\boldsymbol{R}$은 세 개의 오일러 각도, 또는 세 개의 롤, 피치, 요 값 등과 같이 3개의 독립된 수로 표시할 수 있고, 3차원 벡터 $\boldsymbol{d}$도 3개의 독립된 수를 필요로 하므로 임의의 변환행렬 $\boldsymbol{A}$를 표시하기 위해서는 일반적으로 6개의 파라미터가 필요하다. 하지만 이는 일반적인 경우에 대한 이야기이며, 두 개의 좌표축 사이의 관계를 특정한 경우로 제한하면 변환 행렬을 표시하기 위한 파라미터의 개수를 줄일 수 있다.

D-H 표시법의 핵심은 머니퓰레이터의 각 좌표계들을 선정할 때, 인접한 두 개의 좌표계인 i좌표계와 $i-1$좌표계 사이에 $\boldsymbol{x}_i$ 축이 $\boldsymbol{z}_{i-1}$ 축과 수직으로 만나도록 선정하면, 변환 행렬 $\boldsymbol{A}_{i-1}^{i}$를 다음과 같은 4개의 기본 변환 행렬의 곱으로 표시할 수 있다는 것이다. 즉 4개의 파라미터로 표시할 수 있게 된다는 것이다.

$$\boldsymbol{A}_{i-1}^{i} = \boldsymbol{T}_{\boldsymbol{z},\theta_i}\boldsymbol{T}_{\boldsymbol{z},d_i}\boldsymbol{T}_{\boldsymbol{x},a_i}\boldsymbol{T}_{\boldsymbol{x},\alpha_i} \tag{3.3.1}$$

$$= \begin{bmatrix} c\theta_i & -s\theta_i & 0 & 0 \\ s\theta_i & c\theta_i & 0 & 0 \\ 0 & 0 & 1 & 0 \\ 0 & 0 & 0 & 1 \end{bmatrix} \begin{bmatrix} 1 & 0 & 0 & 0 \\ 0 & 1 & 0 & 0 \\ 0 & 0 & 1 & d_i \\ 0 & 0 & 0 & 1 \end{bmatrix} \begin{bmatrix} 1 & 0 & 0 & a_i \\ 0 & 1 & 0 & 0 \\ 0 & 0 & 1 & 0 \\ 0 & 0 & 0 & 1 \end{bmatrix} \begin{bmatrix} 1 & 0 & 0 & 0 \\ 0 & c\alpha_i & -s\alpha_i & 0 \\ 0 & s\alpha_i & c\alpha_i & 0 \\ 0 & 0 & 0 & 1 \end{bmatrix}$$

$$= \begin{bmatrix} c\theta_i & -c\alpha_i s\theta_i & s\alpha_i s\theta_i & a_i c\theta_i \\ s\theta_i & c\alpha_i c\theta_i & -s\alpha_i c\theta_i & a_i s\theta_i \\ 0 & s\alpha_i & c\alpha_i & d_i \\ 0 & 0 & 0 & 1 \end{bmatrix}$$

식 (3.3.1)에 나타내어진 4개의 파라미터들인 θ_i, a_i, d_i, α_i는 각각 각도(angle), 길이(length), 오프셋(offset), 비틀림(twist)이라 부른다. 머니퓰레이터가 주어졌을 때, 회전 관절에서는 θ_i만이 관절 변수이고 나머지 a_i, d_i, α_i는 상수이다. 직선 관절에서는 d_i만이 관절 변수이고 나머지 θ_i, a_i, α_i는 상수이다. 이와 같은 조건을 만족하는 두 좌표계와 4개의 파라미터들이 그림 3.4와 그림 3.5에 나타내어져 있다.

D-H 표기법에서의 4개의 파라미터의 의미는 다음과 같다.

(1) 길이 a_i ; $\boldsymbol{x}_i$축을 따라서 측정한 $\boldsymbol{x}_i$축과 $\boldsymbol{z}_{i-1}$축의 교점에서부터 o_i까지의 거리.

(2) 비틀림 α_i ; $\boldsymbol{x}_i$축에 대해서 측정한 $\boldsymbol{z}_{i-1}$축에서 $\boldsymbol{z}_i$축까지의 각도.

(3) 오프셋 d_i ; $\boldsymbol{z}_{i-1}$축을 따라서 측정한 o_{i-1}에서 $\boldsymbol{x}_i$축과 $\boldsymbol{z}_{i-1}$축의 교점까지의 거리.

(4) 각도 θ_i ; $\boldsymbol{z}_{i-1}$축에 대해서 측정한 $\boldsymbol{x}_{i-1}$축에서 $\boldsymbol{x}_i$축까지의 각도.

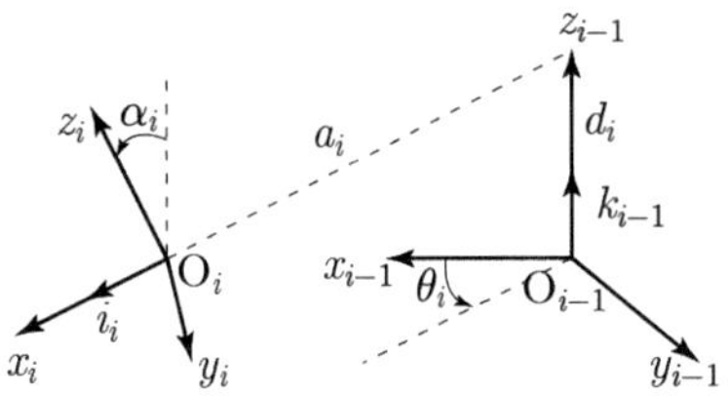

그림 3.4 D-H 표기법에서의 파라미터들

그림 3.5 알파, 쎄타

3.3.2 D-H 표시법에 기초한 좌표계 설정 및 순기구학

로봇의 기구학 해석에서 D-H 표시법을 반드시 따라야 하는 것은 아니지만 많은 경우에 D-H 표시법을 사용하면 기구학 해석이 간단해 진다. 3.3.1에서 살펴본 바와 같이 변환 행렬 $\boldsymbol{A}_{i-1}^{i}$가 식 (3.3.1)과 같이 4개의 파라미터로 표시되도록 머니퓰레이터의 각 관절 좌표계를 설정하는 과정은 다음과 같다.

좌표계를 설정하는 순서는 처음에 $\boldsymbol{z}$축을 설정하고, 다음에 좌표계의 원점 $\boldsymbol{o}$를 설정하고, 이후 $\boldsymbol{x}$축을 설정한다. $\boldsymbol{z}$축, 원점 $\boldsymbol{o}$, $\boldsymbol{x}$축이 설정되면 $\boldsymbol{y}$축은 오른손 좌표계에 맞추어 유일하게 정해진다. 간략한 개념도는 그림 3.6과 같다.

기구학 해석을 반드시 D-H 표현법에 따라 해야만 하는 것이 아니라는 것과 다음과 같은 절차를 거쳐 좌표계를 설정하더라도 좌표계들이 유일하게 결정되는 것은 아니므로 좌표계를 설정하는 사람에 따라 다른 결과가 나올 수도 있다는 것에 유의하라. 좌표계 설정 방법을 상세히 서술하면 다음과 같다.

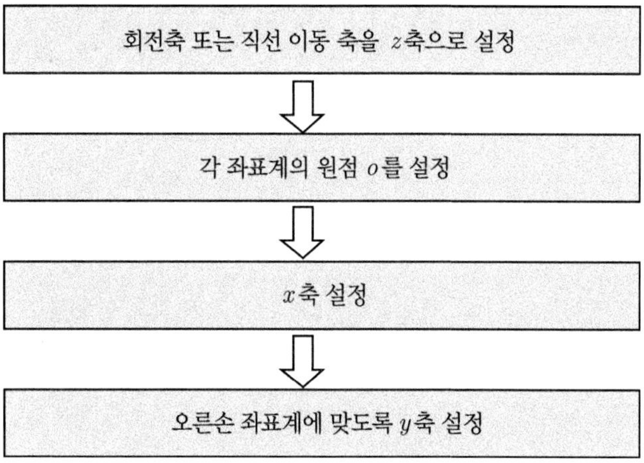

그림 3.6 좌표계 설정 순서

(1) 운동의 기준이 되는 모든 관절축을 찾아 첫 번째 관절축을 $\boldsymbol{z}_0$, 두 번째 관절축을 $\boldsymbol{z}_1$ 등과 같이 순차적으로 $\boldsymbol{z}_{n-1}$까지 정한다.

관절 $i+1$이 회전관절이면 $\boldsymbol{z}_i$는 관절 $i+1$의 회전축이고, 관절 $i+1$이 직선관절이면 $\boldsymbol{z}_i$는 관절 $i+1$의 직선운동 축이다.

(2) 기준 좌표계 $\boldsymbol{x}_0-\boldsymbol{y}_0-\boldsymbol{z}_0$를 설정한다. 전 단계에서 $\boldsymbol{z}_0$축이 정해졌으므로 $\boldsymbol{z}_0$축 상의 편리한 위치에 원점 o_0를 선정한다. $\boldsymbol{x}_0$, $\boldsymbol{y}_0$ 축은 오른손 좌표계가 되도록 편리하게 선정하여 0 좌표계($\boldsymbol{x}_0-\boldsymbol{y}_0-\boldsymbol{z}_0$ 좌표계)를 완성한다.

$i=1, \ldots, n-1$에 대해서 다음 (3)부터 (5)까지를 반복함으로써 i 좌표계를 완성한다.

(3) i 좌표계의 원점 o_i를 다음과 같이 선정한다.

$\boldsymbol{z}_i$와 $\boldsymbol{z}_{i-1}$이 만나면 그 교점을 원점 o_i로 정한다.

$\boldsymbol{z}_i$와 $\boldsymbol{z}_{i-1}$이 평행하면 관절 $i+1$을 원점 o_i로 정한다.

$\boldsymbol{z}_i$와 $\boldsymbol{z}_{i-1}$이 만나지도 않고, 평행하지도 않으면, $\boldsymbol{z}_i$와 $\boldsymbol{z}_{i-1}$의 공통법선이 $\boldsymbol{z}_i$와 만나는 점을 원점 o_i로 정한다.

(4) i 좌표계의 $\boldsymbol{x}_i$를 다음과 같이 선정한다.

$\boldsymbol{z}_i$와 $\boldsymbol{z}_{i-1}$이 만나면 $\boldsymbol{z}_i$와 $\boldsymbol{z}_{i-1}$이 이루는 평면에 수직인 방향이면서 o_i를 지나는 직선을 $\boldsymbol{x}_i$로 선정한다.

$\boldsymbol{z}_i$와 $\boldsymbol{z}_{i-1}$이 만나지 않으면 $\boldsymbol{z}_i$와 $\boldsymbol{z}_{i-1}$의 공통법선이면서 o_i를 지나는 직선을 $\boldsymbol{x}_i$로 선정한다.

(5) $\boldsymbol{x}_i$와 $\boldsymbol{z}_i$가 정해졌으므로 오른손 좌표계가 되도록 $\boldsymbol{y}_i$를 선정한다.

(6) 위의 과정을 거치면 0좌표계부터 $n-1$좌표계까지가 결정된다. 마지막 n좌표계는 손끝의 관심 있는 포인트에 적절히 설정한다.

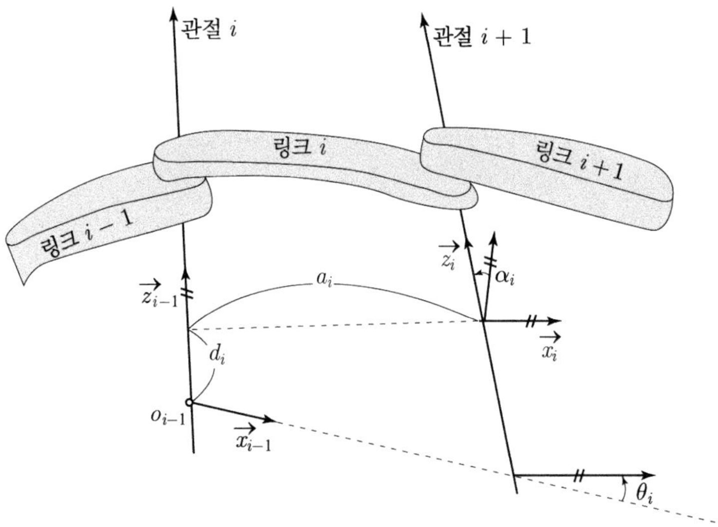

그림 3.7 D-H 좌표계의 설정

위에서와 같이 로봇의 좌표계 설정이 끝나면 각 좌표계 사이의 기하학적인 관계를 살펴 D-H 파라미터 θ_i, a_i, d_i, α_i를 구하고 표를 만든다. 관절 i가 회전 관절이면 a_i, d_i, α_i는 모두 상수이고 θ_i만 변수이다. 관절 i가 직동 관절이면 θ_i, a_i, α_i는 모두 상수이고 d_i만 변수이다.

D-H 파라미터들이 모두 결정되었으면 식 (3.3.1)에 대입하여 인접한 두 좌표계 사이의 변환 행렬 $\boldsymbol{A}_{i-1}^{i}$를 모두 구한 후, 이들을 곱하여 식 (3.3.2)와 같이 $\boldsymbol{T}_0^n$ 행렬을 구한다. $\boldsymbol{T}_0^n$ 행렬은 로봇 동작 표현의 기준이 되는 기저 좌표계 ($\boldsymbol{x}_0-\boldsymbol{y}_0-\boldsymbol{z}_0$ 좌표계)에 대해서 표현된 로봇 엔드 이펙터 좌표계(n좌표계)의 방향과 위치를 나타내게 된다.

$$\boldsymbol{T}_0^n = \boldsymbol{A}_0^1(q_1)\boldsymbol{A}_1^2(q_2)\cdots\boldsymbol{A}_{n-1}^n(q_n) = \begin{bmatrix} \boldsymbol{R}_0^n & \boldsymbol{d}_0^n \\ \mathbf{0} & 1 \end{bmatrix} \tag{3.3.2}$$

로봇 순기구학은 로봇 관절 변수의 값들이 주어졌을 때, 엔드 이펙터의 위치와 방향을 구하는 것이다. $\boldsymbol{T}_0^n$는 로봇 관절 변수 $q_1, \cdots q_n$의 함수이고 이 값들이 주어졌을 때 로봇 엔드이펙터의 위치와 방향은 $\boldsymbol{R}_0^n$, $\boldsymbol{d}_0^n$로 주어지므로 식 (3.3.2)가 로봇 기구학을 나타내는 식인 것이다.

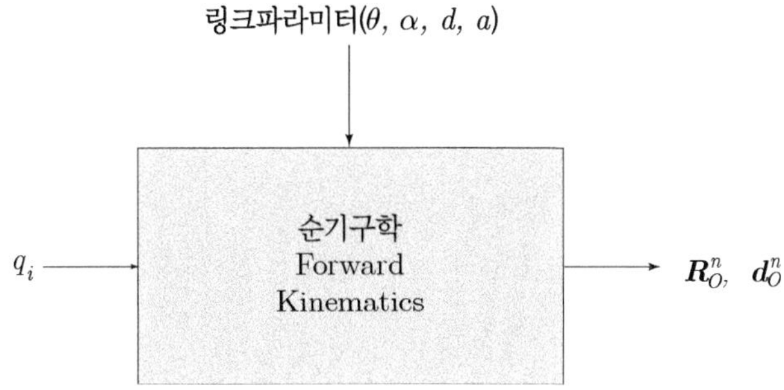

그림 3.8 로봇 순기구학

3.4 로봇 기구학의 예

3.4.1 2축 평면 머니퓰레이터

3.1절에서 다루었던 2축 평면 머니퓰레이터(그림 3.1)에 대해서 D-H 규약을 사용하여 순기구학 방정식을 구해보자. 그림 3.9에 다시 도시하였다.

(a) 그림 3.9(a)에서와 같이 로봇 기저(base)를 링크 0으로, 이후 연속적으로 링크 1, 링크 2로 번호를 붙이고 링크 0과 링크 1이 연결되는 부위가 관절 1, 링크 1과 링크 2가 연결되는 부위가 관절 2가 된다. 관절 1과 관절 2는 모두 회전 운동을 하는 관절이며 회전축은 지면에 수직하다. 따라서 두 개의 관절축 $\boldsymbol{z}_0$와 $\boldsymbol{z}_1$을 그림 3.9의 (b)와 같이 지면에 수직하게 설정한다.

(b) 원점 o_0는 $\boldsymbol{z}_0$축 상의 임의의 위치에 잡으면 되므로 $\boldsymbol{z}_0$축과 지면의 교점으로

잡는다. $\boldsymbol{x}_0$축과 $\boldsymbol{y}_0$축은 편리한 대로 그림 3.9의 (b)와 같이 잡는다.

(c) $\boldsymbol{z}_1$과 $\boldsymbol{z}_0$가 평행하므로 관절 2를 원점 o_1으로 정한다(o_1은 $\boldsymbol{z}_1$과 지면의 교점이다).

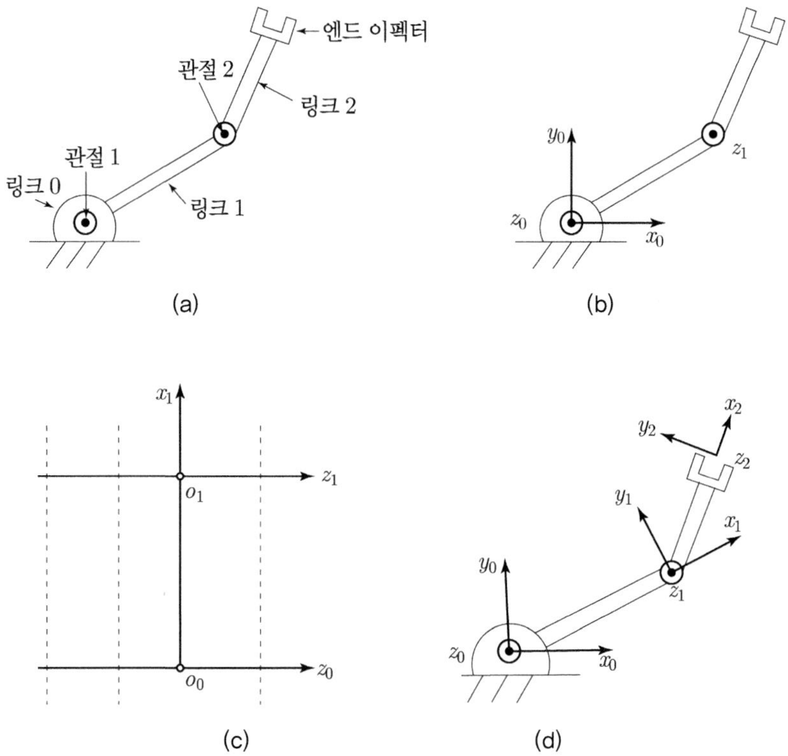

그림 3.9 2축 평면 머니퓰레이터

(d) $\boldsymbol{z}_1$과 $\boldsymbol{z}_0$이 만나지 않으므로 그림 3.9 (c), (d)와 같이 $\boldsymbol{z}_1$과 $\boldsymbol{z}_0$의 공통 법선이면서 원점 o_1을 지나는 직선을 $\boldsymbol{x}_1$으로 정한다.

(e) 오른손 좌표계가 되도록 $\boldsymbol{y}_1$을 선정한다.

(f) 엔드 이펙터는 부착되어 있지 않으므로 마지막 좌표계인 2좌표계는 그림3.9 (d)에서와 같이 링크 2의 끝에 편리하게 설정한다.

이때의 링크 파라미터들은 다음 표와 같이 주어진다. 표에서 * 표시가 붙은 것은 변수임을 나타낸다.

표 3.1 링크 파라미터

링크	a_i	α_i	d_i	θ_i
1	a_1	0	0	θ_1^*
2	a_2	0	0	θ_2^*

이 파라미터들을 식 (3.3.1)에 대입하면 $\boldsymbol{A}$ 행렬들, 그리고 $\boldsymbol{T}$ 행렬을 다음과 같이 구할 수 있다.

$$\boldsymbol{A}_0^1 = \begin{bmatrix} c_1 & -s_1 & 0 & a_1c_1 \\ s_1 & c_1 & 0 & a_1s_1 \\ 0 & 0 & 1 & 0 \\ 0 & 0 & 0 & 1 \end{bmatrix}, \quad \boldsymbol{A}_1^2 = \begin{bmatrix} c_2 & -s_2 & 0 & a_2c_2 \\ s_2 & c_2 & 0 & a_2s_2 \\ 0 & 0 & 1 & 0 \\ 0 & 0 & 0 & 1 \end{bmatrix} \tag{3.4.1}$$

$$\begin{aligned} \boldsymbol{T}_0^2 = \boldsymbol{A}_0^1\boldsymbol{A}_1^2 &= \begin{bmatrix} c_1 & -s_1 & 0 & a_1c_1 \\ s_1 & c_1 & 0 & a_1s_1 \\ 0 & 0 & 1 & 0 \\ 0 & 0 & 0 & 1 \end{bmatrix} \begin{bmatrix} c_2 & -s_2 & 0 & a_2c_2 \\ s_2 & c_2 & 0 & a_2s_2 \\ 0 & 0 & 1 & 0 \\ 0 & 0 & 0 & 1 \end{bmatrix} \\ &= \begin{bmatrix} c_1c_2 - s_1s_2 & -s_1c_2 - c_1s_2 & 0 & a_2(c_1c_2 - s_1s_2) + a_1c_1 \\ s_1c_2 + c_1s_2 & c_1c_2 - s_1s_2 & 0 & a_2(s_1c_1 + c_1s_2) + a_1s_1 \\ 0 & 0 & 1 & 0 \\ 0 & 0 & 0 & 1 \end{bmatrix} \\ &= \begin{bmatrix} c_{12} & -s_{12} & 0 & a_1c_1 + a_2c_{12} \\ s_{12} & c_{12} & 0 & a_1s_1 + a_2s_{12} \\ 0 & 0 & 1 & 0 \\ 0 & 0 & 0 & 1 \end{bmatrix} \end{aligned} \tag{3.4.2}$$

$\boldsymbol{T}_0^2$의 네 번째 열로부터 2좌표계의 원점을 0좌표계에 대해서 표시하면 다음 식과 같이 됨을 알 수 있다.

$$x = a_1c_1 + a_2c_{12} \tag{3.4.3}$$

$$y = a_1s_1 + a_2s_{12}$$

$$z = 0$$

또한 $\boldsymbol{T}_0^2$의 회전 행렬 부분으로부터, 2좌표계의 방향을 0좌표계에 대해서 표현한 것은 다음과 같음을 알 수 있다.

$$R_0^2 = \begin{bmatrix} c_{12} & -s_{12} & 0 \\ s_{12} & c_{12} & 0 \\ 0 & 0 & 1 \end{bmatrix} \tag{3.4.4}$$

식 (3.4.3)과 식 (3.4.4)를 보면 각각 식 (3.1.1), 식 (3.1.2)와 같다는 것을 알 수 있다.

예제 3.1

그림 3.9의 2축 평면 머니퓰레이터에서 $a_1 = a_2 = 1\text{m}$이다. (1) 모든 관절 변수의 값이 0일 때 로봇 손끝(2 좌표계)의 방향과 위치를 구하고 이때의 로봇 자세를 그려라. (2) $\theta_1 = 90°$, $\theta_2 = -90°$일 때에 대해서 (1)을 반복하라.

풀이

(1) $\theta_1 = 0°$, $\theta_2 = 0°$를 기구학 식에 대입하면 0좌표계에 대해서 표현된 2좌표계의 위치와 방향은 다음과 같다.

$$x = a_1c_1 + a_2c_{12} = 1 \times \cos(0°) + 1 \times \cos(0° + 0°) = 2 \tag{3.4.5}$$

$$y = a_1s_1 + a_2s_{12} = 1 \times \sin(0°) + 1 \times \sin(0° + 0°) = 0$$

$$z = 0$$

$$R_0^2 = \begin{bmatrix} c_{12} & -s_{12} & 0 \\ s_{12} & c_{12} & 0 \\ 0 & 0 & 1 \end{bmatrix} = \begin{bmatrix} c(0°) & -s(0°) & 0 \\ s(0°) & c(0°) & 0 \\ 0 & 0 & 1 \end{bmatrix} = \begin{bmatrix} 1 & 0 & 0 \\ 0 & 1 & 0 \\ 0 & 0 & 1 \end{bmatrix} \tag{3.4.6}$$

위치는 $[2, 0, 0]^T$이고, $R_0^2 = I$이므로 2좌표계의 방향은 0좌표계의 방향과 같다. 이는 그림 3.10의 (a)에서도 확인할 수 있다.

(2) $\theta_1 = 90°$, $\theta_2 = -90°$를 기구학 식에 대입하면 0좌표계에 대해서 표현된 2좌표계의 위치와 방향은 다음과 같다.

$$x = a_1c_1 + a_2c_{12} = 1 \times \cos(90°) + 1 \times \cos(90° - 90°) = 1 \tag{3.4.7}$$

$$y = a_1s_1 + a_2s_{12} = 1 \times \sin(90°) + 1 \times \sin(90° - 90°) = 1$$

$$z = 0$$

$$\boldsymbol{R}_0^2 = \begin{bmatrix} c_{12} & -s_{12} & 0 \\ s_{12} & c_{12} & 0 \\ 0 & 0 & 1 \end{bmatrix} = \begin{bmatrix} c(0°) & -s(0°) & 0 \\ s(0°) & c(0°) & 0 \\ 0 & 0 & 1 \end{bmatrix} = \begin{bmatrix} 1 & 0 & 0 \\ 0 & 1 & 0 \\ 0 & 0 & 1 \end{bmatrix} \tag{3.4.8}$$

위치는 $[1,1,0]^T$ 이고, $\boldsymbol{R}_0^2 = \boldsymbol{I}$ 이므로 2좌표계의 방향은 0좌표계의 방향과 같다. 이때의 로봇 자세는 그림 3.10의 (b)와 같다. 관절 변수 $\theta_1 = 90°$, $\theta_2 = -90°$ 의 값은 그림 3.10 (b)의 오른쪽 그림에서 확인할 수 있다. D-H 파라미터의 정의에 따라 θ_i는 $\boldsymbol{z}_{i-1}$축에 대해서 측정한 $\boldsymbol{x}_{i-1}$축에서 $\boldsymbol{x}_i$축까지의 각도임을 상기하라.

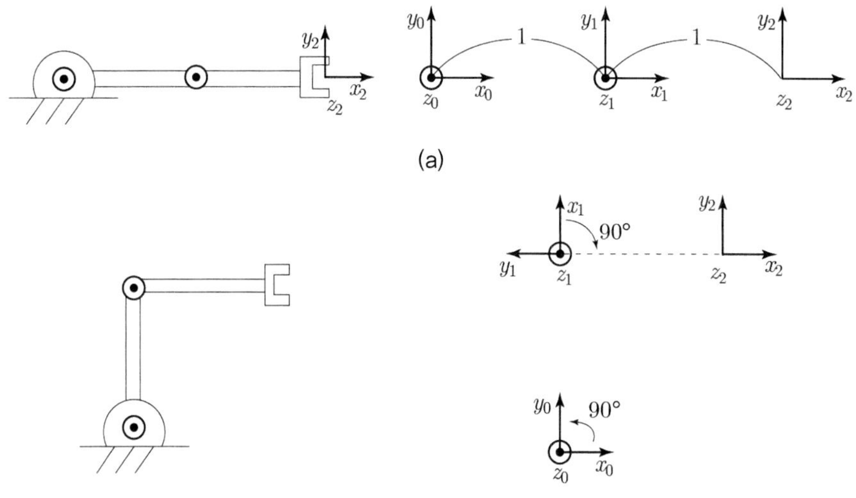

그림 3.10 예제 (3.1)에서의 로봇 자세

3.4.2 3축 평면 머니퓰레이터

앞에서 다루었던 2축 평면 머니퓰레이터에 직렬로 하나의 회전축이 더 연결되어 있는 3축 평면 머니퓰레이터에 대하여 순기구학을 구해보자.

3축 평면 머니퓰레이터의 경우에는 2축의 경우와 유사하게 해석할 수 있다. 좌표계의 설정은 그림 3.11에 나타낸 바와 같다.

이때의 링크 파라미터들은 다음 표와 같이 주어진다. 표에서 * 표시가 붙은 것은 변수임을 나타낸다.

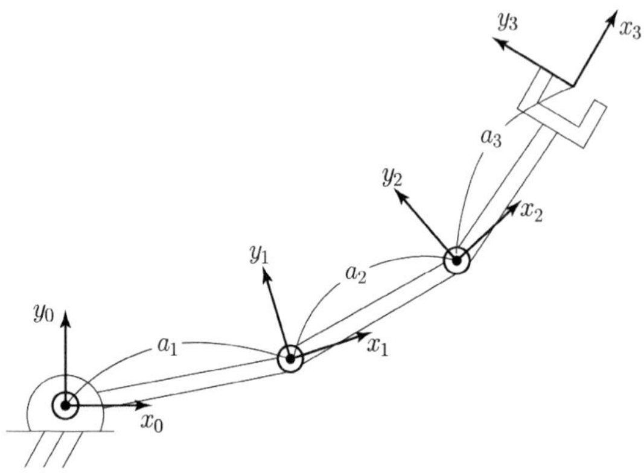

그림 3.11 3 R 평면머니퓰레이터

표 3.2 링크 파라미터

링크	a_i	α_i	d_i	θ_i
1	a_1	0	0	θ_1^*
2	a_2	0	0	θ_2^*
3	a_3	0	0	θ_3^*

이 파라미터들을 식 (3.3.1)에 대입하면 $\boldsymbol{A}$ 행렬들, 그리고 $\boldsymbol{T}$ 행렬을 다음과 같이 구할 수 있다.

$$\boldsymbol{A}_0^1 = \begin{bmatrix} c_1 & -s_1 & 0 & a_1c_1 \\ s_1 & c_1 & 0 & a_1s_1 \\ 0 & 0 & 1 & 0 \\ 0 & 0 & 0 & 1 \end{bmatrix}, \quad \boldsymbol{A}_1^2 = \begin{bmatrix} c_2 & -s_2 & 0 & a_2c_2 \\ s_2 & c_2 & 0 & a_2s_2 \\ 0 & 0 & 1 & 0 \\ 0 & 0 & 0 & 1 \end{bmatrix},$$

$$\boldsymbol{A}_2^3 = \begin{bmatrix} c_3 & -s_3 & 0 & a_3c_3 \\ s_3 & c_3 & 0 & a_3s_3 \\ 0 & 0 & 1 & 0 \\ 0 & 0 & 0 & 1 \end{bmatrix} \tag{3.4.9}$$

$$\boldsymbol{T}_0^3 = \boldsymbol{A}_0^1\boldsymbol{A}_1^2\boldsymbol{A}_2^3 = \begin{bmatrix} c_{123} & -s_{123} & 0 & a_1c_1 + a_2c_{12} + a_3c_{123} \\ s_{123} & c_{123} & 0 & a_1s_1 + a_2s_{12} + a_3s_{123} \\ 0 & 0 & 1 & 0 \\ 0 & 0 & 0 & 1 \end{bmatrix} \tag{3.4.10}$$

$\boldsymbol{T}_0^3$의 네 번째 열로부터 3좌표계의 원점을 0좌표계에 대해서 표시하면 다음 식과 같이 됨을 알 수 있다.

$$x = a_1c_1 + a_2c_{12} + a_3c_{123} \tag{3.4.11}$$
$$y = a_1s_1 + a_2s_{12} + a_3s_{123}$$
$$z = 0$$

또한 $\boldsymbol{T}_0^3$의 회전 행렬 부분으로부터, 3좌표계의 방향을 0좌표계에 대해서 표현한 것은 다음과 같음을 알 수 있다.

$$\boldsymbol{R}_0^3 = \begin{bmatrix} c_{123} & -s_{123} & 0 \\ s_{123} & c_{123} & 0 \\ 0 & 0 & 1 \end{bmatrix} \tag{3.4.12}$$

예제 3.2

그림 3.11의 3축 평면 머니퓰레이터에서 $a_1 = \sqrt{2}\,\mathrm{m}$, $a_2 = a_3 = 1\,\mathrm{m}$이다. $\theta_1 = 45°$, $\theta_2 = -45°$, $\theta_3 = 90°$일 때 로봇 손끝(3좌표계)의 방향과 위치를 구하고 이때의 로봇 자세를 그려라.

풀이

(1) $\theta_1 = 45°$, $\theta_2 = -45°$, $\theta_3 = 90°$를 기구학 식에 대입하면 0좌표계에 대해서 표현된 3좌표계의 위치와 방향은 다음과 같다.

$$\begin{aligned} x &= a_1c_1 + a_2c_{12} + a_3c_{123} \\ &= \sqrt{2}\cos 45° + \cos(45° - 45°) + \cos(45° - 45° + 90°) \\ &= 1 + 1 + 0 = 2 \end{aligned} \tag{3.4.13}$$

$$\begin{aligned} y &= a_1s_1 + a_2s_{12} + a_3s_{123} \\ &= \sqrt{2}\sin 45° + \sin(45° - 45°) + \sin(45° - 45° + 90°) \\ &= 1 + 0 + 1 = 2 \end{aligned}$$

$$z = 0$$

$$\boldsymbol{R}_0^3 = \begin{bmatrix} c_{123} & -s_{123} & 0 \\ s_{123} & c_{123} & 0 \\ 0 & 0 & 1 \end{bmatrix} = \begin{bmatrix} \cos 90° & -\sin 90° & 0 \\ \sin 90° & \cos 90° & 0 \\ 0 & 0 & 1 \end{bmatrix} \tag{3.4.14}$$

$$= \begin{bmatrix} 0 & -1 & 0 \\ 1 & 0 & 0 \\ 0 & 0 & 1 \end{bmatrix}$$

0좌표계에 대한 3좌표계의 위치와 방향 및 이에 따른 로봇의 자세는 그림 3.12와 같다.

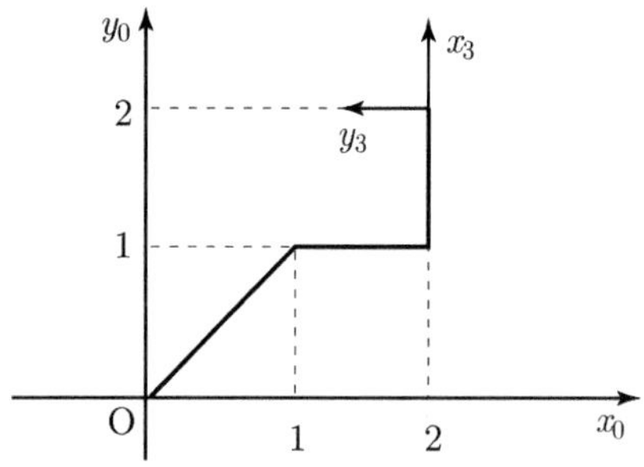

그림 3.12 예제 (3.2)에서의 로봇 자세

3.4.3 2축 다관절형 머니퓰레이터

그림 3.13과 같이 2개의 회전 관절을 가진 다관절형 머니퓰레이터에 대하여 순기구학을 구해보자.

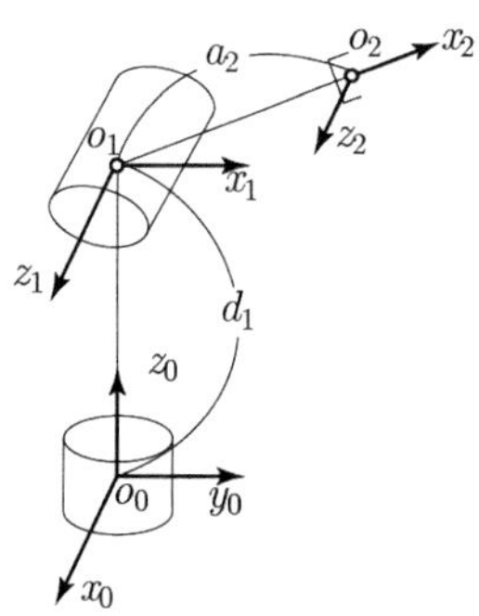

그림 3.13 2축 다관절형 머니퓰레이터

우선 다음과 같이 D-H 규약을 사용하여 좌표계를 설정한다.

(1) 관절 1과 관절 2 모두 회전 관절이므로 회전축을 $\boldsymbol{z}_0$, $\boldsymbol{z}_1$축으로 잡는다.

(2) o_0는 $\boldsymbol{z}_0$축 상의 임의의 위치에, $\boldsymbol{x}_0$도 임의의 위치에 선정할 수 있다. 여기서는 o_0를 관절 1에, 그리고 $\boldsymbol{x}_0$는 지면에 수직하게 선정한다.

(3) $\boldsymbol{z}_1$과 $\boldsymbol{z}_0$만나므로, 관절 2를 원점 o_1로 정한다.

(4) $\boldsymbol{z}_1$와 $\boldsymbol{z}_0$이 만나므로, $\boldsymbol{z}_1 - \boldsymbol{z}_0$평면에 수직이면서 o_1을 지나는 직선을 $\boldsymbol{x}_1$로 선정한다.

(5) 2좌표계는 링크 2의 끝 단에 편리하게 선정한다.

이때의 링크 파라미터들은 다음 표와 같이 주어진다.

표 3.3 링크 파라미터

링크	a_i	α_i	d_i	θ_i
1	0	90°	d_1	θ_1^*
2	a_2	0	0	θ_2^*

이 파라미터들을 식 (3.3.1)에 대입하면 $\boldsymbol{A}$ 행렬들, 그리고 $\boldsymbol{T}$행렬을 다음과 같이 구할 수 있다.

$$\boldsymbol{A}_0^1 = \begin{bmatrix} c_1 & 0 & s_1 & 0 \\ s_1 & 0 & -c_1 & 0 \\ 0 & 1 & 0 & d_1 \\ 0 & 0 & 0 & 1 \end{bmatrix}, \quad \boldsymbol{A}_1^2 = \begin{bmatrix} c_2 & -s_2 & 0 & a_2c_2 \\ s_2 & c_2 & 0 & a_2s_2 \\ 0 & 0 & 1 & 0 \\ 0 & 0 & 0 & 1 \end{bmatrix} \tag{3.4.15}$$

$$\boldsymbol{T}_0^2 = \boldsymbol{A}_0^1\boldsymbol{A}_1^2 = \begin{bmatrix} c_1c_2 & -c_1s_2 & s_1 & a_2c_1c_2 \\ s_1c_2 & -s_1s_2 & -c_1 & a_2s_1c_2 \\ s_2 & c_2 & 0 & d_1 + a_2s_2 \\ 0 & 0 & 0 & 1 \end{bmatrix} \tag{3.4.16}$$

3.4.4 3축 다관절형 머니퓰레이터

그림 3.14와 같이 3개의 회전 관절을 가진 다관절형 머니퓰레이터에 대하여 순기구학을 구해보자.

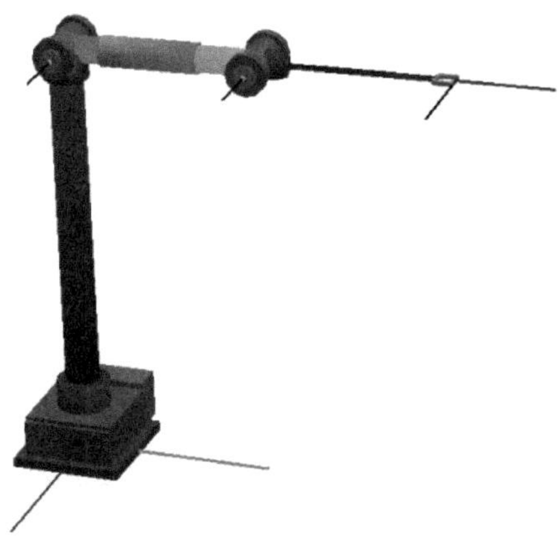

(a) 3축 다관절형 머니퓰레이터

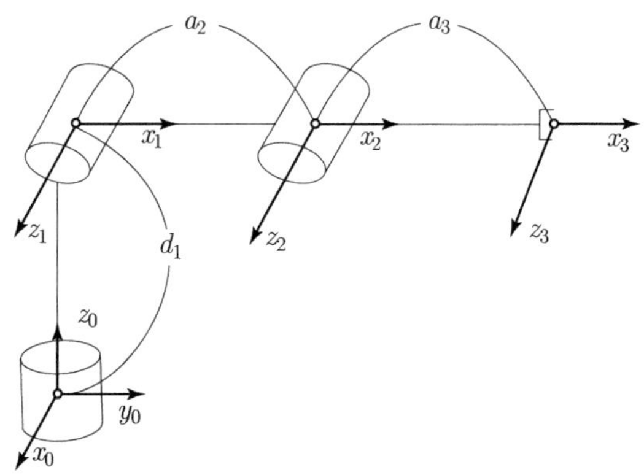

(b) 설정된 좌표계

그림 3.14 3축 다관절형 머니퓰레이터

이 머니퓰레이터는 3.4.3에서의 2축 다관절형 머니퓰레이터에 동일한 구조의 회전축이 하나 더 더해진 형태이다. 링크 파라미터는 표 3.4와 같다.

표 3.4 링크 파라미터

링크	a_i	α_i	d_i	θ_i
1	0	90°	d_1	θ_1^*
2	a_2	0	0	θ_2^*
3	a_3	0	0	θ_3^*

이 파라미터들을 식 (3.3.1)에 대입하면 $\boldsymbol{A}$행렬들, 그리고 $\boldsymbol{T}$ 행렬을 구할 수 있다. $\boldsymbol{A}_0^1, \boldsymbol{A}_1^2$는 식 (3.4.15)와 같다.

$$\boldsymbol{A}_2^3 = \begin{bmatrix} c_3 & -s_3 & 0 & a_3c_3 \\ s_3 & c_3 & 0 & a_3s_3 \\ 0 & 0 & 1 & 0 \\ 0 & 0 & 0 & 1 \end{bmatrix} \tag{3.4.17}$$

$$\boldsymbol{T}_0^3 = \boldsymbol{A}_0^1\boldsymbol{A}_1^2\boldsymbol{A}_2^3 \tag{3.4.18}$$

$$= \begin{bmatrix} c_1c_2 & -c_1s_2 & s_1 & a_2c_1c_2 \\ s_1c_2 & -s_1s_2 & -c_1 & a_2s_1c_2 \\ s_2 & c_2 & 0 & d_1 + a_2s_2 \\ 0 & 0 & 0 & 1 \end{bmatrix} \begin{bmatrix} c_3 & -s_3 & 0 & a_3c_3 \\ s_3 & c_3 & 0 & a_3s_3 \\ 0 & 0 & 1 & 0 \\ 0 & 0 & 0 & 1 \end{bmatrix}$$

$$= \begin{bmatrix} c_1c_2c_3 - c_1s_2s_3 & -c_1c_2s_3 - c_1s_2c_3 & s_1 & a_3(c_1c_2c_3 - c_1s_2s_3) + a_2c_1c_2 \\ s_1c_2c_3 - s_1s_2s_3 & -s_1c_2s_3 - s_1s_2c_3 & -c_1 & a_3(s_1c_2c_3 - s_1s_2s_3) + a_2s_1c_2 \\ s_2c_3 + c_2s_3 & -s_2s_3 + c_2c_3 & 0 & a_3(s_2c_3 + c_2s_3) + d_1 + a_2s_2 \\ 0 & 0 & 0 & 1 \end{bmatrix}$$

$$= \begin{bmatrix} c_1c_{23} & -c_1s_{23} & s_1 & a_3c_1c_{23} + a_2c_1c_2 \\ s_1c_{23} & -s_1s_{23} & -c_1 & a_3s_1c_{23} + a_2s_1c_2 \\ s_{23} & c_{23} & 0 & a_3s_{23} + a_2s_2 + d_1 \\ 0 & 0 & 0 & 1 \end{bmatrix}$$

예제 3.3

그림 3.14의 머니퓰레이터에서 $d_1 = a_2 = a_3 = 1\text{m}$이다. (1) 모든 관절 변수의 값이 0일 때 로봇 손끝(3 좌표계)의 방향과 위치를 구하고 이 때의 로봇 자세를 그려라. (2) $\theta_1 = 90°$, $\theta_2 = 0°$, $\theta_3 = 90°$일 때에 대해서 (1)을 반복하라.

풀이

(1) $\theta_1 = 0°$, $\theta_2 = 0°$, $\theta_3 = 0°$를 기구학 식에 대입하면 0 좌표계에 대해서 표현된 3좌표계의 위치와 방향은 다음과 같다.

$$x = a_3c_1c_{23} + a_2c_1c_2 = \cos 0°\cos 0° + \cos 0°\cos 0° = 1 + 1 = 2 \tag{3.4.19}$$

$$y = a_3s_1c_{23} + a_2s_1c_2 = \sin 0°\cos 0° + \sin 0°\cos 0° = 0$$

$$z = a_3 s_{23} + a_2 s_2 + d_1 = \sin 0° + \sin 0° + 1 = 1$$

$$\boldsymbol{R}_0^3 = \begin{bmatrix} \cos 0° \cos 0° & -\cos 0° \sin 0° & \sin 0° \\ \sin 0° \cos 0° & -\sin 0° \sin 0° & -\cos 0° \\ \sin 0° & \cos 0° & 0 \end{bmatrix} = \begin{bmatrix} 1 & 0 & 0 \\ 0 & 0 & -1 \\ 0 & 1 & 0 \end{bmatrix} \tag{3.4.20}$$

따라서 로봇의 자세는 그림 3.15의 (a)와 같다.

(2) $\theta_1 = 90°$, $\theta_2 = 0°$, $\theta_3 = 90°$를 기구학 식에 대입하면 0좌표계에 대해서 표현된 3좌표계의 위치와 방향은 다음과 같다.

$$x = \cos 90° \cos 90° + \cos 90° \cos 0° = 0 \tag{3.4.21}$$

$$y = \sin 90° \cos 90° + \sin 90° \cos 0° = 1$$

$$z = \sin 90° + \sin 0° + 1 = 2$$

$$\boldsymbol{R}_0^3 = \begin{bmatrix} \cos 90° \cos 90° & -\cos 90° \sin 90° & \sin 90° \\ \sin 90° \cos 90° & -\sin 90° \sin 90° & -\cos 90° \\ \sin 90° & \cos 90° & 0 \end{bmatrix} \tag{3.4.22}$$

$$= \begin{bmatrix} 0 & 0 & 1 \\ 0 & -1 & 0 \\ 1 & 0 & 0 \end{bmatrix}$$

위치는 $[0, 1, 2]^T$이고, 이때의 로봇 자세는 그림 3.15의 (b)와 같다.

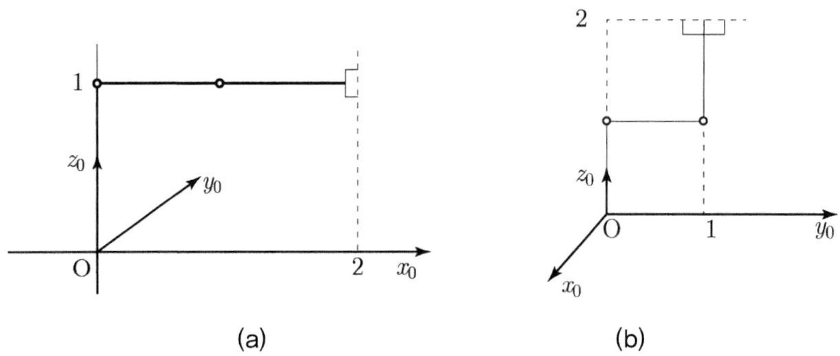

그림 3.15 예제 (3.3)에서의 로봇 자세

3.4.5 구형 손목(Spherical wrist)

구형 손목은 1장에서 다룬 것과 같이 손목 부위의 3개의 관절의 회전축이 모두 한 점에서 만나도록 설계된 손목으로, 그림 3.16에 그 구조가 나타나 있다. 그림에

링크 파라미터들을 도시하였다. 여기서는 관절축 $z_3 = z_4 = z_5$가 한점 o에서 만난다. 또한 그림 3.16의 자세는 $\theta_4 = \theta_5 = \theta_6 = 0°$인 경우를 나타내고 있다. 그림 3.16에 도시된 구형 손목에 대해서 D-H 규약을 사용하여 순기구학 방정식을 구해보자.

(a) 구형 손목

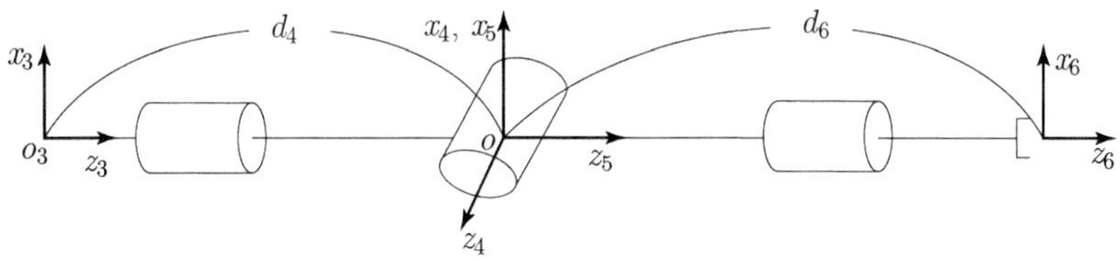

(b) 구형 손목의 좌표계

그림 3.16 구형 손목에 대한 좌표계 설정

이때의 링크 파라미터들은 다음 표와 같이 주어진다.

표 3.5 링크 파라미터

링크	a_i	α_i	d_i	θ_i
4	0	−90	d_4	θ_4^*
5	0	90	0	θ_5^*
6	0	0	d_6	θ_6^*

이 파라미터들을 식 (3.3.1)에 대입하면 $\boldsymbol{A}$ 행렬들, 그리고 $\boldsymbol{T}$ 행렬들은 다음과 같이 주어진다.

$$\boldsymbol{A}_3^4=\begin{pmatrix} c_4 & 0 & -s_4 & 0 \\ s_4 & 0 & c_4 & 0 \\ 0 & -1 & 0 & d_4 \\ 0 & 0 & 0 & 1 \end{pmatrix}, \boldsymbol{A}_4^5=\begin{bmatrix} c_5 & 0 & s_5 & 0 \\ s_5 & 0 & -c_5 & 0 \\ 0 & 1 & 0 & 0 \\ 0 & 0 & 0 & 1 \end{bmatrix}, \boldsymbol{A}_5^6=\begin{bmatrix} c_6 & -s_6 & 0 & 0 \\ s_6 & c_6 & 0 & 0 \\ 0 & 0 & 1 & d_6 \\ 0 & 0 & 0 & 1 \end{bmatrix} \quad (3.4.23)$$

$$\boldsymbol{T}_3^6=\boldsymbol{A}_3^4\boldsymbol{A}_4^5\boldsymbol{A}_5^6=\begin{bmatrix} \boldsymbol{R}_3^6 & \boldsymbol{d}_3^6 \\ \boldsymbol{0} & 1 \end{bmatrix}$$

$$=\begin{pmatrix} c_4c_5c_6-s_4s_6 & -c_4c_5s_6-s_4c_6 & c_4s_5 & d_6c_4s_5 \\ s_4c_5c_6+c_4s_6 & -s_4c_5s_6+c_4c_6 & s_4s_5 & d_6s_4s_5 \\ -s_5c_6 & s_5s_6 & c_5 & d_6c_5+d_4 \\ 0 & 0 & 0 & 1 \end{pmatrix} \quad (3.4.24)$$

3.4.6 6축 수직다관절 머니퓰레이터

3차원 공간상에서 임의의 위치와 방향을 지정할 수 있기 위해서는 6자유도가 필요하다. 따라서 3차원 공간상에서 일반적인 작업을 수행하는 산업용 머니퓰레이터는 6자유도를 갖도록 설계된다. 가장 일반적인 구조는 6개의 축이 모두 회전관절인 경우다. 특히 대부분의 산업용 머니퓰레이터는 기구학적인 해석을 간단히 하기 위해서 3.4.5에서 다룬 구형 손목을 갖도록 설계한다. 6자유도 머니퓰레이터가 구형 손목을 가지면 역기구학을 풀 때, 방향과 위치를 분리해서 풀 수 있기 때문에 처음 3개의 관절은 위치를 구현하고 마지막 3개의 관절은 방향을 구현하도록 설계된다.

이러한 머니퓰레이터를 수직다관절 머니퓰레이터라고 부르며 그림 3.17에 나타내었다. 이 머니퓰레이터는 3.4.4에서 다룬 3축 머니퓰레이터에 3.4.5에서 다룬 구형 손목을 부착한 것과 같은 형태이다.

각 관절 좌표계는 D-H 규약에 따라 그림 3.17과 같이 설정한다.

(1) 모든 관절이 회전 관절이다. 회전 운동이 발생하는 축에 회전축 $\boldsymbol{z}_0, \boldsymbol{z}_1, \boldsymbol{z}_2, \boldsymbol{z}_3$, $\boldsymbol{z}_4, \boldsymbol{z}_5$를 설정한다.

(2) o_0는 $\boldsymbol{z}_0$축 상의 임의의 위치에, $\boldsymbol{x}_0$도 임의의 위치에 선정할 수 있다. 여기서는 o_0를 관절 1에, 그리고 $\boldsymbol{x}_0$는 지면에 수직하게 설치하자. 오른손 좌표계를 만족하도록 $\boldsymbol{y}_0$를 정한다.

(3) $\boldsymbol{z}_1$과 $\boldsymbol{z}_0$이 만나므로, 그 교점을 원점 o_1로 정한다.

(4) $\boldsymbol{z}_1$와 $\boldsymbol{z}_0$이 만나므로, $\boldsymbol{z}_1 - \boldsymbol{z}_0$평면에 수직이면서 o_1을 지나는 직선을 $\boldsymbol{x}_1$로 선정한다. 오른손 좌표계를 만족하도록 $\boldsymbol{y}_1$을 정한다.

(5) $\boldsymbol{z}_2$와 $\boldsymbol{z}_1$이 평행하므로, 관절 3을 원점 o_2로 정한다

(6) $\boldsymbol{z}_2$와 $\boldsymbol{z}_1$이 만나지 않으므로 $\boldsymbol{z}_2$와 $\boldsymbol{z}_1$에 공통법선이면서 o_2를 지나는 직선을 $\boldsymbol{x}_2$으로 선정한다. 그림에서는 지면 오른쪽 방향으로 선정했다. 오른손 좌표계를 만족하도록 $\boldsymbol{y}_2$를 정한다.

(7) $\boldsymbol{z}_3$와 $\boldsymbol{z}_2$가 만나므로, 그 교점을 원점 o_3로 정한다.

(8) $\boldsymbol{z}_3$와 $\boldsymbol{z}_2$가 만나므로, $\boldsymbol{z}_3 - \boldsymbol{z}_2$평면에 수직이면서 o_3을 지나는 직선을 $\boldsymbol{x}_3$로 선정한다. 오른손 좌표계를 만족하도록 $\boldsymbol{y}_3$를 정한다.

(9) $\boldsymbol{z}_4$와 $\boldsymbol{z}_3$가 만나므로, 그 교점을 원점 o_4로 정한다.

(10) $\boldsymbol{z}_4$와 $\boldsymbol{z}_3$가 만나므로, $\boldsymbol{z}_4 - \boldsymbol{z}_3$평면에 수직이면서 o_4를 지나는 직선을 $\boldsymbol{x}_4$로 선정한다. 오른손 좌표계를 만족하도록 $\boldsymbol{y}_4$를 정한다.

(11) $\boldsymbol{z}_5$와 $\boldsymbol{z}_4$가 만나므로, 그 교점을 원점 o_5로 정한다.

(12) $\boldsymbol{z}_5$와 $\boldsymbol{z}_4$가 만나므로, $\boldsymbol{z}_5 - \boldsymbol{z}_4$평면에 수직이면서 o_5를 지나는 직선을 $\boldsymbol{x}_5$로 선정한다. 오른손 좌표계를 만족하도록 $\boldsymbol{y}_5$를 정한다.

(13) 엔드 이펙터 좌표계 $\boldsymbol{x}_6 - \boldsymbol{y}_6 - \boldsymbol{z}_6$를 적절히 선정한다.

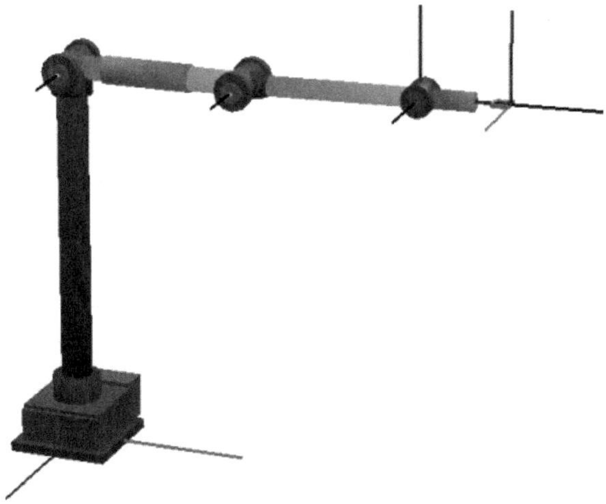

(a) 수직다관절 머니퓰레이터

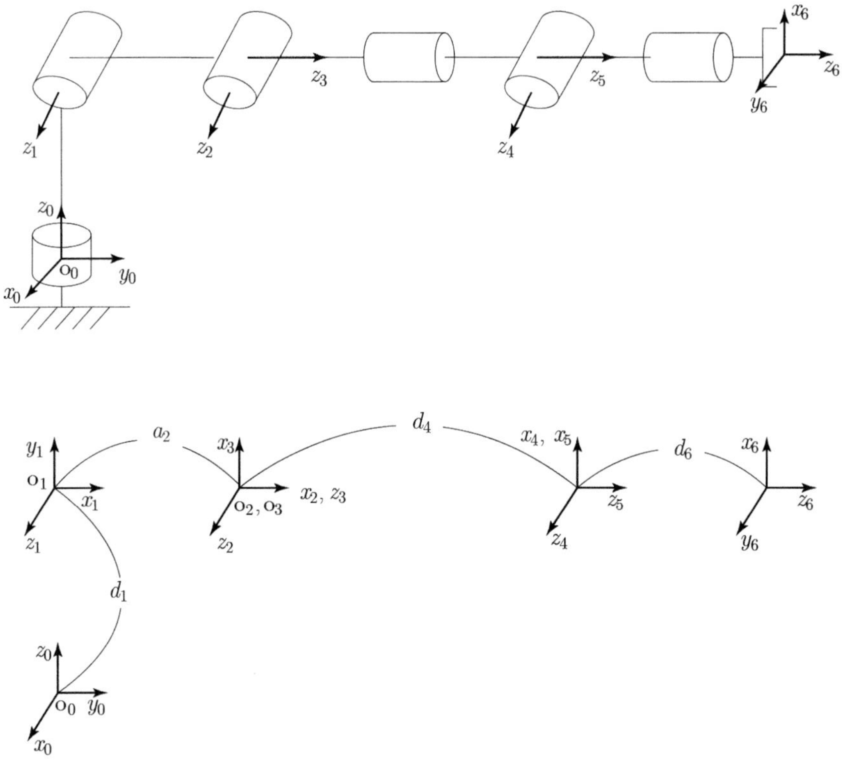

(b) 수직다관절 머니퓰레이터의 관절 구성 및 좌표계 설정

그림 3.17 수직다관절 머니퓰레이터

이 머니퓰레이터의 링크 파라미터는 표 3.6과 같다.

표 3.6 링크 파라미터

링크	a_i	α_i	d_i	θ_i
1	0	90°	d_1	θ_1^*
2	a_2	0	0	θ_2^*
3	0	90°	0	θ_3^*
4	0	−90°	d_4	θ_4^*
5	0	90°	0	θ_5^*
6	0	0	d_6	θ_6^*

이 파라미터들을 식 (3.3.1)에 대입하면 $\boldsymbol{A}$ 행렬들, 그리고 $\boldsymbol{T}$ 행렬들을 다음과 같이 구할 수 있다.

$$\boldsymbol{A}_0^1=\begin{pmatrix} c_1 & 0 & s_1 & 0 \\ s_1 & 0 & -c_1 & 0 \\ 0 & 1 & 0 & d_1 \\ 0 & 0 & 0 & 1 \end{pmatrix},\ \boldsymbol{A}_1^2=\begin{pmatrix} c_2 & -s_2 & 0 & a_2c_2 \\ s_2 & c_2 & 0 & a_2s_2 \\ 0 & 0 & 1 & 0 \\ 0 & 0 & 0 & 1 \end{pmatrix},\ \boldsymbol{A}_2^3=\begin{pmatrix} c_3 & 0 & s_3 & 0 \\ s_3 & 0 & -c_3 & 0 \\ 0 & 1 & 0 & 0 \\ 0 & 0 & 0 & 1 \end{pmatrix} \quad (3.4.25)$$

$$\boldsymbol{A}_3^4=\begin{pmatrix} c_4 & 0 & -s_4 & 0 \\ s_4 & 0 & c_4 & 0 \\ 0 & -1 & 0 & d_4 \\ 0 & 0 & 0 & 1 \end{pmatrix},\ \boldsymbol{A}_4^5=\begin{pmatrix} c_5 & 0 & s_5 & 0 \\ s_5 & 0 & -c_5 & 0 \\ 0 & 1 & 0 & 0 \\ 0 & 0 & 0 & 1 \end{pmatrix},\ \boldsymbol{A}_5^6=\begin{pmatrix} c_6 & -s_6 & 0 & 0 \\ s_6 & c_6 & 0 & 0 \\ 0 & 0 & 1 & d_6 \\ 0 & 0 & 0 & 1 \end{pmatrix}$$

$$\boldsymbol{T}_0^3=\boldsymbol{A}_0^1\boldsymbol{A}_1^2\boldsymbol{A}_2^3=\begin{pmatrix} c_1c_2c_3-c_1s_2s_3 & s_1 & c_1c_2s_3+c_1s_2c_3 & a_2c_1c_2 \\ s_1c_2c_3-s_1s_2s_3 & -c_1 & s_1c_2s_3+s_1s_2c_3 & a_2s_1c_2 \\ s_2c_3+c_2s_3 & 0 & s_2s_3-c_2c_3 & a_2s_2+d_1 \\ 0 & 0 & 0 & 1 \end{pmatrix}$$

$$=\begin{pmatrix} c_1(c_2c_3-s_2s_3) & s_1 & c_1(c_2s_3+s_2c_3) & a_2c_1c_2 \\ s_1(c_2c_3-s_2s_3) & -c_1 & s_1(c_2s_3+s_2c_3) & a_2s_1c_2 \\ (s_2c_3+c_2s_3) & 0 & s_2s_3-c_2c_3 & a_2s_2+d_1 \\ 0 & 0 & 0 & 1 \end{pmatrix} \quad (3.4.26)$$

$$=\begin{pmatrix} c_1c_{23} & s_1 & c_1s_{23} & a_2c_1c_2 \\ s_1c_{23} & -c_1 & s_1s_{23} & a_2s_1c_2 \\ s_{23} & 0 & -c_{23} & a_2s_2+d_1 \\ 0 & 0 & 0 & 1 \end{pmatrix}$$

$$\boldsymbol{T}_3^6 = \boldsymbol{A}_3^4 \boldsymbol{A}_4^5 \boldsymbol{A}_5^6 \tag{3.4.27}$$

$$= \begin{pmatrix} c_4c_5c_6 - s_4s_6 & -c_4c_5s_6 - s_4c_6 & c_4s_5 & d_6c_4s_5 \\ s_4c_5c_6 + c_4s_6 & -s_4c_5s_6 + c_4c_6 & s_4s_5 & d_6s_4s_5 \\ -s_5c_6 & s_5s_6 & c_5 & d_6c_5 + d_4 \\ 0 & 0 & 0 & 1 \end{pmatrix}$$

$$\boldsymbol{T}_0^6 = \boldsymbol{T}_0^3 \boldsymbol{T}_3^6 = \boldsymbol{A}_0^1 \boldsymbol{A}_1^2 \boldsymbol{A}_2^3 \boldsymbol{A}_3^4 \boldsymbol{A}_4^5 \boldsymbol{A}_5^6 = \begin{pmatrix} n_x & s_x & a_x & p_x \\ n_y & s_y & a_y & p_y \\ n_z & s_z & a_z & p_z \\ 0 & 0 & 0 & 1 \end{pmatrix} \tag{3.4.28}$$

여기에서 $\boldsymbol{T}_0^6$는 로봇 기저좌표계인 0좌표계에 대한 엔드 이펙터 좌표계인 6좌표계의 방향과 위치를 나타내며 각 성분들은 다음과 같다.

$$\begin{aligned}
n_x &= c_1[c_{23}(c_4c_5c_6 - s_4s_6) - s_{23}s_5c_6] + s_1(s_4c_5c_6 + c_4s_6) \\
n_y &= s_1[c_{23}(c_4c_5c_6 - s_4s_6) - s_{23}s_5c_6] - c_1(s_4c_5c_6 + c_4s_6) \\
n_z &= s_{23}(c_4c_5c_6 - s_4s_6) + c_{23}s_5c_6 \\
s_x &= -c_1[c_{23}(c_4c_5s_6 + s_4c_6) + s_{23}s_5s_6] - s_1(s_4c_5s_6 - c_4c_6) \\
s_y &= s_1[-c_{23}(c_4c_5s_6 + s_4c_6) + s_{23}s_5s_6] + c_1(s_4c_5s_6 - c_4c_6) \\
s_z &= -s_{23}(c_4c_5s_6 + s_4c_6) - c_{23}s_5s_6 \\
a_x &= c_1[c_{23}c_4s_5 + s_{23}c_5] + s_1s_4s_5 \\
a_y &= s_1[c_{23}c_4s_5 + s_{23}c_5] - c_1s_4s_5 \\
a_z &= s_{23}c_4s_5 - c_{23}c_5 \\
p_x &= c_1[d_6(c_{23}c_4s_5 + s_{23}c_5) + s_{23}d_4 + a_2c_2] + s_1d_6s_4s_5 \\
p_y &= s_1[d_6(c_{23}c_4s_5 + s_{23}c_5) + s_{23}d_4 + a_2c_2] - c_1d_6s_4s_5 \\
p_z &= d_6(s_{23}c_4s_5 - c_{23}c_5) - c_{23}d_4 + a_2s_2 + d_1
\end{aligned} \tag{3.4.29}$$

위의 결과와 관련하여 2가지 점에 대하여 언급할 필요가 있다. 6축 수직다관절 머니퓰레이터는 3.4.4에서 다룬 3축 다관절형 머니퓰레이터의 끝 단에 3.4.5에서 다룬 구형 손목을 붙인 것과 같은 형태이다. 그런데 위의 식을 보면 $\boldsymbol{A}_i$, $\boldsymbol{T}_i$의 형태가 약간 다른 것을 볼 수 있다. 이는 $\boldsymbol{x}_3 - \boldsymbol{y}_3 - \boldsymbol{z}_3$ 좌표계의 설정이 다르게 되어 있기 때문이다.

주목할 점은 3좌표계에 대한 6좌표계의 방향을 나타내는 행렬은 구형 손목에서의 식 (3.4.24)와 6축 수직다관절 머니퓰레이터에서의 식 (3.4.27)에서 볼 수 있듯이 같다는 점이다. 이는 두 경우에 $\boldsymbol{x}_3-\boldsymbol{y}_3-\boldsymbol{z}_3$ 좌표계의 설정이 같게 되어 있기 때문이다. 또 한 가지 주목할 점은 이 방향을 나타내는 행렬이 식 (2.4.14)로 주어지는 $Z-Y-Z$ 오일러 각도 변환 행렬과 같다는 점이다.

예제 3.4

그림 3.17의 머니퓰레이터에서 $d_1=2\,\mathrm{m}$, $a_2=d_4=1\,\mathrm{m}$, $d_6=0.5\mathrm{m}$이다. (1) 모든 관절 변수의 값이 0일 때 로봇 손끝(6 좌표계)의 방향과 위치를 구하고 이때의 로봇 자세를 그려라. (2) $\theta_1=90°$, $\theta_2=0°$, $\theta_3=90°$, $\theta_4=0°$, $\theta_5=90°$, $\theta_6=-90°$일 때에 대해서 (1)을 반복하라.

풀이

(1) $\theta_i=0°(i=1\cdots6)$을 기구학 식 (3.4.29)에 대입하면 0좌표계에 대해서 표현된 6좌표계의 위치와 방향은 다음과 같다.

$$\boldsymbol{T}_0^6=\begin{pmatrix}1&0&0&1\\0&-1&0&0\\0&0&-1&0.5\\0&0&0&1\end{pmatrix} \tag{3.4.30}$$

위치는 $[1,0,0.5]^T$이고, 이때의 로봇 자세는 그림 3.18의 (a)와 같다. 처음 세 관절 각도가 0인 자세가 3축 다관절형 머니퓰레이터에서의 결과인 그림 3.15의 (a)와 다름에 유의하라. 이와 같이 자세가 다른 이유는 6축 수직다관절 머니퓰레이터에서와 3축 다관절형 머니퓰레이터에서 3좌표계의 설정을 다르게 하였기 때문이다.

(2) $\theta_1=90°$, $\theta_2=0°$, $\theta_3=90°$, $\theta_4=0°$, $\theta_5=90°$, $\theta_6=-90°$를 기구학 식 (3.4.29)에 대입하면 0좌표계에 대해서 표현된 6좌표계의 위치와 방향은 다음과 같다.

$$\boldsymbol{T}_0^6=\begin{pmatrix}-1&0&0&0\\0&-1&0&2\\0&0&1&2.5\\0&0&0&1\end{pmatrix} \tag{3.4.31}$$

위치는 $[0, 2, 2.5]^T$이고, 이때의 로봇 자세는 그림 3.18의 (b)와 같다.

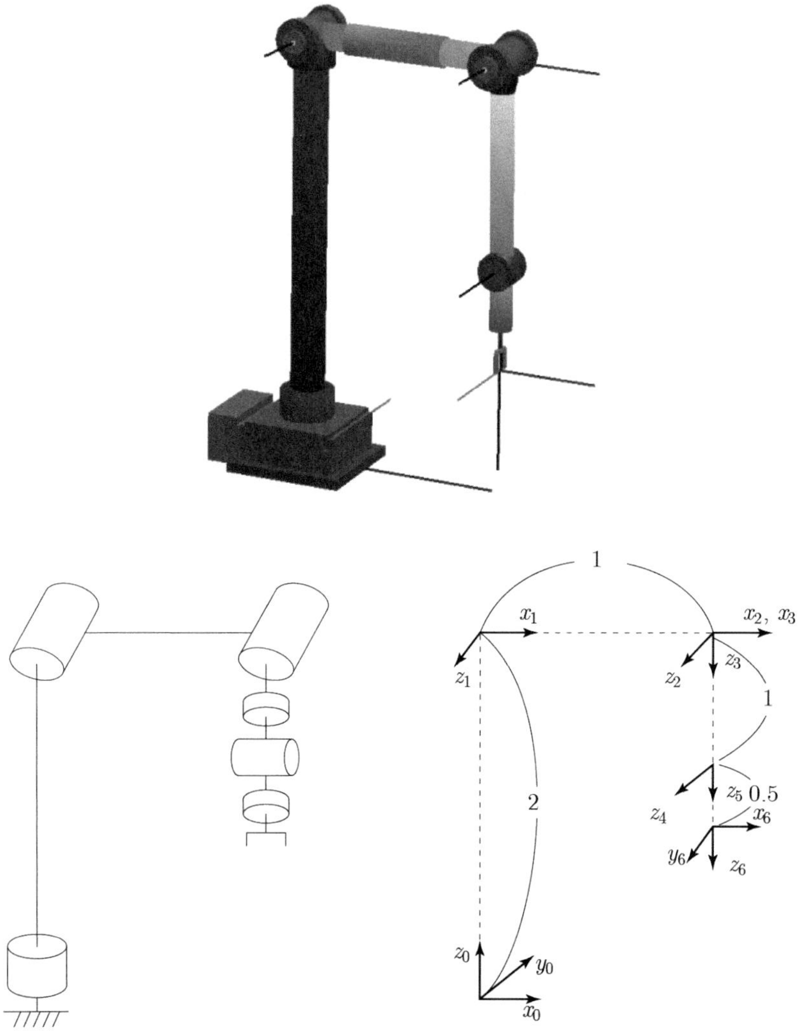

(a)

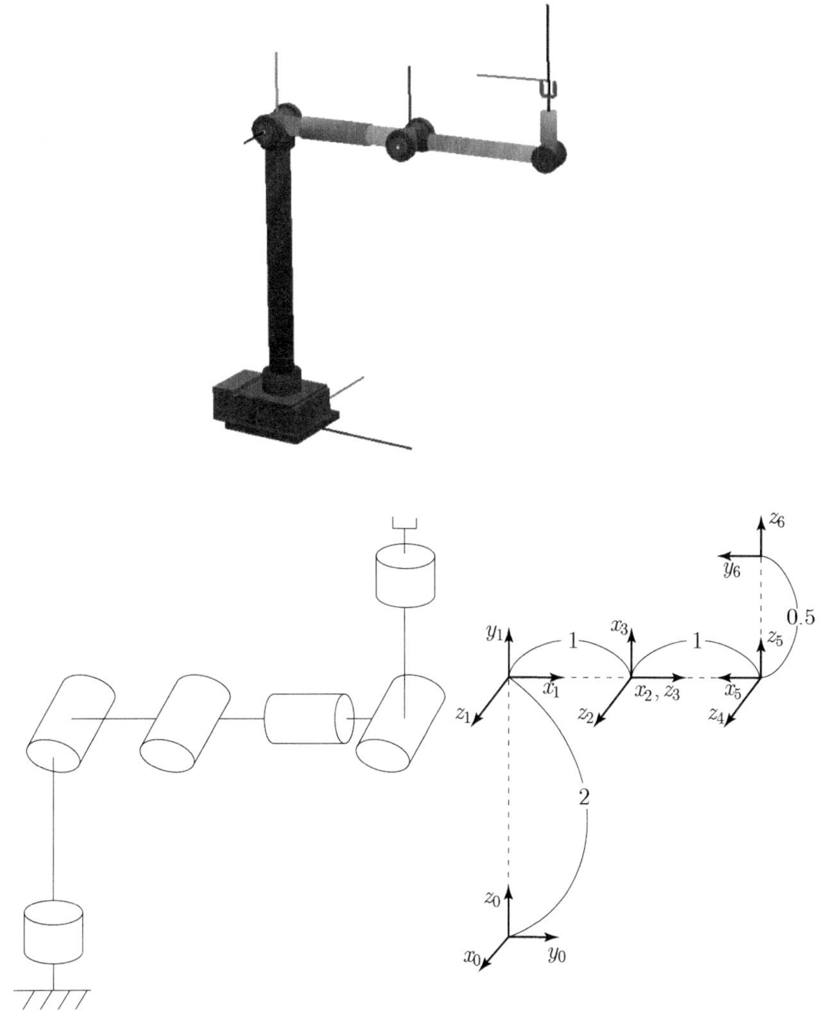

(b)

그림 3.18 예제 (3.4)에서의 로봇 자세

3.4.7 SCARA 머니퓰레이터

SCARA형 머니퓰레이터가 그림 3.19에 나타나 있다. 이 머니퓰레이터는 RRP 구성으로 된 3자유도의 팔과 수직축에 대해서 회전운동(R)을 하는 1자유도의 손목으로 구성되어 총 4자유도를 가지고 있다.

D-H 규약을 사용하여 이 머니퓰레이터의 좌표계를 다음과 같은 순서로 설정한다.

(1) 관절축 $\boldsymbol{z}_0$, $\boldsymbol{z}_1$, $\boldsymbol{z}_2$, $\boldsymbol{z}_3$를 정한다. 관절 3만이 직선관절이고 나머지는 모두 회전 관절이다.

(2) o_0는 $\boldsymbol{z}_0$축 상의 임의의 위치에 선정할 수 있다. 여기서는 o_0를 그림에서와 같이 설치하자.

(3) $\boldsymbol{z}_1$과 $\boldsymbol{z}_0$가 평행하므로 관절 2를 원점 o_1로 정한다.

(4) $\boldsymbol{z}_1$과 $\boldsymbol{z}_0$가 만나지 않으므로 $\boldsymbol{z}_1$과 $\boldsymbol{z}_0$에 공통법선이면서 o_1을 지나는 직선을 $\boldsymbol{x}_1$으로 선정한다. 그림에서는 지면방향이다.

(5) 오른손 좌표계가 되도록 $\boldsymbol{y}_1$을 선정한다.

(6) $\boldsymbol{z}_2$와 $\boldsymbol{z}_1$이 평행하므로, 관절 3을 원점 o_2로 정한다.

(7) $\boldsymbol{z}_2$와 $\boldsymbol{z}_1$이 만나지 않으므로 $\boldsymbol{z}_2$와 $\boldsymbol{z}_1$에 공통법선이면서 o_2를 지나는 직선을 $\boldsymbol{x}_2$로 선정한다. 그림에서는 지면방향이다.

(8) $\boldsymbol{z}_3$와 $\boldsymbol{z}_2$가 일치하므로 관절 4를 원점 o_3로 선정한다.

(9) $\boldsymbol{z}_3$와 $\boldsymbol{z}_2$가 만나므로, 평면에 수직이면서 o_3를 지나는 직선을 $\boldsymbol{x}_3$로 선정한다. 그림에서는 지면방향으로 선정한다.

(10) 엔드 이펙터 좌표계는 4번째 관절이 회전관절이므로 $\boldsymbol{z}_4 = \boldsymbol{z}_3 = \boldsymbol{a}$가 되도록 선정한다. 그림에서는 d_4가 0이 아닌 위치에 원점 o_4를 선정하였는데, $\boldsymbol{z}_4$축 상의 어느 곳에 선정해도 좋다. 이때의 링크 파라미터들은 다음 표와 같이 주어진다.

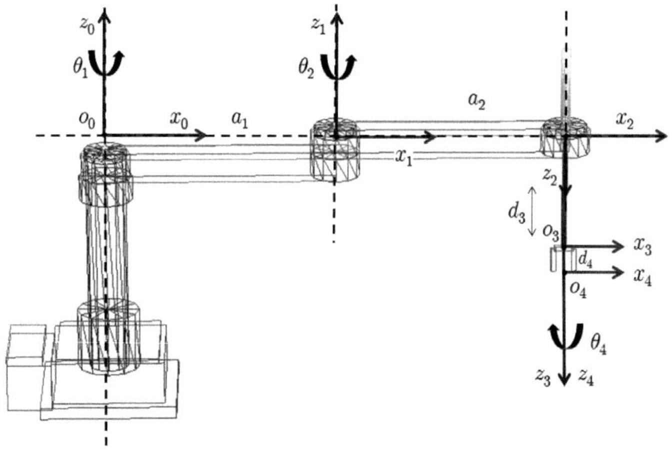

그림 3.19 SCARA형 머니퓰레이터에 대한 좌표계 설정

표 3.7 링크 파라미터

링크	a_i	α_i	d_i	θ_i
1	a_1	0	0	θ_1^*
2	a_2	180	0	θ_2^*
3	0	0	d_3^*	0
4	0	0	d_4	θ_4^*

이 파라미터들을 식 (3.3.1)에 대입하면 $\boldsymbol{A}$ 행렬들, 그리고 $\boldsymbol{T}$ 행렬은 다음과 같이 주어진다.

$$\boldsymbol{A}_0^1 = \begin{bmatrix} c_1 & -s_1 & 0 & a_1c_1 \\ s_1 & c_1 & 0 & a_1s_1 \\ 0 & 0 & 1 & 0 \\ 0 & 0 & 0 & 1 \end{bmatrix}, \quad \boldsymbol{A}_1^2 = \begin{bmatrix} c_2 & s_2 & 0 & a_2c_2 \\ s_2 & -c_2 & 0 & a_2s_2 \\ 0 & 0 & -1 & 0 \\ 0 & 0 & 0 & 1 \end{bmatrix} \tag{3.4.32}$$

$$\boldsymbol{A}_2^3 = \begin{bmatrix} 1 & 0 & 0 & 0 \\ 0 & 1 & 0 & 0 \\ 0 & 0 & 1 & d_3 \\ 0 & 0 & 0 & 1 \end{bmatrix}, \quad \boldsymbol{A}_3^4 = \begin{bmatrix} c_4 & -s_4 & 0 & 0 \\ s_4 & c_4 & 0 & 0 \\ 0 & 0 & 1 & d_4 \\ 0 & 0 & 0 & 1 \end{bmatrix}$$

$$\begin{aligned} \boldsymbol{T}_0^4 &= \boldsymbol{A}_0^1\boldsymbol{A}_1^2\boldsymbol{A}_2^3\boldsymbol{A}_3^4 \\ &= \begin{bmatrix} c_{12}c_4 + s_{12}s_4 & -c_{12}s_4 + s_{12}c_4 & 0 & a_1c_1 + a_2c_{12} \\ s_{12}c_4 - c_{12}s_4 & -s_{12}s_4 - c_{12}c_4 & 0 & a_1s_1 + a_2s_{12} \\ 0 & 0 & -1 & -d_3 - d_4 \\ 0 & 0 & 0 & 1 \end{bmatrix} \end{aligned} \tag{3.4.33}$$

식 (3.4.33)에서 삼각함수의 덧셈정리를 적용하여 식을 간소화하면 다음과 같다.

$$\begin{bmatrix} \cos(\theta_1 + \theta_2 - \theta_4) & \sin(\theta_1 + \theta_2 - \theta_4) & 0 & a_1c_1 + a_2c_{12} \\ \sin(\theta_1 + \theta_2 - \theta_4) & -\cos(\theta_1 + \theta_2 - \theta_4) & 0 & a_1s_1 + a_2s_{12} \\ 0 & 0 & -1 & -d_3 - d_4 \\ 0 & 0 & 0 & 1 \end{bmatrix} \tag{3.4.34}$$

$\alpha = \theta_1 + \theta_2 - \theta_4$로 놓으면 식 (3.4.34)는 다음과 같이 변형된다.

$$
\begin{bmatrix} c\alpha & s\alpha & 0 & a_1c_1+a_2c_{12} \\ s\alpha & -c\alpha & 0 & a_1s_1+a_2s_{12} \\ 0 & 0 & -1 & -d_3-d_4 \\ 0 & 0 & 0 & 1 \end{bmatrix} \tag{3.4.35}
$$

SCARA형 머니퓰레이터의 엔드 이펙터의 x, y의 위치는 다음 식으로 주어진다.

$$
\begin{aligned} x &= a_1c_1+a_2c_{12} \\ y &= a_1s_1+a_2s_{12} \end{aligned} \tag{3.4.36}
$$

이 식은 2축 평면 머니퓰레이터의 기구학식인 식 (3.4.3)과 같다. 그림 3.20의 (a)는 SCARA형 머니퓰레이터를 $\boldsymbol{z}_0$축에서 내려다보았을 때의 그림이며 이는 2축 평면 머니퓰레이터와 동일하다는 것을 알 수 있다.

또한 SCARA형 머니퓰레이터의 엔드 이펙터의 방향은 $\alpha=\theta_1+\theta_2-\theta_4$로 주어지며 이는 3축 평면 머니퓰레이터의 엔드 이펙터의 방향인 $\beta=\theta_1+\theta_2+\theta_3$와 유사하다. 그림 3.20의 (b)는 SCARA형 머니퓰레이터를 $\boldsymbol{z}_0$축에서 내려다보았을 때의 그림이다. 3축 평면 머니퓰레이터와의 차이점은 3축 평면 머니퓰레이터에서는 $\boldsymbol{z}_3$축이 지면에서 나오는 방향이고 SCARA형 머니퓰레이터에서는 $\boldsymbol{z}_4$축이 지면으로 들어가는 방향으로 두 경우가 반대 방향이다. SCARA형 머니퓰레이터에서는 세 번째 관절은 직선이동 관절로서 그림에서는 지면에 수직인 방향으로 이동하므로 그림에는 표현되지 않는다.

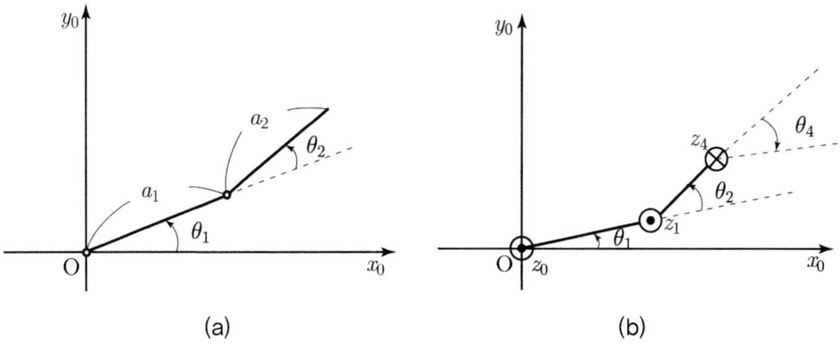

그림 3.20 2R, 3R 머니퓰레이터와의 유사성 그림.

앞의 관찰로부터 SCARA형 머니퓰레이터를 $\boldsymbol{z}_0$축에서 내려다보면 링크 3의 길이가 0인 3축 평면 머니퓰레이터로 해석할 수 있다는 것을 알 수 있다.

예제 3.5

그림 3.19의 머니퓰레이터에서 $a_1 = a_2 = 1\text{m}$, $d_4 = 0.2\,\text{m}$이다.

(1) 모든 관절 변수의 값이 0일 때 로봇 손끝(4 좌표계)의 방향과 위치를 구하고 이때의 로봇 자세를 그려라.

(2) $\theta_1 = 90°$, $\theta_2 = -90°$, $d_3 = 0.1\text{m}$, $\theta_4 = -90°$일 때에 대해서 (1)을 반복하라.

풀이

(1) $\theta_1 = \theta_2 = \theta_4 = 0°$, $d_3 = 0\,\text{m}$을 기구학 식에 대입하면 0좌표계에 대해서 표현된 4좌표계의 위치와 방향은 다음과 같다.

$$x = a_1 c_1 + a_2 c_{12} = c\,0° + c\,0° = 1 + 1 = 2 \tag{3.4.37}$$

$$y = a_1 s_1 + a_2 s_{12} = s\,0° + s\,0° = 0$$

$$z = -d_3 - d_4 = -0 - 0.2 = -0.2\text{m}$$

$\alpha = \theta_1 + \theta_2 - \theta_4 = 0° + 0° - 0° = 0°$이므로, $c\alpha = 1$, $s\alpha = 0$이다. 따라서

$$\boldsymbol{R}_0^4 = \begin{bmatrix} c\alpha & s\alpha & 0 \\ s\alpha & -c\alpha & 0 \\ 0 & 0 & -1 \end{bmatrix} = \begin{bmatrix} 1 & 0 & 0 \\ 0 & -1 & 0 \\ 0 & 0 & -1 \end{bmatrix} \tag{3.4.38}$$

위치는 $[2, 0, -0.2]^T$ 이고, 이때의 로봇 자세는 그림 3.20의 (a)와 같다.

(2) $\theta_1 = 90°$, $\theta_2 = -90°$, $d_3 = 0.1\text{m}$, $\theta_4 = -90°$를 기구학 식에 대입하면 0좌표계에 대해서 표현된 4좌표계의 위치와 방향은 다음과 같다.

$$x = c\,90° + c\,0° = 1 \tag{3.4.39}$$

$$y = s\,90° + s\,0° = 1$$

$$z = -0.1 - 0.2 = -0.3$$

$\alpha = \theta_1 + \theta_2 - \theta_4 = 90° + (-90°) - (-90°) = 90°$이므로

$$\boldsymbol{R}_0^4 = \begin{bmatrix} c\alpha & s\alpha & 0 \\ s\alpha & -c\alpha & 0 \\ 0 & 0 & -1 \end{bmatrix} = \begin{bmatrix} 0 & 1 & 0 \\ 1 & 0 & 0 \\ 0 & 0 & -1 \end{bmatrix} \tag{3.4.40}$$

위치는 $[1, 1, -0.3]^T$이고, 이때의 로봇 자세는 그림 3.21의 (b)와 같다.

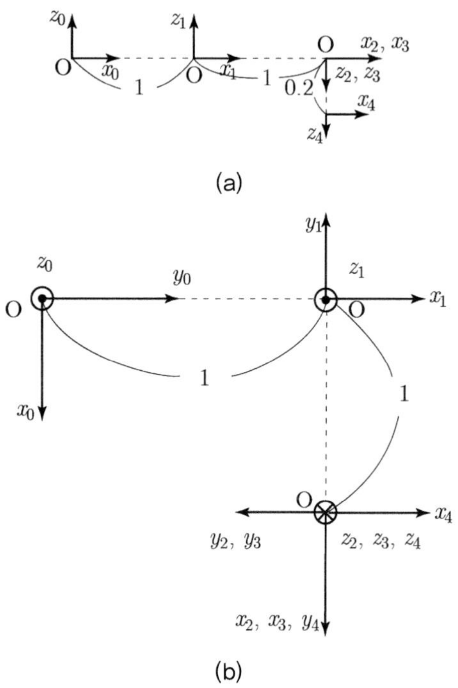

그림 3.21 예제 (3.5)에서의 로봇 자세

참고문헌

[1] 김동식, "공업수학 Express", 생능출판사, 2011

[2] Mark W. Spong and M. Vidyasagar, "Robot dynamics and control", John Wiley & Sons, 1989

[3] Saeed B. Niku, "Introduction to Robotics", Prentice Hall, 2001

[4] 정슬, "로봇공학", 충남대학교 출판부, 2007

[5] 이석규, 도용태, 박창용, 이재원, "로봇공학의 이해", 사이텍미디어, 2008

[6] 문승빈, 고경철, 곽관웅, 강병훈, 이순걸, 김종형, "지능형 로봇공학", 사이텍미디어, 2010

제4장 역기구학

4.1 개요

4.1.1 역기구학 문제

3장에서 다루었던 2축 평면 머니퓰레이터의 경우를 보자. 3.1절에서의 두 번째 질문은 "머니퓰레이터의 손끝의 위치가 $x=2$, $y=3$이 되기 위해서는 관절 변수 θ_1, θ_2의 값이 무엇이 되어야 하는가?"였다. 이와 같이 머니퓰레이터 손끝의 위치와 방향이 주어졌을 때, 관절 변수의 값을 구하는 문제를 역기구학 문제라 한다. 한편 평면상에서는 머니퓰레이터의 위치를 지정하는데 2자유도, 방향을 지정하는데 1자유도가 필요하다. 이 예에서는 머니퓰레이터의 자유도가 2뿐이므로, 머니퓰레이터의 위치만을 지정할 수 있을 뿐 방향은 지정하지 못한다. 즉 방향은 위치가 결정되면 그 위치에 따라서 유일하게 결정된다.

2축 평면 머니퓰레이터를 그림 4.1에 다시 보였다.

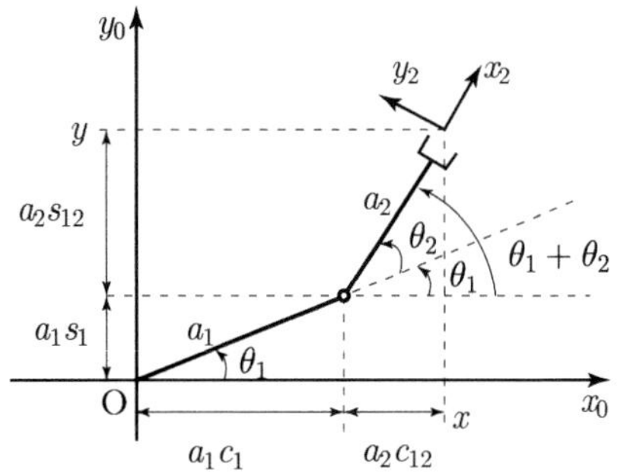

그림 4.1 2축 평면 머니퓰레이터

3장에서 머니퓰레이터의 위치에 대한 기구학식을 풀은 결과, 손끝의 위치는 $\boldsymbol{x}_0-\boldsymbol{y}_0-\boldsymbol{z}_0$ 좌표계 원점에서 $\boldsymbol{x}_2-\boldsymbol{y}_2-\boldsymbol{z}_2$ 좌표계 원점까지의 거리이고, 식 (3.1.1)에 다음과 같이 주어졌었다.

$$x = a_1 c_1 + a_2 c_{12} \tag{4.1.1}$$

$$y = a_1 s_1 + a_2 s_{12}$$

순기구학 문제에서는 관절 변수 θ_1, θ_2의 값이 주어지면 이를 위의 식에 대입하기만 하면 항상 머니퓰레이터의 위치 x, y를 구할 수 있었다. 역기구학 문제에서는 어떠하겠는가?

위의 식은 삼각함수가 들어있는 비선형 방정식이다. 따라서 x와 y가 주어졌을 때, θ_1, θ_2를 구하는 문제는 일반적으로 해가 존재하지 않을 수도 있고, 무한히 많은 해가 존재할 수도 있으며, 해가 여러 개 존재할 수도 있다. $a_1 = a_2 = 1m$라고 가정하고 다음의 예에서 이를 알아보자.

(1) 손끝의 위치가 $x=3$, $y=0$으로 주어졌다면, 머니퓰레이터가 팔을 쭉 뻗은 상태의 팔 길이는 2m밖에 안되므로, 도달할 수 없는 위치를 가라고 지정하는 것이 되며, 이때는 식 (4.1.1)을 만족하는 θ_1, θ_2를 구할 수 없다. 즉 해가 없는 것이다. 그림 4.2의 (a)를 참조하라.

(2) 손끝의 위치가 $x=0$, $y=0$으로 주어졌다면, 머니퓰레이터가 그림 4.2의 (b)와 같이 하박을 완전히 접은 상태(즉, $\theta_2 = 180°$)면 θ_1의 값에 관계없이 항상 $x=0$, $y=0$이다. 즉 θ_1은 임의의 값을 가질 수 있으므로 이때의 해는 무한 개가 된다.

(3) 손끝의 위치가 $x=0$, $y=2$로 주어졌다면, 그림 4.2의 (c)에서와 같이 머니퓰레이터가 팔을 쭉 뻗은 상태 중에서 $\theta_1 = 90°$일 때, 즉 $\theta_1 = 90°$, $\theta_2 = 0°$의 하나의 해만을 갖게 된다. $x=0$, $y=2$는 이 로봇의 작업영역의 경계에 존재하는 점이다.

(4) 손끝의 위치가 $x=1$, $y=1$로 주어졌다면, 그림 4.2의 (d), (e)와 같이 두 개의 해를 갖는다. 즉, $\theta_1 = 0°$, $\theta_2 = 90°$와 $\theta_1 = 90°$, $\theta_2 = -90°$의 두 경우이다.

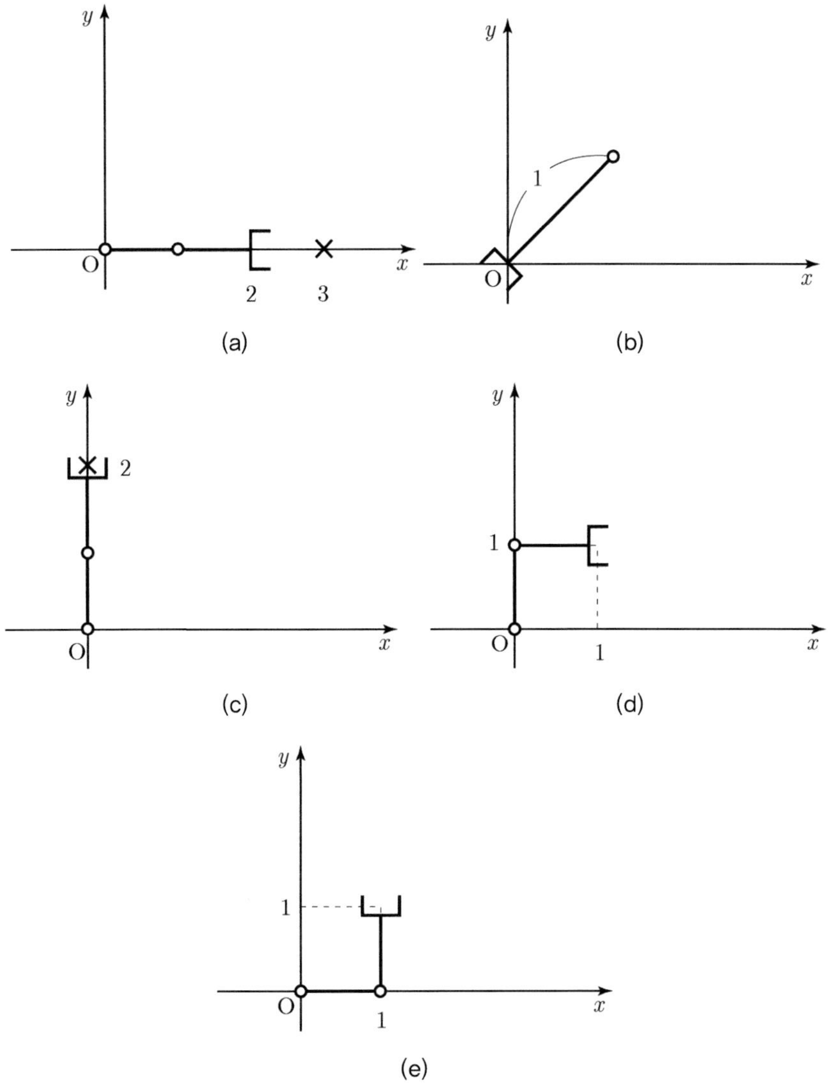

그림 4.2 다양한 역기구학 해

4.1.2 2축 평면 머니퓰레이터의 역기구학

4.1.1의 예에서, 지정된 위치가 머니퓰레이터의 작업영역의 내부에 존재할 경우에는 (4)번의 경우에서와 같이 두 개의 해를 갖는다. 즉, 머니퓰레이터의 자세가 그림 4.3에서와 같이 두 가지이다. 이 두 가지의 자세를 각각 팔꿈치 상향 자세(elbow up configuration), 팔꿈치 하향 자세(elbow down configuration)라 한다.

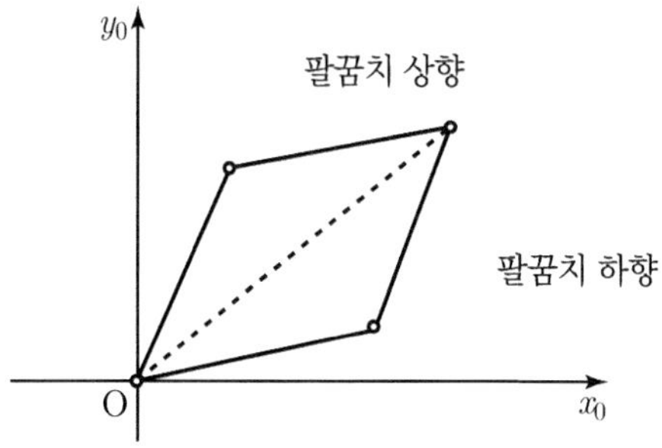

그림 4.3 2축 평면 머니퓰레이터의 두 가지 역기구학 해

위에서 살펴본 역기구학의 해를 구하는 경우 중에서 일반적인 경우인 (4)의 경우에 대한 역기구학 해를 구해보자. 역기구학을 구하는 방법은 크게 두 가지로 나눌 수 있다. 첫 번째 방법은 기구학 식을 수학적으로 풀어서 해를 구하는 방법이고 두 번째 방법은 로봇 자세를 기하학적으로 관찰하여 기하학적인 관계로부터 해를 구해 나가는 방법이다.

(1) 수학적 방법으로 역기구학 해 구하기

식 (4.1.1)의 양변을 제곱하면 다음과 같다.

$$x^2 = a_1^2 {c_1}^2 + 2a_1 a_2 c_1 c_{12} + a_2^2 {c_{12}}^2 \tag{4.1.2}$$

$$y^2 = a_1^2 {s_1}^2 + 2a_1 a_2 s_1 s_{12} + a_2^2 {s_{12}}^2$$

식 (4.1.2)를 변변 더하고 ${s_i}^2 + {c_i}^2 = 1$을 이용하여 식을 간단히 하면 다음과 같다.

$$\begin{aligned} x^2 + y^2 &= a_1^2({s_1}^2 + {c_1}^2) + a_2^2({s_{12}}^2 + {c_{12}}^2) + 2a_1 a_2 (c_1 c_{12} + s_1 s_{12}) \\ &= a_1^2 + a_2^2 + 2a_1 a_2 c_2 \end{aligned} \tag{4.1.3}$$

식 (4.1.3)에서 c_2를 구하고, c_2로부터 s_2를 다음과 같이 구한다.

$$\cos\theta_2 = \frac{x^2 + y^2 - a_1^2 - a_2^2}{2a_1 a_2} \equiv D \tag{4.1.4}$$

$$\sin\theta_2 = \pm\sqrt{1 - D^2} \tag{4.1.5}$$

c_2와 s_2의 값이 구해졌으므로 θ_2의 값을 다음과 같이 구할 수 있다.

$$\theta_2 = atan2(\pm\sqrt{1-D^2}, D) \tag{4.1.6}$$

그림 4.3을 참조하면 식 (4.1.6)에서 θ_2의 값이 +인 경우는 팔꿈치 하향인 경우이고, −인 경우는 팔꿈치 상향인 경우임을 알 수 있다.

식 (4.1.6)에 의해 θ_2의 값이 구해졌으므로 이 값을 기구학 식인 식 (4.1.1)에 대입하고 미지수인 θ_1에 대해 정리하면 다음과 같다.

$$x = a_1 c_1 + a_2 c_{12} = a_1 c_1 + a_2(c_1 c_2 - s_1 s_2) = (a_1 + a_2 c_2)c_1 - (a_2 s_2) s_1 \tag{4.1.7}$$
$$y = a_1 s_1 + a_2 s_{12} = a_1 s_1 + a_2(s_1 c_2 + c_1 s_2) = (a_1 + a_2 c_2)s_1 + (a_2 s_2) c_1$$

식 (4.1.7)의 방정식을 풀면 c_1과 s_1을 구할 수 있고 따라서 θ_1을 다음과 같이 구할 수 있다.

$$c_1 = \frac{(a_1 + a_2 c_2)x + a_2 s_2 y}{(a_1 + a_2 c_2)^2 + (a_2 s_2)^2}, \qquad s_1 = \frac{-a_2 s_2 x + (a_1 + a_2 c_2)y}{(a_1 + a_2 c_2)^2 + (a_2 s_2)^2} \tag{4.1.8}$$
$$\therefore \ \theta_1 = atan2(s_1, c_1)$$

결론적으로 식 (4.1.6)과 식 (4.1.8)과 같이 팔꿈치 상향의 해와 팔꿈치 하향의 해 두 가지를 구할 수 있게 된다.

(2) 기하학적 방법으로 역기구학 해 구하기

그림 4.4에 팔꿈치 하향의 경우가 표시되어 있다. 로봇의 상박의 길이는 a_1, 하박의 길이는 a_2로 주어져 있고, 로봇의 $\boldsymbol{x}_0 - \boldsymbol{y}_0 - \boldsymbol{z}_0$좌표계 원점에서 $\boldsymbol{x}_2 - \boldsymbol{y}_2 - \boldsymbol{z}_2$ 좌표계 원점까지의 거리는 $c = \sqrt{x^2 + y^2}$ 으로 주어진 값이다. 또한 두 개의 관절변수 θ_1, θ_2는 그림과 같이 정의되어 있다. 그림에는 해석을 위한 보조 각인 α_1, β_1도 같이 정의되어 있다.

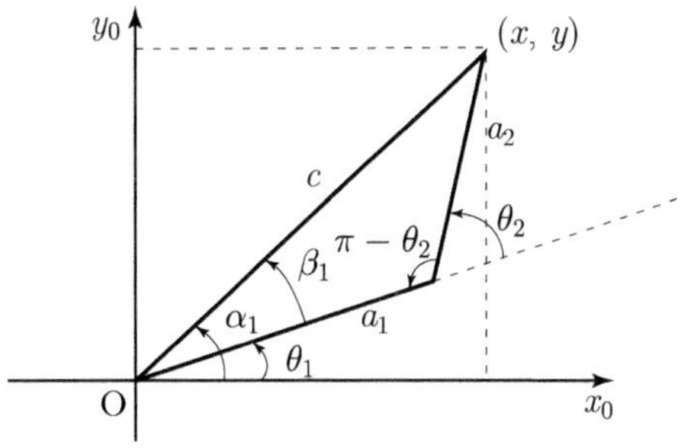

그림 4.4 팔꿈치 하향인 경우의 역기구학 해

그림에서 a_1과 a_2 그리고 c는 삼각형을 이룬다. 이 삼각형에서 코사인 제2법칙을 적용하면 다음을 구할 수 있다.

$$c^2 = a_1^2 + a_2^2 - 2a_1a_2\cos(\pi - \theta_2) \tag{4.1.9}$$

$\cos(\pi - \theta_2) = -\cos\theta_2$, $c^2 = x^2 + y^2$이므로 이를 식 (4.1.9)에 대입하고 정리하면 식 (4.1.4)와 같은 식을 얻을 수 있다.

$$\cos\theta_2 = \frac{x^2 + y^2 - a_1^2 - a_2^2}{2a_1a_2} \equiv D \tag{4.1.10}$$

따라서 $\sin(\theta_2)$와 θ_2는 식 (4.1.5)와 식 (4.1.6)에서와 같이 구할 수 있다.

그림 4.4에서 각도 사이의 관계는 다음과 같다.

$$\tan\alpha_1 = \frac{y}{x} \tag{4.1.11}$$
$$\tan\beta_1 = \frac{a_2\sin\theta_2}{a_1 + a_2\cos\theta_2}$$

그림 4.4에서 알 수 있듯이 $\theta_1 = \alpha_1 - \beta_1$ 이므로 θ_1은 다음 식과 같이 구해진다.

$$\theta_1 = atan2(y,x) - atan2(a_2\sin\theta_2, a_1 + a_2\cos\theta_2) \tag{4.1.12}$$

예제 4.1

위의 2축 평면 머니퓰레이터에서 $a_1 = a_2 = 1m$일 때, 손끝의 위치가 $[1 \quad 1]^T$이 되도록 역기구학을 수학적 방법과 기하학적 방법으로 풀어라.

풀이

$x = 1m,\ y = 1m$이다.

(1) 수학적 방법

$1 = c_1^2 + 2c_1c_{12} + c_{12}^2,\ 1 = s_1^2 + 2s_1s_{12} + s_{12}^2$ 이고, 양변을 변변 더한 후 $\cos\theta_2$를 구하면 다음과 같다.

$$\cos\theta_2 = \frac{x^2 + y^2 - a_1^2 - a_2^2}{2a_1a_2} = 0 \equiv D$$

$$\sin\theta_2 = \pm\sqrt{1 - D^2} = \pm 1$$

따라서 θ_2는 다음 식과 같이 구해진다.

$$\theta_2 = atan2(\pm 1, 0) = \pm 90°$$

첫 번째로 $\theta_2 = +90°$ 인 경우에,

$$c_1 = \frac{(a_1 + a_2c_2)x + a_2s_2y}{(a_1 + a_2c_2)^2 + (a_2s_2)^2} = \frac{2}{2} = 1,$$

$$s_1 = \frac{-a_2s_2x + (a_1 + a_2c_2)y}{(a_1 + a_2c_2)^2 + (a_2s_2)^2} = \frac{0}{2} = 0,$$

$$\therefore\ \theta_1 = atan2(s_1, c_1) = 0°$$

따라서 하나의 해는 $(\theta_1, \theta_2) = (0°, 90°)$이다.

두 번째로 $\theta_2 = -90°$인 경우에,

$$c_1 = \frac{(a_1 + a_2c_2)x + a_2s_2y}{(a_1 + a_2c_2)^2 + (a_2s_2)^2} = \frac{0}{2} = 0,$$

$$s_1 = \frac{-a_2s_2x + (a_1 + a_2c_2)y}{(a_1 + a_2c_2)^2 + (a_2s_2)^2} = \frac{2}{2} = 1,$$

$$\therefore\ \theta_1 = atan2(s_1, c_1) = 90°$$

따라서 또 하나의 해는 $(\theta_1, \theta_2) = (90°, -90°)$이다.

(2) 기하학적 방법

식 (4.1.10)에서 $D = 0$이다. 따라서 $\sin\theta_2 = \pm 1$이므로 $\theta_2 = \pm 90°$이다.

첫 번째로 $\theta_2 = +90°$ 인 경우에 식 (4.1.12)에서

$\theta_1 = atan2(1,1) - atan2(\sin 90°, 1 + \cos 90°) = 0°$이고,

$\theta_2 = -90°$인 경우에는

$\theta_1 = atan2(1,1) - atan2(\sin(-90°), 1 + \cos(-90°)) = 90°$이다.

위의 두 가지 방법 모두에서 역기구학 해는 다음의 두 개를 갖는다.

$\theta_1 = 0°$, $\theta_2 = 90°$ (팔꿈치 하향)

$\theta_1 = 90°$, $\theta_2 = -90°$ (팔꿈치 상향)

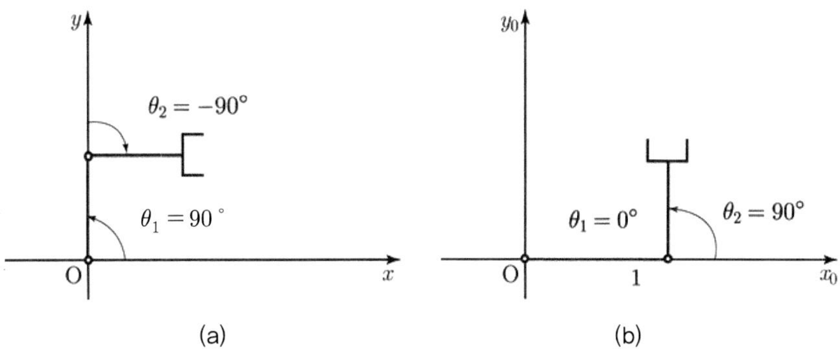

그림 4.5 두 개의 역기구학 해

4.2 역기구학

4.2.1 역기구학 문제에서 고려할 점

이 절에서는 보다 일반적인 경우에 대한 역기구학 문제를 살펴보자. 일반적인 경우의 역기구학 문제는 기준 좌표계에 대한 엔드 이펙터 좌표계의 위치(R)와 방향

(d)이 다음과 같은 4×4 의 동차변환으로 주어졌을 때, 이 식을 만족하는 미지수인 q_i들을 구하는 문제이다.

$$T_0^n = A_0^1(q_1)\cdots A_0^n(q_n) = \begin{bmatrix} R_0^n & d_0^n \\ \mathbf{0} & 1 \end{bmatrix} \tag{4.2.1}$$

위의 역기구학 문제를 풀 때, 다음과 같은 사항도 고려해야 한다.

(1) 4.1절의 간단한 2축 평면 머니퓰레이터의 예에서 본 바와 같이, 위의 역기구학 문제는 비선형 방정식 문제이므로, 역기구학 해가 없을 수도 있고, 여러 개일 수도 있다.

(2) 수치 계산을 반복하여 수행함으로써 해를 구하는 수치해보다는 해가 수식으로 명확하게 주어지는 닫힌 형태의 해(closed form solution)를 구하는 것이 바람직하다. 닫힌 형태의 해는 수치해보다 계산시간이 빠르다. 실제 머니퓰레이터를 제어하기 위한 제어기는 정해진 샘플링시간(sampling time)이 있으므로 이 샘플링시간 내에 여러 가지 계산을 수행해야 한다. 따라서 역기구학 해를 구하는 시간이 짧을수록 좋다. 또한 여러 개의 답이 있을 경우에 어떤 답을 택할 것인가 하는 규칙을 만들어 해를 구하는 프로그램에 넣어줄 수 있다.(4.1절에서 θ_2의 값을 +로 택하면 팔꿈치 하향이고 −로 택하면 팔꿈치 상향이 된 것을 상기하라.)

(3) 실제의 머니퓰레이터는 $-150° \le \theta_1 \le 150°$ 등과 같이 관절 변수의 범위의 제한이 있다. 따라서 수학적으로 역기구학 해를 구했다 하더라도, 이 해들이 실제 머니퓰레이터의 관절 변수들의 범위 내에 있는지 확인해 보아야 한다. 이 장에서는 구한 해가 항상 머니퓰레이터의 관절 변수들의 범위 내에 있다고 가정한다.

4.2.2 역기구학 문제의 간소화

앞에서 우리는 역기구학 문제를 "머니퓰레이터 손끝의 위치와 방향이 주어졌을 때, 관절 변수의 값을 구하는 문제"라고 하였다. 한편, 예제 4.1에서는 2축 평면 머니퓰레이터의 역기구학 문제를 다루었는데, 머니퓰레이터의 손끝의 위치만 주어진 경우에 역기구학을 풀었었다. 왜 머니퓰레이터의 방향은 주어지지 않았을까?

그 이유는 평면에서 위치를 표현하는 데는 2자유도가 필요하고 방향을 표현하기 위해서는 1자유도가 더 필요하기 때문이다. 즉 평면에서 위치와 방향을 모두 표현하기 위해서는 3자유도가 필요하며 따라서 2축 평면 머니퓰레이터는 평면상에서 위치와 방향을 모두 지정해 주면 특별한 경우 이외에는 해가 존재하지 않기 때문에 예제 4.1에서는 위치만을 지정해 주고 역기구학을 풀도록 한 것이다.

예제 4.2

예제 4.1의 2축 평면 머니퓰레이터에서 머니퓰레이터의 방향은 마지막 링크가 수평축의 양의 방향과 각도라고 하자. $a_1 = a_2 = 1m$일 때, 손끝의 위치가 $[1 \quad 1]^T$, 방향이 $45°$가 되도록 역기구학을 풀어라.

풀이

손끝의 위치가 $[1 \quad 1]^T$가 되도록 하기 위해서는 로봇의 관절값이 예제 4.1에서의 결과와 같은 값을 가져야 한다. 그 때의 머니퓰레이터의 방향을 보면 그림 4.5에서 확인할 수 있는 바와 같이 팔꿈치 하향인 경우($\theta_1 = 0°$, $\theta_2 = 90°$)에는 $90°$이고 팔꿈치 상향인 경우 ($\theta_1 = 90°$, $\theta_2 = -90°$)에는 $0°$이다. 따라서 손끝의 위치가 $[1 \quad 1]^T$, 방향이 $45°$가 되도록 하는 해는 존재하지 않는다.

특별한 경우, 예를 들어 손끝의 위치가 $[1 \quad 1]^T$, 방향이 $90°$라고 주어지는 경우에는 $\theta_1 = 0°$, $\theta_2 = 90°$로 해가 하나 존재하게 된다.

앞에서 살펴본 바와 같이 평면에서 임의의 위치와 방향을 구현할 수 있기 위해서는 3자유도가 필요하다. 따라서 위치와 방향이 모두 주어지는 경우에는 3축 평면 머니퓰레이터가 사용되어야 한다.

3.4.2에서 다룬 3축 평면 머니퓰레이터의 기구학 식은 식 (3.4.10)으로 주어지며 다음과 같았다.

$$\boldsymbol{T}_0^3 = \boldsymbol{A}_0^1 \boldsymbol{A}_1^2 \boldsymbol{A}_2^3 = \begin{bmatrix} c_{123} & -s_{123} & 0 & a_1c_1 + a_2c_{12} + a_3c_{123} \\ s_{123} & c_{123} & 0 & a_1s_1 + a_2s_{12} + a_3s_{123} \\ 0 & 0 & 1 & 0 \\ 0 & 0 & 0 & 1 \end{bmatrix}$$

$\theta_1+\theta_2+\theta_3 \equiv \alpha$로 정의하면 위의 식은 다음과 같이 고쳐 쓸 수 있다.

$$T_0^3 = A_0^1 A_1^2 A_2^3 = \begin{bmatrix} c_\alpha & -s_\alpha & 0 & a_1c_1+a_2c_{12}+a_3c_\alpha \\ s_\alpha & c_\alpha & 0 & a_1s_1+a_2s_{12}+a_3s_\alpha \\ 0 & 0 & 1 & 0 \\ 0 & 0 & 0 & 1 \end{bmatrix} \tag{4.2.2}$$

여기에서 3축 평면 머니퓰레이터의 방향을 나타내는 행렬을 보면 다음 식과 같이 하나의 각도로 표시가 가능하다.

$$R_0^3 = \begin{bmatrix} c_\alpha & -s_\alpha & 0 \\ s_\alpha & c_\alpha & 0 \\ 0 & 0 & 1 \end{bmatrix} \tag{4.2.3}$$

식 (4.2.3)은 z축에 대한 회전행렬을 나타낸다. 따라서 3좌표계의 방향은 0좌표계의 z축인 z_0축에 대해 각도 α만큼 회전되었음을 의미한다. 즉, 3축 평면 머니퓰레이터의 방향은 그림 4.6에 표시된 바와 같이 수평축의 양의 방향과 머니퓰레이터가 이루는 각도인 α값 하나의 변수로 표현할 수 있다.

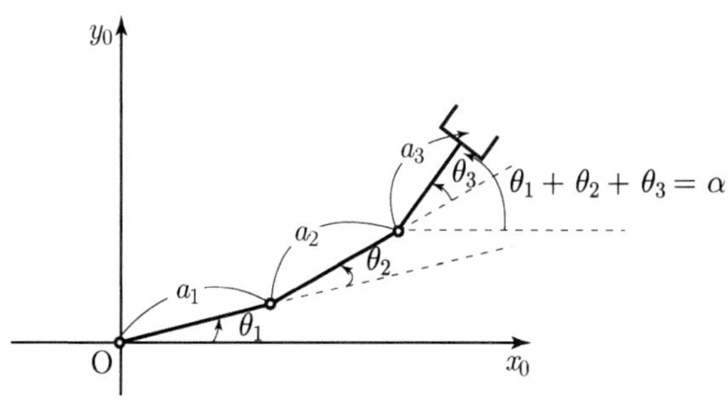

그림 4.6 3축 평면 머니퓰레이터

다음에는 그림 4.7에 나타낸 바와 같은 3축 평면 머니퓰레이터의 역기구학 해를 구해보자. 머니퓰레이터의 위치가 x, y로 주어졌고 방향이 α로 주어졌다고 하자.

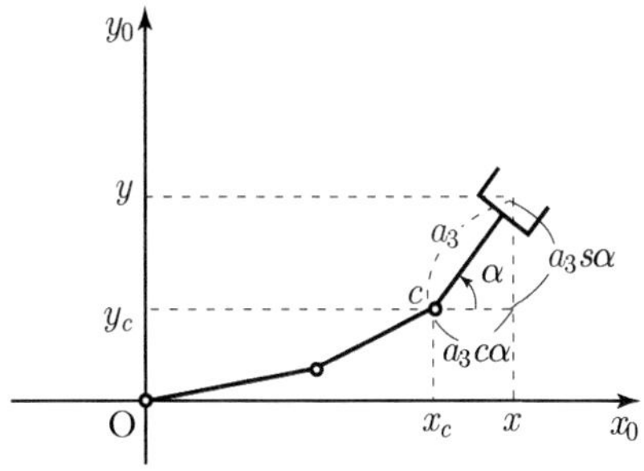

그림 4.7 방향이 α로 주어진 경우의 3축 평면 머니퓰레이터

기구학 식은 다음과 같다.

$$x = a_1 c_1 + a_2 c_{12} + a_3 c_{123} \tag{4.2.4}$$
$$y = a_1 s_1 + a_2 s_{12} + a_3 s_{123}$$
$$\alpha = \theta_1 + \theta_2 + \theta_3$$

그림 4.7에서 3축 평면 머니퓰레이터의 관절 1은 어깨, 링크 1은 상박, 관절 2는 팔꿈치, 링크 2는 하박, 관절 3은 손목이라 할 수 있다. 따라서 그림 4.7에 표시된 점 C 를 손목 중심점이라 부르도록 하자.
손목 중심점의 좌표는 다음과 같이 구할 수 있다.

$$x_c = x - a_3 c\alpha \tag{4.2.5}$$
$$y_c = y - a_3 s\alpha$$

식 (4.2.5)는 4.1.2에서 다룬 2축 평면 머니퓰레이터의 기구학 식과 같다. 따라서 식 (4.2.5)에서 θ_1, θ_2를 구하는 과정은 x 대신 x_c, y 대신 y_c로 바뀐 것 외에는 4.1.2에서와 완전히 같다. 따라서 θ_1, θ_2는 다음과 같이 구해진다.

$$D \equiv \frac{x_c^2 + y_c^2 - a_1^2 - a_2^2}{2a_1 a_2} \tag{4.2.6}$$
$$\theta_2 = atan2(\pm\sqrt{1 - D^2}, D)$$
$$\theta_1 = atan2(y_c, x_c) \quad - \quad atan2(a_2 \sin\theta_2, a_1 + a_2 \cos\theta_2)$$

θ_3는 방향각 $\alpha = \theta_1 + \theta_2 + \theta_3$ 로부터 다음과 같이 구할 수 있다.

$$\theta_3 = \alpha - \theta_1 - \theta_2 \tag{4.2.7}$$

앞에서 3축 평면 머니퓰레이터의 역기구학 해를 구하는 과정을 요약하면 다음과 같다.

(1) 주어진 엔드 이펙터의 좌표와 머니퓰레이터의 방향으로부터 손목 중심점의 좌표를 구한다.

(2) 손목 중심점의 좌표를 사용하여 θ_1, θ_2를 구한다. 이는 머니퓰레이터의 처음 2 관절만을 이용하여 위치를 구현하는 것이며 이를 역위치 기구학을 푼다고 한다.

(3) θ_1, θ_2가 구해졌으므로 원래의 기구학 식(여기에서는 $\alpha = \theta_1 + \theta_2 + \theta_3$)에 대입하여 방향을 구현하는 나머지 관절 각도를 구한다. 이를 역방향 기구학을 푼다고 한다.

예제 4.3

그림 4.6의 3축 평면 머니퓰레이터에서 $a_1 = a_2 = 1m,\ a_3 = \sqrt{2}\,m$이다. 손끝의 위치가 $[2 \quad 0]^T$, 머니퓰레이터의 방향이 $-45°$일 때, 역기구학 해를 구하고 머니퓰레이터의 자세를 그려라. 해는 몇 개 존재하는가?

풀이

$x = 2,\ y = 0,\ \alpha = -45°$이다. 따라서 식 (4.2.5)를 사용하면 다음과 같다.

$$x_c = x - a_3 c\alpha = 2 - \sqrt{2}\cos 45° = 1 \tag{4.2.8}$$

$$y_c = y - a_3 s\alpha = 0 - \sqrt{2}\sin(-45°) = 1$$

$$1 = a_1 c_1 + a_2 c_{12} \tag{4.2.9}$$

$$1 = a_1 s_1 + a_2 s_{12}$$

식 (4.2.9)의 해는 (예제 4.1)의 결과와 같다. 따라서 θ_1, θ_2는 다음과 같다.

$\theta_1 = 0°,\ \theta_2 = 90°$(팔꿈치 하향)

$\theta_1 = 90°,\ \theta_2 = -90°$(팔꿈치 상향)

팔꿈치 하향일 때 θ_3는 다음과 같이 구할 수 있다.

$$\theta_3 = \alpha - \theta_1 - \theta_2 = -45° - 0° - 90° = -135°$$

팔꿈치 상향일 때 θ_3는 다음과 같이 구할 수 있다.

$$\theta_3 = \alpha - \theta_1 - \theta_2 = -45° - 90° - (-90°) = -45°$$

따라서 해는 다음과 같고 머니퓰레이터의 자세는 그림 4.8과 같다.

$$(\theta_1, \theta_2, \theta_3) = (0°, 90°, -135°)$$
$$(\theta_1, \theta_2, \theta_3) = (90°, -90°, -45°)$$

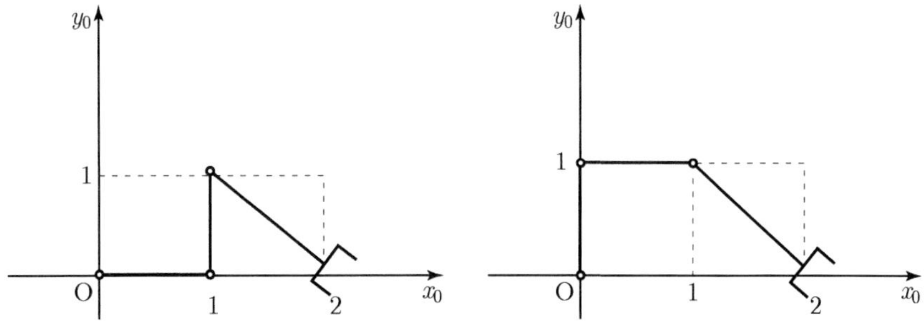

그림 4.8 예제 4.3의 역기구학 해의 자세

4.2.3 역기구학과 여유자유도 머니퓰레이터

앞에서 다룬 3축 평면 머니퓰레이터의 역기구학에서 위치만 지정된 경우에는 역기구학의 해는 어떻게 구해질까? 이 경우에는 머니퓰레이터의 자유도는 3이고 평면에서 위치를 지정하는데 필요한 자유도는 2이므로 머니퓰레이터의 자유도가 더 많다. 이와 같은 경우 여유자유도가 있다고 한다.

3축 평면 머니퓰레이터의 역기구학 해는 다음 기구학 연립방정식의 해이다.

$$\begin{aligned} x &= a_1 c_1 + a_2 c_{12} + a_3 c_{123} \,, \\ y &= a_1 s_1 + a_2 s_{12} + a_3 s_{123} \end{aligned} \tag{4.2.10}$$

이 연립방정식에서는 미지수가 3개이고 식은 2개이므로 일반적인 경우에 해가 무한개이다. 그림 4.9에서 3축 평면 머니퓰레이터에서 A점이 주어졌을 때의 역기구학 해는 머니퓰레이터의 엔드 이펙터를 A점에 고정한 상태에서 관절 1, 2, 3을 자유롭게 변화시키면서 머니퓰레이터를 이동할 수 있음을 고려하면 해가 무한히 많음을 알 수 있다.

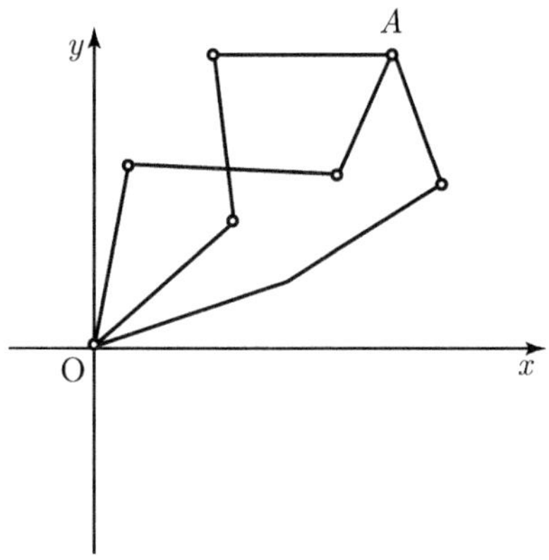

그림 4.9 여유자유도 머니퓰레이터에서의 무한 개의 해

여유자유도 머니퓰레이터(redundant manipulator)에서는 이와 같이 해가 무한 개가 존재한다. 따라서 무한히 많이 존재하는 해 중에서 어떤 해를 선택할 것인가를 결정해야 한다. 무한 개의 해 중에서 하나를 결정하기 위해서는 부가적인 계산이 필요한 반면 로봇 사용자의 필요에 따라 특정 기준에서 최적인 해를 결정할 수 있다는 장점이 있다. 즉 여유자유도 머니퓰레이터는 보다 유연한 자세를 갖는다든지, 장애물과의 충돌을 피한다든지, 소모 에너지를 최소화한다든지 하는 최적해를 구할 수 있는 장점이 있다.

4.3 여러 가지 머니퓰레이터의 역기구학 해

4.3.1 개요

전술한 바와 같이 역기구학 문제를 푸는 데에는 기구학 방정식에 대하여 수학적 계산을 수행하여 해를 도출해내는 수학적 방법과 머니퓰레이터의 링크들을 적절한 평면으로 투영하여 그 기하학적인 관계를 살펴봄으로써 간단한 수학적 계산만을 사용하여 해를 구하는 기하학적 방법이 있다. 다음에는 여러 종류의 머니퓰레이터들의 역기구학 해를 구하는 방법을 다룬다.

4.3.2 2축 다관절형 머니퓰레이터

그림 3.13과 같은 2축 다관절형 머니퓰레이터의 역기구학 해를 수학적 방법으로 구해보자.

기구학 식은 식 (3.4.16)에서 다음과 같이 주어진다.

$$x = a_2 c_1 c_2 \tag{4.3.1}$$

$$y = a_2 s_1 c_2 \tag{4.3.2}$$

$$z = d_1 + a_2 s_2 \tag{4.3.3}$$

식 (4.3.1)과 식 (4.3.2)의 양변을 각각 제곱한 후 변변 더하면 다음 식을 얻을 수 있다.

$$x^2 + y^2 = a_2^2 c_2^2 (c_1^2 + s_1^2) = a_2^2 c_2^2 \tag{4.3.4}$$

따라서 c_2는 다음과 같이 구할 수 있다. 링크 파라미터인 a_2는 로봇 구조에 따라 음수가 될 수 있으므로 절대값을 취한다.

$$c_2 = \pm \frac{\sqrt{x^2 + y^2}}{|a_2|} \tag{4.3.5}$$

식 (4.3.3)에서 s_2는 다음과 같이 구할 수 있다.

$$s_2 = \frac{z - d_1}{a_2} \tag{4.3.6}$$

따라서 θ_2는 다음과 같이 구할 수 있다.

$$\theta_2 = \tan^{-1}\left(\frac{s_2}{c_2}\right) \tag{4.3.7}$$

식 (4.3.1)과 식 (4.3.2)에 c_2값을 대입하여 c_1과 s_1의 값을 구한 후 θ_1의 값을 구한다.

$$c_1 = \frac{x}{c_2 a_2} \quad , \quad s_1 = \frac{y}{c_2 a_2} \tag{4.3.8}$$

$$\theta_1 = atan2(s_1, c_1) \tag{4.3.9}$$

따라서 역기구학 해는 식 (4.3.5) ~ 식 (4.3.9)로 주어지며 식 (4.3.5)에서 c_2의 부호에 따라 2가지의 해가 존재한다.

예제 4.4

그림 3.13의 2축 다관절 머니퓰레이터에서 $d_1 = 2m$, $a_2 = 1m$이다. 손끝의 위치가 $[\frac{1}{2}, \frac{1}{2}, 2+\frac{1}{\sqrt{2}}]^T$일 때, 역기구학 해를 구하고 머니퓰레이터의 자세를 그려라. 해는 몇 개 존재하는가?

풀이

$x = \frac{1}{2}, y = \frac{1}{2}$ 이므로 $\frac{1}{2} = c_1 c_2$, $\frac{1}{2} = s_1 c_2$이고 변변 제곱해서 더한 후에 c_2에 대해서 정리하면 $c_2 = \pm\frac{1}{\sqrt{2}}$이다.

$2+\frac{1}{\sqrt{2}} = 2 + s_2$ 이므로 $s_2 = \frac{1}{\sqrt{2}}$이다.

따라서 c_2의 부호에 따라 다음과 같이 두 가지 경우가 생긴다.

(1) $c_2 = \frac{1}{\sqrt{2}}$ 일 때, $\theta_2 = atan2(\frac{1}{\sqrt{2}}, \frac{1}{\sqrt{2}}) = 45°$

θ_1은 다음과 같이 구해진다.

$$\frac{1}{2} = c_1 \frac{1}{\sqrt{2}} \qquad \therefore c_1 = \frac{1}{\sqrt{2}}$$

$$\frac{1}{2} = s_1 \frac{1}{\sqrt{2}} \qquad \therefore s_1 = \frac{1}{\sqrt{2}}$$

$$\theta_1 = \tan^{-1}\left(\frac{1}{\sqrt{2}}, \frac{1}{\sqrt{2}}\right) = 45^\circ$$

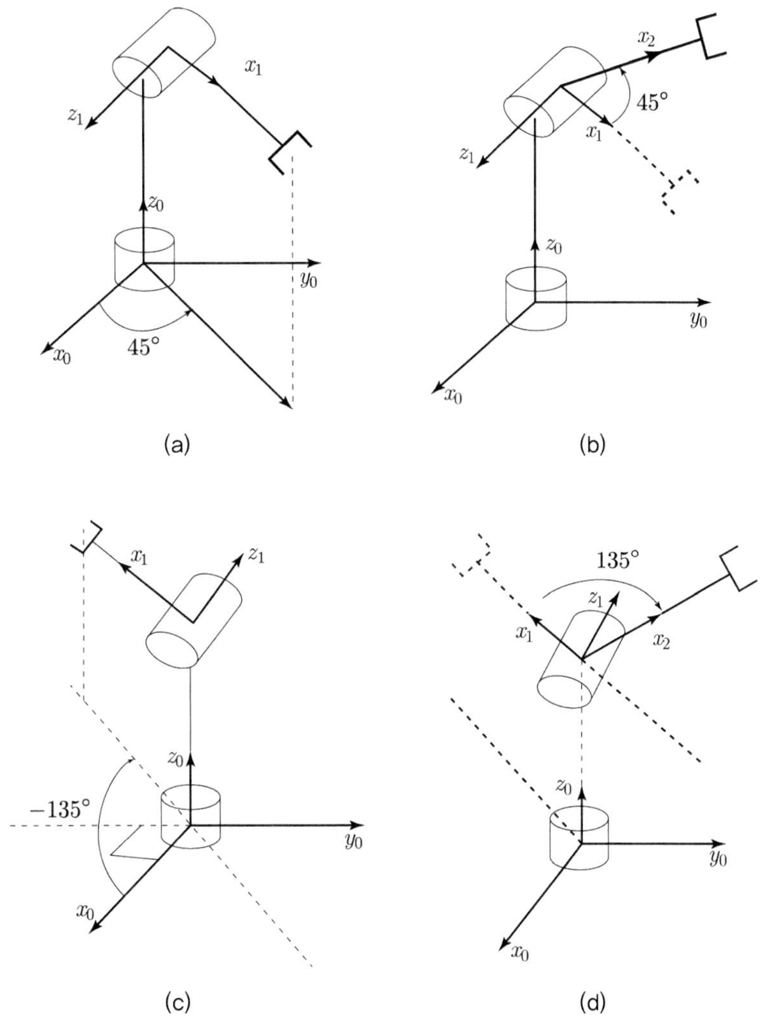

그림 4.10 예제 4.4.의 역기구학 해

(2) $c_2 = -\frac{1}{\sqrt{2}}$ 일 때, $\theta_2 = atan2\left(\frac{1}{\sqrt{2}}, -\frac{1}{\sqrt{2}}\right) = 135^\circ$

θ_1은 다음과 같이 구해진다.

$$\frac{1}{2} = c_1\left(-\frac{1}{\sqrt{2}}\right) \qquad \therefore c_1 = -\frac{1}{\sqrt{2}}$$

$$\frac{1}{2} = s_1\left(-\frac{1}{\sqrt{2}}\right) \qquad \therefore s_1 = -\frac{1}{\sqrt{2}}$$

$$\theta_1 = atan2\left(-\frac{1}{\sqrt{2}}, -\frac{1}{\sqrt{2}}\right) = -135°(\text{or } = 225°)$$

따라서 해는 $(45°,\ 45°)$, $(-135°,\ 135)$로 2개가 존재한다. 이 2가지 해에 따른 머니퓰레이터의 자세는 같아 보이지만 사실은 다른 해이다. $(45°,\ 45°)$인 해는 (a)에서와 같이 $\theta_1 = 45°$이고 (b)에서와 같이 $\theta_2 = 45°$인 것이고 $(-135°,\ 135)$인 해는 (c)에서와 같이 $\theta_1 = -135°$이고 (d)에서와 같이 $\theta_2 = 135°$인 것이다. ((b)와 (d)는 같아 보이나 다른 해인 것이다.)

4.3.3 3축 다관절형 머니퓰레이터(위치 역기구학)

그림 4.11과 같이 세 관절이 모두 회전관절로 이루어진(RRR) 머니퓰레이터의 역기구학 해를 기하학적 방법으로 구해 보자. 이 경우, 구하고자 하는 세 관절 변수는 θ_1, θ_2, θ_3 이다. 또한 3축 다관절형 머니퓰레이터는 일반적인 산업용 6축 머니퓰레이터의 처음 세 관절로 이루어진 부분으로 생각할 수 있다.

그림 4.11에서 엔드 이펙터의 점을 손목 중심점이라 부르자. 손목 중심점의 위치가 $[p_x,\ p_y,\ p_z]^T$로 주어졌을 때 먼저 θ_1은 다음과 같이 쉽게 구할 수 있다. 손목 중심점을 $\boldsymbol{x}_0 - \boldsymbol{y}_0$평면에 투영하면 그림 4.12와 같고 그림에서 θ_1은 다음과 같이 구할 수 있다.

$$\theta_1 = atan2(p_y, p_x) \tag{4.3.10}$$

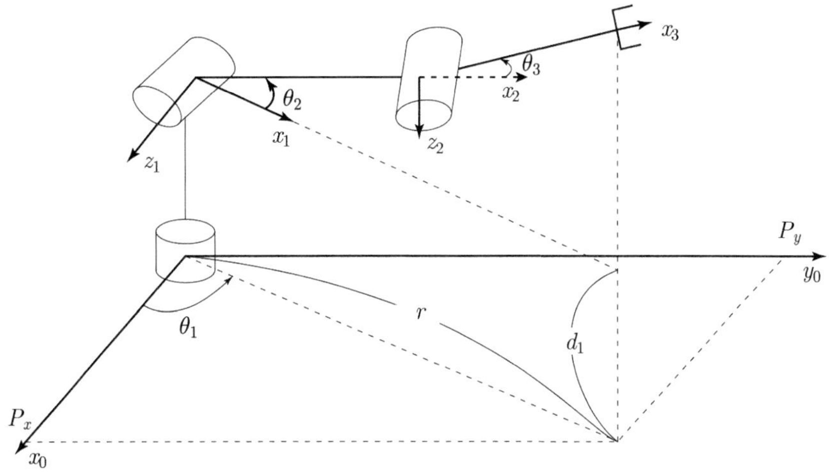

그림 4.11 다관절형 머니퓰레이터의 역기구학

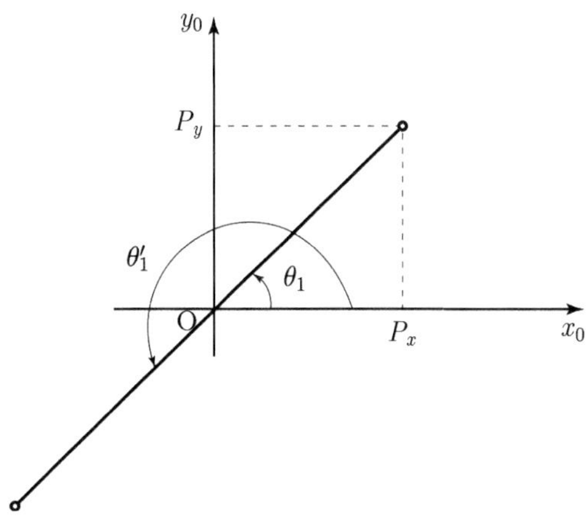

그림 4.12 $\boldsymbol{x}_0-\boldsymbol{y}_0$평면에 투영된 손목 중심

4.3.2절 그림 4.10의 2축 다관절형 머니퓰레이터에서의 결과와 마찬가지로 첫 번째 관절에 대한 또 다른 해가 존재한다. 그림 4.12에서 첫 번째 관절의 목표는 링크 2와 링크 3이 원점과 손목 중심점이 연결된 직선 위에 놓일 수 있도록 하는 것이므로 또 하나의 해 $\theta_1{}'$는 다음 식으로 주어진다는 것을 알 수 있다.

$$\theta_1{}' = \pi + \theta_1 = \pi + atan2(p_y, p_x) \tag{4.3.11}$$

즉 첫 번째 관절의 값은 θ_1과 $\theta_1{}'$의 2개가 존재하게 된다.

한편 $p_x = p_y = 0$인 경우에는 식 (4.3.10)이 정의되지 않는다. 따라서 이때에는 식 (4.3.10)을 사용하여 θ_1을 구할 수 없다. 이때의 머니퓰레이터는 손목 중심점이 $\boldsymbol{z}_0$축 위에 있게 된다. 이러한 머니퓰레이터의 자세는 특이 자세(singular configuration)중의 하나다. 특이 자세에 대해서는 5장에서 다룬다. 이 특이 자세에서는 θ_1이 어떤 값을 갖더라도 손목 중심의 위치는 $[0, 0]^T$으로 변하지 않는다. 따라서 이 경우에는 역위치 기구학을 만족하는 θ_1은 무한히 많이 존재하게 된다. 다시 말하면 역기구학 해가 무한 개가 된다.

다음에는 θ_2, θ_3를 결정하는 과정에 대해 알아보자. 앞에서 구한 θ_1에 대하여 θ_2, θ_3를 구하기 위하여 그림 4.13과 같이 링크 2와 3에 의해 만들어지는 평면에서 생각해 보자. 점 B는 $\boldsymbol{x}_0 - \boldsymbol{y}_0 - \boldsymbol{z}_0$ 좌표계의 원점이고 점 A는 $\boldsymbol{x}_1 - \boldsymbol{y}_1 - \boldsymbol{z}_1$ 좌표계의 원점이다.

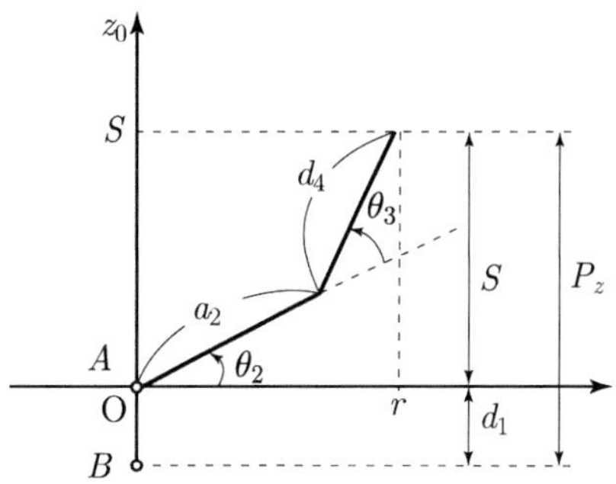

그림 4.13 링크 2와 3에 의해 만들어지는 평면에서의 다관절형 머니퓰레이터

링크 2와 링크 3은 이 평면상에서만 회전 운동을 하게 되므로 A점을 원점으로 하는 2축 평면 머니퓰레이터로 생각할 수 있다. 따라서 4.1.2절의 2축 평면 머니퓰레이터의 역기구학의 결과를 적용하면 다음과 같이 해를 구할 수 있다.

$$\cos\theta_3 = \frac{r^2 + s^2 - a_2^2 - d_4^2}{2a_2 d_4} = \frac{p_x^2 + p_y^2 + (p_z - d_1)^2 - a_2^2 - d_4^2}{2a_2 d_4} \equiv D \quad (4.3.12)$$

식 (4.3.12)로부터 다음과 같이 θ_2, θ_3를 구할 수 있다.

$$\theta_3 = \ atan2(\pm\sqrt{1 - D^2}, D) \quad (4.3.13)$$

$$\theta_2 = atan2(s,r) - atan2(d_4 s_3, a_2 + d_4 c_3) \tag{4.3.14}$$
$$= atan2\left(p_z - d_1,\ \sqrt{p_x^2 + p_y^2}\right) - atan2(d_4 s_3,\ a_2 + d_4 c_3)$$

식 (4.3.13)에서 θ_3가 +인 경우는 팔꿈치 하향이고, −인 경우는 팔꿈치 상향인 해이다. 즉 하나의 θ_1값에 대하여 θ_2, θ_3에 대한 해가 2개 존재하게 된다.

첫 번째 관절에 대한 또 하나의 해 $\theta_1{}'$는 식 (4.3.11)로 주어졌었다. 첫 번째 관절에 대한 해가 $\theta_1{}'$일 때 θ_2, θ_3에 대한 해는 어떻게 될까?

첫 번째 관절의 값이 주어졌을 때, 링크 2, 3이 이루는 평면에서의 기하학적 관계로부터 두 번째, 세 번째 관절 값은 다음 식과 같이 된다.

$$\theta_2{}' = \pi - \theta_2, \tag{4.3.15}$$
$$\theta_3{}' = -\theta_3$$

이는 그림 4.14에서 $\boldsymbol{z}_i$의 방향과 θ_i의 정의를 생각해 보면 알 수 있다. 그림 4.14의 (a)는 첫 번째 관절의 해가 θ_1인 경우로서 $\boldsymbol{z}_i$의 방향은 지면에서 나오는 방향이고 그림4.14의 (b)는 첫 번째 관절의 해가 $\theta_1{}' = \pi + \theta_1$ 인 경우로서 $\boldsymbol{z}_i$의 방향은 지면으로 들어가는 방향이다. 각도 θ_i는 $\boldsymbol{z}_{i-1}$축에 대해서 측정한 $\boldsymbol{x}_{i-1}$ 축에서 $\boldsymbol{x}_i$축까지의 각도임을 상기하라.

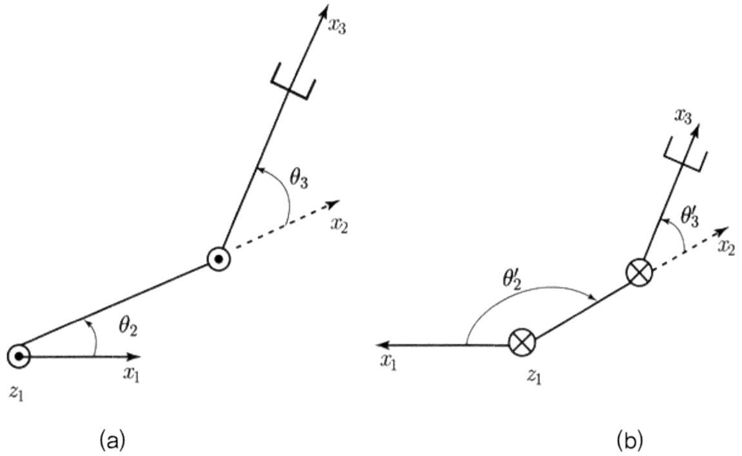

그림 4.14 첫 번째 관절의 해에 따른 두 번째, 세 번째 관절의 해

앞에서 살펴본 바와 같이 3축 다관절형 머니퓰레이터의 경우에는 위치 역기구학의 해가 일반적인 경우에 총 4개가 존재하게 된다. 이 절에서 다룬 머니퓰레이터는 어깨 오프셋이 없는 경우인데 어깨 오프셋이 있는 경우에도 유사한 방법으로 해를 구할 수 있다. 어깨 오프셋이 있는 3축 다관절형 머니퓰레이터의 경우에도 일반적인 해는 그림 4.15와 같이 총 4개가 된다. 그림 4.15에서 θ_1의 두 가지 값에 해당하는 자세를 각각 왼팔 자세, 오른팔 자세라고 부른다.

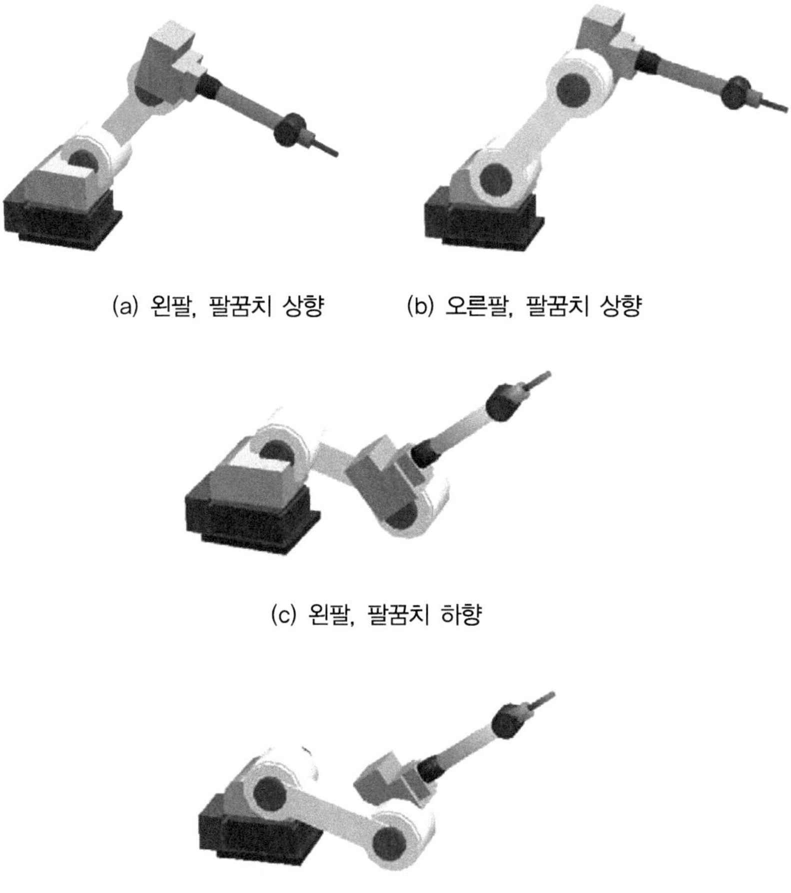

(a) 왼팔, 팔꿈치 상향 (b) 오른팔, 팔꿈치 상향

(c) 왼팔, 팔꿈치 하향

(d) 오른팔, 팔꿈치 하향

그림 4.15 어깨 오프셋이 있는 머니퓰레이터의 위치 역기구학의 4가지 해

예제 4.5

그림 4.11의 3축 다관절 머니퓰레이터에서 $d_1 = a_2 = d_4 = 1m$이다. 손끝의 위치가 $[0, 1, 2]^T$일 때, 역기구학 해를 구하고 머니퓰레이터의 자세를 그려라. 해는 몇 개 존재하는가?

풀이

$p_x = 0,\ p_y = 1,\ p_z = 2$이다.

$\theta_1 = atan2(p_y, p_x) = 90°$이고 이때 링크 2와 링크 3이 이루는 평면에서 2축 평면 머니퓰레이터와 같이 해석할 수 있다. 이때의 해는 2개로 다음과 같이 구할 수 있다.

$$\theta_2 = 0°,\ \theta_3 = 90°,$$

$$\theta_2 = 90°,\ \theta_3 = -90°$$

첫 번째 관절에 대한 또 한 해는 식 (4.3.11)에서 다음과 같다.

$$\theta_1{}' = \pi + \theta_1 = \pi + 90° = 270° = -90°$$

이때 두 번째 세 번째 관절에 대한 해는 식 (4.3.15)에서 다음과 같다.

$\theta_2 = 0°,\ \theta_3 = 90°$일 때,

$$\theta_2{}' = \pi - \theta_2 = \pi - 0° = 180°,$$

$$\theta_3{}' = -\theta_3 = -90°$$

$\theta_2 = 90°,\ \theta_3 = -90°$일 때,

$$\theta_2{}' = \pi - \theta_2 = \pi - 90° = 90°,$$

$$\theta_3{}' = -\theta_3 = 90°$$

전체 해는 다음과 같이 4개이다.

$(90°, 0°, 90°)$, $(90°, 90°, -90°)$, $(-90°, 90°, 90°)$, $(-90°, 180°, -90°)$

각각에 대한 자세는 그림 4.16과 같다.

구분 동작으로 표현하면 첫 번째 해인 $(90°, 0°, 90°)$는 그림 4.16의 (a)에서 $\theta_1 = 90°,\ \theta_2 = 0°,\ \theta_3 = 0°$와 (b)에서 $\theta_1 = 90°,\ \theta_2 = 0°,\ \theta_3 = 90°$이다.

두 번째 해인 $(90°, 90°, -90°)$는 (c)에서 $\theta_1 = 90°, \theta_2 = 90°, \theta_3 = 0°$와 (d)에서 $\theta_1 = 90°,\ \theta_2 = 90°, \theta_3 = -90°$이다.

세 번째 해인 $(-90°, 90°, 90°)$는 (e)에서 $\theta_1 = -90°,\ \theta_2 = 0°, \theta_3 = 0°$와 (f)에서

$\theta_1 = -90°$, $\theta_2 = 90°$, $\theta_3 = 0°$와 (g)에서 $\theta_1 = -90°$, $\theta_2 = 90°$, $\theta_3 = 90°$이다. 네 번째 해인 $(-90°, 180°, -90°)$는 (h)에서 $\theta_1 = -90°$, $\theta_2 = 0°$, $\theta_3 = 0°$와 (i)에서 $\theta_1 = -90°$, $\theta_2 = 180°$, $\theta_3 = 0°$와 (j)에서 $\theta_1 = -90°$, $\theta_2 = 180°$, $\theta_3 =- 90°$이다.

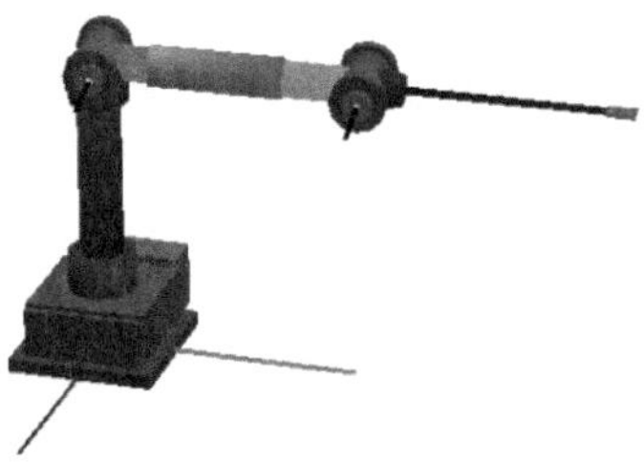

(a)

(b)

(c)

(d)

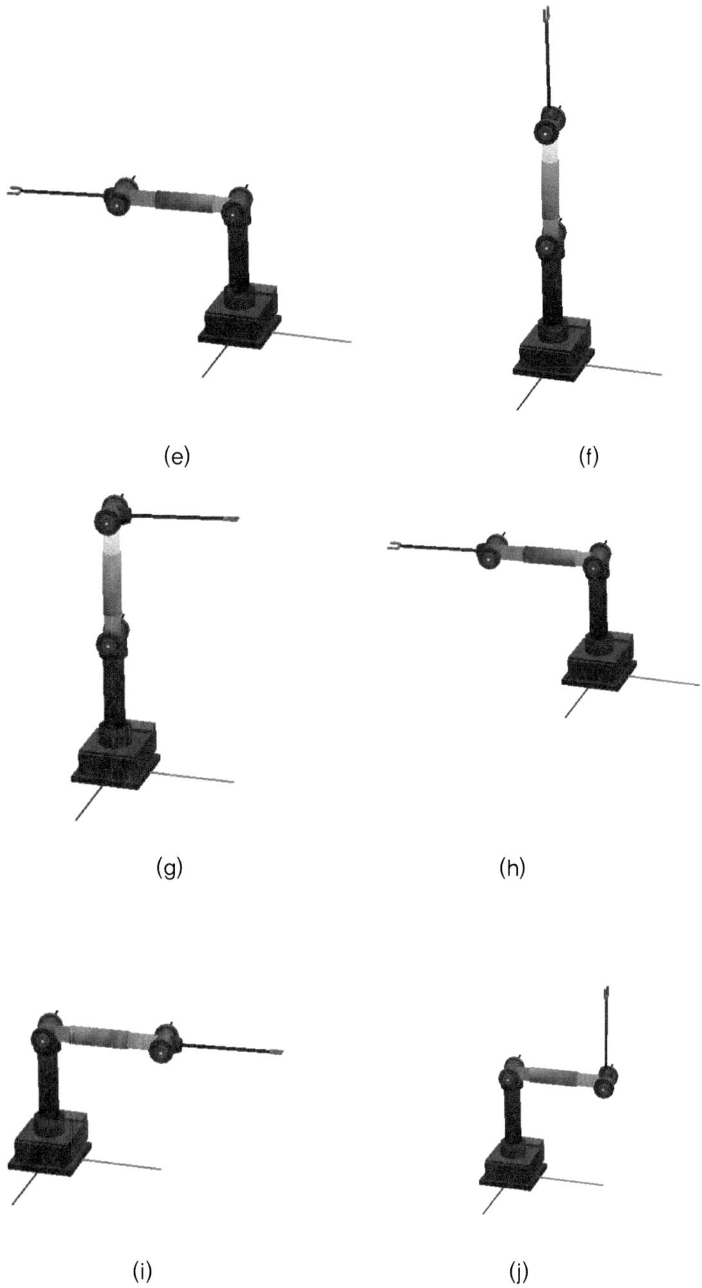

그림 4.16 3축 다관절형 머니퓰레이터의 역위치 기구학 해

3축 다관절형 머니퓰레이터의 위치 역기구학의 해를 요약하면 다음과 같다.

(1) 어깨 오프셋이 없고, $p_x = p_y = 0$이 아닌 경우 ;

전체 역기구학의 해는 네 개가 있다. 두 개의 θ_1 (왼팔 자세와 오른팔 자세)에 대해 각각 θ_3가 두 개 존재하며, 이 두 해를 각각 팔꿈치 상향 자세와 하향 자세라 한다. θ_2는 θ_3에 의해 정해진다.

(2) 어깨 오프셋이 없고, $p_x = p_y = 0$인 경우 ;

전체 역기구학 해는 무한 개이다. θ_3에 대한 해가 두 개 존재하며, θ_2는 θ_3에 의해 정해진다. 정해진 θ_2와 θ_3에 대해서 θ_1은 어떠한 값을 가져도 된다.

(3) 어깨 오프셋이 있는 경우;

전체 역기구학의 해는 네 개가 있다. 두 개의 θ_1 (왼팔 자세와 오른팔 자세)에 대해 각각 θ_3가 두 개 존재하며, 이 두 해를 각각 팔꿈치 상향 자세와 하향 자세라 한다. θ_2는 θ_3에 의해 정해진다.

4.3.4 구형 손목(방향 역기구학)

3.4.5에서 구형 손목을 다루었다. 구형 손목은 대부분의 산업용 머니퓰레이터에서 채택하고 있는 방식으로 구형 손목을 가진 6축 머니퓰레이터는 위치 역기구학과 방향 역기구학을 나누어서 풀 수 있는 장점이 있다. 여기에서는 원하는 방향을 구현할 수 있는 관절 값을 구하는 방법을 다룬다.

그림 3.16에 구형 손목과 설정된 좌표계가 도시되어 있고, $\boldsymbol{T}_3^6$는 식 (3.4.24)로 주어졌었다. 변환행렬 중 3좌표계에 대한 6좌표계의 방향은 다음 회전행렬 $\boldsymbol{R}_3^6$로 나타내어진다.

$$\begin{pmatrix} c_4c_5c_6 - s_4s_6 & -c_4c_5s_6 - s_4c_6 & c_4s_5 \\ s_4c_5c_6 + c_4s_6 & -s_4c_5s_6 + c_4c_6 & s_4s_5 \\ -s_5c_6 & s_5s_6 & c_5 \end{pmatrix} \tag{4.3.16}$$

식 (4.3.16)과 식 (2.4.14)를 비교해보면 $\theta_4 = \alpha$, $\theta_5 = \beta$, $\theta_6 = \gamma$ 로 놓으면 두 식이 같음을 알 수 있다. 즉 구형 손목에서의 마지막 세 관절 값은 $Z - Y - Z$ 오

일러 각도와 같게 된다.

이제 구형 손목의 역기구학을 풀기 위해 $\boldsymbol{R}_3^6$이 주어졌을 때, $\theta_4 = \alpha$, $\theta_5 = \beta$, $\theta_6 = \gamma$를 구해보자. 우선 기구학 식은 다음과 같이 주어진다.

$$\boldsymbol{R}_3^6 = \begin{bmatrix} c\alpha c\beta c\gamma - s\alpha s\gamma & -c\alpha c\beta s\gamma - s\alpha c\gamma & c\alpha s\beta \\ s\alpha c\beta c\gamma + c\alpha s\gamma & -s\alpha c\beta s\gamma + c\alpha c\gamma & s\alpha s\beta \\ -s\beta c\gamma & s\beta s\gamma & c\beta \end{bmatrix} = \begin{pmatrix} r_{11} & r_{12} & r_{13} \\ r_{21} & r_{22} & r_{23} \\ r_{31} & r_{32} & r_{33} \end{pmatrix} \quad (4.3.17)$$

(1) $s\beta \neq 0$ 일 때 (r_{13}과 r_{23}이 동시에 0이 아닐 때)

우선 r_{13}과 r_{23}이 동시에 0이 아닐 때를 고려해 보자. (r_{13}과 r_{23}이 동시에 0이면 $s\beta$가 0이고 이때는 특이점이 된다.) 이때 $s\beta \neq 0$ 이고 $c\beta = r_{33}$ 이므로 $s\beta = \pm\sqrt{1 - r_{33}^{\ 2}}$ 이다. 따라서 β는 다음과 같이 구할 수 있다.

$$\beta = atan2(\pm\sqrt{1 - r_{33}^{\ 2}}, r_{33}) \quad (4.3.18)$$

$\beta = atan2(+\sqrt{1 - r_{33}^{\ 2}}, r_{33})$일 때는 $\sqrt{1 - r_{33}^{\ 2}} \geq 0$이므로 β는 1상한 또는 2상한의 값이므로 $s\beta > 0$ 이다. 따라서 r_{13}과 r_{23}의 값을 그대로 써서 α를 구할 수 있다.

$$\alpha = atan2(s\alpha s\beta, c\alpha s\beta) = atan2(s\alpha, c\alpha) = atan2(r_{23}, r_{13}) \quad (4.3.19)$$

$r_{31} = -s\beta c\gamma$ 이고 $r_{32} = s\beta s\gamma$이므로 γ는 다음과 같다.

$$\gamma = atan2(s\beta s\gamma, s\beta c\gamma) = atan2(s\gamma, c\gamma) = atan2(r_{32}, -r_{31}) \quad (4.3.20)$$

한편 $\beta = atan2(-\sqrt{1 - r_{33}^{\ 2}}, r_{33})$ 일 때는 $\sqrt{1 - r_{33}^{\ 2}} \geq 0$ 이므로 β는 3상한 또는 4상한의 값이므로 $s\beta < 0$ 이다. 따라서 α는 다음과 같이 구할 수 있다.

$$\alpha = atan2(-s\alpha s\beta, -c\alpha s\beta) = atan2(s\alpha, c\alpha) = atan2(-r_{23}, -r_{13}) \quad (4.3.21)$$

$r_{31} = -s\beta c\gamma$이고 $r_{32} = s\beta s\gamma$이므로 γ는 다음과 같다.

$$\gamma = atan2(-s\beta s\gamma, -s\beta c\gamma) = atan2(s\gamma, c\gamma) = atan2(-r_{32}, r_{31}) \quad (4.3.22)$$

따라서 $s\beta \neq 0$ 일 때 방향 역기구학의 해, $\theta_4(=\alpha)$, $\theta_5(=\beta)$, $\theta_6(=\gamma)$는 식 (4.3.18) ~ 식 (4.3.22)로 주어지며 2개가 존재한다.

(2) $s\beta = 0$ 일 때

$s\beta = 0$ 인 경우는 $\beta = 0°$이거나 $\beta = \pi$이다. 우선 $\beta = 0°$인 경우를 살펴보자. 이때 $c\beta = 1$, $s\beta = 0$이므로 이를 식 (4.3.17)에 대입하면 다음과 같이 간소화된다.

$$\boldsymbol{R}_3^6 = \begin{bmatrix} c(\alpha+\gamma) & -s(\alpha+\gamma) & 0 \\ s(\alpha+\gamma) & c(\alpha+\gamma) & 0 \\ 0 & 0 & 1 \end{bmatrix} = \begin{pmatrix} r_{11} & r_{12} & r_{13} \\ r_{21} & r_{22} & r_{23} \\ r_{31} & r_{32} & r_{33} \end{pmatrix} \quad (4.3.23)$$

따라서 $\alpha + \gamma$를 다음과 같이 구할 수 있다.

$$\alpha + \gamma = atan2(r_{21}, r_{11}) = atan2(-r_{12}, r_{11}) \quad (4.3.24)$$

식 (4.3.24)는 2개의 변수에 식이 하나이다. 따라서 이 식을 만족하는 α와 γ는 무수히 많다. 즉 해가 무한 개다. 이 자세는 구형 손목의 특이 자세이다.
다음에는 $\beta = \pi$인 경우를 살펴보자. 이때 $c\beta = -1$, $s\beta = 0$이므로 이를 식 (4.3.17)에 대입하면 다음과 같이 간소화된다.

$$\boldsymbol{R}_3^6 = \begin{bmatrix} -c(\alpha-\gamma) & -s(\alpha-\gamma) & 0 \\ -s(\alpha-\gamma) & c(\alpha-\gamma) & 0 \\ 0 & 0 & -1 \end{bmatrix} = \begin{pmatrix} r_{11} & r_{12} & r_{13} \\ r_{21} & r_{22} & r_{23} \\ r_{31} & r_{32} & r_{33} \end{pmatrix} \quad (4.3.25)$$

따라서 $\alpha - \gamma$를 다음과 같이 구할 수 있다.

$$\alpha - \gamma = atan2(-r_{21}, -r_{11}) = atan2(-r_{12}, -r_{11}) \quad (4.3.26)$$

식 (4.3.26)도 2개의 변수에 식이 하나이다. 따라서 이 식을 만족하는 α와 γ도

무수히 많다. 이 자세도 구형 손목의 특이 자세이다.

예제 4.6

구형 손목에서 $\boldsymbol{R}_3^6$이 다음과 같이 주어졌을 때, 이를 구현할 수 있는 역기구학 해를 구하라. 해는 몇 개 존재하는가? 구한 해에 따라 구형 손목의 방향을 그려라.

$$\boldsymbol{R}_3^6 = \begin{bmatrix} 1 & 0 & 0 \\ 0 & 0 & 1 \\ 0 & -1 & 0 \end{bmatrix}$$

풀이

r_{13}과 r_{23}이 동시에 0이 아니므로 $s\beta \neq 0$이다. 그러므로

$\beta = atan2(\pm\sqrt{1-r_{33}^2}, r_{33}) = atan2(\pm 1, 0) = \pm 90°$이다. 따라서 다음의 두 가지 경우가 있다.

(1) $\beta = +90°$일 때

이때 $\sin\beta = +1 > 0$이다. 식 (4.3.19)와 식 (4.3.20)에서 α와 γ는 다음과 같이 구할 수 있다.

$$\alpha = atan2(r_{23}, r_{13}) = atan2(1,0) = 90°$$

$$\gamma = atan2(r_{32,} - r_{31}) = atan2(-1,0) = -90°$$

$$\therefore \alpha = +90°, \beta = +90°, \gamma = -90°$$

α, β, γ 는 $Z-Y-Z$ 오일러 각도와 같으며 각각 $\theta_4, \theta_5, \theta_6$과 같다. 따라서 현 Z축에 대한 α 회전 후 현 Y축에 대한 β 회전 후 현 Z축에 대한 γ 회전을 한 것과 같다. 이때의 회전을 표시하면 그림 4.17과 같다.

(2) $\beta = -90°$일 때

이때 $\sin\beta = -1 < 0$이다. 식 (4.3.21)와 식 (4.3.22)에서 α와 γ는 다음과 같이 구할 수 있다.

$$\alpha = atan2(-r_{23}, -r_{13}) = atan2(-1,0) = -90°$$

$$\gamma = atan2(-r_{32,} r_{31}) = atan2(1,0) = 90°$$

$$\therefore \alpha = -90°, \beta = -90°, \gamma = 90°$$

이때의 회전을 표시하면 그림 4.18과 같다.

그림 4.17과 그림 4.18을 비교해 보면 두 경우에서 최종 회전 행렬은 같음을 알 수 있

다. 즉, $Z-Y-Z$ 오일러 각도는 $(90°,\ 90°,\ -90°)$와 $(-90°,\ -90°,\ 90°)$는 모두 주어진 회전 행렬을 구현하며 따라서 방향 역기구학의 해는 2개이다.

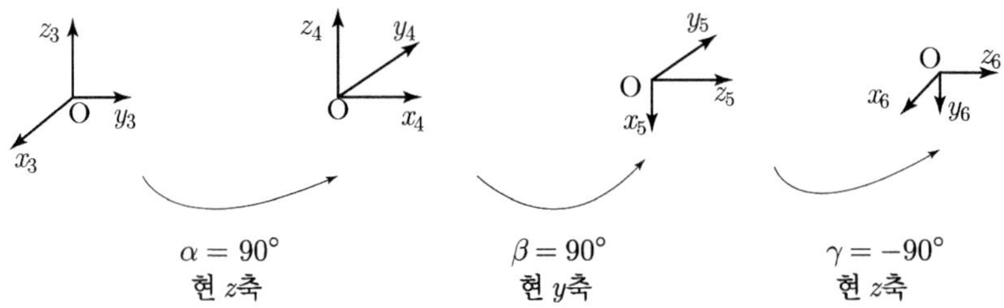

그림 4.17 $(90°, 90°, -90°)$의 $Z-Y-Z$ 오일러 각 회전

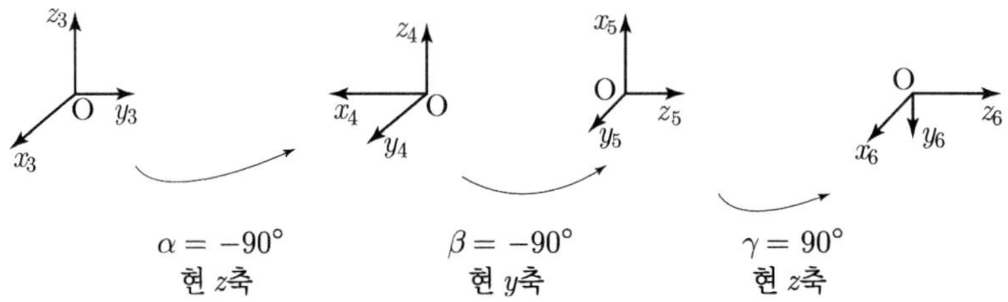

그림 4.18 $(-90°, -90°, 90°)$의 $Z-Y-Z$ 오일러 각 회전

앞에서 α, β, γ 는 $\theta_4, \theta_5, \theta_6$와 같다고 하였는데, 여기에서는 이를 살펴본다. 그림 4.17은 $Z-Y-Z$ 오일러 각도의 정의에 따라 α, β, γ 만큼 회전하는 과정을 나타내었다. 구형 손목의 좌표계 설정은 그림 3.16과 같다. 명확히 하기 위해서 원점을 분리하여 좌표계를 그림 4.19에 다시 그렸다. 회전 행렬만 고려하므로 원점이 분리된 것은 결과에 영향을 미치지 않는다.

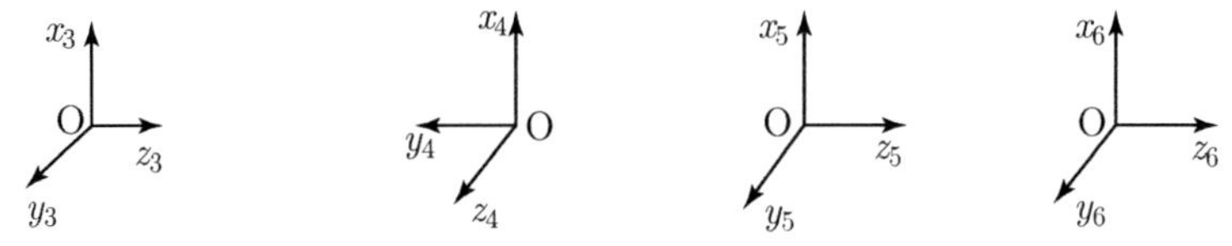

그림 4.19 원점을 분리해서 그린 구형 손목의 좌표계

그림 4.20은 그림 4.19의 구형 손목 좌표계를 세로로 세워서 그린 후 θ_i의 정의($\boldsymbol{z}_{i-1}$축에 대해서 측정한 $\boldsymbol{x}_{i-1}$축에서 $\boldsymbol{x}_i$축까지의 각도)에 따라 $\theta_4 = 90°$,

$\theta_5=90°$, $\theta_6=-90°$ 회전하는 과정을 나타내고 있다. θ_i가 회전함에 따라 i좌표계 이후의 모든 좌표계는 같이 회전함에 유의하라. 최종 결과인 $\boldsymbol{R}_3^6$(3 좌표계에 대한 6 좌표계의 방향)이 $Z-Y-Z$ 오일러 각도의 정의에 따라 $\alpha=90°$, $\beta=90°$, $\gamma=-90°$만큼 회전한 것인 그림 4.17에서의 결과와 같음을 알 수 있다. 예제 4.6의 (2)의 결과인 또 다른 해 $\alpha=-90°$, $\beta=-90°$, $\gamma=90°$만큼 회전한 것도 같은 결과를 보인다.

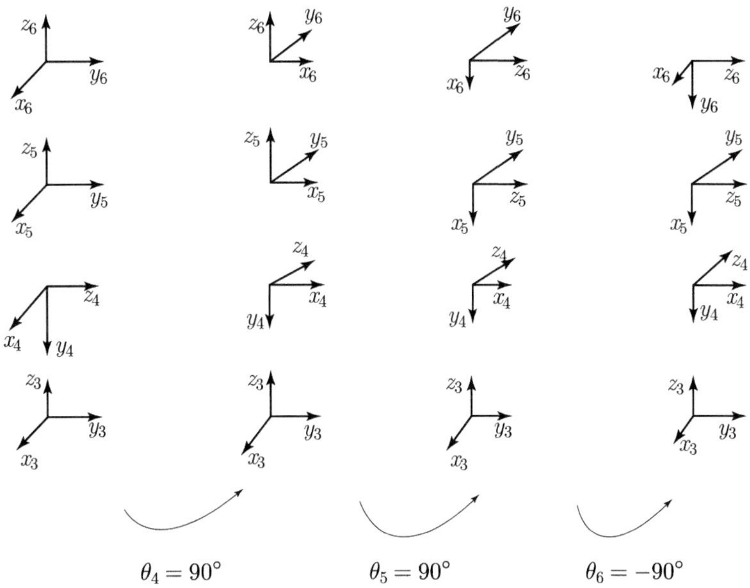

그림 4.20 α, β, γ 와 $\theta_4, \theta_5, \theta_6$의 동일성

예제 4.7

구형 손목에서 $\boldsymbol{R}_3^6$ 이 다음과 같이 주어졌을 때, 이를 구현할 수 있는 역기구학 해를 구하라. 해는 몇 개 존재하는가?

(1) $\boldsymbol{R}_3^6=\begin{bmatrix}-1 & 0 & 0\\ 0 & -1 & 0\\ 0 & 0 & 1\end{bmatrix}$ (2) $\boldsymbol{R}_3^6=\begin{bmatrix}-1 & 0 & 0\\ 0 & 1 & 0\\ 0 & 0 & -1\end{bmatrix}$

풀이

(1) r_{13}과 r_{23}이 동시에 0이다. 따라서 $s\beta=0$이다. 또한 $r_{33}=c\beta=1$이다. 따라서 $\beta=atan2(0,1)=0°$ 이다. 이때 회전 행렬은 다음과 같다.

$$\boldsymbol{R}_3^6 = \begin{bmatrix} -1 & 0 & 0 \\ 0 & -1 & 0 \\ 0 & 0 & 1 \end{bmatrix} = \begin{bmatrix} c(\alpha+\gamma) & -s(\alpha+\gamma) & 0 \\ s(\alpha+\gamma) & c(\alpha+\gamma) & 0 \\ 0 & 0 & 1 \end{bmatrix}$$

따라서 $\alpha+\gamma = atan2(r_{21}, r_{11}) = atan2(0,-1) = 180^{\circ}$

해는 $\alpha = 0°$, $\gamma = 180°$ 또는 $\alpha = 90°$, $\gamma = 90° \cdots$ 등 무수히 많다.

(2) r_{13}과 r_{23}이 동시에 0이다. 따라서 $s\beta = 0$이다. 또한 $r_{33} = c\beta = -1$이다. 따라서 $\beta = atan2(0,-1) = 180°$이다. 이때 회전 행렬은 다음과 같다.

$$\boldsymbol{R}_3^6 = \begin{bmatrix} -1 & 0 & 0 \\ 0 & 1 & 0 \\ 0 & 0 & -1 \end{bmatrix} = \begin{bmatrix} -c(\alpha-\gamma) & -s(\alpha-\gamma) & 0 \\ -s(\alpha-\gamma) & c(\alpha-\gamma) & 0 \\ 0 & 0 & -1 \end{bmatrix}$$

따라서 $\alpha-\gamma = atan2(-r_{21}, -r_{11}) = atan2(0,1) = 0^{\circ}$

해는 $\alpha = 10^{\circ}, \gamma = 10^{\circ}$ 또는 $\alpha = 90^{\circ}, \gamma = 90^{\circ} \ldots.$ 등 무수히 많다.

(1)과 (2)는 모두 특이점인 경우이다. 특이점에 대해서는 5장에서 다룬다.

4.3.5 6축 수직다관절 머니퓰레이터

4.2.2절에서 다룬 3축 평면 머니퓰레이터의 역기구학 해를 구하는 과정은 중요한 시사점을 지니고 있다. 복잡한 역기구학 문제를 머니퓰레이터의 위치를 구현하는 위치 역기구학 문제와 방향을 구현하는 방향 역기구학 문제로 나누어서 풀 수 있어서 문제를 간소화한다는 점이다.

3차원 공간상에서 임의의 작업을 수행하기 위해서는 6자유도가 필요하므로 대부분의 산업용 머니퓰레이터는 6축으로 설계되고 있다. 일반적인 구조의 6축 머니퓰레이터의 역기구학 문제는 풀이가 간단하지 않으나 특정한 구조의 머니퓰레이터에서는 문제를 좀 더 간단하게 만들 수 있다.

6축 머니퓰레이터 중에서 마지막 3개의 관절축이 한 점(손목 중심)에서 만나는 구조를 가진 머니퓰레이터, 즉 구형손목을 가지고 있는 머니퓰레이터들은 역기구학 문제를 두 개의 작은 문제로 나누어서 풀 수 있다. 즉, 손목 중심(wrist center)의 위치를 구현하는 관절 각을 찾는 위치 역기구학 문제와 손목의 방향을 구현하는 관절 각을 찾는 방향 역기구학 문제로 나누어서 풀 수 있다. 그림 4.21은 구형 손목을 가지고 있으며 6개의 회전 관절로 이루어진 머니퓰레이터를 도시하고 있다.

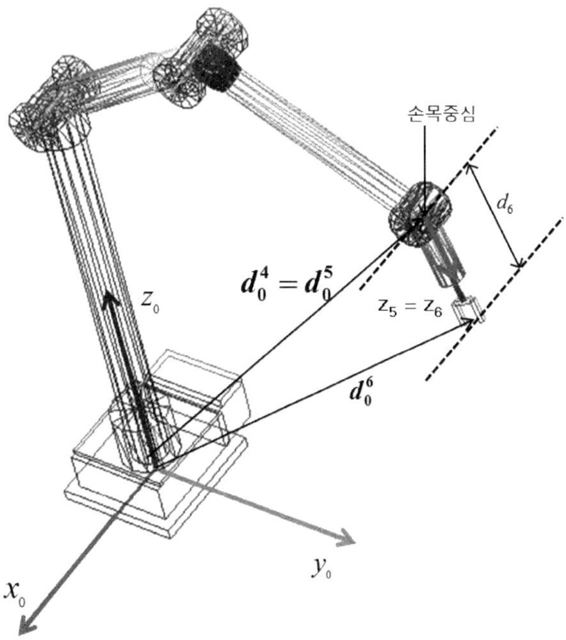

그림 4.21 구형 손목을 가진 6축 머니퓰레이터

역기구학 문제에서는 엔드 이펙터의 위치와 방향이 주어진다. 6축 머니퓰레이터에서 엔드 이펙터의 위치와 방향이 주어지면 그로부터 손목 중심점의 위치는 유일하게 정해진다. 즉 구형 손목을 가진 머니퓰레이터에서 엔드 이펙터는 손목 중심점에서 $\boldsymbol{z}_5$ 방향으로 d_6만큼 떨어져 있기 때문이다. 그림 3.17에서도 이를 확인할 수 있다. 따라서 주어진 엔드 이펙터의 위치와 방향으로부터 손목 중심점의 위치를 구할 수 있다. 이 손목 중심점의 위치는 $\theta_4, \theta_5, \theta_6$의 움직임에는 영향을 받지 않는다. 즉 $\theta_1, \theta_2, \theta_3$의 값에 따라서만 달라지게 된다.

위치 역기구학 문제는 다음과 같이 말할 수 있다. 역기구학 문제에서 기저좌표계(0좌표계)에 대한 엔드 이펙터의 방향과 위치를 나타내는 $\boldsymbol{T}_0^6$가 주어지면 $\boldsymbol{R}_0^6$과 $\boldsymbol{d}_0^6$가 주어진 것이고 $\boldsymbol{z}_5$의 방향과 링크 파라미터 d_6를 사용하여 손목 중심의 위치를 다음과 같이 구할 수 있다.

$$\boldsymbol{d}_0^4 = \boldsymbol{d}_0^6 - d_6 \boldsymbol{a} \tag{4.3.27}$$

그림 3.17의 6축 수직다관절 머니퓰레이터의 좌표계를 보면 $\boldsymbol{d}_0^4 = \boldsymbol{d}_0^5$는 손목 중심점의 위치로 0좌표계에 대해서 표현된 4좌표계 또는 5좌표계의 원점이다. 또한 $\boldsymbol{z}_5$와 $\boldsymbol{z}_6$는 항상 일치함을 알 수 있다.

식 (3.4.29)에 나타낸 바와 같이 $\boldsymbol{a}$는 $\boldsymbol{R}_0^6$의 3열 벡터를 나타내며 이는 $\boldsymbol{z}_6(=\boldsymbol{z}_5)$ 즉, 0좌표계에서 표현한 6좌표계 또는 5좌표계의 방향을 나타낸다. 따라서 그림 4.21에서의 관계에 따라 식 (4.3.27)이 성립한다.

식 (4.3.27)과 같이 손목 중심의 위치를 구하면 이 위치를 구현하는 관절 값을 구하는 것은 3축 다관절형 머니퓰레이터의 위치 역기구학 문제와 완전히 같은 문제가 된다. 즉, 위치 역기구학 문제는 주어진 손목 중심의 위치를 구현하도록 하는 처음 세 관절 변수인 θ_1, θ_2, θ_3를 구하는 것이다.

위치 역기구학 문제를 풀면 처음 세 관절 변수의 값이 결정 되고 따라서 $\boldsymbol{R}_0^3$을 구할 수 있다. 이때 엔드 이펙터 좌표계를 3좌표계에 대하여 표시하면 다음 식과 같다.

$$\boldsymbol{R}_0^6 = \boldsymbol{R}_0^3 \boldsymbol{R}_3^6 \ , \ \ \boldsymbol{R}_3^6 = (\boldsymbol{R}_0^3)^{-1} \boldsymbol{R}_0^6 = (\boldsymbol{R}_0^3)^T \boldsymbol{R}_0^6 \tag{4.3.28}$$

방향 역기구학 문제는 3좌표계에 대한 방향이 식 (4.3.28)과 같이 $\boldsymbol{R}_3^6$로 주어졌을 때, 이 방향에 해당하는 마지막 세 관절 변수 θ_4, θ_5, θ_6의 값을 찾는 문제로 4.3.4절에서 다룬 문제와 같은 문제이다.

6축 수직 다관절 머니퓰레이터의 역기구학을 푸는 과정을 요약하면 그림 4.22와 같다.

$\boldsymbol{R}_0^6$, $\boldsymbol{d}_0^6$ 에서 손목중심 $\boldsymbol{d}_0^4 = \boldsymbol{d}_0^6 - d_6\boldsymbol{a}$ 구하기

↓

$\boldsymbol{d}_0^4$ 에서 위치 역기구학 풀어 $\theta_1, \theta_2, \theta_3$ 구하기

↓

$\theta_1, \theta_2, \theta_3$을 이용하여 기구학 식에서 $\boldsymbol{R}_0^3$ 구하기

↓

$\boldsymbol{R}_3^6 = (\boldsymbol{R}_0^3)^{-1}\boldsymbol{R}_0^6$ 구하기

↓

$\boldsymbol{R}_3^6$ 에서 방향 역기구학 풀어 $\theta_4, \theta_5, \theta_6$ 구하기

그림 4.22 6축 수직 다관절 머니퓰레이터의 역기구학 풀이

예제 4.8

6축 수직 다관절 머니퓰레이터의 $d_1 = 2m, a_2 = d_4 = 1m, d_6 = 0.5m$ 이다. $\boldsymbol{T}_0^6$가 다음과 같이 주어졌을 때 역기구학을 풀어라.

$$\boldsymbol{T}_0^6 = \begin{pmatrix} -1 & 0 & 0 & 0 \\ 0 & -1 & 0 & 2 \\ 0 & 0 & 1 & 2.5 \\ 0 & 0 & 0 & 1 \end{pmatrix}$$

풀이

$\boldsymbol{R}_0^6$과 $\boldsymbol{d}_0^6$은 다음과 같이 주어진다.

$$\boldsymbol{R}_0^6 = \begin{pmatrix} -1 & 0 & 0 \\ 0 & -1 & 0 \\ 0 & 0 & 1 \end{pmatrix}, \quad \boldsymbol{d}_0^6 = \begin{pmatrix} 0 \\ 2 \\ 2.5 \end{pmatrix}$$

$\boldsymbol{a}$는 $\boldsymbol{R}_0^6$의 3열 벡터이므로 다음과 같다.

$$\boldsymbol{a} = \begin{pmatrix} 0 \\ 0 \\ 1 \end{pmatrix}$$

따라서 $\boldsymbol{d}_0^4$는 다음과 같이 구할 수 있다.

$$\boldsymbol{d}_0^4 = \boldsymbol{d}_0^6 - d_6\boldsymbol{a} = \begin{pmatrix} 0 \\ 2 \\ 2.5 \end{pmatrix} - 0.5\begin{pmatrix} 0 \\ 0 \\ 1 \end{pmatrix} = \begin{pmatrix} 0 \\ 2 \\ 2 \end{pmatrix}$$

$\boldsymbol{d}_0^4$가 위와 같이 주어졌을 때 위치 역기구학을 풀면 다음과 같이 2개의 해를 얻는다.

$$\theta_1 = 90°,\ \ \theta_2 = 0°,\ \ \theta_3 = 90°$$

$$\theta_1 = -90°,\ \ \theta_2 = 180°,\ \ \theta_3 = 90°$$

이 예에서는 팔꿈치 상향과 팔꿈치 하향이 같은 자세이므로 팔꿈치 상향과 팔꿈치 하향의 구분은 없고 왼팔 자세와 오른팔 자세의 구분만 있어서 해가 2개 생겼다. 이 자세는 그림 3.18의 (b)와 같은 자세이며 특이 자세이다. 하지만 일반적으로는 위치 역기구학의 해가 4개가 생긴다는 점을 유의하라.

이제 앞에서 구한 위치 역기구학 해에 따라 2가지 경우로 나누어서 방향 역기구학을 풀면 된다.

(1) $\theta_1 = 90°,\ \theta_2 = 0°,\ \theta_3 = 90°$ 일 때,

$$\boldsymbol{R}_0^3 = \begin{pmatrix} c_1c_{23} & s_1 & c_1s_{23} \\ s_1c_{23} & -c_1 & s_1s_{23} \\ s_{23} & 0 & -c_{23} \end{pmatrix} = \begin{pmatrix} 0\,1\,0 \\ 0\,0\,1 \\ 1\,0\,0 \end{pmatrix}$$

따라서

$$\boldsymbol{R}_3^6 = \left(\boldsymbol{R}_0^3\right)^{-1}\boldsymbol{R}_0^6 = \left(\boldsymbol{R}_0^3\right)^T\boldsymbol{R}_0^6 = \begin{pmatrix} 0 & 0 & 1 \\ 1 & 0 & 0 \\ 0 & 1 & 0 \end{pmatrix}\begin{pmatrix} -1 & 0 & 0 \\ 0 & -1 & 0 \\ 0 & 0 & 1 \end{pmatrix} = \begin{pmatrix} 0 & 0 & 1 \\ -1 & 0 & 0 \\ 0 & -1 & 0 \end{pmatrix} \quad (4.3.29)$$

위의 $\boldsymbol{R}_3^6$ 을 만족하는 방향 역기구학을 4.3.4절에서의 방법을 이용하여 다음과 같이 풀면 된다.

식 (4.3.29)에서 $\boldsymbol{R}_3^6$ 의 r_{13}과 r_{23}이 동시에 0이 아니므로 $s\beta \neq 0$이다. 그러므로 $\beta = atan2(\pm\sqrt{1-r_{33}^2}, r_{33}) = atan2(\pm 1, 0) = \pm 90°$이다.

먼저 $\beta = +90°$일 때는 $\sin\beta = +1 > 0$이다. 따라서 식 (4.3.19)과 식 (4.3.20)을 이용하여 α와 γ는 다음과 같이 구할 수 있다.

$$\alpha = atan2(r_{23}, r_{13}) = atan2(0,1) = 0°$$

$$\gamma = atan2(r_{32}, -r_{31}) = atan2(-1,0) = -90°$$

$\therefore \theta_4 = 0°, \ \theta_5 = +90°, \ \theta_6 = -90$

다음으로 $\beta = -90°$일 때는 $\sin\beta = -1 < 0$이다. 식 (4.3.21)과 식 (4.3.22)에서 α와 γ는 다음과 같이 구할 수 있다.

$$\alpha = atan2(-r_{23}, -r_{13}) = atan2(0, -1) = 180°$$

$$\gamma = atan2(-r_{32}, r_{31}) = atan2(1, 0) = 90°$$

$$\therefore \theta_4 = 180°, \ \theta_5 = -90°, \ \theta_6 = 90°$$

따라서 2개의 해는 다음과 같다.

$$\theta_1 = 90°, \ \theta_2 = 0°, \ \theta_3 = 90°, \ \theta_4 = 0°, \ \theta_5 = +90°, \ \theta_6 = -90° \tag{4.3.30}$$

$$\theta_1 = 90°, \ \theta_2 = 0°, \ \theta_3 = 90°, \ \theta_4 = 180°, \ \theta_5 = -90°, \ \theta_6 = 90° \tag{4.3.31}$$

(2) $\theta_1 = -90°, \ \theta_2 = 180°, \ \theta_3 = 90°$일 때,

$$\boldsymbol{R}_0^3 = \begin{pmatrix} c_1c_{23} & s_1 & c_1s_{23} \\ s_1c_{23} & -c_1 & s_1s_{23} \\ s_{23} & 0 & -c_{23} \end{pmatrix} = \begin{pmatrix} 0 & -1 & 0 \\ 0 & 0 & 1 \\ -1 & 0 & 0 \end{pmatrix}$$

따라서

$$\boldsymbol{R}_3^6 = \left(\boldsymbol{R}_0^3\right)^{-1}\boldsymbol{R}_0^6 = \left(\boldsymbol{R}_0^3\right)^T\boldsymbol{R}_0^6 = \begin{pmatrix} 0 & 0 & -1 \\ -1 & 0 & 0 \\ 0 & 1 & 0 \end{pmatrix}\begin{pmatrix} -1 & 0 & 0 \\ 0 & -1 & 0 \\ 0 & 0 & 1 \end{pmatrix} = \begin{pmatrix} 0 & 0 & -1 \\ 1 & 0 & 0 \\ 0 & -1 & 0 \end{pmatrix} \tag{4.3.32}$$

식 (4.3.32)의 $\boldsymbol{R}_3^6$ 을 만족하는 방향 역기구학을 4.3.4절에서의 방법을 이용하여 풀면 된다. 식 (4.3.32)의 $\boldsymbol{R}_3^6$ 의 r_{13}과 r_{23}이 동시에 0이 아니므로 $s\beta \neq 0$이다. 그러므로 $\beta = atan2(\pm\sqrt{1 - r_{33}^2}, r_{33}) = atan2(\pm 1, 0) = \pm 90°$이다.

먼저 $\beta = +90°$일 때는 $\sin\beta = +1 > 0$이다. 따라서 식 (4.3.19)와 식 (4.3.20)을 이용하여 α와 γ는 다음과 같이 구할 수 있다.

$$\alpha = atan2(r_{23}, r_{13}) = atan2(0, -1) = 180°$$

$$\gamma = atan2(r_{32}, -r_{31}) = atan2(-1, 0) = -90°$$

$$\therefore \theta_4 = 180°, \ \theta_5 = +90°, \ \theta_6 = -90°$$

다음으로 $\beta = -90°$일 때는 $\sin\beta = -1 < 0$이다. 식 (4.3.21)과 식 (4.3.22)에서 α와

γ는 다음과 같이 구할 수 있다.

$$\alpha = atan2(-r_{23}, -r_{13}) = atan2(0, 1) = 0°$$

$$\gamma = atan2(-r_{32}, r_{31}) = atan2(1, 0) = 90°$$

$$\therefore \theta_4 = 0°,\ \theta_5 = -90°,\ \theta_6 = 90°$$

따라서 2개의 해는 다음과 같다.

$$\theta_1 = -90°,\ \theta_2 = 180°,\ \theta_3 = 90°,\ \theta_4 = 0°,\ \theta_5 = -90°,\ \theta_6 = +90° \tag{4.3.33}$$

$$\theta_1 = -90°,\ \theta_2 = 180°,\ \theta_3 = 90°,\ \theta_4 = 180°,\ \theta_5 = 90°,\ \theta_6 = -90° \tag{4.3.34}$$

따라서 주어진 $\boldsymbol{T}_0^6$를 만족하는 역기구학 해는 식 (4.3.30), (4.3.31), (4.3.33), (4.3.34)의 4개이다. 앞에서 언급한 바와 같이 6축 수직다관절 머니퓰레이터의 해는 일반적으로 8개이다.

4.3.6 SCARA 머니퓰레이터

3.4.4절에서 다루었던 SCARA 머니퓰레이터의 경우에는 순기구학 방정식이 다음과 같이 주어졌었다.

$$\boldsymbol{T}_0^4 = \begin{bmatrix} c_{12}c_4 + s_{12}s_4 & -c_{12}s_4 + s_{12}c_4 & 0 & a_1c_1 + a_2c_{12} \\ s_{12}c_4 - c_{12}s_4 & -s_{12}s_4 - c_{12}c_4 & 0 & a_1s_1 + a_2s_{12} \\ 0 & 0 & -1 & -d_3 - d_4 \\ 0 & 0 & 0 & 1 \end{bmatrix} \tag{4.3.35}$$

$$= \begin{bmatrix} \boldsymbol{R}_0^4 & \boldsymbol{d}_0^4 \\ 0 & 1 \end{bmatrix}$$

식 (4.3.35)에서 $r_{11} = \cos(\theta_1 + \theta_2 - \theta_4)$, $r_{12} = \sin(\theta_1 + \theta_2 - \theta_4)$이므로 $\theta_1 + \theta_2 - \theta_4$는 다음과 같이 구할 수 있다.

$$\theta_1 + \theta_2 - \theta_4 = atan2(r_{12}, r_{11}) \tag{4.3.36}$$

한편 3.4.7절에서 다룬 바와 같이 z_o축에서 SCARA 머니퓰레이터를 내려다 보면 그림 4.4에서 나타낸 2축 평면 머니퓰레이터의 경우와 같이 해석할 수 있다. 따라서 다음과 같이 해를 구할 수 있다.

$$D = \frac{p_x^2 + p_y^2 - a_1^2 - a_2^2}{2a_1a_2} \tag{4.3.37}$$

$$\theta_2 = atan2(\pm\sqrt{1-D^2}, D) \tag{4.3.38}$$

$$\theta_1 = atan2(p_y, p_x) - atan2(a_2s_2, a_1 + a_2c_2) \tag{4.3.39}$$

$$\theta_4 = \theta_1 + \theta_2 - atan2(r_{12}, r_{11}) \tag{4.3.40}$$

$$d_3 = -p_z - d_4 \tag{4.3.41}$$

예제 4.9

SCARA 머니퓰레이터의 D-H 파라미터가 $a_1 = 250\text{mm}$, $a_2 = 200\text{mm}$, $d_4 = 0$이고, $(\theta_1, \theta_2, d_3, \theta_4) = (30°, 15°, 10\text{mm}, 0°)$로 주어졌을 때, 순기구학 방정식으로부터 엔드 이펙터의 위치와 방향을 구하라. 또 이 결과로부터 역기구학 방정식을 풀어라.

풀이

식 (4.3.35)으로부터 다음을 구할 수 있다.

$$\boldsymbol{T}_0^4 = \begin{bmatrix} 0.707 & 0.707 & 0 & 357.928 \\ 0.707 & -0.707 & 0 & 266.421 \\ 0 & 0 & -1 & -10 \\ 0 & 0 & 0 & 1 \end{bmatrix}$$

역기구학은 $\boldsymbol{T}_0^4$ 가 위의 식으로 주어졌을 때, 위의 식 (4.3.36) ~ (4.3.41)를 대입하여 구해보면, 다음과 같이 두 개의 해를 갖는다.

$(30°, 15°, 10\text{mm}, 0°)$, $(43.3°, -15°, 10\text{mm}, -16.68°)$

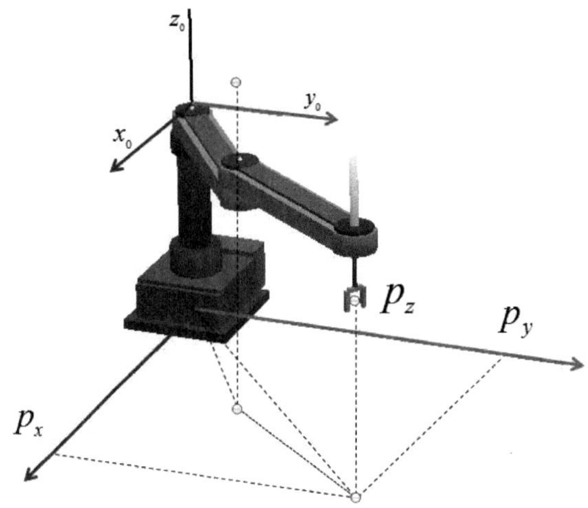

그림 4.23 SCARA 머니퓰레이터

참고문헌

[1] Mark W. Spong and M. Vidyasagar, "Robot dynamics and control", John Wiley & Sons, 1989

[2] Saeed B. Niku, "Introduction to Robotics", Prentice Hall, 2001

[3] John J. Craig, "Introduction to Robotics", Prentice Hall, 2001, 2005

[4] 정슬, "로봇공학", 충남대학교 출판부, 2007

[5] 이석규, 도용태, 박창용, 이재원, "로봇공학의 이해", 사이텍미디어, 2008

[6] 문승빈, 고경철, 곽관웅, 강병훈, 이순걸, 김종형, "지능형 로봇공학", 사이텍미디어, 2010

[7] K. S. Fu, F. C. Gonzalez, and C. S. G. Lee, "Robotics", McGraw-Hill 1987

제5장 속도기구학

5.1 개요

3장과 4장에서는 머니퓰레이터의 관절 값과 3차원 공간에서의 머니퓰레이터 엔드 이펙터의 위치와 방향(end-effector positions and orientations) 사이의 관계를 살펴보았다. 즉, 순기구학 문제에서는 머니퓰레이터의 각 관절 값이 어떠할 때 엔드 이펙터의 위치와 방향은 어떻게 되는가 하는 것을 다루었으며, 역기구학 문제에서는 그와 반대로 3차원 공간상에서 머니퓰레이터의 엔드 이펙터가 우리가 원하는 위치와 방향을 갖도록 하기 위해서는 관절 값을 어떻게 정해주어야 하는가 하는 문제를 다루었다. 이와 같은 기구학 문제에서는 시간의 흐름을 고려하지 않았다. 즉, 주어진 시간에 3차원 공간에서의 위치 및 방향과 관절 값 사이의 관계를 구하는 것이었다.

머니퓰레이터가 어떤 물건을 집어서 다른 장소로 옮겨놓는 작업을 생각해 보자. 우리는 머니퓰레이터가 매 순간 마다 작업의 수행에 필요한 위치와 방향을 갖도록 해야 함은 물론, 잡을 물건에 접근할 때의 속도와 잡고 난 후의 이동 속도 등도 지정해 주어야 한다.

이와 같이 기구학에 시간의 개념이 첨가되면 위치와 방향뿐만 아니라 속도도 고려해야 한다. 머니퓰레이터의 관절의 속도와 엔드 이펙터의 속도 사이의 관계를 다루는 것을 속도기구학이라 한다. 그림 5.1에 나타낸 바와 같이 관절의 속도가 주어졌을 때 엔드 이펙터의 속도를 구하는 것을 순 속도기구학이라하고 반대로 엔드 이펙터의 속도가 주어졌을 때 이를 구현하기 위한 관절 변수들의 속도를 구하는 것을 역 속도기구학이라 한다.

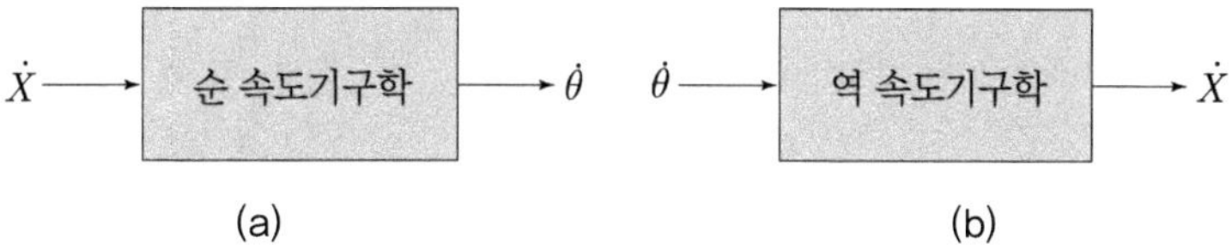

그림 5.1 속도기구학

우선 그림 5.2에 나타내어진 바와 같은 2축 평면 머니퓰레이터의 예를 살펴보자. 머니퓰레이터의 위치에 대한 기구학식은 다음과 같이 주어졌었다.

$$x = a_1\cos(\theta_1) + a_2\cos(\theta_1 + \theta_2)$$

$$y = a_1\sin(\theta_1) + a_2\sin(\theta_1 + \theta_2)$$

머니퓰레이터의 관절의 속도 변화에 따른 엔드 이펙터에서의 속도의 변화는 위의 식을 시간에 대하여 미분하여 다음과 같이 구할 수 있다.

$$\begin{aligned} \dot{x} &= -a_1\sin\theta_1\dot{\theta}_1 - a_2\sin(\theta_1+\theta_2)(\dot{\theta}_1+\dot{\theta}_2) \\ \dot{y} &= a_1\cos\theta_1\dot{\theta}_1 + a_2\cos(\theta_1+\theta_2)(\dot{\theta}_1+\dot{\theta}_2) \end{aligned} \tag{5.1.1}$$

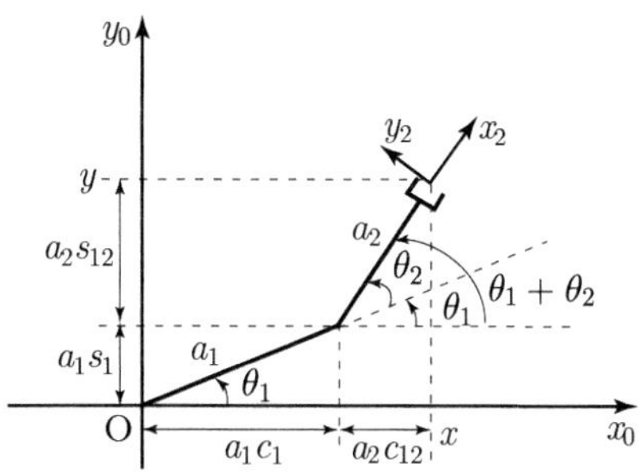

그림 5.2 2축 평면 머니퓰레이터

식 (5.1.1)은 다음과 같이 벡터를 사용하여 표시할 수 있다.

$$\boldsymbol{x} = \begin{pmatrix} x \\ y \end{pmatrix}, \quad \boldsymbol{\theta} = \begin{pmatrix} \theta_1 \\ \theta_2 \end{pmatrix}$$

$$\dot{\boldsymbol{x}} = \begin{pmatrix} -a_1\sin\theta_1 - a_2\sin(\theta_1+\theta_2) & -a_2\sin(\theta_1+\theta_2) \\ a_1\cos\theta_1 + a_2\cos(\theta_1+\theta_2) & a_2\cos(\theta_1+\theta_2) \end{pmatrix}\dot{\boldsymbol{\theta}} = \boldsymbol{J}\dot{\boldsymbol{\theta}} \tag{5.1.2}$$

식 (5.1.2)에서 2×2 행렬 $\boldsymbol{J}$ 를 머니퓰레이터의 자코비안(Jacobian)이라 한다. 식 (5.1.2)를 사용하면, 관절 속도 $\dot{\theta}_1$, $\dot{\theta}_2$이 주어졌을 때의 $\boldsymbol{x}$방향과 $\boldsymbol{y}$방향으로의 선속도 $\dot{x}$, $\dot{y}$를 구할 수 있다. 여기에서 자코비안 $\boldsymbol{J}$는 관절 위치 θ_1, θ_2의 함수이므로, 머니퓰레이터의 자세가 어떠한가에 따라 $\boldsymbol{J}$의 값이 달라진다. 다시 말하면, 같은 크기의 관절 속도에 대해서도, 머니퓰레이터의 현재 자세에 따라서 엔드 이펙터에서의 속도는 달라진다는 것이다.

이제 역으로 엔드 이펙터의 속도가 주어졌을 때, 관절 속도를 구하는 것을 살펴보자. 식 (5.1.2)에서 $\boldsymbol{J}$의 역행렬이 존재하면(nonsingular이면), 다음과 같이 구할 수 있다.

$$\dot{\boldsymbol{\theta}} = \mathbf{J}^{-1}\dot{\mathbf{x}} \tag{5.1.3}$$

풀어쓰면 다음과 같다.

$$\begin{bmatrix} \dot{\theta}_1 \\ \dot{\theta}_2 \end{bmatrix} = \frac{1}{a_1 a_2 \sin\theta_2} \times \tag{5.1.4}$$

$$\begin{bmatrix} a_2\cos(\theta_1+\theta_2) & a_2\sin(\theta_1+\theta_2) \\ -a_1\cos\theta_1 - a_2\cos(\theta_1+\theta_2) & -a_1\sin\theta_1 - a_2\sin(\theta_1+\theta_2) \end{bmatrix} \begin{bmatrix} \dot{x} \\ \dot{y} \end{bmatrix}$$

식 (5.1.4)에서는 원하는 머니퓰레이터 엔드 이펙터에서의 속도 $\dot{x}$, $\dot{y}$이 주어지면 이를 달성하기 위한 관절 속도 $\dot{\theta}_1$, $\dot{\theta}_2$를 구할 수 있다.

한편, 자코비안 $\boldsymbol{J}$의 행렬식(determinant)이 0인 경우는 역행렬이 존재하지 않는다. $\boldsymbol{J}$의 행렬식이 0인 경우는 다음 식으로 구할 수 있다.

$$\det \boldsymbol{J} = a_1 a_2 \sin\theta_2 = 0 \tag{5.1.5}$$

식 (5.1.5)로부터 역행렬이 존재하지 않는 경우는 $\theta_2 = 0$ 또는 $\theta_2 = \pi$인 경우임을 알 수 있다. 즉, 그림 5.2에서 알 수 있듯이 $\theta_2 = 0$인 경우는 팔을 완전히 편 상태이고, $\theta_2 = \pi$인 경우는 팔을 완전히 접은 상태이다.

이러한 머니퓰레이터의 자세를 특이 자세(singular configurations)라 한다. 특이 자세에서는 머니퓰레이터의 엔드 이펙터를 어떤 특정한 방향으로 이동시키고자 할 때, 수학적으로 관절 속도가 무한대의 크기를 가져야 한다. 이는 그 방향으로는 물리적으로 이동할 수가 없게 된다는 것을 의미한다. 이와 같이 특이 자세에서는 머니퓰레이터의 운동이 제한을 받게 된다. 머니퓰레이터의 특이 자세는 머니퓰레이터의 기구학적 구조(관절의 형태 등)에 따라 생기는 것으로, 특이 자세가 생기지 않거나 적도록 머니퓰레이터를 기구학적으로 설계를 하는 것이 필요하고, 주어진 머니퓰레이터에서는 이와 같은 특이 자세를 가능한 한 피해서 머니퓰레이터를 동작시키도록 경로 계획을 하는 것이 필요하다.

5.2 자코비안

5.1절에서는 2축 평면 머니퓰레이터의 예를 보았다. 두 개의 관절이 존재하므로 두 개의 관절 속도와 $\boldsymbol{x}, \boldsymbol{y}$ 방향의 두 개의 선속도 사이의 관계를 알아보았다. 이 절에서는 보다 일반적인 경우에 대하여 살펴보자.

5.2.1 속도기구학

3차원 직교좌표 공간에서 임의의 위치와 방향을 구현하기 위해서는 6자유도가 필요하다. 3차원 직교좌표 공간에서 위치와 방향을 나타내는 변수를 $x, y, z, \alpha, \beta, \gamma$라 하고 6축 머니퓰레이터의 관절 변수들을 $q_1, q_2, q_3, q_4, q_5, q_6$라 하자. 이들 사이의 순기구학식은 다음과 같이 표시할 수 있다.

$$
\begin{aligned}
x &= f_1(q_1, q_2, q_3, q_4, q_5, q_6) \\
y &= f_2(q_1, q_2, q_3, q_4, q_5, q_6) \\
z &= f_3(q_1, q_2, q_3, q_4, q_5, q_6) \\
\alpha &= f_4(q_1, q_2, q_3, q_4, q_5, q_6) \\
\beta &= f_5(q_1, q_2, q_3, q_4, q_5, q_6) \\
\gamma &= f_6(q_1, q_2, q_3, q_4, q_5, q_6)
\end{aligned} \tag{5.2.1}
$$

각 변수들을 다음과 같이 벡터로 간단히 표시하자.

$$\boldsymbol{X}=\begin{bmatrix} x \\ y \\ z \\ \alpha \\ \beta \\ \gamma \end{bmatrix}, \quad \boldsymbol{q}=\begin{bmatrix} q_1 \\ q_2 \\ q_3 \\ q_4 \\ q_5 \\ q_6 \end{bmatrix}, \quad \boldsymbol{F}=\begin{bmatrix} f_1 \\ f_2 \\ f_3 \\ f_4 \\ f_5 \\ f_6 \end{bmatrix} \tag{5.2.2}$$

$$\boldsymbol{X}=\boldsymbol{F}(\boldsymbol{q}) \tag{5.2.3}$$

속도기구학 식을 얻기 위해서는 식 (5.2.1)의 양변을 시간에 대하여 미분하면 된다. x를 시간에 대하여 미분하면 다음과 같다.

$$\dot{x}=\frac{dx}{dt}=\frac{df_1}{dt}=\frac{\partial f_1}{\partial q_1}\frac{\partial q_1}{\partial t}+\frac{\partial f_1}{\partial q_2}\frac{\partial q_2}{\partial t}+\cdots+\frac{\partial f_1}{\partial q_6}\frac{\delta q_6}{\partial t} \tag{5.2.4}$$

$$=\frac{\partial f_1}{\partial q_1}\dot{q}_1+\frac{\partial f_1}{\partial q_2}\dot{q}_2+\cdots+\frac{\partial f_1}{\partial q_6}\dot{q}_6$$

나머지 변수들도 시간에 대하여 미분하고 전체를 행렬을 사용하여 표시하면 다음과 같다.

$$\begin{bmatrix} \dot{x} \\ \dot{y} \\ \dot{z} \\ \dot{\alpha} \\ \dot{\beta} \\ \dot{\gamma} \end{bmatrix}=\begin{bmatrix} \frac{\partial f_1}{\partial q_1} & \frac{\partial f_1}{\partial q_2} & \cdots & \frac{\partial f_1}{\partial q_6} \\ \frac{\partial f_2}{\partial q_1} & \frac{\partial f_2}{\partial q_2} & \cdots & \frac{\partial f_2}{\partial q_6} \\ \vdots & \vdots & & \\ \frac{\partial f_6}{\partial q_1} & \frac{\partial f_6}{\partial q_2} & \cdots & \frac{\partial f_6}{\partial q_6} \end{bmatrix}\begin{bmatrix} \dot{q}_1 \\ \dot{q}_2 \\ \dot{q}_3 \\ \dot{q}_4 \\ \dot{q}_5 \\ \dot{q}_6 \end{bmatrix} \tag{5.2.5}$$

각 변수들을 다음과 같이 벡터로 표시하자.

$$\dot{\boldsymbol{X}} = \begin{bmatrix} \dot{x} \\ \dot{y} \\ \dot{z} \\ \dot{\alpha} \\ \dot{\beta} \\ \dot{\gamma} \end{bmatrix} \quad , \quad \boldsymbol{J} = \begin{bmatrix} \frac{\partial f_1}{\partial q_1} & \frac{\partial f_1}{\partial q_2} & \cdots & \frac{\partial f_1}{\partial q_6} \\ \frac{\partial f_2}{\partial q_1} & \frac{\partial f_2}{\partial q_2} & \cdots & \frac{\partial f_2}{\partial q_6} \\ \vdots & \vdots & & \\ \frac{\partial f_6}{\partial q_1} & \frac{\partial f_6}{\partial q_2} & \cdots & \frac{\partial f_6}{\partial q_6} \end{bmatrix} \quad , \quad \dot{\boldsymbol{q}} = \begin{bmatrix} \dot{q}_1 \\ \dot{q}_2 \\ \dot{q}_3 \\ \dot{q}_4 \\ \dot{q}_5 \\ \dot{q}_6 \end{bmatrix} \qquad (5.2.6)$$

$$\dot{\boldsymbol{X}} = \boldsymbol{J}\dot{\boldsymbol{q}} \qquad (5.2.7)$$

식 (5.2.6)에서 정의된 $\boldsymbol{J}$ 를 자코비안(Jacobian)이라 하며 벡터를 사용하여 표시하면 다음과 같이 표시된다.

$$\boldsymbol{J} = \frac{\partial \boldsymbol{F}(\boldsymbol{q})}{\partial \boldsymbol{q}} \qquad (5.2.8)$$

식 (5.2.7)은 머니퓰레이터의 순 속도기구학을 나타낸다. 즉 머니퓰레이터의 관절 속도들인 $\dot{\boldsymbol{q}}$가 주어지면 자코비안 $\boldsymbol{J}$를 곱하여 3차원 직교좌표 공간에서의 $\boldsymbol{x}, \boldsymbol{y}, \boldsymbol{z}$축 방향의 선속도와 각속도들인 $\dot{\boldsymbol{X}}$를 구할 수 있게 된다.
식 (5.2.7)에서 $\boldsymbol{J}$ 의 역행렬이 존재하는 경우에는 다음이 성립한다.

$$\dot{\boldsymbol{q}} = \boldsymbol{J}^{-1} \cdot \dot{\boldsymbol{X}} \qquad (5.2.9)$$

식 (5.2.9)는 역 속도기구학을 나타낸다. 즉 3차원 직교좌표 공간에서의 $\boldsymbol{x}, \boldsymbol{y}, \boldsymbol{z}$축 방향의 선속도와 각속도들인 $\dot{\boldsymbol{X}}$이 주어지면 자코비안의 역행렬 $\boldsymbol{J}^{-1}$를 곱하여 이를 구현하기 위한 관절 속도들인 $\dot{\boldsymbol{q}}$ 을 구할 수 있게 된다. 이 절의 내용은 6자유도 머니퓰레이터에 대하여 기술하였으나 일반적인 n자유도 머니퓰레이터에 대해서도 성립한다.

예제 5.1

그림 3.11의 3축 평면 머니퓰레이터에서 $a_1 = a_2 = a_3 = 1\text{m}$이다. $\theta_1 = 0°$, $\theta_2 = 0°$, $\theta_3 = 0°$일 때의 자코비안을 구하여라. 또 $\theta_1 = 0°$, $\theta_2 = 90°$, $\theta_3 = 0°$일 때의 자코비안을 구하여라.

풀이

3축 평면 머니퓰레이터는 $x-y$평면 상에서만 동작하며 위치 x, y와 방향 α에 대한 기구학식은 다음과 같이 나타낼 수 있다.

$$x = a_1c_1 + a_2c_{12} + a_3c_{123} \qquad (5.2.10)$$

$$y = a_1s_1 + a_2s_{12} + a_3s_{123}$$

$$\alpha = \theta_1 + \theta_2 + \theta_3$$

각 성분을 함수 형태로 표시하면 다음과 같다.

$$x = f_1(\boldsymbol{q}) = a_1c_1 + a_2c_{12} + a_3c_{123} \qquad (5.2.11)$$

$$y = f_2(\boldsymbol{q}) = a_1s_1 + a_2s_{12} + a_3s_{123}$$

$$\alpha = f_3(\boldsymbol{q}) = \theta_1 + \theta_2 + \theta_3$$

벡터를 이용하여 표시하면 다음과 같다.

$$\boldsymbol{X} = \boldsymbol{F}(\boldsymbol{q}), \qquad (5.2.12)$$

$$\boldsymbol{X} = \begin{bmatrix} x \\ y \\ \alpha \end{bmatrix}, \quad \boldsymbol{q} = \begin{bmatrix} q_1 \\ q_2 \\ q_3 \end{bmatrix}, \quad \boldsymbol{F} = \begin{bmatrix} f_1 \\ f_2 \\ f_3 \end{bmatrix}$$

자코비안은 식 (5.2.6)을 사용하여 다음과 같이 구할 수 있다.

$$\boldsymbol{J} = \begin{bmatrix} \frac{\partial f_1}{\partial \theta_1} & \frac{\partial f_1}{\partial \theta_2} & \frac{\partial f_1}{\partial \theta_3} \\ \frac{\partial f_2}{\partial \theta_1} & \frac{\partial f_2}{\partial \theta_2} & \frac{\partial f_2}{\partial \theta_3} \\ \frac{\partial f_3}{\partial \theta_1} & \frac{\partial f_3}{\partial \theta_2} & \frac{\partial f_3}{\partial \theta_3} \end{bmatrix} \qquad (5.2.13)$$

$$= \begin{bmatrix} -a_1s_1 - a_2s_{12} - a_3s_{123} & -a_2s_{12} - a_3s_{123} & -a_3s_{123} \\ a_1c_1 + a_2c_{12} + a_3c_{123} & a_2c_{12} + a_3c_{123} & a_3c_{123} \\ 1 & 1 & 1 \end{bmatrix}$$

따라서 $\theta_1 = 0°$, $\theta_2 = 0°$, $\theta_3 = 0°$일 때의 자코비안은 다음과 같다.

$$J = \begin{pmatrix} 0 & 0 & 0 \\ 3 & 2 & 1 \\ 1 & 1 & 1 \end{pmatrix} \tag{5.2.14}$$

$\theta_1 = 0°$, $\theta_2 = 0°$, $\theta_3 = 0°$인 자세는 이 머니퓰레이터의 특이점이다. 식 (5.2.14)에서 첫 번째 행이 모두 0이다. 즉 $\dot{x} = 0 \times \dot{\theta}_1 + 0 \times \dot{\theta}_2 + 0 \times \dot{\theta}_3 = 0$이어서 $\dot{\theta}_i$의 어떠한 값에 대해서도 $\dot{x} = 0$인 것이다. 이는 $\boldsymbol{x}$ 방향의 동작을 발생시킬 수 없다는 것으로 특이점의 특성 중 하나를 나타낸다.

$\theta_1 = 0°$, $\theta_2 = 90°$, $\theta_3 = 0°$일 때의 자코비안은 다음과 같다.

$$J = \begin{pmatrix} -2 & -2 & -1 \\ 1 & 0 & 0 \\ 1 & 1 & 1 \end{pmatrix} \tag{5.2.15}$$

5.2.2 n링크 머니퓰레이터의 자코비안

n개의 관절을 가진 머니퓰레이터는 관절 속도를 $n \times 1$ 벡터로 나타낼 수 있고, 3차원 공간상에서 엔드 이펙터의 운동은 $\boldsymbol{x}, \boldsymbol{y}, \boldsymbol{z}$ 방향으로의 선속도와 $\boldsymbol{x}, \boldsymbol{y}, \boldsymbol{z}$ 방향에 대한 각속도가 존재하므로 6개의 속도 성분을 갖는다. 따라서 6×1 벡터로 나타낼 수 있으므로, 이 경우의 자코비안은 $6 \times n$ 행렬이 된다. 이제 이와 같이 일반적인 경우의 $6 \times n$ 차원의 자코비안을 유도하여 보자.

n축 머니퓰레이터의 관절 변수를 나타내는 벡터를 $\boldsymbol{q} = [q_1, \ \dots, \ q_n]^T$ 라고 할 때, 엔드 이펙터 좌표계를 기준 좌표계로 변환하는 변환행렬은 식 (5.2.16)과 같다.

$$\boldsymbol{T}_0^n = \boldsymbol{A}_0^1(q_1)\boldsymbol{A}_1^2(q_2)\cdots\boldsymbol{A}_{n-1}^n(q_n) = \begin{bmatrix} \boldsymbol{R}_0^n & \boldsymbol{d}_0^n \\ \boldsymbol{0} & 1 \end{bmatrix} \tag{5.2.16}$$

여기에서 선속도는 두 좌표계 사이의 거리를 나타내는 $\boldsymbol{d}_0^n(\boldsymbol{q})$을 시간에 대하여 미분하면 다음과 같이 구해진다.

$$\boldsymbol{v}_0^n = \dot{\boldsymbol{d}}_0^n = \boldsymbol{J}_v \dot{\boldsymbol{q}} \tag{5.2.17}$$

여기에서 $\boldsymbol{v}_0^n$ 는 3×1 벡터이고 각 성분들은 엔드 이펙터 좌표계의 원점의 $\boldsymbol{x}_0$, $\boldsymbol{y}_0$, $\boldsymbol{z}_0$ 방향으로의 선속도를 나타내며 $\boldsymbol{J}_v$는 $3\times n$ 행렬이다. 한편, 두 좌표계 사이의 방향을 나타내는 $\boldsymbol{R}_0^n(\boldsymbol{q})$을 시간에 대하여 미분하면 각속도를 구할 수 있다.

$\boldsymbol{\omega}_0^n$를 엔드 이펙터 좌표계의 $\boldsymbol{x}_0$, $\boldsymbol{y}_0$, $\boldsymbol{z}_0$ 방향에 대한 각속도라 하면 $\boldsymbol{\omega}_0^n$은 $3\times n$ 벡터 $\boldsymbol{J}_w$를 써서 다음과 같이 표시할 수 있다.

$$\boldsymbol{\omega}_0^n = \boldsymbol{J}_w \dot{\boldsymbol{q}} \tag{5.2.18}$$

이제 식 (5.2.17)과 (5.2.18)을 하나의 식으로 표시하면 다음과 같다.

$$\begin{bmatrix} \boldsymbol{v}_0^n \\ \boldsymbol{\omega}_0^n \end{bmatrix} = \begin{bmatrix} \boldsymbol{J}_v \\ \boldsymbol{J}_w \end{bmatrix} \dot{\boldsymbol{q}} = \boldsymbol{J}_0^n \dot{\boldsymbol{q}} \tag{5.2.19}$$

$\boldsymbol{J}_0^n$는 $6\times n$ 차원의 자코비안이다. 따라서 자코비안을 구하기 위해서는 $\boldsymbol{J}_v$와 $\boldsymbol{J}_w$를 구해야 한다.

5.2.3 각속도(angular velocity)

$\boldsymbol{x}_0$, $\boldsymbol{y}_0$, $\boldsymbol{z}_0$ 방향에 대한 엔드 이펙터의 각속도와 관련된 $\boldsymbol{J}_w$를 구해보자. 전체 관절들이 운동할 때 발생하는 각속도를 구해야 하는데, 각각의 관절들에 의해 발생하는 각속도들을 같은 좌표계에 대해서 표현하고 나면 다음과 같이 그대로 더할 수 있다.

$$\boldsymbol{\omega}_0^n = \boldsymbol{\omega}_0^1 + \boldsymbol{R}_0^1 \boldsymbol{\omega}_1^2 + \cdots + \boldsymbol{R}_0^{n-1} \boldsymbol{\omega}_{n-1}^n \tag{5.2.20}$$

머니퓰레이터의 순기구학 문제를 풀고 나면, $\boldsymbol{R}_0^j$는 아는 값이 되므로 식 (5.2.20)에서 각각의 $\boldsymbol{\omega}_{i-1}^i$를 구하면 된다. 따라서 두 개의 인접한 좌표계 사이의 각속도를 구해보자.

직선 관절의 경우

관절 i가 직선 관절인 경우에는 두 개의 인접한 좌표계 사이에는 직선 운동만 있고, 회전 운동이 없으므로 i좌표계의 $i-1$ 좌표계에 대한 각속도는 없다. 따라서 각속도는 0이다.

$$\boldsymbol{\omega}_{i-1}^{i} = 0 \tag{5.2.21}$$

회전 관절의 경우

관절 i가 회전 관절인 경우에는 회전축이 $\boldsymbol{z}_{i-1}$이므로 i좌표계의 $i-1$ 좌표계에 대한 각속도는 $\boldsymbol{z}_{i-1}$축에 대한 회전 성분만 존재한다. $i-1$ 좌표계에 대해서 표시한 $\boldsymbol{z}_{i-1}$축 방향은 $\boldsymbol{k} = [001]^T$ 이므로 각속도는 다음과 같다

$$\boldsymbol{\omega}_{i-1}^{i} = \dot{q}_i \boldsymbol{k} \tag{5.2.22}$$

식 (5.2.21)과 (5.2.22)를 사용하여 식 (5.2.20)을 한 번에 표시하면 다음과 같다.

$$\begin{aligned}
\boldsymbol{\omega}_0^n &= \boldsymbol{\omega}_0^1 + \boldsymbol{R}_0^1 \boldsymbol{\omega}_1^2 + \cdots + \boldsymbol{R}_0^{n-1} \boldsymbol{\omega}_{n-1}^n \\
&= p_1 \dot{q}_1 \boldsymbol{k} + p_2 \dot{q}_2 \boldsymbol{R}_0^1 \boldsymbol{k} + \cdots + p_n \dot{q}_n \boldsymbol{R}_0^{n-1} \boldsymbol{k} \\
&= \sum_{i=1}^{n} p_i \dot{q}_i \boldsymbol{z}_{i-1} \\
&= (p_1 \boldsymbol{z}_0 \quad p_2 \boldsymbol{z}_1 \quad \cdots \quad p_n \boldsymbol{z}_{n-1}) \begin{bmatrix} \dot{q}_1 \\ \vdots \\ \dot{q}_n \end{bmatrix} = (p_1 \boldsymbol{z}_0 \quad p_2 \boldsymbol{z}_1 \quad \cdots \quad p_n \boldsymbol{z}_{n-1}) \dot{\boldsymbol{q}}
\end{aligned} \tag{5.2.23}$$

여기에서 $\boldsymbol{z}_{i-1} = \boldsymbol{R}_0^{i-1} \boldsymbol{k}$는 $i-1$ 좌표계의 $\boldsymbol{z}$방향 단위벡터를 기준 좌표계(0좌표계)에 대해서 표시한 것이고, p_i는 i번째 관절이 회전 관절이면 1이고, 직선 관절이면 0이다. 식 (5.2.18)과 (5.2.23)으로부터 다음을 알 수 있다.

$$\boldsymbol{J}_{\boldsymbol{w}} = (p_1 \boldsymbol{z}_0 \quad p_2 \boldsymbol{z}_1 \quad \cdots \quad p_n \boldsymbol{z}_{n-1}) \tag{5.2.24}$$

5.2.4 선속도(Linear velocity)

엔드 이펙터의 선속도는 엔드 이펙터 원점을 0좌표계에 대해 표시한 $\boldsymbol{d}_0^n(\boldsymbol{q})$를 시간에 대해 미분하여 구한다.

$$\begin{aligned}\boldsymbol{v}_0^n &= \dot{\boldsymbol{d}}_0^n \\ &= \sum_{i=1}^{n} \frac{\partial \boldsymbol{d}_0^n}{\partial q_i} \dot{q}_i \\ &= \begin{bmatrix} \frac{\partial \boldsymbol{d}_0^n}{\partial q_1} & \frac{\partial \boldsymbol{d}_0^n}{\partial q_2} & \cdots & \frac{\partial \boldsymbol{d}_0^n}{\partial q_n} \end{bmatrix} \begin{bmatrix} \dot{q}_1 \\ \vdots \\ \dot{q}_n \end{bmatrix} \\ &= \boldsymbol{J}_v \dot{\boldsymbol{q}} \end{aligned} \tag{5.2.25}$$

직선 관절의 경우

그림 5.3에 나타낸 바와 같이 i좌표계의 원점을 $i-1$ 좌표계에 대해서 표시하면 다음과 같다.

$$\boldsymbol{d}_{i-1}^i = d_i \boldsymbol{k} + \boldsymbol{R}_{i-1}^i a_i \boldsymbol{i} \tag{5.2.26}$$

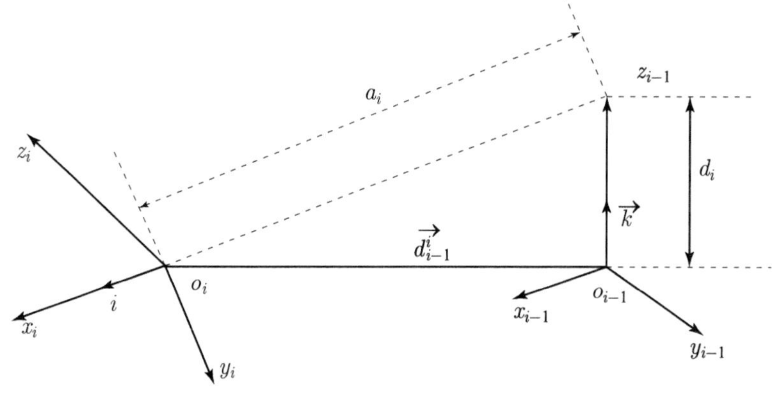

그림 5.3 D-H 표기법에서의 파라미터들

식 (5.2.26)에서 $d_i\boldsymbol{k}$ 는 $i-1$ 좌표계에 대해서 표시된 것이고, $a_i\boldsymbol{i}$ 는 i 좌표계에 대해서 표시된 것이다. 따라서 $a_i\boldsymbol{i}$는 $\boldsymbol{R}_{i-1}^{i}$를 곱하여 $i-1$ 좌표계에 대한 표시로 바꾸어 준 후에 벡터 합을 한 것이다.

식 (5.2.25)에 나타난 바와 같이 $\boldsymbol{J}_v$의 i번째 열은 $\partial\boldsymbol{d}_0^n/\partial q_i$로서, i번째 이외의 모든 관절이 움직이지 않는다고 가정했을 때, 즉 $j\neq i$ 인 j에 대해서는 $\dot{q}_j=0$일 때의 $\dot{\boldsymbol{d}}_0^n$을 구함으로써 얻어진다. i번째를 제외한 모든 관절이 움직이지 않게 되면 $\dot{\boldsymbol{d}}_0^n$은 i번째 관절의 동작에만 영향을 받는다. 또한 i번째 관절이 직선 관절이므로 d_i는 변수이고 좌표계 간의 회전 변환은 없으며, 따라서 $\boldsymbol{R}_{i-1}^{i}$은 상수이다. 그러므로 식 (5.2.26)을 시간에 대해 미분하면 다음이 성립한다.

$$\dot{\boldsymbol{d}}_{i-1}^{i}=\dot{d}_i\boldsymbol{k} \tag{5.2.27}$$

따라서 다음과 같은 관계가 성립함을 알 수 있다.

$$\dot{\boldsymbol{d}}_0^n=\boldsymbol{R}_0^{i-1}\dot{\boldsymbol{d}}_{i-1}^{i}=\boldsymbol{R}_0^{i-1}(\dot{d}_i\boldsymbol{k})=\dot{d}_i\boldsymbol{R}_0^{i-1}\boldsymbol{k}=\dot{d}_i\boldsymbol{z}_{i-1}=\frac{\partial\boldsymbol{d}_0^n}{\partial q_i}\dot{d}_i \tag{5.2.28}$$

식 (5.2.28)과 식 (5.2.25)에서 i번째 관절이 직선 관절일 때, $\boldsymbol{J}_v$의 i번째 열은 다음과 같다.

$$\boldsymbol{z}_{i-1} \tag{5.2.29}$$

회전 관절의 경우

그림 5.4에 나타낸 바와 같이 엔드 이펙터 좌표계의 원점을 0 좌표계에 대해서 표시하면 다음과 같다.

$$\boldsymbol{d}_0^n=\boldsymbol{d}_0^{i-1}+\boldsymbol{R}_0^{i-1}\boldsymbol{d}_{i-1}^{n} \tag{5.2.30}$$

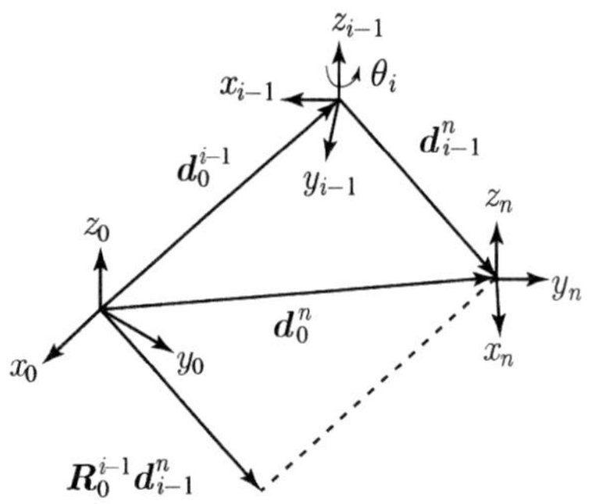

그림 5.4 0 좌표계에 대해서 표현된 엔드 이펙터 좌표계의 원점

식 (5.2.25)에 나타난 바와 같이 $\boldsymbol{J}_v$의 i번째 열은 $\partial \boldsymbol{d}_0^n / \partial q_i$로서, i번째 이외의 모든 관절이 움직이지 않는다고 가정했을 때, 즉 $j \neq i$ 인 j에 대해서는 $\dot{q}_j = 0$일 때의 $\dot{\boldsymbol{d}}_0^n$을 구함으로써 얻어진다. i번째를 제외한 모든 관절이 움직이지 않게 되면 $\dot{\boldsymbol{d}}_0^n$은 i번째 관절의 동작에만 영향을 받는다. 또한 i번째 관절이 회전하더라도 0 좌표계에서 $i-1$ 좌표계까지는 변화가 없으므로 $\boldsymbol{d}_0^{i-1}$, $\boldsymbol{R}_0^{i-1}$는 상수이다. 따라서 식 (5.2.30)을 시간에 대해 미분하면 다음과 같다.

$$\dot{\boldsymbol{d}}_0^n = \boldsymbol{R}_0^{i-1} \dot{\boldsymbol{d}}_{i-1}^n \tag{5.2.31}$$

식 (5.2.31)에서 i번째 관절은 회전축 $\boldsymbol{z}_{i-1}$에 대한 회전이므로 엔드 이펙터 좌표계의 선속도를 $i-1$ 좌표계에 대하여 표현하면 다음과 같다.

$$\dot{\boldsymbol{d}}_{i-1}^n = \dot{q}_i \boldsymbol{k} \times \boldsymbol{d}_{i-1}^n \tag{5.2.32}$$

따라서 식 (5.2.32)를 식 (5.2.31)에 대입하면 다음을 얻는다.

$$\begin{aligned} \dot{\boldsymbol{d}}_0^n &= \boldsymbol{R}_0^{i-1} \dot{\boldsymbol{d}}_{i-1}^n = \boldsymbol{R}_0^{i-1} (\dot{q}_i \boldsymbol{k} \times \boldsymbol{d}_{i-1}^n) \\ &= \dot{q}_i \boldsymbol{R}_0^{i-1} \boldsymbol{k} \times \boldsymbol{R}_0^{i-1} \boldsymbol{d}_{i-1}^n = \frac{\partial \boldsymbol{d}_0^n}{\partial q_i} \dot{q}_i \end{aligned} \tag{5.2.33}$$

$\boldsymbol{d}_0^n = \boldsymbol{o}_n$, $\boldsymbol{d}_0^{i-1} = \boldsymbol{o}_{i-1}$ 와 같이 표기를 단순화하면 식 (5.2.33)은 다음과 같이

표시된다.

$$\dot{\boldsymbol{d}}_0^n = \dot{q}_i \boldsymbol{z}_{i-1} \times (\boldsymbol{o}_n - \boldsymbol{o}_{i-1}) = \frac{\partial \boldsymbol{d}_0^n}{\partial q_i} \dot{q}_i \tag{5.2.34}$$

따라서 다음과 같다.

$$\frac{\partial \boldsymbol{d}_0^n}{\partial q_i} = \boldsymbol{z}_{i-1} \times (\boldsymbol{o}_n - \boldsymbol{o}_{i-1}) \tag{5.2.35}$$

식 (5.2.35)에서 i번째 관절이 회전 관절일 때, $\boldsymbol{J}_v$의 i번째 열은 다음과 같다.

$$\boldsymbol{J}_{vi} = \boldsymbol{z}_{i-1} \times (\boldsymbol{o}_n - \boldsymbol{o}_{i-1}) \tag{5.2.36}$$

위의 결과들을 요약하면 다음과 같다. 자코비안에서 선속도와 관련된 행렬인 $\boldsymbol{J}_v$ 는 다음과 같이 표시한다.

$$\boldsymbol{J} = (\boldsymbol{J}_{v1} \quad \cdots \quad \boldsymbol{J}_{vn}) \tag{5.2.37}$$

여기에서 관절 i가 직선관절이면 $\boldsymbol{J}_{vi} = \boldsymbol{z}_{i-1} \times (\boldsymbol{o}_n - \boldsymbol{o}_{i-1})$이고 관절 i가 회전 관절이면 $\boldsymbol{J}_{vi} = \boldsymbol{z}_{i-1}$ 이다.

5.2.5 요약

n링크 머니퓰레이터의 자코비안은 $6 \times n$ 행렬로 다음 식과 같이 정의된다.

$$\begin{pmatrix} \boldsymbol{v}_0^n \\ \boldsymbol{\omega}_0^n \end{pmatrix} = \boldsymbol{J}_0^n \dot{\boldsymbol{q}} = (\boldsymbol{J}_1 \ \ \boldsymbol{J}_2 \ \cdots \ \boldsymbol{J}_n) \dot{\boldsymbol{q}} \tag{5.2.38}$$

이때, 관절 i가 회전 관절이면 다음과 같다.

$$\boldsymbol{J}_i = \begin{bmatrix} \boldsymbol{z}_{i-1} \times (\boldsymbol{o}_n - \boldsymbol{o}_{i-1}) \\ \boldsymbol{z}_{i-1} \end{bmatrix} \tag{5.2.39}$$

관절 i가 직선 관절이면 다음과 같다.

$$\boldsymbol{J}_i = \begin{bmatrix} \boldsymbol{z}_{i-1} \\ \boldsymbol{0} \end{bmatrix} \tag{5.2.40}$$

여기에서 $\boldsymbol{z}_{i-1}$은 $i-1$ 좌표계의 $\boldsymbol{z}$방향 단위벡터를 기준 좌표계(0좌표계)에 대해서 표시한 것이고, $\boldsymbol{o}_k$는 0좌표계의 원점에서 k좌표계의 원점까지의 벡터를 나타낸다.

5.3 자코비안의 예

5.3.1 2축 평면 머니퓰레이터

3.4.1과 5.1절에서 다루었던 2축 평면 머니퓰레이터의 예를 보자. 두 개의 관절이 모두 회전 관절이므로 5.2절에서 구한 바와 같이 자코비안의 형태는 다음과 같다.

$$\boldsymbol{J}(q) = \begin{bmatrix} \boldsymbol{z}_0 \times (\boldsymbol{o}_2 - \boldsymbol{o}_0) & \boldsymbol{z}_1 \times (\boldsymbol{o}_2 - \boldsymbol{o}_1) \\ \boldsymbol{z}_0 & \boldsymbol{z}_1 \end{bmatrix} \tag{5.3.1}$$

0좌표계, 1좌표계, 2좌표계의 원점을 0좌표계에 대해서 표시하면 각각 다음과 같다.

$$\boldsymbol{o}_0 = (0 \;\; 0 \;\; 0)^T \tag{5.3.2}$$

$$\boldsymbol{A}_0^1 = \begin{bmatrix} c_1 & -s_1 & 0 & a_1c_1 \\ s_1 & c_1 & 0 & a_1s_1 \\ 0 & 0 & 1 & 0 \\ 0 & 0 & 0 & 1 \end{bmatrix}, \quad \boldsymbol{o}_1 = \begin{bmatrix} a_1c_1 \\ a_1s_1 \\ 0 \end{bmatrix}$$

$$\boldsymbol{T}_0^2 = A_0^1 A_1^2 = \begin{bmatrix} c_{12} & -s_{12} & 0 & a_1c_1 + a_sc_{12} \\ s_{12} & c_{12} & 0 & a_1s_1 + a_ss_{12} \\ 0 & 0 & 1 & 0 \\ 0 & 0 & 0 & 1 \end{bmatrix}, \quad \boldsymbol{o}_2 = \begin{bmatrix} a_1c_1 + a_sc_{12} \\ a_1s_1 + a_ss_{12} \\ 0 \end{bmatrix}$$

$\boldsymbol{z}_0 = [001]^T$ 이고 $\boldsymbol{z}_{i-1} = \boldsymbol{R}_0^{i-1}\boldsymbol{k}$ 이므로 $\boldsymbol{z}_1 = \boldsymbol{R}_0^1\boldsymbol{k}$이다.

$$\boldsymbol{z}_0 = \begin{bmatrix} 0 \\ 0 \\ 1 \end{bmatrix}, \ \boldsymbol{z}_1 = \boldsymbol{R}_0^1\boldsymbol{k} = \begin{bmatrix} c_1 & -s_1 & 0 \\ s_1 & c_1 & 0 \\ 0 & 0 & 1 \end{bmatrix} \begin{bmatrix} 0 \\ 0 \\ 1 \end{bmatrix} = \begin{bmatrix} 0 \\ 0 \\ 1 \end{bmatrix} \tag{5.3.3}$$

$$\boldsymbol{o}_2 - \boldsymbol{o}_0 = \boldsymbol{o}_2 \quad , \quad \boldsymbol{o}_2 - \boldsymbol{o}_1 = \begin{bmatrix} a_2c_{12} \\ a_2s_{12} \\ 0 \end{bmatrix}$$

$$\boldsymbol{z}_0 \times (\boldsymbol{o}_2 - \boldsymbol{o}_0) = \begin{bmatrix} 0 \\ 0 \\ 1 \end{bmatrix} \times \begin{bmatrix} a_1c_1 + a_2c_{12} \\ a_1s_1 + a_2s_{12} \\ 0 \end{bmatrix} = \begin{bmatrix} -a_1s_1 - a_2s_{12} \\ a_1c_1 + a_2c_{12} \\ 0 \end{bmatrix} \tag{5.3.4}$$

$$\boldsymbol{z}_1 \times (\boldsymbol{o}_2 - \boldsymbol{o}_1) = \begin{bmatrix} 0 \\ 0 \\ 1 \end{bmatrix} \times \begin{bmatrix} a_2c_{12} \\ a_2s_{12} \\ 0 \end{bmatrix} = \begin{bmatrix} -a_2s_{12} \\ a_2c_{12} \\ 0 \end{bmatrix} \tag{5.3.5}$$

위에서 구한 값들을 대입하면 자코비안은 다음 식과 같다.

$$\boldsymbol{J} = \begin{bmatrix} -a_1s_1 - a_2s_{12} & -a_2s_{12} \\ a_1c_1 + a_2c_{12} & a_2c_{12} \\ 0 & 0 \\ 0 & 0 \\ 0 & 0 \\ 1 & 1 \end{bmatrix} \tag{5.3.6}$$

한편, 5.1절에서 엔드 이펙터의 위치 x, y를 시간에 대해 미분함으로써 구한 결과는 다음 식과 같았다.

$$\dot{\boldsymbol{x}} = \begin{bmatrix} -a_1\sin\theta_1 - a_2\sin(\theta_1 + \theta_2) & -a_2\sin(\theta_1 + \theta_2) \\ a_1\cos\theta_1 + a_2\cos(\theta_1 + \theta_2) & a_2\cos(\theta_1 + \theta_2) \end{bmatrix} \dot{\boldsymbol{\theta}} = \boldsymbol{J}\dot{\boldsymbol{\theta}} \tag{5.3.7}$$

두 결과를 비교해 보면, 5.1절에서는 $\boldsymbol{x}$, $\boldsymbol{y}$ 방향의 선속도만을 고려하였음을 알 수 있다. 식 (5.3.6)과 비교해 보면 $\boldsymbol{x}$, $\boldsymbol{y}$ 방향의 선속도는 두 결과가 같다. 또한 $\boldsymbol{z}$방향의 선속도, $\boldsymbol{x}$, $\boldsymbol{y}$ 축에 대한 각속도 성분들은 모두 0임을 알 수 있다. 식 (5.3.6)의 $\boldsymbol{J}$ 의 마지막 행을 보면 $\boldsymbol{z}$축에 대한 각속도는 $\dot{\gamma} = \dot{\theta}_1 + \dot{\theta}_2$ 임을 알 수 있다.

5.3.2 3축 평면 머니퓰레이터

3.4.2와 예제 5.1에서 다루었던 3축 평면 머니퓰레이터의 예를 보자. 세 개의 관절이 모두 회전 관절이므로 자코비안의 형태는 다음과 같다.

$$\boldsymbol{J}(\boldsymbol{q})=\begin{bmatrix} \boldsymbol{z}_0\times(\boldsymbol{o}_3-\boldsymbol{o}_0) & \boldsymbol{z}_1\times(\boldsymbol{o}_3-\boldsymbol{o}_1) & \boldsymbol{z}_2\times(\boldsymbol{o}_3-\boldsymbol{o}_2) \\ \boldsymbol{z}_0 & \boldsymbol{z}_1 & \boldsymbol{z}_2 \end{bmatrix} \tag{5.3.8}$$

0좌표계 ~ 3좌표계의 원점을 0좌표계에 대해서 표시하면 각각 다음과 같다.

$$\boldsymbol{o}_0=\begin{bmatrix}0\\0\\0\end{bmatrix},\ \boldsymbol{o}_1=\begin{bmatrix}a_1c_1\\a_1s_1\\0\end{bmatrix},\ \boldsymbol{o}_2=\begin{bmatrix}a_1c_1+a_2c_{12}\\a_1s_1+a_2s_{12}\\0\end{bmatrix},\ \boldsymbol{o}_3=\begin{bmatrix}a_1c_1+a_2c_{12}+a_3c_{123}\\a_1s_1+a_2s_{12}+a_3s_{123}\\0\end{bmatrix} \tag{5.3.9}$$

$\boldsymbol{z}_i$좌표계는 모두 같은 방향으로 다음과 같다.

$$\boldsymbol{z}_0=\boldsymbol{z}_1=\boldsymbol{z}_2=\begin{bmatrix}0\\0\\1\end{bmatrix} \tag{5.3.10}$$

좌표계 원점 사이의 벡터는 다음과 같다.

$$\boldsymbol{o}_3-\boldsymbol{o}_0=\boldsymbol{o}_3,\ \boldsymbol{o}_3-\boldsymbol{o}_2=\begin{bmatrix}a_3c_{123}\\a_3s_{123}\\0\end{bmatrix},\ \boldsymbol{o}_3-\boldsymbol{o}_1=\begin{bmatrix}a_2c_{12}+a_3c_{123}\\a_2s_{12}+a_3s_{123}\\0\end{bmatrix} \tag{5.3.11}$$

$\boldsymbol{J}$ 의 각 성분들을 계산하면 다음과 같다.

$$\boldsymbol{z}_0\times(\boldsymbol{o}_3-\boldsymbol{o}_2)=\begin{bmatrix}-a_1s_1-a_2s_{12}-a_3s_{123}\\a_1c_1+a_2c_{12}+a_3c_{123}\\0\end{bmatrix} \tag{5.3.12}$$

$$\boldsymbol{z}_1\times(\boldsymbol{o}_3-\boldsymbol{o}_1)=\begin{bmatrix}-a_2s_{12}-a_3s_{123}\\a_2c_{12}+a_3c_{123}\\0\end{bmatrix} \tag{5.3.13}$$

$$\boldsymbol{z}_2 \times (\boldsymbol{o}_3 - \boldsymbol{o}_2) = \begin{bmatrix} -a_3 s_{123} \\ a_3 c_{123} \\ 0 \end{bmatrix} \tag{5.3.14}$$

따라서 $\boldsymbol{J}$는 다음과 같다.

$$\boldsymbol{J} = \begin{bmatrix} -a_1 s_1 - a_2 s_{12} - a_3 s_{123} & -a_2 s_{12} - a_3 s_{123} & -a_3 s_{123} \\ a_1 c_1 + a_2 c_{12} + a_3 c_{123} & a_2 c_{12} + a_3 c_{123} & a_3 c_{123} \\ 0 & 0 & 0 \\ 0 & 0 & 0 \\ 0 & 0 & 0 \\ 1 & 1 & 1 \end{bmatrix} \tag{5.3.15}$$

예제 5.1에서의 결과와 비교해 보면, 예제 5.1에서는 $\boldsymbol{x}$, $\boldsymbol{y}$방향의 선속도와 $\boldsymbol{z}$축 방향의 각속도만을 고려하였음을 알 수 있다. 식 (5.2.13)과 비교해 보면 $\boldsymbol{x}$, $\boldsymbol{y}$ 방향의 선속도와 $\boldsymbol{z}$축 방향의 각속도는 두 결과가 같다. 식 (5.3.15)의 결과에서는 $\boldsymbol{z}$방향의 선속도, $\boldsymbol{x}$, $\boldsymbol{y}$축에 대한 각속도 성분들은 모두 0인 것을 표현하고 있다.

5.3.3 SCARA 머니퓰레이터

3.4.7절의 SCARA 머니퓰레이터는 관절 3만이 직선 관절이고 나머지는 회전 관절이다. 따라서 $\boldsymbol{J}$는 다음과 같다.

$$\boldsymbol{J}(q) = \begin{bmatrix} \boldsymbol{z}_0 \times (\boldsymbol{o}_4 - \boldsymbol{o}_0) & \boldsymbol{z}_1 \times (\boldsymbol{o}_4 - \boldsymbol{o}_1) & \boldsymbol{z}_2 & \boldsymbol{z}_3 \times (\boldsymbol{o}_4 - \boldsymbol{o}_3) \\ \boldsymbol{z}_0 & \boldsymbol{z}_1 & 0 & \boldsymbol{z}_3 \end{bmatrix} \tag{5.3.16}$$

기구학 식으로부터 $\boldsymbol{o}_i$를 구하면 다음과 같다.

$$\boldsymbol{o}_1 = \begin{bmatrix} a_1 c_1 \\ a_1 s_1 \\ 0 \end{bmatrix}, \quad \boldsymbol{o}_2 = \begin{bmatrix} a_1 c_1 + a_2 c_{12} \\ a_1 s_1 + a_2 s_{12} \\ 0 \end{bmatrix}, \tag{5.3.17}$$

$$\boldsymbol{o}_3 = \begin{bmatrix} a_1 c_1 + a_2 c_{12} \\ a_1 s_1 + a_2 s_{12} \\ -d_3 \end{bmatrix}, \quad \boldsymbol{o}_4 = \begin{bmatrix} a_1 c_1 + a_2 c_{12} \\ a_1 s_1 + a_2 s_{12} \\ -d_3 - d_4 \end{bmatrix}$$

필요한 원점 사이의 벡터들을 구하면 다음과 같다.

$$\boldsymbol{o}_4-\boldsymbol{o}_1=\begin{bmatrix} a_2c_{12} \\ a_2s_{12} \\ -d_3-d_4 \end{bmatrix},\ \boldsymbol{o}_4-\boldsymbol{o}_3=\begin{bmatrix} 0 \\ 0 \\ -d_4 \end{bmatrix} \tag{5.3.18}$$

각 좌표계의 $\boldsymbol{z}$을 0좌표계에 대해서 표현한 벡터들은 다음과 같다.

$$\boldsymbol{z}_0=\boldsymbol{z}_1=\begin{bmatrix} 0 \\ 0 \\ 1 \end{bmatrix}\ ,\ \boldsymbol{z}_2=\boldsymbol{z}_3=\begin{bmatrix} 0 \\ 0 \\ -1 \end{bmatrix} \tag{5.3.19}$$

위의 결과들을 이용하여 자코비안의 각 성분들을 구하면 다음과 같다.

$$\boldsymbol{z}_0\times(\boldsymbol{o}_4-\boldsymbol{o}_0)=\begin{bmatrix} 0 \\ 0 \\ 1 \end{bmatrix}\times\begin{bmatrix} a_1c_1+a_2c_{12} \\ a_1s_1+a_2s_{12} \\ -d_3-d_4 \end{bmatrix}=\begin{bmatrix} -a_1s_1-a_2s_{12} \\ a_1c_1+a_2c_{12} \\ 0 \end{bmatrix} \tag{5.3.20}$$

$$\boldsymbol{z}_1\times(\boldsymbol{o}_4-\boldsymbol{o}_1)=\begin{bmatrix} 0 \\ 0 \\ 1 \end{bmatrix}\times\begin{bmatrix} a_2c_{12} \\ a_2s_{12} \\ -d_3-d_4 \end{bmatrix}=\begin{bmatrix} -a_2s_{12} \\ a_2c_{12} \\ 0 \end{bmatrix}$$

$$\boldsymbol{z}_3\times(\boldsymbol{o}_4-\boldsymbol{o}_3)=\begin{bmatrix} 0 \\ 0 \\ -1 \end{bmatrix}\times\begin{bmatrix} 0 \\ 0 \\ -d_4 \end{bmatrix}=\begin{bmatrix} 0 \\ 0 \\ 0 \end{bmatrix}$$

따라서 자코비안은 다음과 같다.

$$\boldsymbol{J}=\begin{bmatrix} -a_1s_1-a_2s_{12} & -a_2s_{12} & 0 & 0 \\ a_1c_1+a_2c_{12} & a_2c_{12} & 0 & 0 \\ 0 & 0 & -1 & 0 \\ 0 & 0 & 0 & 0 \\ 0 & 0 & 0 & 0 \\ 1 & 1 & 0 & -1 \end{bmatrix} \tag{5.3.21}$$

자코비안의 1, 2행으로부터 $\boldsymbol{x}$, $\boldsymbol{y}$ 방향의 선속도를 발생시키는 것은 첫 번째 관절과 두 번째 관절뿐이고, 3행으로부터 $\boldsymbol{z}$방향의 선속도를 발생시키는 것은 세 번째 관절뿐임을 알 수 있다. 각속도는 $\boldsymbol{x}$, $\boldsymbol{y}$축에 대한 성분은 없고 $\boldsymbol{z}$축에 대한 각속도가 $\dot{\boldsymbol{\theta}}_1+\dot{\boldsymbol{\theta}}_2-\dot{\boldsymbol{\theta}}_4$임을 알 수 있다.

5.4 특이점

5.4.1 특이점의 정의

머니퓰레이터 속도기구학 식은 식 (5.4.1)과 같이 구해지며, 이 식은 엔드 이펙터의 3차원 공간상에서의 선속도, 각속도와 관절 변수의 각속도 사이의 관계를 나타내고 있다.

$$\dot{\boldsymbol{X}} = \boldsymbol{J}(\boldsymbol{q})\dot{\boldsymbol{q}} \tag{5.4.1}$$

머니퓰레이터의 자코비안 $\boldsymbol{J}$는 관절 변수 $\boldsymbol{q}$의 함수이다. 즉, 머니퓰레이터가 어떤 자세에 있는가에 따라 $\boldsymbol{J}$의 값이 달라진다.

순 속도기구학은 $\dot{\boldsymbol{q}}$이 주어졌을 때 $\dot{\boldsymbol{X}}$ 을 구하는 문제이고 역 속도기구학에서는 역으로 $\dot{\boldsymbol{X}}$ 이 주어졌을 때 $\dot{\boldsymbol{q}}$을 구하는 문제이다. 역 속도기구학에서는 $\boldsymbol{J}(\boldsymbol{q})^{-1}$ 을 구해서 다음과 같이 $\dot{\boldsymbol{q}}$을 구한다.

$$\dot{\boldsymbol{q}} = \boldsymbol{J}(\boldsymbol{q})^{-1}\dot{\boldsymbol{X}} \tag{5.4.2}$$

식 (5.4.2)와 같이 해를 구하려면 $\boldsymbol{J}(\boldsymbol{q})^{-1}$ 이 존재해야 하는데 머니퓰레이터의 특정 자세에서는 $\boldsymbol{J}$의 계수(rank)가 줄어 행렬식이 0이 된다. 즉 $\boldsymbol{J}(\boldsymbol{q})^{-1}$ 을 구할 수 없게 된다. 이러한 자세를 특이점(singularities) 또는 특이 자세(singular configurations)라하며 머니퓰레이터의 해석에 있어서 중요한 역할을 한다.

5.4.2 특이점의 기하학적 해석

이 절에서는 머니퓰레이터의 특이점에 대하여 기하학적 의미를 살펴보자. 5.1절의 2축 평면 머니퓰레이터에서 자코비안은 다음과 같이 2×2 행렬이었다.

$$\begin{bmatrix} \dot{x} \\ \dot{y} \end{bmatrix} = \begin{bmatrix} j_{11} & j_{12} \\ j_{21} & j_{22} \end{bmatrix} \begin{bmatrix} \dot{\theta}_1 \\ \dot{\theta}_2 \end{bmatrix} \tag{5.4.3}$$

이를 풀어쓰면 다음과 같다.

$$\dot{x} = j_{11}\dot{\theta}_1 + j_{12}\dot{\theta}_2 \qquad (5.4.4)$$
$$\dot{y} = j_{21}\dot{\theta}_1 + j_{22}\dot{\theta}_2$$

식 (5.4.4)에서 $\dot{x}, \dot{y}$는 주어진 값이고 $\dot{\theta}_1, \dot{\theta}_2$는 구해야 하는 값이다. $\dot{\theta}_1, \dot{\theta}_2$을 변수로 보면 첫 번째 식과 두 번째 식은 모두 다음과 같이 직선을 나타내는 식이다.

$$\dot{\theta}_2 = -\frac{j_{11}}{j_{12}}\dot{\theta}_1 + \frac{\dot{x}}{j_{12}} \qquad (5.4.5)$$
$$\dot{\theta}_2 = -\frac{j_{21}}{j_{22}}\dot{\theta}_1 + \frac{\dot{y}}{j_{22}}$$

식 (5.4.5)를 만족하는 해를 $\dot{\theta}_{1s}, \dot{\theta}_{2s}$이라 하자. 평면에서 두 직선의 위치 관계는 그림 5.5에서와 같이 만나는 경우, 평행한 경우, 일치하는 경우의 세 가지 경우가 있을 수 있다.

그림 5.5의 (a)나 (b)에서와 같이 두 직선의 기울기가 다르면 두 직선은 만나게 된다. 두 직선의 기울기가 다르다는 조건은 식 (5.4.6)과 같고 이는 자코비안 $\boldsymbol{J}(\boldsymbol{q})$의 역행렬이 존재할 조건과 같다. 즉, 역행렬이 존재한다는 것은 식 (5.4.1)을 만족하는 해를 식 (5.4.2)와 같이 구할 수 있다는 것이다.

$$-\frac{j_{11}}{j_{12}} \neq -\frac{j_{21}}{j_{22}} \Rightarrow j_{11}j_{22} - j_{12}j_{21} \neq 0 \qquad (5.4.6)$$

역행렬이 존재하지 않는 경우에는 해가 없는 것일까? 그림 5.5를 보면 그렇지 않다는 것을 알 수 있다. 즉 역행렬이 존재하지 않는 경우에는 식 (5.4.4)의 두 직선의 기울기가 같다는 것이다. 이때 두 직선의 $\dot{\theta}_2$ 절편이 같으면 두 직선은 일치한다. 즉 식 (5.4.4)를 만족하는 해는 이 직선 위의 모든 점이 된다. 이 경우에는 해가 무한히 많이 존재하는 것이다. 4.3.3의 3축 다관절형 머니퓰레이터에서 특이점에서 해가 무한히 많이 존재하는 경우가 바로 이와 같은 경우이다.

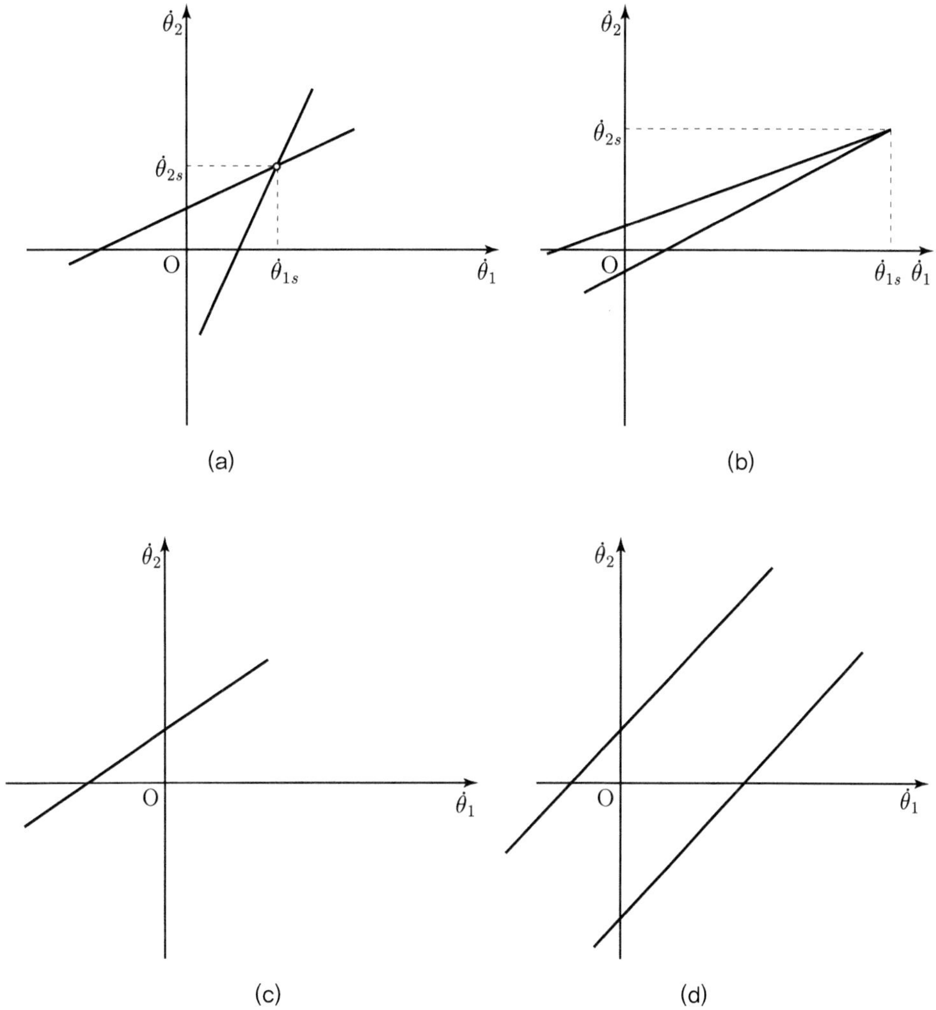

그림 5.5 2×2자코비안의 기하학적 해석

그림 5.5의 (d)의 경우에는 두 직선의 기울기는 같지만 $\dot{\theta}_2$ 절편이 다른 경우로서 두 직선은 평행하여 서로 만나지 않는다. 즉 해가 없는 것이다. 이 경우도 두 직선의 기울기가 같으므로 $\boldsymbol{J}(\boldsymbol{q})^{-1}$이 존재하지 않는다.

그림 5.5의 (a)와 (b)를 비교해보면 (a)의 경우에는 각속도의 절대치가 크지 않은 반면 (b)의 경우에는 각속도의 절대치가 매우 큰 것을 알 수 있다. (b)의 경우에는 두 직선이 한 점에서 만나기는 하지만 기울기가 거의 같아서 원점에서 매우 멀리 떨어진 점에서 만난다. (b)의 경우에 식 (5.4.7)에서 볼 수 있듯이 역행렬은 존재하지만 $\det(\boldsymbol{J})$의 값이 매우 작아서 관절 각속도의 절대치가 매우 커진다는 것

을 뜻한다. 다시 말하면 (b)의 경우는 특이점은 아니지만 특이점에 매우 가깝다는 것을 의미한다(따라서 특이점에서는 가능한 멀리 떨어지는 것이 로봇을 제어하는 데 유리하다는 것을 뜻한다).

$$\begin{bmatrix} \dot{\theta}_1 \\ \dot{\theta}_2 \end{bmatrix} = \frac{1}{j_{11}j_{22} - j_{12}j_{21}} \begin{bmatrix} j_{22} & -j_{12} \\ -j_{21} & j_{11} \end{bmatrix} \begin{bmatrix} \dot{x} \\ \dot{y} \end{bmatrix} \tag{5.4.7}$$

예제 5.1의 3축 평면 머니퓰레이터에서 자코비안은 다음과 같이 3×3 행렬이었다.

$$\begin{bmatrix} \dot{x} \\ \dot{y} \\ \dot{\gamma} \end{bmatrix} = \begin{bmatrix} j_{11} & j_{12} & j_{13} \\ j_{21} & j_{22} & j_{23} \\ j_{31} & j_{32} & j_{33} \end{bmatrix} \begin{bmatrix} \dot{\theta}_1 \\ \dot{\theta}_2 \\ \dot{\theta}_3 \end{bmatrix} \tag{5.4.8}$$

이를 풀어쓰면 다음과 같다.

$$\begin{aligned} \dot{x} &= j_{11}\dot{\theta}_1 + j_{12}\dot{\theta}_2 + j_{13}\dot{\theta}_3 \\ \dot{y} &= j_{21}\dot{\theta}_1 + j_{22}\dot{\theta}_2 + j_{23}\dot{\theta}_3 \\ \dot{\gamma} &= j_{31}\dot{\theta}_1 + j_{32}\dot{\theta}_2 + j_{33}\dot{\theta}_3 \end{aligned} \tag{5.4.9}$$

식 (5.4.9)는 3차원 공간상에서 3개의 평면의 방정식을 나타낸다. 이 경우도 2축 평면 머니퓰레이터와 유사하게 해석할 수 있다.

$$\begin{bmatrix} j_{11} \\ j_{12} \\ j_{13} \end{bmatrix}, \begin{bmatrix} j_{21} \\ j_{22} \\ j_{23} \end{bmatrix}, \begin{bmatrix} j_{31} \\ j_{32} \\ j_{33} \end{bmatrix} \tag{5.4.10}$$

식 (5.4.10)은 각 평면의 법선 벡터를 나타내고 이 세 개의 법선 벡터들이 모두 서로 평행하지 않으면 세 개의 평면은 한 점에서 만나게 되고 그 점이 역 속도기구학의 해인 것이다. 또한 세 개의 법선 벡터들이 모두 서로 평행하지 않다는 것은 $\boldsymbol{J}(\boldsymbol{q})$의 행렬식이 0이 아니어서 $\boldsymbol{J}(\boldsymbol{q})^{-1}$이 존재한다는 것과 같은 것이다.

5.4.3 여유자유도 머니퓰레이터

4.2.3에서 여유자유도 머니퓰레이터에 대하여 다루었다. 3축 평면 머니퓰레이터에서 평면상의 위치만이 지정될 때 여유자유도 머니퓰레이터가 된다고 하였다. 여유자유도 머니퓰레이터에서의 역 속도기구학에 대하여 살펴보자.

그림 3.11의 3축 평면 머니퓰레이터에게 평면상의 위치만이 지정되었을 때 기구학 식은 다음과 같이 주어진다.

$$x = a_1c_1 + a_2c_{12} + a_3c_{123} \qquad (5.4.11)$$
$$y = a_1s_1 + a_2s_{12} + a_3s_{123}$$

선속도 만을 고려한 자코비안은 식 (5.4.11)을 시간에 대하여 미분하면 다음과 같이 주어진다.

$$\boldsymbol{J} = \begin{bmatrix} -a_1s_1 - a_2s_{12} - a_3s_{123} & -a_2s_{12} - a_3s_{123} & -a_3s_{123} \\ a_1c_1 + a_2c_{12} + a_3c_{123} & a_2c_{12} + a_3c_{123} & a_3c_{123} \end{bmatrix} = \begin{bmatrix} j_{11} & j_{12} & j_{13} \\ j_{21} & j_{22} & j_{23} \end{bmatrix} \qquad (5.4.12)$$

따라서 속도기구학 식은 다음과 같다.

$$\dot{\boldsymbol{X}} = \boldsymbol{J}(\boldsymbol{q})\dot{\boldsymbol{q}} \;\Rightarrow\; \begin{bmatrix} \dot{x} \\ \dot{y} \end{bmatrix} = \begin{bmatrix} j_{11} & j_{12} & j_{13} \\ j_{21} & j_{22} & j_{23} \end{bmatrix} \begin{bmatrix} \dot{\theta}_1 \\ \dot{\theta}_2 \\ \dot{\theta}_3 \end{bmatrix} \qquad (5.4.13)$$

이를 풀어쓰면 다음과 같다.

$$\dot{x} = j_{11}\dot{\theta}_1 + j_{12}\dot{\theta}_2 + j_{13}\dot{\theta}_3 \qquad (5.4.14)$$
$$\dot{y} = j_{21}\dot{\theta}_1 + j_{22}\dot{\theta}_2 + j_{23}\dot{\theta}_3$$

식 (5.4.14)는 3차원 공간상에서 2개의 평면의 방정식을 나타낸다. 이 연립방정식을 만족하는 해는 두 평면의 교집합을 나타낸다. 두 평면이 나란하지 않을 때 두 평면의 교점은 그림 5.6에서와 같이 직선 l이 된다.

다시 말하면 이 직선상에 있는 모든 점들은 식 (5.4.14)를 만족하는 해가 되는 것이고 그 수는 무한하다. 여유자유도 머니퓰레이터에서의 해가 무한 개라는 것은 이와 같은 이유에서이다.

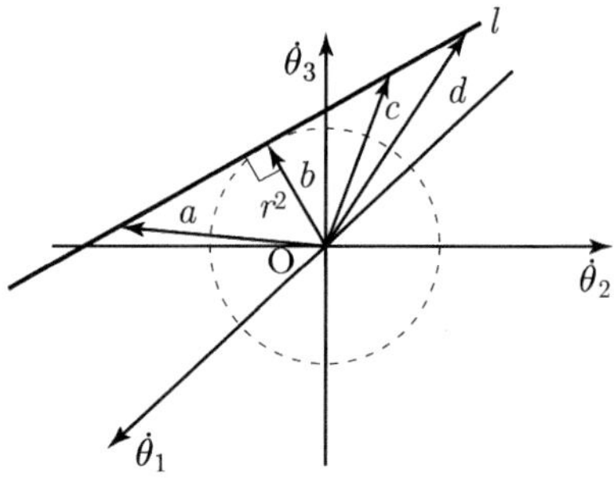

그림 5.6 여유자유도 머니퓰레이터의 속도기구학 해의 기하학적 해석

여유자유도 머니퓰레이터에서는 무한히 많은 해 중에서 장애물과의 충돌을 피할 수 있는 해라든지, 관절 속도의 변화가 가장 작은 해라든지 하는 특정 목적에 맞는 최적해를 구하는 것이 가능하다. 여유자유도 머니퓰레이터에서 해를 선정하는 많은 방법이 있으나 그중 가장 간단한 것은 의사역행렬(pseudo-inverse matrix)를 사용하는 방법이다.

식 (5.4.13)에서 $\dot{\theta}_1, \dot{\theta}_2, \dot{\theta}_3$을 구하려면 어떻게 해야 할까? 행렬 $\boldsymbol{J}$는 2×3차원이어서 역행렬이 존재하지 않는다. 이와 같이 정방행렬이 아닐 때 역행렬의 역할을 하는 것 중에 의사역행렬이 있다. 이 경우에 의사역행렬은 다음과 같이 정의된다.

$$\boldsymbol{J}^{+} = \boldsymbol{J}^{T}\left(\boldsymbol{J}\boldsymbol{J}^{T}\right)^{-1} \tag{5.4.15}$$

이 의사역행렬을 사용하여 식 (5.4.13)은 다음과 같이 풀 수 있다.

$$\dot{\boldsymbol{q}} = \boldsymbol{J}(\boldsymbol{q})^{+}\dot{\boldsymbol{X}} \tag{5.4.16}$$

식 (5.4.16)로 주어지는 해는 $\dot{\theta}_1{}^2 + \dot{\theta}_2{}^2 + \dot{\theta}_3{}^2$을 최소로 하는 해이며 그림 4.6에서 해 b를 나타낸다. 즉, 각 관절 속도의 제곱의 합을 최소로 하는 해이다. 이유는 다음과 같다. 관절 속도들의 제곱의 합을 r^2이라 놓자.

$$\dot{\theta}_1^{\ 2} + \dot{\theta}_2^{\ 2} + \dot{\theta}_3^{\ 2} = r^2 \tag{5.4.17}$$

식 (5.4.17)은 그림 5.6에 표시한 바와 같이 $\dot{\theta}_1, \dot{\theta}_2, \dot{\theta}_3$ 평면에서 반지름이 r인 구를 나타낸다. 직선 l 위의 점 중에서 $\dot{\theta}_1^{\ 2} + \dot{\theta}_2^{\ 2} + \dot{\theta}_3^{\ 2}$ 이 가장 작은 경우는 구와 직선이 접할 때이며 그때의 해가 식 (5.4.17)인 것이다.

5.4.4 머니퓰레이터 특이점의 예

예제 5.2

그림 3.14에 나타낸 3축 다관절형 머니퓰레이터에 대해서 자코비안을 구하라. 또 이 머니퓰레이터의 특이 자세를 구하여라.

풀이

(1) 순기구학 방정식 구하기 :

3축 다관절형 머니퓰레이터의 순기구학 식 (3.4.18)로부터 위치는 다음과 같이 나타내어진다.

$$\begin{bmatrix} x \\ y \\ z \end{bmatrix} = \begin{bmatrix} a_2c_1c_2 + a_3c_1c_{23} \\ a_2s_1c_2 + a_3s_1c_{23} \\ a_2s_2 + a_3s_{23} + d_1 \end{bmatrix} \tag{5.4.18}$$

(2) 자코비안 구하기 :

5.2.5에서와 같이 정의에 따라 자코비안을 구할 수도 있지만, 여기에서는 위치만을 고려하므로 식 (5.4.18)에서 위치를 직접 시간에 대하여 미분하여 다음과 같이 구하자.

$$\boldsymbol{J} = \begin{bmatrix} -a_2s_1c_2 - a_3s_1c_{23} & -a_2s_2c_1 - a_3s_{23}c_1 & -a_3c_1s_{23} \\ a_2c_1c_2 + a_3c_1c_{23} & -a_2s_1s_2 - a_3s_1s_{23} & -a_3s_1s_{23} \\ 0 & a_2c_2 + a_3c_{23} & a_3c_{23} \end{bmatrix} \tag{5.4.19}$$

(3) 특이점 구하기 :

이 머니퓰레이터의 특이점은 자코비안의 행렬식이 0이 되는 자세에서 발생한다. 식 (5.4.19)에서 행렬식을 구하면 특이 자세를 발생시킬 조건은 다음 식으로 주어진다.

$$\det \boldsymbol{J} = a_2a_3s_3(a_2c_2 + a_3c_{23}) = 0 \tag{5.4.20}$$

식 (5.4.20)을 만족하는 경우는 세 가지가 있다. 우선 $s_3 = 0$인 경우, 즉 $\theta_3 = 0$ 또는

$\theta_3 = \pi$일 때로 그림 5.7과 같이 팔을 완전히 폈을 때와 완전히 구부렸을 때이다. 나머지 한 가지 경우는 $a_2c_2 + a_3c_{23} = 0$일 때로 그림 5.8과 같이 x와 y성분이 모두 0인 경우이다.

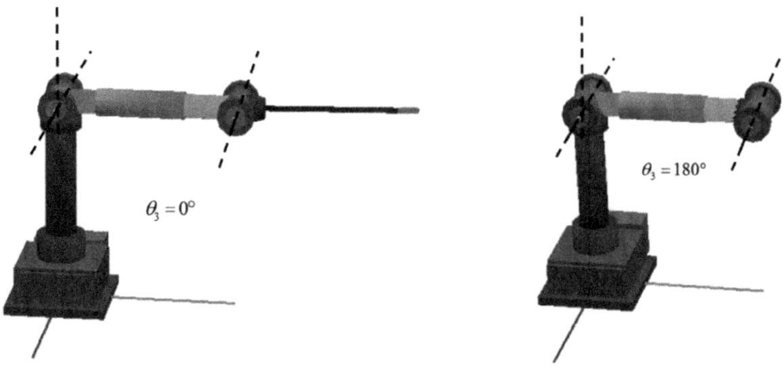

그림 5.7 3축 다관절형 머니퓰레이터의 특이자세
($\theta_3 = 0$ 또는 $\theta_3 = \pi$일 때)

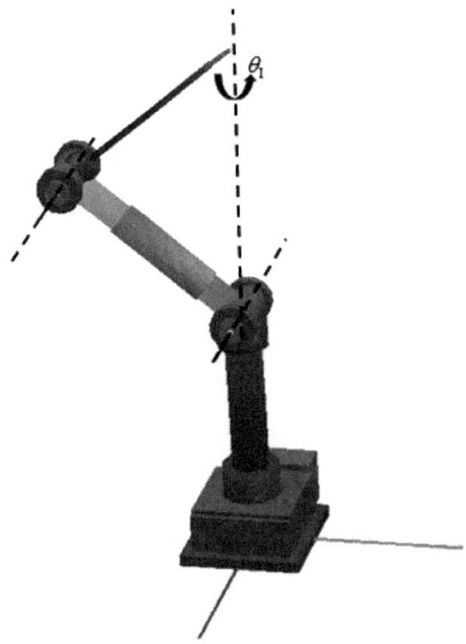

그림 5.8 3축 다관절형 머니퓰레이터의 특이자세 ($x = y = 0$일 때)

예제 5.3

SCARA 머니퓰레이터의 특이자세를 구하여라.

풀이

SCARA 머니퓰레이터의 자코비안은 5.3절의 식 (5.3.21)과 같이 구했었다. 팔 특이점은 이 자코비안의 처음 3×3 부 행렬에 의해 결정된다. 이 부 행렬은 다음 식과 같다.

$$\boldsymbol{J}_{11} = \begin{bmatrix} -a_1 s_1 - a_2 s_{12} & -a_2 s_{12} & 0 \\ a_1 c_1 + a_2 c_{12} & a_2 c_{12} & 0 \\ 0 & 0 & -1 \end{bmatrix} \tag{5.4.21}$$

따라서, 특이 자세는 다음의 식으로 결정된다.

$$\det \boldsymbol{J}_{11} = (-a_1 s_1 - a_2 s_{12}) a_2 c_{12} + a_2 s_{12} (a_1 c_1 + a_2 c_{12}) = a_1 a_2 s_2 = 0 \tag{5.4.22}$$

식 (5.4.22)를 만족하는 경우는 $s_2 = 0$일 때, 즉 $\theta_2 = 0$ 또는 $\theta_2 = \pi$일 때로 그림 5.9와 같이 팔을 완전히 폈을 때와 완전히 구부렸을 때이며, 이는 스카라 머니퓰레이터를 $\boldsymbol{z}_0$축에서 내려다보면 평면 2축 평면 머니퓰레이터와 같이 해석할 수 있다는 점에서 2축 평면 머니퓰레이터에서의 경우와 같음을 알 수 있다.

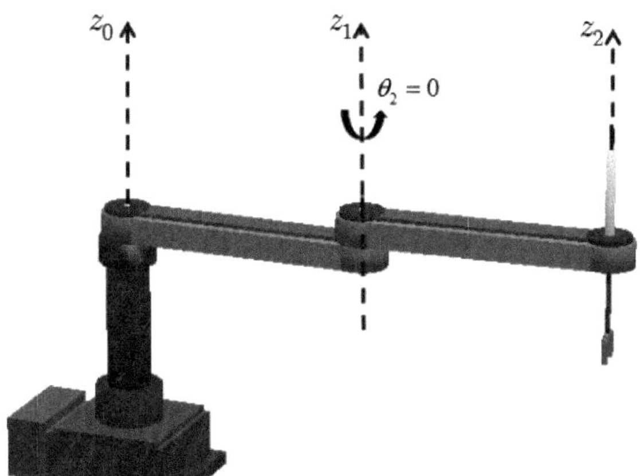

그림 5.9 SCARA 머니퓰레이터의 특이 자세

참고문헌

[1] Mark W. Spong and M. Vidyasagar, "Robot dynamics and control", John Wiley & Sons, 1989

[2] Saeed B. Niku, "Introduction to Robotics", Prentice Hall, 2001

[3] John J. Craig, "Introduction to Robotics", Prentice Hall, 2001, 2005

[4] 정슬, "로봇공학", 충남대학교 출판부, 2007

[5] 이석규, 도용태, 박창용, 이재원, "로봇공학의 이해", 사이텍미디어, 2008

[6] 문승빈, 고경철, 곽관웅, 강병훈, 이순걸, 김종형, "지능형 로봇공학", 사이텍미디어, 2010

[7] K. S. Fu, F. C. Gonzalez, and C. S. G. Lee, "Robotics", McGraw-Hill 1987

제6장 궤적 계획

6.1 개요

이 장의 내용은 로봇을 한 지점에서 다른 지점으로 이동시킬 때, 어떻게 이동하도록 할 것인가 하는 문제와 연관이 있다. 우선 궤적 계획(trajectory planning)에서 자주 등장하는 2가지 용어인 경로(path)와 궤적(trajectory)이라는 용어부터 정리해 보자. 경로는 시간 개념이 들어가지 않은 용어이고 궤적은 시간 개념이 들어간 용어이다.

로봇이 A지점에서 출발하여 B지점에 도착한다고 하자. 두 지점 사이에서 변해 가는 일련의 로봇의 자세들을 경로라 하고 각 자세들을 취할 때의 시간까지 지정해져 있는 것을 궤적이라 한다.

궤적 계획은 크게 로봇 관절 공간(joint space)에서의 궤적 계획과 직교 공간(Cartesian space)에서의 궤적 계획으로 나눌 수 있다. 관절 공간에서의 궤적 계획은 로봇이 이동할 때, 시간에 따른 로봇의 각 관절값들의 변화를 구하는 것이고 직교 공간에서의 궤적 계획은 로봇이 이동할 때, 시간에 따른 로봇의 직교 좌표에서의 위치와 방향을 구하는 것이다.

6.2 관절 공간에서의 궤적 계획

6.2.1 3차 다항식 궤적 계획

6축 머니퓰레이터가 직교좌표 공간상의 A지점에서 출발하여 B지점에 도착한다고 하자. 머니퓰레이터의 역기구학을 풀어 A지점에 있을 때의 각 관절값과 B지점에 있을 때의 각 관절값을 구할 수 있으며 각각 $\theta_{i1} \sim \theta_{i6}$, $\theta_{f1} \sim \theta_{f6}$이라 하자. 첫 번째 관절 θ_1은 초기값이 θ_{i1} 이고 최종값이 θ_{f1} 이 되며 이 둘 사이의 궤적을 구한다는 것은 시간에 따른 변화 즉, $\theta_1(t)$를 구한다는 것이다. 나머지 5개의 관절에 대해서도 마찬가지이다. 단 부드러운 동작을 위해서는 각 관절이 같은 시간에 이동을 시작하여 같은 시간에 정지해야 하므로 각 관절들이 A지점에서 이동을 시작하는 시간과 B지점에서 이동을 멈추는 시간을 같게 하여(정규화) 궤적 계획을 한다.

위에서 살펴본 바와 같이 관절 공간에서의 궤적 계획은 기본적으로 하나의 관절에 대한 궤적 계획을 확장 적용하면 된다. 따라서 이 절에서는 하나의 관절에 대해서 살펴본다. 그림 6.1은 1개의 회전축으로 구성된 1축 로봇을 나타낸다.

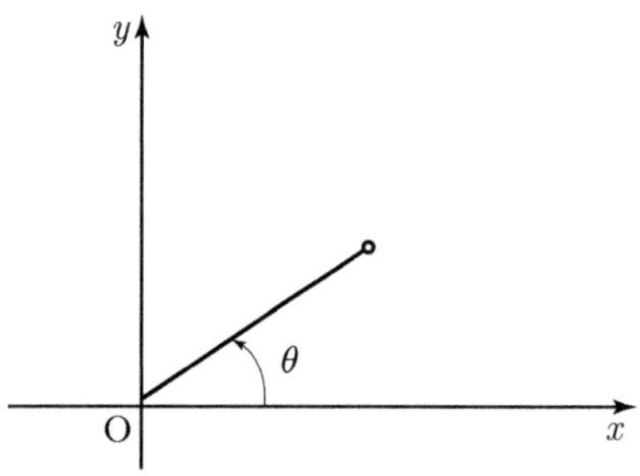

그림 6.1 1축 평면 머니퓰레이터

이 로봇의 관절 변수는 θ이다. 이 로봇이 초기 시간 $t=0$에서 초기 관절값 θ_i에 있다가 이동을 시작하여 최종 시간 $t=t_f$에서 최종 관절값 θ_f에 도달하도록 하고 싶다고 하자. 이러한 경우에 관절공간에서의 궤적 계획이란 시간에 따른 관절값의 변화인 $\theta(t)$를 구하는 것이다.

그러면 $\theta(t)$는 어떤 형태를 가져야 할 것인가? 이에 대한 답은 주어진 제한 조건을 만족하기만 하면 어떤 형태여도 된다는 것이다. 따라서 그림 6.2에 표시되어 있는 것과 같은 다양한 궤적이 가능할 것이다.

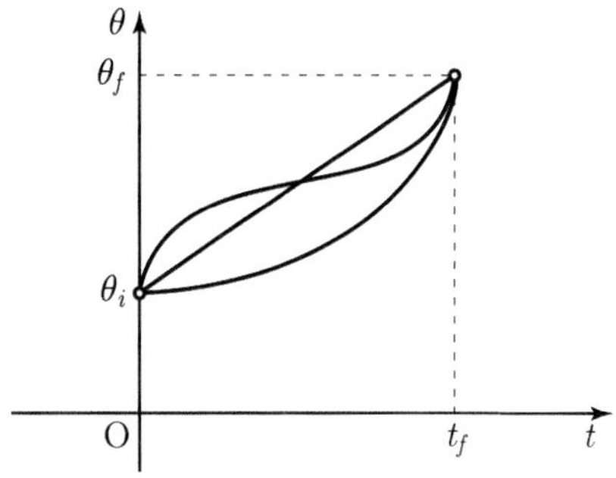

그림 6.2 초기값과 최종값 사이의 다양한 궤적

이 중에서 가장 간단한 것은 θ_i와 θ_f 사이를 잇는 직선 궤적일 것이다. 이 직선 궤적을 시간의 함수로 표시하기 위하여 식 (6.2.1)과 같이 1차 함수의 형태를 갖도록 모델링해보자.

$$\theta(t) = c_1 t + c_0 \tag{6.2.1}$$

직선을 나타내는 이 1차 함수에서는 2개의 값(c_1, c_0)을 선정할 수 있다. 초기 시간 $t = 0$에서 초기 관절값은 θ_i이고 최종 시간 $t = t_f$에서 최종 관절값은 θ_f이어야 하므로 이 2가지 조건을 부가하면 다음 식과 같다.

$$\begin{aligned} \theta(0) &= c_0 = \theta_i \\ \theta(t_f) &= c_1 t_f + c_0 = \theta_f \end{aligned} \tag{6.2.2}$$

식 (6.2.2)를 풀면 $c_0 = \theta_i$, $c_1 = \dfrac{\theta_f - \theta_i}{t_f}$이므로 1축 로봇의 관절 궤적은 다음과 같다.

$$\theta(t) = \frac{\theta_f - \theta_i}{t_f} t + \theta_i \tag{6.2.3}$$

식 (6.2.3)으로 주어지는 $\theta(t)$는 시작점과 최종점에서의 θ를 만족시킨다. 하지만 이 식을 시간에 대하여 미분하여 관절 각속도를 구해보면 관절 각속도는 항상 $(\theta_f - \theta_i)/t_f$로 일정하다. 이 값은 θ_i와 θ_f가 같지 않은 한 0이 아니다. 즉, 이러한 관절 궤적은 로봇이 정지 상태에 있을 수 없고 항상 일정한 속도로 이동해야 하거나 정지 상태가 되려면 시작점과 도착점에서 무한대의 가속도가 필요하게 되어 매우 비현실적인 궤적이다. 따라서 로봇의 궤적을 시간에 대한 1차 함수로 모델링하는 것은 현실적으로는 의미가 없다.

현실적인 로봇의 이동은 초기 시간 $t=0$에 초기 관절값 θ_i에 정지해 있다가 이동을 시작하여 최종 시간 $t=t_f$에 최종 관절값 θ_f에 도달하여 정지하도록 하는 것일 것이다. 이때 로봇의 움직임에 가해지는 제한 조건은 다음과 같은 4가지이다.

(1) 초기 시간 $t=0$에서의 관절값은 θ_i이다.

(2) 최종 시간 $t=t_f$에서의 관절값은 θ_f이다.

(3) 초기 시간 $t=0$에서 정지해 있다. 즉 관절 속도는 0이다.

(4) 최종 시간 $t=t_f$에서 정지한다. 즉 관절 속도는 0이다.

관절값 $\theta(t)$는 시간의 함수이므로 시간에 대하여 미분한 $\dot{\theta}(t)$는 관절속도를 나타낸다. 따라서 위의 4가지 제한조건을 차례로 식으로 표시하면 다음과 같다.

$$\begin{aligned} &\theta(0) = \theta_i \\ &\theta(t_f) = \theta_f \\ &\dot{\theta}(0) = 0 \\ &\dot{\theta}(t_f) = 0 \end{aligned} \tag{6.2.4}$$

이제 식 (6.2.4)와 같은 4가지 제한조건을 만족하도록 하기 위해서 $\theta(t)$를 다항식의 형태를 갖도록 한다면 몇 차 다항식을 사용해야 할 것인가. 위에서 $\theta(t) = c_1 t + c_0$와 같이 1차 다항식을 사용한다면 2가지 제한조건만을 만족시킬 수 있다는 것을 알았다. 따라서 4가지 제한조건을 만족시키기 위해서는 우리가 설정할 수 있는 상수가 4개가 되어야 한다. 즉 $\theta(t)$를 위한 가장 간단한 형태의 다항식은 식 (6.2.5)와 같은 3차 다항식이 되어야 한다.

$$\theta(t) = c_3 t^3 + c_2 t^2 + c_1 t + c_0 \tag{6.2.5}$$

식 (6.2.5)를 시간에 대하여 미분하여 관절 속도를 구하면 식 (6.2.6)과 같다.

$$\dot{\theta}(t) = 3c_3 t^2 + 2c_2 t + c_1 \tag{6.2.6}$$

식 (6.2.4)로 주어지는 4가지 제한조건을 넣으면 식 (6.2.7)과 같다.

$$\begin{aligned}
&\theta(0) = c_0 = \theta_i \\
&\theta(t_f) = c_3 t_f^{\ 3} + c_2 t_f^{\ 2} + c_1 t_f + c_0 = \theta_f \\
&\dot{\theta}(0) = c_1 = 0 \\
&\dot{\theta}(t_f) = 3c_3 t_f^{\ 2} + 2c_2 t_f + c_1 = 0
\end{aligned} \tag{6.2.7}$$

식 (6.2.7)의 방정식을 풀어서 c_3, c_2, c_1, c_0를 구하면 다음과 같다.

$$\begin{aligned}
&c_0 = \theta_i \\
&c_1 = 0 \\
&c_2 = \frac{3(\theta_f - \theta_i)}{t_f^{\ 2}} \\
&c_3 = -\frac{2(\theta_f - \theta_i)}{t_f^{\ 3}}
\end{aligned} \tag{6.2.8}$$

따라서 초기 시간 $t=0$에서 초기 관절값 θ_i에 정지해 있다가 이동을 시작하여 최종 시간 $t=t_f$에서 최종 관절값 θ_f에 도달하여 정지하는 1축 회전관절 로봇의 관절 공간에서의 궤적은 식 (6.2.9)와 같이 구할 수 있다.

$$\theta(t) = -\frac{2(\theta_f - \theta_i)}{t_f^{\ 3}} t^3 + \frac{3(\theta_f - \theta_i)}{t_f^{\ 2}} t^2 + \theta_i \tag{6.2.9}$$

식 (6.2.9)를 시간에 대하여 한 번 미분하면 관절 속도를, 두 번 미분하면 관절 가속도를 다음과 같이 구할 수 있다.

$$\dot{\theta}(t) = -\frac{6(\theta_f-\theta_i)}{{t_f}^3}t^2 + \frac{6(\theta_f-\theta_i)}{{t_f}^2}t \qquad (6.2.10)$$

$$\ddot{\theta}(t) = -\frac{12(\theta_f-\theta_i)}{{t_f}^3}t + \frac{6(\theta_f-\theta_i)}{{t_f}^2}$$

예제 6.1

1축 회전관절 로봇이 초기에 $0°$에 정지해 있다가 이동하여 3초 후에 $90°$ 위치에 멈추었다. 관절 공간에서의 궤적을 3차 다항식을 이용하여 구하여라.

풀이

로봇의 궤적을 3차 다항식으로 모델링하고, 주어진 조건에서 $t_i = 0$, $\theta_i = 0°$, $t_f = 3$, $\theta_f = 90°$이므로 이를 식 (6.2.8)에 대입하면 3차 다항식의 계수들을 다음과 같이 구할 수 있다.

$$c_0 = \theta_i = 0° \qquad (6.2.11)$$

$$c_1 = 0$$

$$c_2 = \frac{3(\theta_f-\theta_i)}{{t_f}^2} = \frac{3(90°-0°)}{9} = 30$$

$$c_3 = -\frac{2(\theta_f-\theta_i)}{{t_f}^3} = -\frac{2(90°-0°)}{27} = -6.66$$

이 계수들을 식 (6.2.9)와 (6.2.10)에 대입하면 관절 값, 관절 속도, 관절 가속도를 식 (6.2.12)와 같이 구할 수 있으며 이를 시간에 대하여 그래프로 표시한 것이 그림 6.3이다.

$$\theta(t) = -6.66t^3 + 30t^2 \qquad (6.2.12)$$

$$\dot{\theta}(t) = -19.98t^2 + 60t$$

$$\ddot{\theta}(t) = -39.96t + 60$$

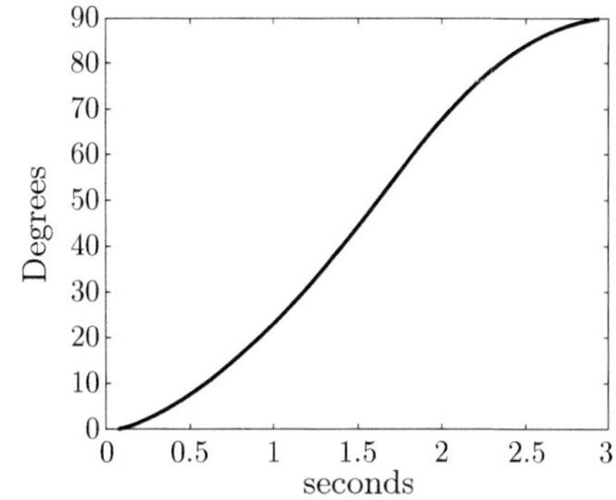

(a) 관절 각도

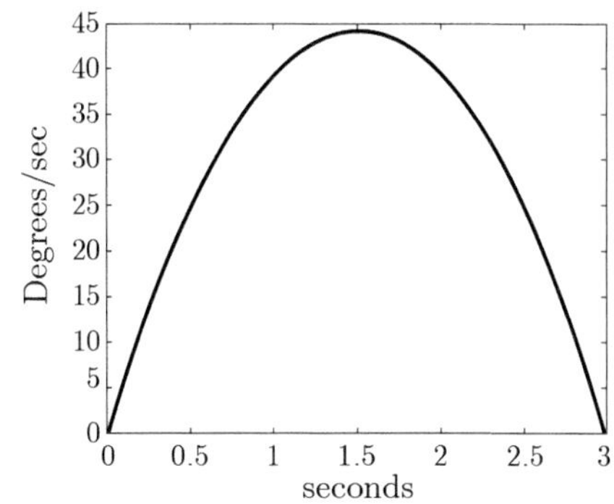

(b) 관절 속도

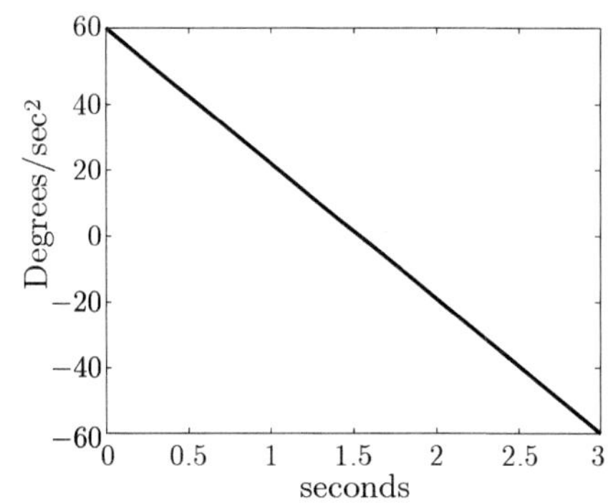

(c) 관절 가속도

그림 6.3 3차 다항식으로 모델링한 로봇 궤적

그림 6.4는 $t = 0.25$초마다 로봇의 관절 각도의 변화를 그린 것이다. 그림에서 초기점과 최종점 근방에서 로봇이 조밀하게 그려져 있다. 이는 그림 6.3의 그래프에서도 알 수 있듯이 초기점과 최종점 근방에서는 속도가 낮아서 관절 각도의 변화가 작고 중간점인 $t = 1.5$초 근방에서는 최대의 속도를 갖기 때문에 관절 각도

의 변화가 크기 때문이다.

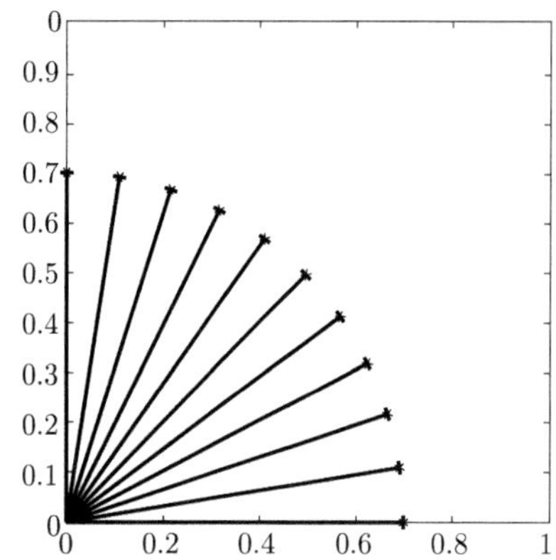

그림 6.4 1축 회전 로봇의 궤적

앞에서는 초기 시간이 0인 경우에 대하여 살펴보았다. 다음은 초기 시간이 0이 아니고 t_i인 일반적인 경우에 대하여 살펴본다.

초기 시간 $t=t_i$에서 초기 관절값 θ_i에 정지해 있다가 이동을 시작하여 최종 시간 $t=t_f^{'}=t_f+t_i$에서 최종 관절값 θ_f에 도달하여 정지하도록 하고 싶다고 하자. 4개의 제한조건은 다음과 같이 변경된다.

$$\begin{aligned}
\theta(t_i) &= c_3 t_i^{\,3} + c_2 t_i^{\,2} + c_1 t_i + c_0 = \theta_i \\
\theta(t_f^{'}) &= c_3 t_f^{'\,3} + c_2 t_f^{'\,2} + c_1 t_f^{'} + c_0 = \theta_f \\
\dot{\theta}(t_i) &= 3c_3 t_i^{\,2} + 2c_2 t_i + c_1 = 0 \\
\dot{\theta}(t_f^{'}) &= 3c_3 t_f^{'\,2} + 2c_2 t_f^{'} + c_1 = 0
\end{aligned} \tag{6.2.13}$$

로봇 궤적은 이 제한조건 식을 풀어 c_3, c_2, c_1, c_0을 구한 후 식 (6.2.5)에 대입하여 구하면 된다. 또 다른 방법은 이미 구한 $t_i=0$인 경우의 로봇 궤적을 이용하여 구하는 것이다. 우리가 구하는 로봇 궤적은 그림 6.5에서와 같이 초기 시간이 0일 때를 t_i만큼 평행 이동한 궤적이 될 것이다.

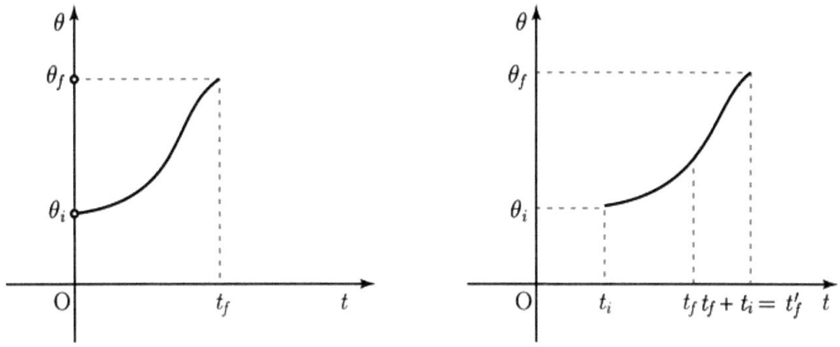

그림 6.5 초기 시간 변경에 따른 로봇 궤적의 평행 이동

따라서 구하는 궤적은 식 (6.2.14)와 같이 표현된다.

$$\theta(t) = -\frac{2(\theta_f - \theta_i)}{{t_f}^3}(t - t_i)^3 + \frac{3(\theta_f - \theta_i)}{{t_f}^2}(t - t_i)^2 + \theta_i \qquad (6.2.14)$$

최종점에 도달하는 시간은 t_f가 아니라 $t_f' = t_f + t_i$ 이므로 식 (6.2.14)에서 t_f 대신에 t_f'을 사용하면 로봇 궤적은 최종적으로 식 (6.2.15)와 같이 구할 수 있다.

$$\theta(t) = -\frac{2(\theta_f - \theta_i)}{(t_f' - t_i)^3}(t - t_i)^3 + \frac{3(\theta_f - \theta_i)}{(t_f' - t_i)^2}(t - t_i)^2 + \theta_i \qquad (6.2.15)$$

6.2.2 중간 경유점이 있는 경우의 3차 다항식 궤적 계획

6.2.1절에서는 초기점에서 최종점까지 로봇이 한 번에 움직이는 경우에 대하여 살펴보았다. 여기에서는 그림 6.6과 같이 초기점 θ_i와 최종점 θ_f 사이에 특정한 경유점(via point) θ_v을 지나서 가야 하는 경우에는 어떻게 해야 하는지 살펴보자.

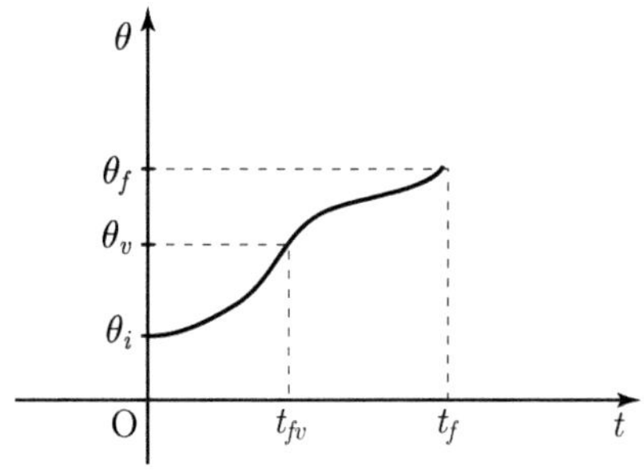

그림 6.6 경유점이 있을 경우의 궤적

만일 초기점에서 정지했다가 이동하여 경유점에서 정지하고 다시 이동하여 최종점에서 정지하는 경우에는 6.2.1에서 다룬 방법을 그대로 적용하면 된다. 즉 시간 0에서 t_{fv} 사이를 하나의 3차 다항식으로 표현하고, 시간 t_{fv}에서 t_f 사이를 또 다른 하나의 3차 다항식으로 표현하되 이 2개의 3차 다항식들을 6.2.1에서의 방법에 따라 구하면 된다.

다음에는 경유점에서 정지하고 않고 통과하여 최종점에서 정지하는 경우를 살펴보자. 로봇이 초기 시간 $t=0$에서 초기점 θ_i에 있다가 이동을 시작하여 경유점 θ_v를 정지하지 않고 지나서 최종 시간 $t=t_f$에서 최종점 θ_f에 도달하여 정지한다고 하자. 이 경우에도 초기점에서 출발하여 경유점에 도달하는 구간을 하나의 3차 다항식으로 표현하고 경유점과 최종점 사이의 구간을 또 다른 하나의 3차 다항식으로 표현한다. 다만 경유점에서 정지하는 경우와 비교하면 경유점에서의 위치, 속도, 가속도가 연속이어야 한다는 조건이 추가된다. 전체 조건들은 그림 6.7과 같다.

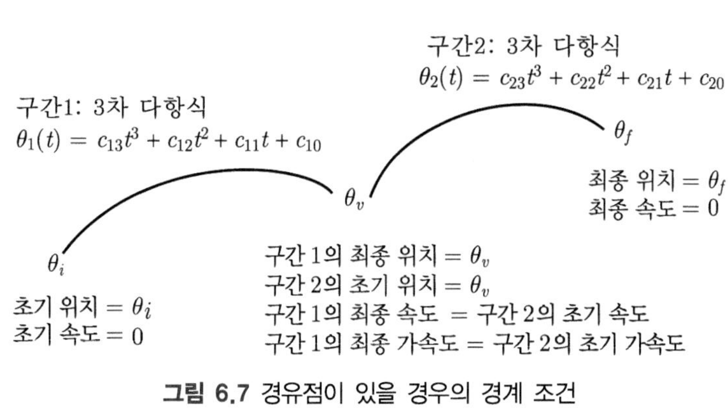

그림 6.7 경유점이 있을 경우의 경계 조건

구간 1은 시간 $t=0$에서 시작하여 $t=t_{f1}$에서 끝나고 이때의 로봇 궤적은 3차 다항식 $\theta_1(t)$으로 표현하자. 구간 2는 $t=0$에서 시작하여 $t=t_{f2}$에서 끝나고 이때의 로봇 궤적은 $\theta_2(t)$로 표현하자.

$$\begin{aligned}\theta_1(t)&=c_{13}t^3+c_{12}t^2+c_{11}t+c_{10}\\ \theta_2(t)&=c_{23}t^3+c_{22}t^2+c_{21}t+c_{20}\end{aligned} \tag{6.2.16}$$

그림 6.7에서와 같이 초기점에서의 제한 조건은 다음과 같다.

$$\begin{aligned}\theta_1(0)&=c_{10}=\theta_i\\ \dot{\theta}_1(0)&=c_{11}=0\end{aligned} \tag{6.2.17}$$

최종점에서의 제한 조건은 다음과 같다.

$$\begin{aligned}\theta_2(t_{f_2})&=a_{23}{t_{f_2}}^3+c_{22}{t_{f_2}}^2+c_{21}t_{f_2}+c_{20}=\theta_f\\ \dot{\theta}_2(t_{f_2})&=3c_{23}{t_{f_2}}^2+2c_{22}t_{f_2}+c_{21}=0\end{aligned} \tag{6.2.18}$$

경유점은 구간 1의 마지막 점이면서 동시에 구간 2의 초기점이므로 경유점에서의 제한 조건은 다음과 같다.

$$\theta_1(t_{f_1})=c_{13}{t_{f_1}}^3+c_{12}{t_{f_1}}^2+c_{11}t_{f_1}+c_{10}=\theta_v$$

$$\begin{aligned}\theta_2(0)&=c_{20}=\theta_v\\ \dot{\theta}_1(t_{f_1})&=\dot{\theta}_2(0),\\ \ddot{\theta}_1(t_{f_1})&=\ddot{\theta}_2(0),\end{aligned} \tag{6.2.19}$$

식 (6.2.17) ~ 식 (6.2.19)까지의 8개의 제한 조건을 사용하면 식 (6.2.16)에서의 2개의 3차 다항식의 계수들을 결정할 수 있고 따라서 로봇 궤적을 구할 수 있다. 특히, 2개의 구간의 경과 시간이 같은 $t_{f1}=t_{f2}$인 경우에 로봇 궤적을 나타내는 다항식의 계수들은 다음과 같이 구할 수 있다.

$$c_{10} = \theta_i \tag{6.2.20}$$

$$c_{11} = 0$$

$$c_{12} = \frac{12\theta_v - 3\theta_f - 9\theta_i}{4{t_f}^2}$$

$$c_{13} = \frac{-8\theta_v + 3\theta_f + 5\theta_i}{4{t_f}^3}$$

$$c_{20} = \theta_v$$

$$c_{21} = \frac{3\theta_f - 3\theta_i}{4t_f}$$

$$c_{22} = \frac{-12\theta_v + 6\theta_f + 6\theta_i}{4{t_f}^2}$$

$$c_{23} = \frac{8\theta_v - 5\theta_f - 3\theta_i}{4{t_f}^3}$$

예제 6.2

1축 회전관절 로봇이 초기에 $0°$에 정지해 있다가 이동하여 1.5초 후에 $30°$를 지나고 3초 후에 $90°$ 위치에 멈추었다. 관절 공간에서의 궤적을 3차 다항식을 사용하여 구하여라.

풀이

로봇의 궤적을 2개의 구간으로 나누고 각 구간에서 3차 다항식으로 표현한다. 주어진 조건에서 $t_i = 0$, $\theta_i = 0°$, $t_f = 1.5$, $\theta_f = 90°$, $\theta_v = 30°$이므로 이를 식 (6.2.20)에 대입하면 3차 다항식의 계수들을 다음과 같이 구할 수 있다.

$$\begin{aligned} c_{10} &= 0° \\ c_{11} &= 0 \\ c_{12} &= 10 \\ c_{13} &= 2.22 \\ c_{20} &= 30° \\ c_{21} &= 45 \\ c_{22} &= 20 \\ c_{23} &= -15.56 \end{aligned} \tag{6.2.21}$$

이 계수들을 식 (6.2.16)에 대입하면 관절 값, 관절 속도, 관절 가속도를 다음과 같이 구할 수 있다. 단, $\theta_2(t)$는 2번째 구간으로 전체 시간은 $t=1.5$초에서 $t=3.0$초 사이의 궤적을 나타내지만 (6.2.22)의 식에서의 t값은 $t=0$에서 $t=1.5$를 대입하여야 한다는 것에 주의하라.

$$\begin{aligned}\theta_1(t) &= 2.22t^3+10t^2,\\ \theta_2(t) &= -15.56t^3+20t^2+45t+30,\end{aligned} \tag{6.2.22}$$

$$\begin{aligned}\dot{\theta}_1(t) &= 6.66t^2+20t,\\ \dot{\theta}_2(t) &= -46.68t^2+40t+45,\end{aligned}$$

$$\begin{aligned}\ddot{\theta}_1(t) &= 13.32t+20,\\ \ddot{\theta}_2(t) &= -93.36t+40,\end{aligned}$$

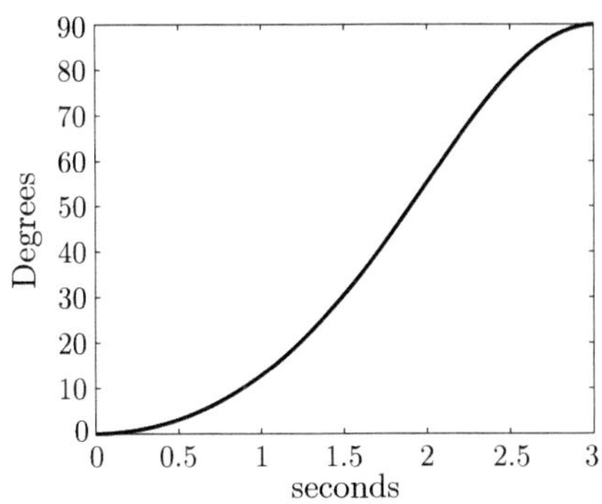

(a) 관절 각도

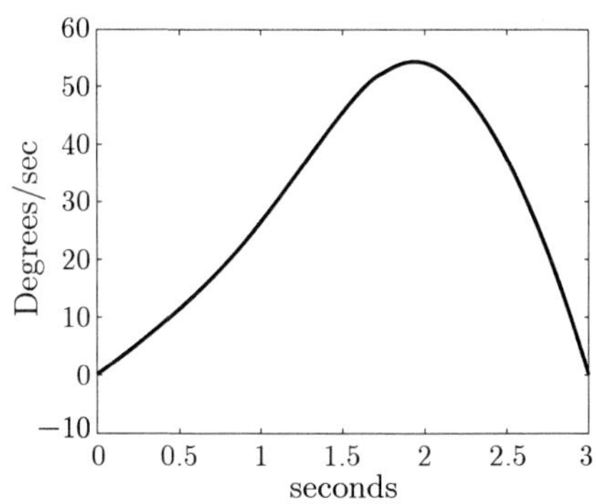

(b) 관절 속도

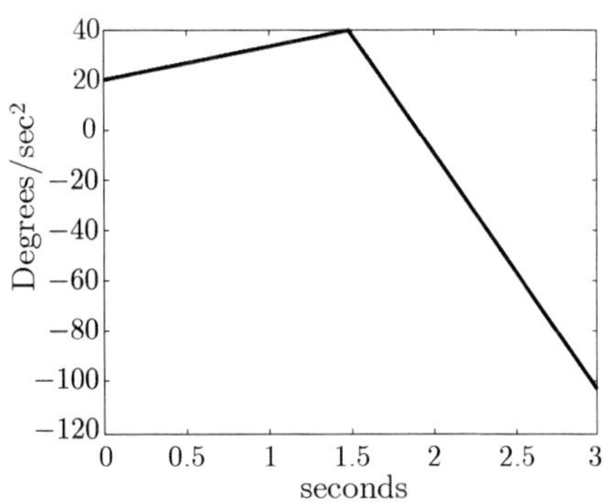

(c) 관절 가속도

그림 6.8 경유점이 있을 경우의 3차 다항식 로봇 궤적

6.2.3 5차 다항식 궤적 계획

로봇이 좀 더 부드러운 궤적을 갖도록 하기 위하여 초기점과 최종점에서의 위치와 속도뿐만 아니라 가속도까지 설정하기 위해서는 전체 6개의 제한조건을 부가해야 한다. 따라서 이때의 로봇 궤적을 다항식으로 표현하기 위해서는 6개의 계수를 갖는 5차 다항식을 사용해야 한다.

$$\theta(t) = c_5 t^5 + c_4 t^4 + c_3 t^3 + c_2 t^2 + c_1 t + c_0 \tag{6.2.23}$$

로봇이 초기 시간 $t=0$에 초기 관절값 θ_i, 초기 관절 속도 $\dot{\theta}_i$, 초기 관절 가속도 $\ddot{\theta}_i$를 갖고 최종 시간 $t=t_f$에 최종 관절값 θ_f, 최종 관절 속도 $\dot{\theta}_f$, 최종 관절 가속도 $\ddot{\theta}_f$를 갖는 경우에는 다음과 같은 6개의 제한 조건을 갖는다.

$$\begin{aligned}
\theta_i &= c_0 \\
\theta_f &= c_5 {t_f}^5 + c_4 {t_f}^4 + c_3 {t_f}^3 + c_2 {t_f}^2 + c_1 t_f + c_0 \\
\dot{\theta}_i &= c_1 \\
\dot{\theta}_f &= 5c_5 {t_f}^4 + 4c_4 {t_f}^3 + 3c_3 {t_f}^2 + 2c_2 t_f + c_1 \\
\ddot{\theta}_i &= 2c_2 \\
\ddot{\theta}_f &= 20c_5 {t_f}^3 + 12c_4 {t_f}^2 + 6c_3 t_f + 2c_2
\end{aligned} \tag{6.2.24}$$

식 (6.2.24)을 풀면 다음과 같이 계수들을 구할 수 있다.

$$\begin{aligned}
c_0 &= \theta_i \\
c_1 &= \dot{\theta}_i \\
c_2 &= \frac{\ddot{\theta}_i}{2} \\
c_3 &= \frac{20\theta_f - 20\theta_i - (8\dot{\theta}_f + 12\dot{\theta}_i)t_f - (3\ddot{\theta}_i - \ddot{\theta}_f){t_f}^2}{2{t_f}^3}
\end{aligned} \tag{6.2.25}$$

$$c_4 = \frac{-30\theta_f + 30\theta_i + (14\dot{\theta}_f + 16\dot{\theta}_i)t_f + (3\ddot{\theta}_i - 2\ddot{\theta}_f){t_f}^2}{2{t_f}^4}$$

$$c_5 = \frac{12\theta_f - 12\theta_i - (6\dot{\theta}_f + 6\dot{\theta}_i)t_f - (\ddot{\theta}_i - \ddot{\theta}_f){t_f}^2}{2{t_f}^5}$$

예제 6.3

1축 회전관절 로봇이 초기에 $0°$에 정지해 있다가 이동하여 3초 후에 $90°$ 위치에 멈추었다. 관절 공간에서의 궤적을 구하여라. 단 초기점에서의 가속도는 $10°/\mathrm{sec}^2$, 최종점에서의 가속도는 $-10°/\mathrm{sec}^2$이 되도록 하여라.

풀이

로봇의 궤적을 5차 다항식으로 표현한다. 주어진 조건에서 $t_i = 0$, $\theta_i = 0°$, $\dot{\theta}_i = 0$, $\ddot{\theta}_i = 10$, $t_f = 3$, $\theta_f = 90°$, $\dot{\theta}_f = 0$, $\ddot{\theta}_f = -10$이므로 이를 식 (6.2.25)에 대입하면 3차 다항식의 계수들을 다음과 같이 구할 수 있다.

$$\begin{aligned} c_0 &= 0 \\ c_1 &= 0 \\ c_2 &= 5 \\ c_3 &= 26.667 \\ c_4 &= -13.8889 \\ c_5 &= 1.8519 \end{aligned} \tag{6.2.26}$$

이 계수들을 식 (6.2.23)에 대입하면 관절 값, 관절 속도, 관절 가속도를 다음과 같이 구할 수 있다.

$$\begin{aligned} \theta(t) &= 1.8519t^5 - 13.8889t^4 + 26.667t^3 + 5t^2 \\ \dot{\theta}(t) &= 9.2595t^4 - 55.5556t^3 + 80.001t^2 + 10t \\ \ddot{\theta}(t) &= 37.038t^3 - 166.6668t^2 + 160.002t + 10 \end{aligned} \tag{6.2.27}$$

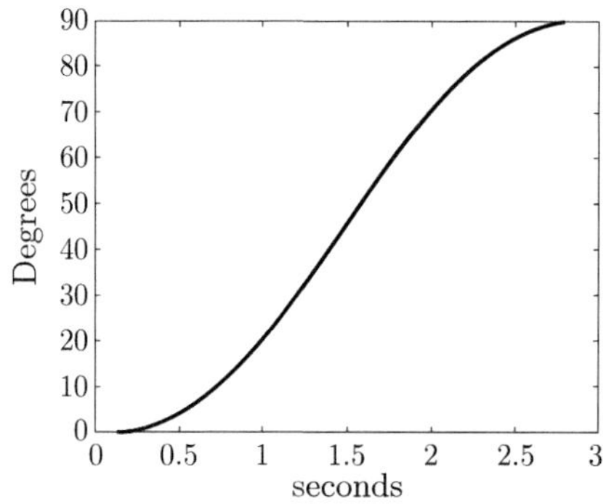

(a) 관절 각도

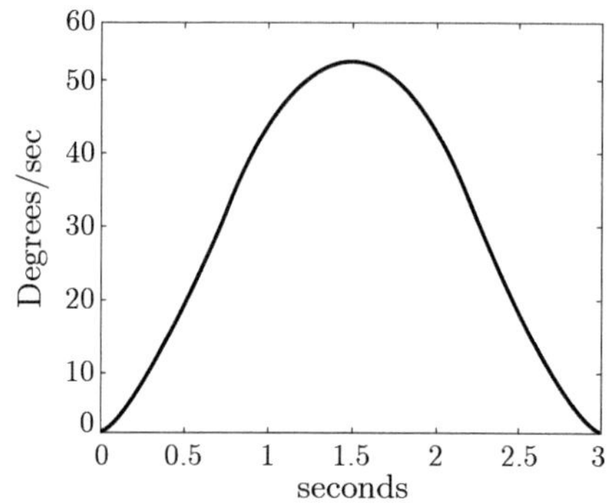

(b) 관절 속도

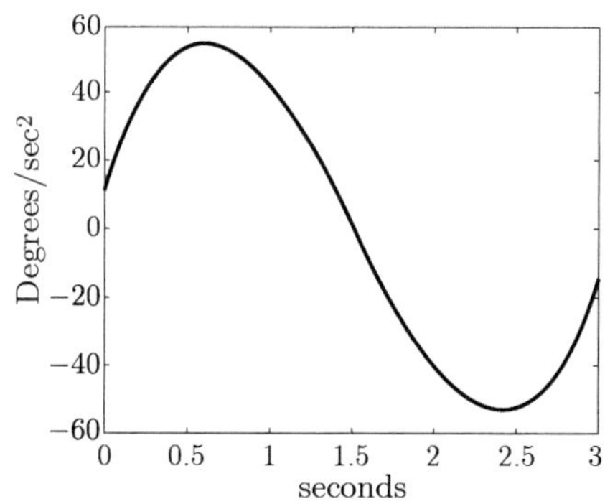

(c) 관절 가속도

그림 6.9 5차 다항식 로봇 궤적

6.2.4 사다리꼴 속도 궤적 계획

사다리꼴 속도 궤적 계획이란 로봇의 속도 궤적이 그림 6.10과 같이 사다리꼴 형태를 갖도록 궤적을 계획하는 것을 말한다.

그림 6.10에서 알 수 있는 바와 같이 속도가 사다리꼴 형태를 갖는다는 것은 로봇이 일정한 가속도로 가속한 후, 특정 속도에 도달한 후에는 등속 운동을 한 후 다시 일정한 가속도로 감속한다는 것을 의미한다.

속도가 사다리꼴 형태를 갖기 때문에 제1구간에서는 속도가 기울기가 양인 1차식으로, 제2구간에서는 상수로, 제3구간에서는 기울기가 음인 1차식으로 표시된다. 이때의 관절 각도는 제1구간에서는 로봇의 관절 궤적이 2차 다항식의 형태이고, 제2구간에서는 직선의 형태로 나타나며 제3구간에서는 다시 2차 다항식의 형

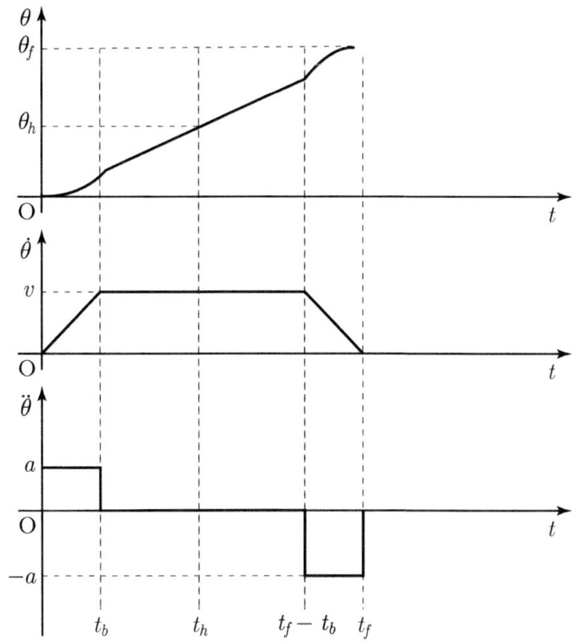

그림 6.10 사다리꼴 속도 궤적의 형태

태로 나타난다.

이는 그림 6.2에서 초기점과 최종점 사이를 잇는 직선이 무한대의 가속도를 필요로 하는 비현실적인 조건을 없애기 위해서 초기점과 최종점 사이의 경로 계획을 기본적으로는 직선 형태로 하되 초기점과 최종점 근방에서 가속도가 유한한 값을 갖도록 약간의 수정을 가한 형태이다. 이러한 이유로 사다리꼴 속도 궤적 계획은 포물선 형태가 혼합된 직선(선분) 궤적계획(Linear segment with parabolic blends) 방법이라고 부른다.

앞에서 살펴본 궤적 계획 방법들은 로봇의 운동 시간 중간에 로봇의 속도를 마음대로 지정할 수가 없다. 즉 초기점, 경유점, 최종점에서의 각도, 속도, 가속도 등을 지정할 수 있을 뿐이었다. 이에 반해 사다리꼴 속도 궤적 계획에서는 원하는 속도로 로봇이 운동하도록 제한을 가할 수 있다는 것이 큰 장점이다.

실제 산업용 로봇의 각 관절들은 대부분 전기 모터를 사용하여 구현되고, 각 전기모터들은 최대 허용 속도가 정해져 있다. 또한 로봇의 동작 시 가능한 한 최대 속도로 동작하여 동작 시간을 줄여야 하는 경우가 많다. 이러한 이유로 사다리꼴 속도 궤적 계획은 산업용 로봇의 궤적 계획에 실제적으로 가장 많이 사용되는 궤적 계획이다.

초기 시간 $t=0$에서 초기점 θ_i에 정지해 있다가 시간 t_b까지 가속하고 이후 시간 t_f-t_b까지 등속으로 이동한 후, 감속하여 최종 시간 t_f에 최종점에 도달하는 궤적을 구해보자.

앞에서 살펴본 바와 같이 전체 구간은 3개의 소구간으로 나누어 진다. 이제 제1구간은 $0 \le t \le t_b$이고 이 구간에서의 관절 값을 다음과 같은 2차 다항식으로 표현해 보자.

$$\theta_1(t) = c_{12}t^2 + c_{11}t + c_{10} \tag{6.2.28}$$

이때의 속도와 가속도는 다음과 같다.

$$\begin{aligned} \dot{\theta}_1(t) &= 2c_{12}t + c_{11} \\ \ddot{\theta}_1(t) &= 2c_{12} \end{aligned} \tag{6.2.29}$$

초기점에서의 제한 조건은 다음과 같다.

$$\begin{aligned} \theta_1(0) &= c_{10} = \theta_i, \\ \dot{\theta}_1(0) &= c_{11} = 0 \end{aligned} \tag{6.2.30}$$

제1구간의 마지막 시간은 가속이 끝나는 지점으로 $t=t_b$이고, 이때의 속도는 v이다.

$$\dot{\theta}(t_b) = 2c_{12}t_b + c_{11} = 2c_{12}t_b \tag{6.2.31}$$

따라서

$$c_{12} = \frac{v}{2t_b} \tag{6.2.32}$$

이때의 가속도는 다음과 같다.

$$\ddot{\theta}_1(t_b) = 2c_{12} = \frac{v}{t_b} = a \tag{6.2.33}$$

따라서 제1구간에서의 로봇 궤적은 식 (6.2.34)과 같다.

$$\theta_1(t) = \frac{a}{2}t^2 + \theta_i \tag{6.2.34}$$

제1구간에서의 로봇 관절 속도 및 가속도는 다음과 같다.

$$\begin{aligned}\dot{\theta}_1(t) &= at \\ \ddot{\theta}_1(t) &= a\end{aligned} \tag{6.2.35}$$

제2구간은 $t_b \le t \le t_f - t_b$이고 이 구간에서는 관절 속도가 일정하다. 이 관절 속도를 v라 놓으면 제2구간에서의 로봇 관절 속도는 $\dot{\theta}_2(t) = v$이다. 따라서 관절 가속도는 0이고, 관절 각도는 다음과 같이 놓을 수 있다.

$$\theta_2(t) = vt + c_{20} \tag{6.2.36}$$

그림 6.10에 나타난 바와 같이 t_h는 시간 축에서의 중간점이고 θ_h는 관절 각도 축에서의 중간점이다. 즉, 다음이 성립한다.

$$\begin{aligned} t_h &= \frac{t_f}{2}, \\ \theta_h &= \frac{\theta_f + \theta_i}{2}\end{aligned} \tag{6.2.37}$$

제2구간에서의 로봇 궤적을 구하기 위해 식 (6.2.36)에 $t = t_h$를 대입하면 다음이 성립한다.

$$\theta_2(t_h) = \theta_h = vt_h + c_{20} \tag{6.2.38}$$

식 (6.2.37)과 식 (6.2.38)을 이용하여 계수 c_{20}을 계산하면 다음과 같다.

$$\begin{aligned} c_{20} &= \theta_h - vt_h \\ &= \frac{\theta_f + \theta_i}{2} - vt_h\end{aligned} \tag{6.2.39}$$

$$= \frac{\theta_f + \theta_i - v2t_h}{2}$$

$$= \frac{\theta_f + \theta_i - vt_f}{2}$$

따라서 제2구간에서의 관절 각도와 속도, 가속도는 다음과 같이 구해진다.

$$\theta_2(t) = vt + \frac{\theta_f + \theta_i - vt_f}{2} \tag{6.2.40}$$

$$\dot{\theta}_2(t) = v$$

$$\ddot{\theta}_2(t) = 0$$

이제 제3구간은 $t_f - t_b \le t \le t_f$이고 이 구간에서의 관절 값을 다음과 같은 2차 다항식으로 표현해 보자.

$$\theta_3(t) = c_{32}t^2 + c_{31}t + c_{30} \tag{6.2.41}$$

이 때의 속도와 가속도는 다음과 같다.

$$\dot{\theta}_3(t) = 2c_{32}t + c_{31} \tag{6.2.42}$$

$$\ddot{\theta}_3(t) = 2c_{32}$$

최종점에서의 위치는 θ_f, 속도는 0, 가속도는 $-a$이어야 하므로 제한 조건은 다음과 같다.

$$\theta_3(t_f) = c_{32}{t_f}^2 + c_{31}t_f + c_{30} = \theta_f \tag{6.2.43}$$

$$\dot{\theta}_3(t_f) = 2c_{32}t_f + c_{31} = 0$$

$$\ddot{\theta}_3(t_f) = 2c_{32} = -a$$

따라서 제3구간에서 관절 각도와 속도, 가속도는 다음과 같이 구해진다.

$$\theta_3(t) = -\frac{a}{2}t^2 + at_f t + \theta_f - \frac{a}{2}{t_f}^2 \tag{6.2.44}$$

$$\dot{\theta}_3(t) = -at + at_f$$

$$\ddot{\theta}_3(t) = -a$$

앞에서 사다리꼴 속도 궤적의 생성 방법에 대하여 살펴보았다. 정리하면 3개의 부분 구간으로 나뉘고 $0 \le t \le t_b$인 제1구간은 식 (6.2.34)로, $t_b \le t \le t_f - t_b$인 제2구간은 식 (6.2.40)로 , $t_f - t_b \le t \le t_f$인 제3구간은 식 (6.2.44)와 같이 주어진다. 또한 전체 궤적은 (t_h, θ_h)점에 대하여 대칭이다. 참고를 위하여 다시 서술하면 다음과 같다.

$$0 \le t \le t_b \text{일 때, } \theta_1(t) = \frac{a}{2}t^2 + \theta_i \tag{6.2.45}$$

$$t_b \le t \le t_f - t_b \text{일 때, } \theta_2(t) = vt + \frac{\theta_f + \theta_i - vt_f}{2}$$

$$t_f - t_b \le t \le t_f \text{일 때, } \theta_3(t) = -\frac{a}{2}t^2 + at_f t + \theta_f - \frac{a}{2}{t_f}^2$$

위의 로봇 궤적 생성에서 한 가지 더 언급해야 할 사항은 구간을 구분하는 시간 t_b의 결정에 대한 것이다. $t_b = 0$인 경우에는 그림 6.11과 같이 포물선 형태가 혼합되지 않고 로봇 관절 각도의 궤적이 직선 궤적인 경우이다. t_b가 가질 수 있는 최대값은 t_h이며, $t_b = t_h$일 경우에는 그림 6.12와 같이 로봇 관절 각도가 직선인 궤적이 없고 2개의 대칭적인 포물선으로만 구성된 경우이다. $t_b > t_h$인 경우에는 해가 존재하지 않는다. 또한 $0 < t_b < t_h$인 경우에는 그림 6.13과 같이 각속도가 사다리꼴 형태를 가져서 등속인 구간이 존재한다. 따라서 t_b에 대한 제한 조건은 $0 < t_b \le t_h$이어야 한다.

다음에는 t_b의 결정 방법을 알아보자. 제2구간에서의 관절 속도는 일정한 값 v로 다음과 같이 나타내어진다.

$$v = \frac{\theta_h - \theta_b}{t_h - t_b} \tag{6.2.46}$$

제1구간의 마지막 점에서의 속도는 식 (6.2.35)에서 $t = t_b$일 때이므로 at_b 이고, 이 값은 제2구간의 시작점에서의 속도인 식 (6.2.46)과 같아야 한다. 따라서 다음 식이 성립한다.

$$at_b = \frac{\theta_h - \theta_b}{t_h - t_b} \tag{6.2.47}$$

제1구간의 끝점인 θ_b는 식 (6.2.34)로부터 다음과 같이 구할 수 있다.

$$\theta_1(t_b) = \theta_b = \frac{a}{2}t_b^2 + \theta_i \tag{6.2.48}$$

식 (6.2.48)을 식 (6.2.47)에 대입하고, $t_f = 2t_h$ 임을 사용하여 정리하면 다음과 같다.

$$\begin{aligned} at_b &= \frac{\theta_h - \theta_i - \frac{1}{2}at_b^2}{t_h - t_b} \\ &= \frac{\theta_h - \theta_i - \frac{1}{2}at_b^2}{\frac{t_f}{2} - t_b} \\ &= \frac{2(\theta_h - \theta_i) - at_b^2}{t_f - 2t_b} \end{aligned} \tag{6.2.49}$$

식 (6.2.49)를 t_b에 대해서 정리하면 다음과 같다.

$$at_b^2 - at_f t_b + 2(\theta_h - \theta_i) = 0 \tag{6.2.50}$$

식 (6.2.50)에서 θ_h 대신 값을 알고 있는 최종점 θ_f를 사용하기 위하여

$2(\theta_h - \theta_i) = (\theta_f - \theta_i)$를 사용하여 정리하면 다음과 같다.

$$a{t_b}^2 - a t_f t_b + (\theta_f - \theta_i) = 0 \tag{6.2.51}$$

식 (6.2.51)은 t_b에 관한 2차식이다. 여기에서 $0 < t_b \le t_h$인 t_b를 구하면 다음과 같다.

$$t_b = \frac{t_f}{2} - \frac{\sqrt{a^2 {t_f}^2 - 4a(\theta_f - \theta_i)}}{2a} \tag{6.2.52}$$

식 (6.2.52)에서 근호 안은 0 이상이어야 하므로 다음 식과 같이 가속도에 대한 조건을 구할 수 있다.

$$a \ge \frac{4(\theta_f - \theta_i)}{{t_f}^2} \tag{6.2.53}$$

사다리꼴 속도 궤적 계획에서는 일반적으로 식 (6.2.53)을 만족하도록 가속도 a를 선정하고 식 (6.2.52)에 의해 t_b를 결정하거나, 최대 속도 v를 선정한 후에 식 (6.2.54)에 의해 t_b를 결정하면 된다.

$$t_b = \frac{v t_f - \theta_f + \theta_i}{v} \tag{6.2.54}$$

식 (6.2.54)는 식 (6.2.45)에서 제1구간의 끝점과 제2구간의 시작점이 같다는 조건인 식 (6.2.55)와 식 (6.2.33)에서 $\frac{v}{t_b} = a$임을 사용하여 구할 수 있다.

$$\frac{a}{2} t_b^2 + \theta_i = \frac{\theta_f + \theta_i - v t_f}{2} + v t_b \tag{6.2.55}$$

예제 6.4

1축 회전관절 로봇이 초기에 $0°$에 정지해 있다가 이동하여 3초 후에 $90°$ 위치에 멈추었다. 다음 두 가지 경우에 대해서 관절 공간에서의 사다리꼴 속도 궤적을 구하여라.
(1) 각속도 $v = 45°/\mathrm{sec}$인 경우 (2) 각속도 $v = 60°/\mathrm{sec}$인 경우

풀이

(1) 문제에서 주어진 조건에 의해 $\theta_i = 0°$, $\theta_f = 90°$, $t_f = 3$초이다.

식 (6.2.54)에 의해 $v = 45°/\mathrm{sec}$일 때는 $t_b = \dfrac{45 \times 3 - 90 + 0}{45} = 1$초이고, 이때 $a = \dfrac{v}{t_b} = \dfrac{45}{1} = 45°/\mathrm{sec}^2$이다. 따라서 궤적은 식 (6.2.56)과 같다. 관절 각도, 관절 속도, 관절 가속도 그래프는 그림 6.11과 같다.

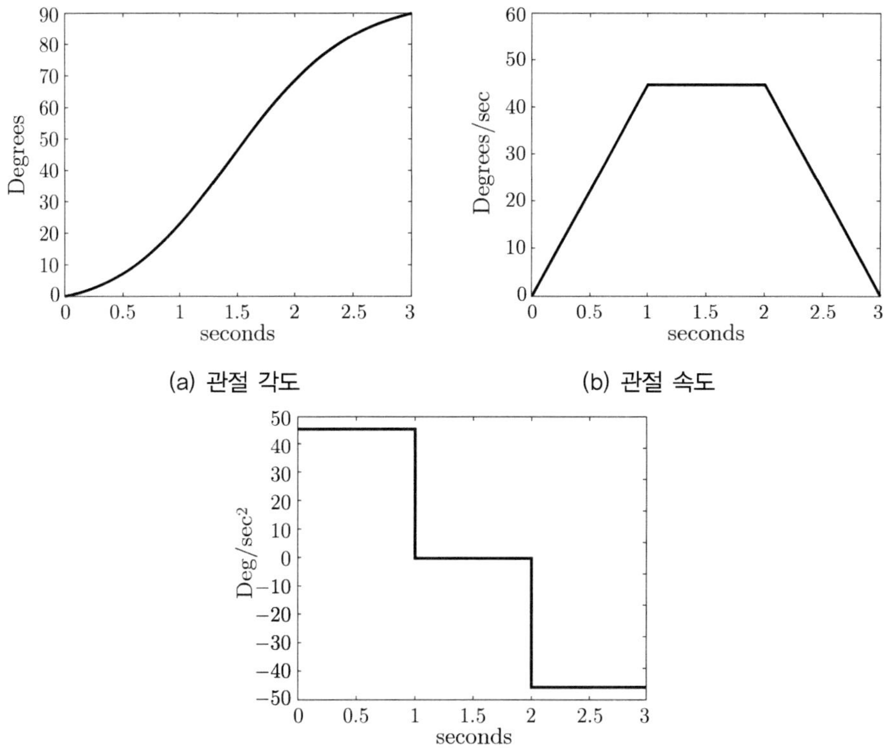

(a) 관절 각도 (b) 관절 속도

(c) 관절 가속도

그림 6.11 예제 6.4의 (1)을 위한 그림

$$0 \le t \le 1\text{일 때, } \theta_1(t) = 22.5t^2 \tag{6.2.56}$$
$$1 \le t \le 2\text{일 때, } \theta_2(t) = 45t - 22.5$$
$$2 \le t \le 3\text{일 때, } \theta_3(t) = -22.5t^2 + 135t - 112.5$$

(2) 문제에서 주어진 조건에 의해 $\theta_i = 0°$, $\theta_f = 90°$, $t_f = 3$초이다. 식 (6.2.54)에 의해

$v = 60°/\text{sec}$일 때는 $t_b = \dfrac{60 \times 3 - 90 + 0}{60} = 1.5$초이고,

이때 $a = \dfrac{v}{t_b} = \dfrac{60}{1.5} = 40°/\text{sec}^2$이다. 따라서 궤적은 식 (6.2.57)과 같다. 관절 각도, 관절 속도, 관절 가속도 그래프는 그림 6.12와 같다. 이 경우에는 $t_b = 1.5\text{초} = \dfrac{1}{2}t_f$이므로 관절 속도가 일정한 구간이 존재하지 않는다.

$$0 \le t \le 1.5\text{일 때, } \theta_1(t) = 20t^2 \tag{6.2.57}$$
$$1.5 \le t \le 3\text{일 때, } \theta_3(t) = -20t^2 + 120t - 90$$

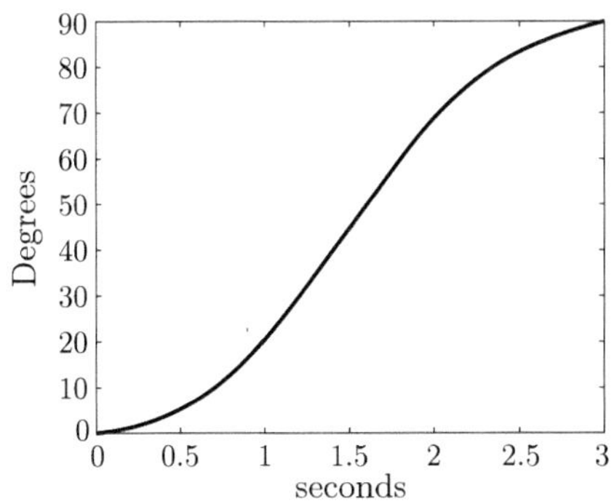

(a) 관절 각도

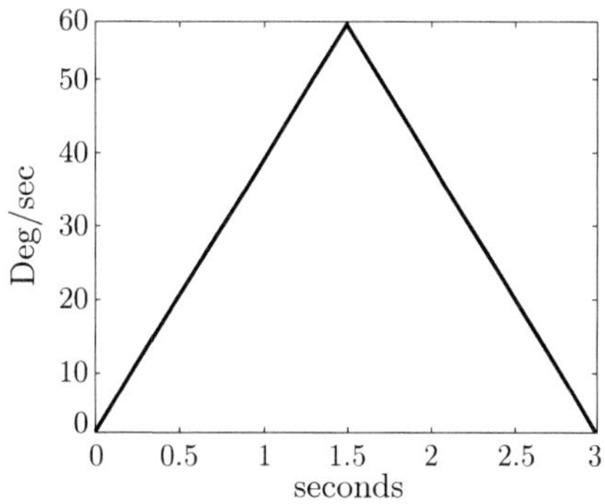

(b) 관절 속도

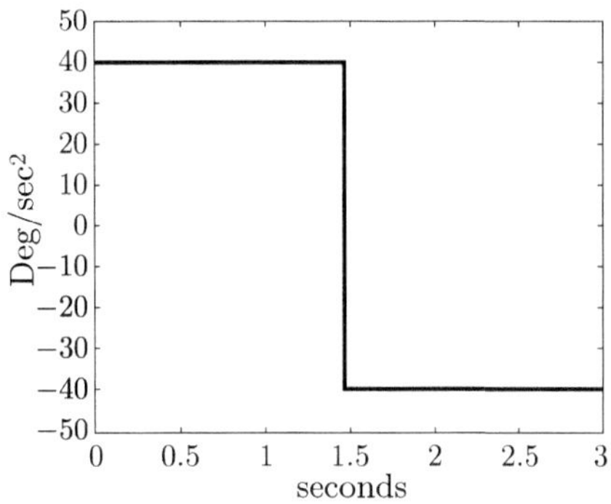

(c) 관절 가속도

그림 6.12 예제 6.4의 (2)를 위한 그림

예제 6.5

실제의 로봇 운동에서는 각 관절의 최대 각속도와 각가속도가 제한된 상태에서 주어진 최종점에 가능한 한 빨리 도달하는 것이 필요하다. 즉 최단시간 궤적 계획이 필요하다. 이 예제에서는 이러한 경우에 대하여 살펴본다.

1축 회전관절 로봇이 초기에 $0°$에 정지해 있다가 이동하여 $90°$ 위치에 멈추도록 하려고 한다. 다음 두 경우에 대해서 관절 공간에서의 최단시간 사다리꼴 속도 궤적을 구하여라. (1) 최대 각속도 $v = 45°/\mathrm{sec}$, 최대 각가속도 $a = 45°/\mathrm{sec}^2$인 경우 (2) 최대 각속도 $v = 30°/\mathrm{sec}$, 최대 가속도 $a = 30°/\mathrm{sec}^2$인 경우

풀이

(1) 문제에서 주어진 조건에 의해 $\theta_i = 0°$, $\theta_f = 90°$이다.

이때 $t_b = \dfrac{v}{a} = \dfrac{45}{45} = 1$초이다. 즉 최대 각속도에 도달할 수 있는 최단 시간은 1초이다.

$\theta_f = 90°$에 도달하기 위한 최단 시간 t_f는 식 (6.2.54)에 의해 다음과 같이 주어진다.

$$t_b = \frac{v t_f - \theta_f + \theta_i}{v} \Rightarrow 1 = \frac{45 t_f - 90 + 0}{45} \Rightarrow t_f = 3$$

변수들의 값을 비교해 보면 로봇 궤적은 예제 6.4의 (1)과 같은 결과를 갖는다.

(2) 문제에서 주어진 조건에 의해 $\theta_i = 0°$, $\theta_f = 90°$이다.

이때 $t_b = \dfrac{v}{a} = \dfrac{30}{30} = 1$초이다. 즉 최대 각속도에 도달할 수 있는 최단 시간은 1초이다.

$\theta_f = 90°$에 도달하기 위한 최단 시간 t_f는 식 (6.2.54)에 의해 다음과 같이 4초로 주어진다.

$$t_b = \frac{v t_f - \theta_f + \theta_i}{v} \Rightarrow 1 = \frac{30 t_f - 90 + 0}{30} \Rightarrow t_f = 4$$

따라서 로봇 궤적은 식 (6.2.58)과 같다. 관절 각도, 관절 속도, 관절 가속도 그래프는 그림 6.13과 같다. 사다리꼴 속도 그래프와 t축 사이의 넓이는 속도를 적분한 값으로 최종점 θ_f와 같게 된다.

$$\begin{aligned} &0 \le t \le 1\text{일 때, } \theta_1(t) = 15t^2 \\ &1 \le t \le 3\text{일 때, } \theta_2(t) = 30t - 15 \\ &3 \le t \le 4\text{일 때, } \theta_3(t) = -15t^2 + 120t - 150 \end{aligned} \tag{6.2.58}$$

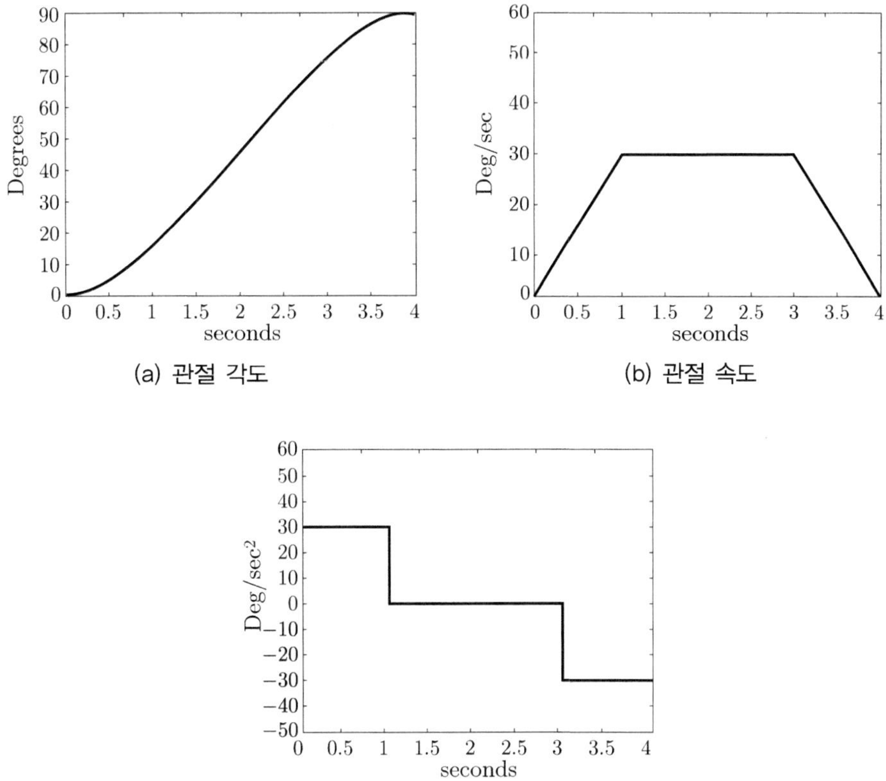

(a) 관절 각도

(b) 관절 속도

(c) 관절 가속도

그림 6.13 예제 6.5를 위한 그림

사다리꼴 속도 궤적은 초기점과 최종점 사이를 직선으로 궤적 계획했을 때 초기점과 최종점에서 속도가 불연속이 되어 무한대의 가속도가 필요하게 되는 것을 보완하기 위하여 그림 6.14에서와 같이 초기점과 최종점에서 속도가 연속이 되도록 해 준 것이다. 하지만 사다리꼴 속도 궤적에서도 가속도는 불연속이 된다. 가속도의 시간에 대한 변화율을 저크(jerk)라 하는데, 사다리꼴 속도 궤적에서도 가속도가 불연속인 점에서는 저크가 무한대가 되며 이는 로봇의 부드러운 운동을 저해하는 요소가 된다. 따라서 실제 산업 현장에서는 그림 6.14의 (c)에서와 같이 사다리꼴 가속도 궤적 계획을 사용한다. 이때 가감속 구간에서는 속도가 1차식이 아니라 2차식으로 주어지게 된다.

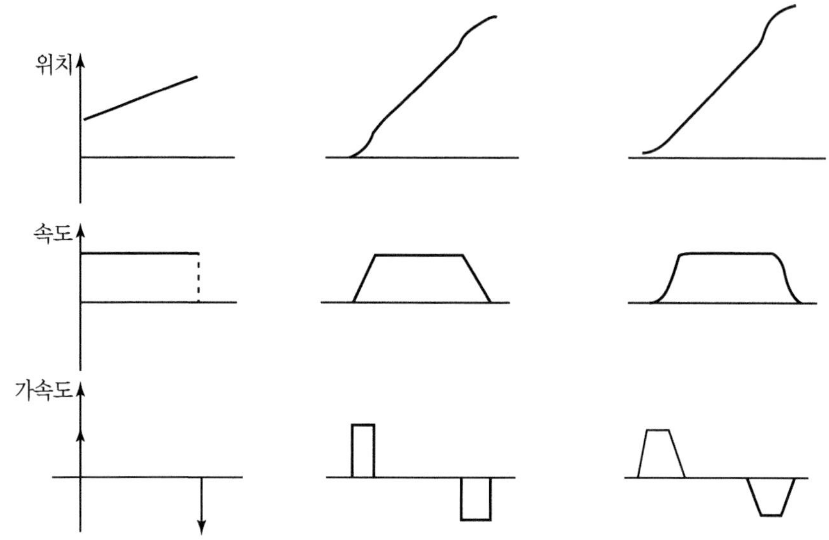

그림 6.14 직선 궤적, 사다리꼴 속도 궤적, 사다리꼴 가속도 궤적의 비교

관절 공간에서의 궤적 계획 방법들을 요약하면 표 6.1과 같다.

표 6.1 관절 공간에서의 궤적 계획 방법들

형태	내용	비고
1차 다항식	1차식으로 표현	초기점과 최종점에서 속도 불연속임
3차 다항식	3차식으로 표현	초기점과 최종점에서 속도를 지정해 줄 수 있음. 가속도 불연속임
2개의 3차 다항식	2개의 3차식으로 표현	경유점을 지정할 수 있으며 3차 다항식 방법과 동일
5차 다항식	5차식으로 표현	초기점과 최종점에서 위치, 속도, 가속도 지정 가능
사다리꼴 속도	속도가 사다리꼴 형태를 가짐	가속도가 불연속인 점이 생김
사다리꼴 가속도	가속도가 사다리꼴 형태를 가짐	현장에서 주로 사용하는 방식

6.3 직교 공간에서의 궤적 계획

6.2에서는 머니퓰레이터가 직교좌표 공간상의 A지점에서 출발하여 B지점에 도착할 때 관절 공간에서 궤적 계획을 하였다. 이와 같이 관절 공간에서 궤적 계획을 하면 A점과 B점에 도달하는 것은 보장할 수 있으나, 직교좌표 공간상에서 두 지점 사이의 경로는 관절 공간에서의 궤적 $\theta(t)$에 따라 결정될 뿐 사용자가 지정해 주지 않으므로 예상하기 어렵다. 이와 같은 동작 방식을 PTP(point-to-point) 동작이라 한다.

실제 현장에서의 응용에서는 직교좌표 공간상에서 두 지점 사이를 직선으로 이동하도록 하는 것과 같은 작업(이를 CP, Continuous Path 동작이라 한다.)이 자주 필요하다. 이 경우에는 직교좌표 공간상에서 시간에 따른 모든 위치와 방향을 지정해 주는 것이 필요하다. 즉, 직교좌표 공간에서 궤적 계획을 하는 것이 필요한 것이다. 직교좌표 공간에서 궤적 계획을 한다는 것은 로봇의 궤적이 모두 직교좌표 공간에서 표현된다는 것이므로 역기구학을 통해서 로봇 관절 값을 구해야 한다는 것을 의미한다.

예제 6.6

그림 3.9의 2축 평면 머니퓰레이터에서 $a_1 = a_2 = 1m$이다. 머니퓰레이터의 손끝의 위치가 $(1,1)^T$에서 $(0,2)^T$로 1초 동안 직선으로 이동하도록 궤적 계획을 하라.

풀이

관절 공간에서의 궤적 계획방법은 모두 직교좌표 공간에서의 궤적 계획에 사용할 수 있다. 여기에서는 가장 간단한 두 지점 사이를 직선으로 이동하는 경우에 대하여 살펴보자.

$x_i = 1,\ \ x_f = 0$이고 $y_i = 1,\ \ y_f = 2,\ \ t_f = 1$이므로 직선 궤적은 다음과 같다.

$$\begin{aligned} x(t) &= -t+1 \qquad (0 \le t \le 1) \\ y(t) &= \quad\ t+1 \end{aligned} \tag{6.3.1}$$

식 (6.3.1)은 시간 t가 변화함에 따라 직교좌표 공간의 $(1,1)^T$에서 $(0,2)^T$ 사이를 직선으로 이동한다. 머니퓰레이터의 해를 구할 때에는 특정 시간 t에서의 x, y 값을 식 (6.3.1)에서 구한 후 이 값을 이용하여 머니퓰레이터 역기구학의 해를 구하면 된다. 단 (예제 4.1)의 결과에서와 같이 역기구학 해는 복수 개가 있을 수 있으므로 특정 해를 구하도록 사용자가 정해주어야 한다. 예를 들어 $t=0$일 때 $x=1$, $y=1$이고, 이때의 해는 $(\theta_1, \theta_2)=(0°, 90°)$과 $(\theta_1, \theta_2)=(90°, -90°)$의 두 개가 존재하므로 어느 해를 구할 지 지정해 주어야 한다. 그림 6.15는 팔꿈치 하향의 해를 구한 경우에 대해 머니퓰레이터의 궤적을 보여준다.

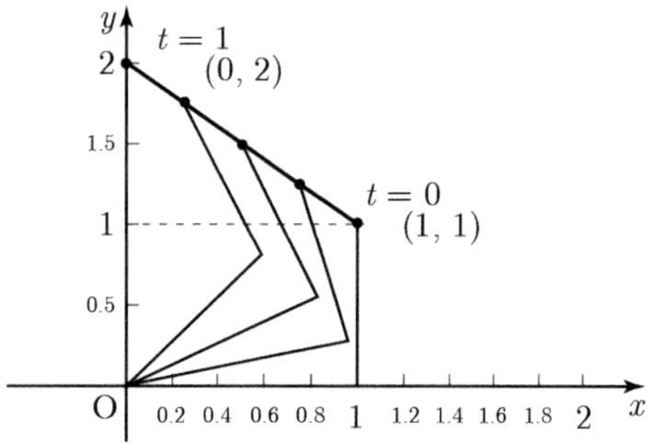

그림 6.15 직교좌표 공간에서의 직선 궤적

식 (6.3.1)로 주어지는 궤적은 초기점과 최종점 사이를 1차식으로 표현한 것이고 이는 6.2절에서 살펴본 바와 같이 속도 불연속이 생기는 단점이 있다. 이를 보완하기 위해서는 $\dot{x}(t)$ $\dot{y}(t)$이 사다리꼴 형태를 갖는 사다리꼴 속도 궤적을 사용할 수 있다. 관절공간 궤적 계획에서 논의한 6.2절의 내용들은 직교좌표 공간에서도 동일하게 적용될 수 있다.

참고문헌

[1] Saeed B. Niku, "Introduction to Robotics", Prentice Hall, 2001

[2] John J. Craig, "Introduction to Robotics", Prentice Hall, 2001, 2005

[3] 정슬, "로봇공학", 충남대학교 출판부, 2007

[4] 이석규, 도용태, 박창용, 이재원, "로봇공학의 이해", 사이텍미디어, 2008

[5] 문승빈, 고경철, 곽관웅, 강병훈, 이순걸, 김종형, "지능형 로봇공학", 사이텍미디어, 2010

[6] K. S. Fu, F. C. Gonzalez, and C. S. G. Lee, "Robotics", McGraw-Hill 1987

[7] 한헌수, "지능형 로봇제어공학", 미래컴, 2009

제 2 부

Introduction to Robotics 48시간만에 끝내는 로봇공학

제7장
산업용 로봇의 예

7.1 개요

로봇은 자동화 시스템의 중심 역할을 한다. 현재 산업 현장에서 사용되고 있는 로봇 머니퓰레이터는 대부분 직교 로봇, 스카라 로봇, 수직다관절 로봇이다. 그림 7.1은 로봇 자동화 시스템의 한 예를 보이고 있다. 로봇 자동화 시스템에서는 다양한 작업 대상물의 이송을 위해 컨베이어 벨트와 같은 이송 기구를 갖추고 있으며 작업 대상물의 특정 위치 도달 여부 등을 감지하기 위한 다양한 센서류들이 설치되어 있다. 또한 컨베이어 벨트의 구동, 솔레노이드 구동, 다양한 모터류의 구동 등을 할 수 있도록 자동화용 제어기기인 PLC(Programmable Logic Controller) 또는 산업용 PC를 같이 사용하기도 한다. 보통 로봇 제어기와 PLC, 또는 PC와의 통신을 수행하면서 작업 공정에 맞는 다양한 작업을 수행할 수 있도록 프로그램 된다.

산업용 로봇은 한국, 일본, 유럽의 회사들이 다양한 제품을 판매하고 있어서 그 종류가 매우 많으나 대부분의 로봇 머니퓰레이터는 그림 7.1에 나타내어진 바와 같이 로봇 기구부와 로봇 제어기 그리고 티치 펜던트(teach pendant)로 구성되어 있다. 이번 장에서는 이러한 산업용 로봇 중에서 국내 회사인 삼성전자의 제품에 대하여 살펴본다.

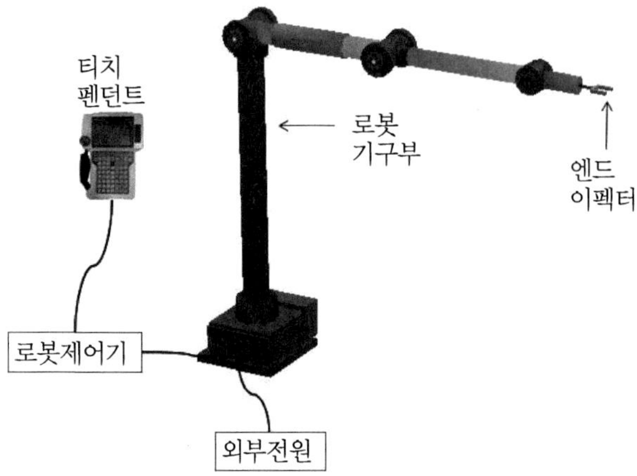

그림 7.1 로봇의 구성

7.2 FARA 로봇 시스템

7.2.1 로봇 기구부

직교 로봇

직교 로봇은 모듈형으로 구성된 1축 로봇을 다양한 방식으로 조합하여 간단한 자동화 작업에 활용할 수 있도록 되어 있다. 그림 7.2는 1축 로봇을 조합하여 구성한 3축 직교 로봇의 예이다.

작업 대상물의 상부 및 측면에서 부품을 삽입, 조립하는 공정에 적합한 로봇으로 로봇의 사양은 다음과 같고 외형 및 치수는 그림 7.2에 표시되어 있다. 그림 7.3은 다양한 조합의 직교 로봇을 나타낸다.

표 7.1 직교 로봇의 사양

Model	RCM4_M,N
Stroke(mm) X	200,300,400,500,600,700,800, 900
Y	200, 300, 400, 500,600
Z	200, 300, 400
최대속도	1400mm/sec
PAYLOAD	7kgf
반복정밀도	±0.03mm
제어기 타입	MAC/SRC+시리즈

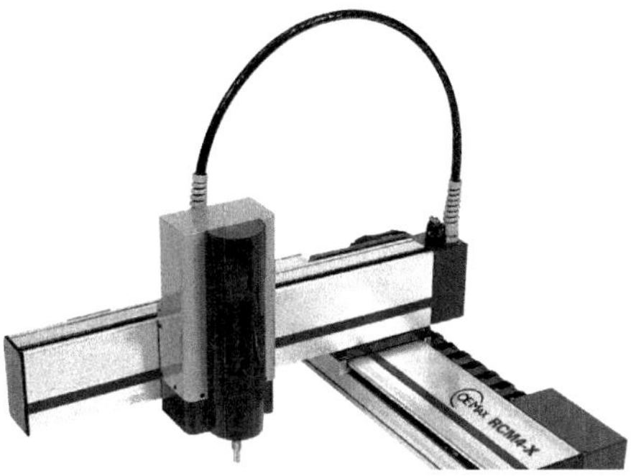

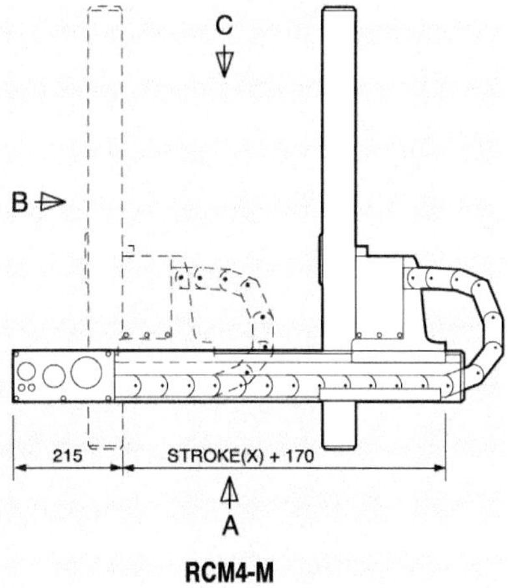

(a) 외형 (b) 치수

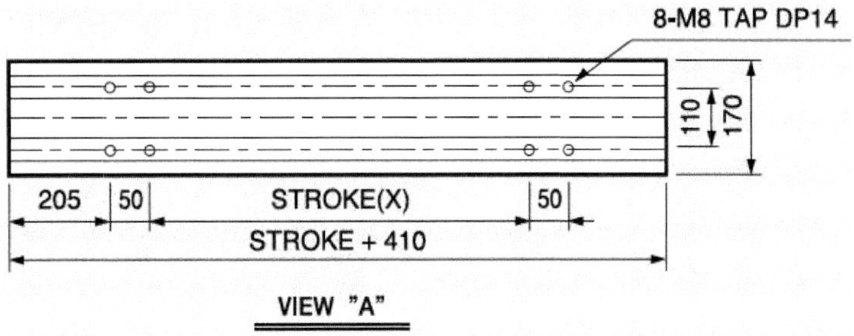

(c) 밑면도

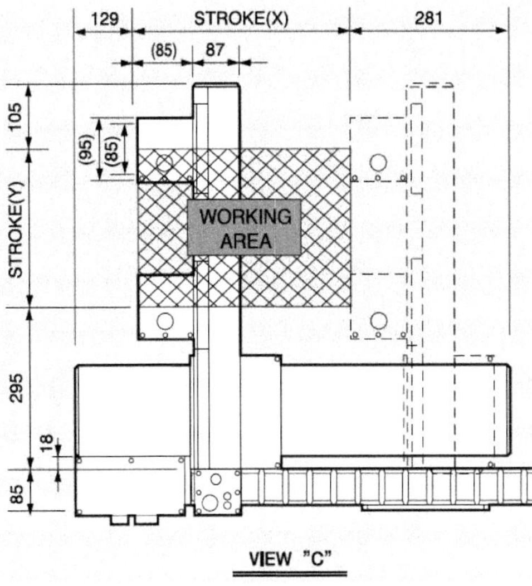

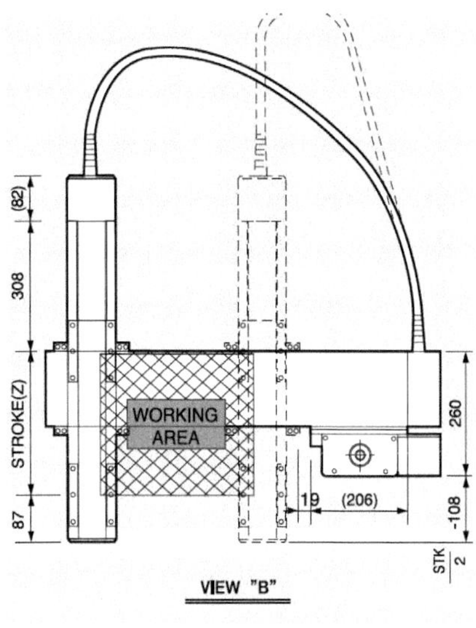

(d) 평면도 (f) 측면도

그림 7.2. 직교 로봇(삼성전자 RCM4-M)의 치수

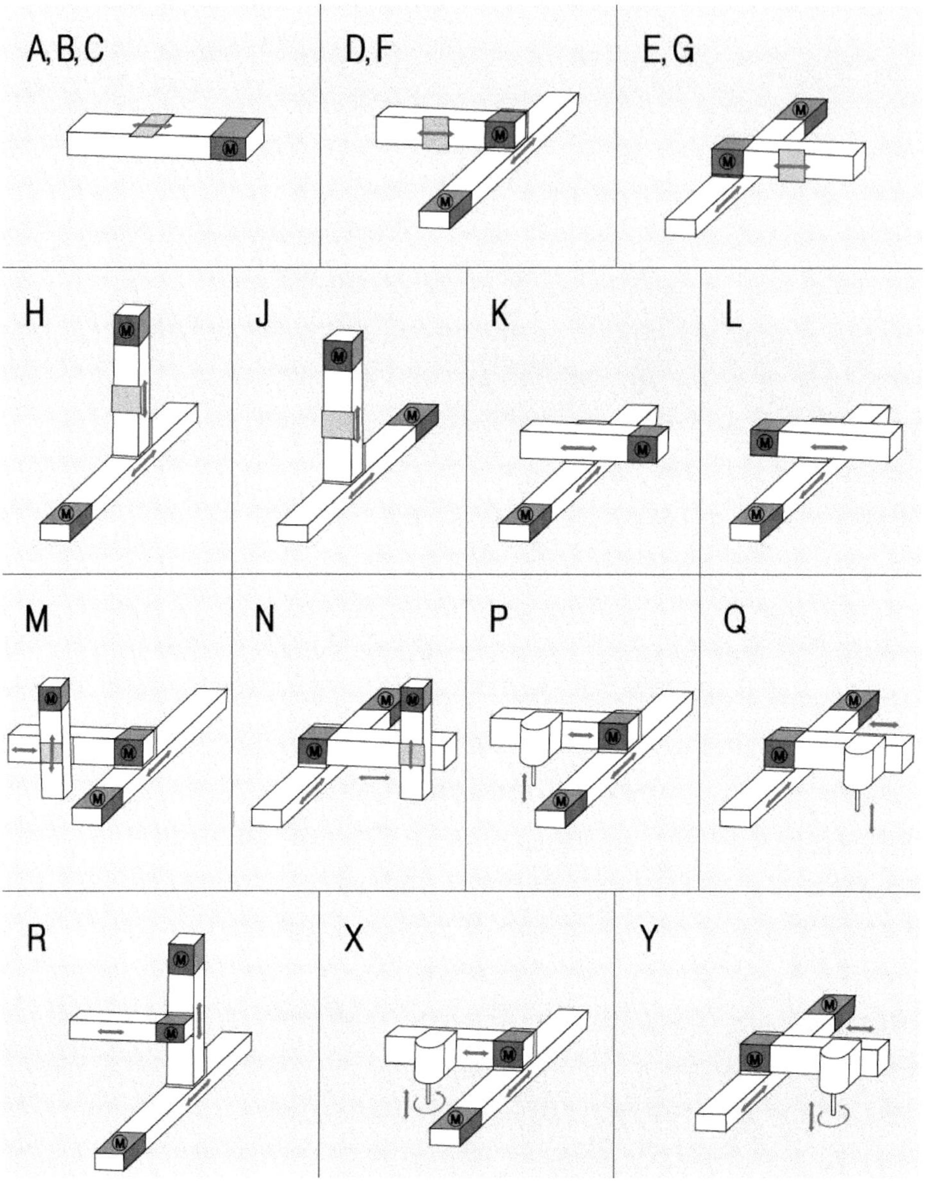

그림 7.3 다양한 조합의 직교 로봇

스카라 로봇

표 7.2는 스카라 로봇인 FARA SM7의 사양이고 그림 7.4는 외형과 치수이다.

표 7.2 스카라 로봇의 사양

항목		사양
ROBOT 종류		SCARA Robot
제어 축수		4
가반 중량		2.5kg (MAX. 5kg)
반복 정밀도	X+Y	±0.025mm
	Z	±0.02mm
	R	±0.02mm
최대 도달거리(Max)		450mm + 250mm
작업 영역	J1	±125°
	J2	±140°
	Z	0 ~ 200mm
	R	±360°
최대 속도	J1+J2	5233mm/s
	Z	1000mm/s
	R	1200°/s
모터 사양	J1	400W
	J2	200W
	Z	100W
	R	100W
위치 결정 방식		Absolute encoder
사용자용 공압 배관		$\varnothing 4-2ea$, $\varnothing 6-2ea$
사용자용 신호선		24PIN
설치 환경	주위 온도	0℃ ~ +40℃
	주위 습도	20 ~ 80%RH
	진동	0.5G 이하
중량	로봇 몸체	약 33kg
	제어기	약 25kg
제어기 종류		SRC+S-type
설치 방식		바닥설치
소비 전력		1.1KW (제어기 포함)

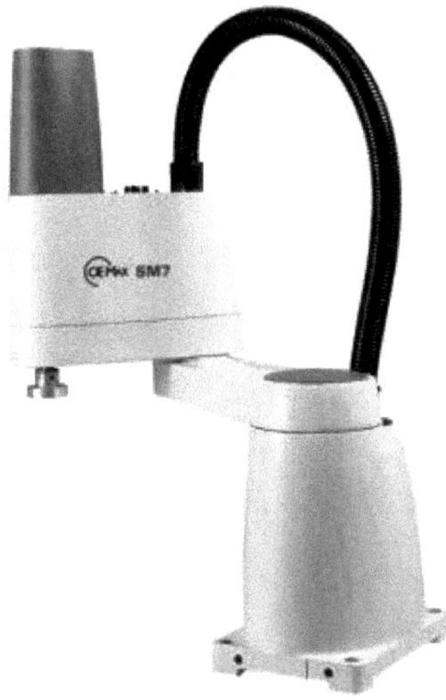

(a) 외형

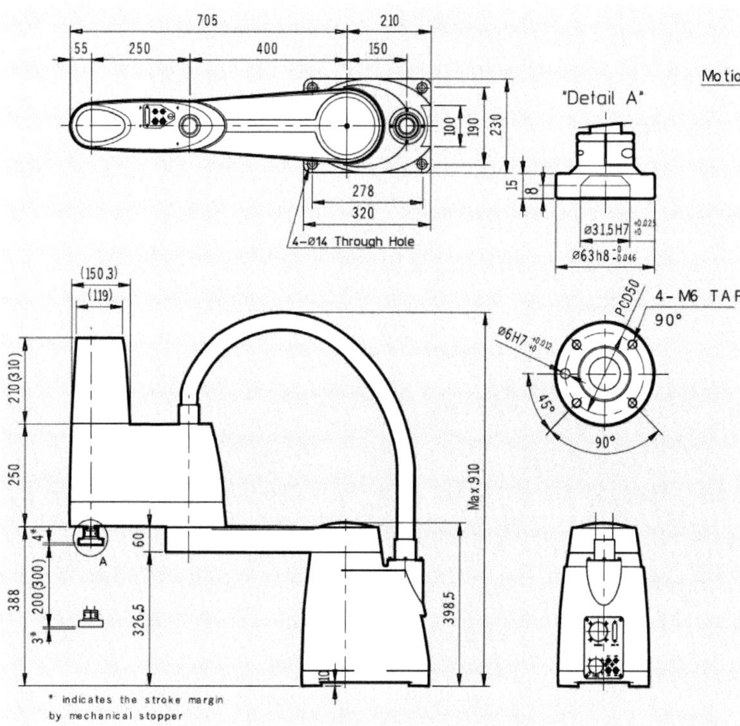
705
210
55
250
400
150
"Detail A"
100
190
230
15
8
278
320
4-Ø14 Through Hole
Ø31.5H7
Ø63h8
(150.3)
(119)
PCD50
4-M6 TAP
90°
45°
90°
210(310)
250
Max.910
4*
60
A
200(300)
388
3*
326.5
398.5
10
* indicates the stroke margin
by mechanical stopper

(b) 치수

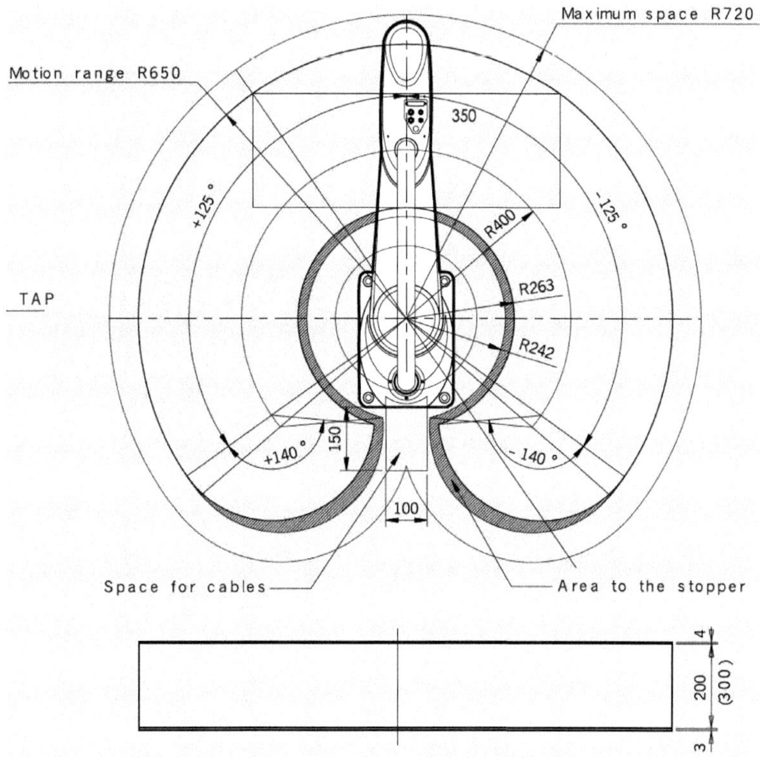

(c) 작업 공간

그림 7.4 스카라 로봇(삼성전자 SM7)의 치수

7.2.2 로봇 제어기

삼성전자는 FARA 로봇을 제어할 수 있는 제어기로 SRCP 제어기를 판매하고 있다. 이 제어기를 스카라 로봇 또는 수직 다관절 로봇에 연결하여 로봇을 제어하게 된다.

그림 7.5는 제어기의 전면부 모습이고 각 부분은 다음과 같다.

- 티치펜던트 연결용 콘넥터 : 티치펜던트와 제어기를 연결시키는 부분으로 제어기가 가동 중에도 연결, 분리가 가능
- PC 연결용 콘넥터 : PC와 제어기를 연결하는 부분(RS232C 직렬 통신 포트)으로 삼성전자가 제공하는 PC 유틸리티나, 사용자가 SRC 통신 프로토콜에 맞추어 PC 프로그램의 작성 시 활용

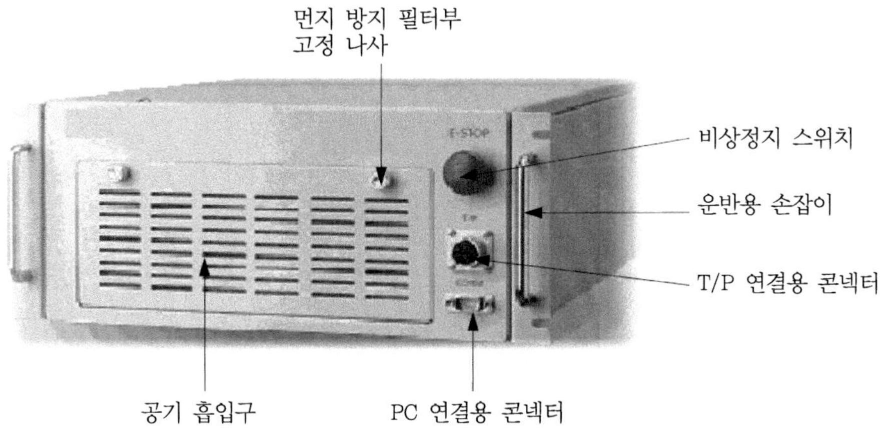

그림 7.5 SRCP 제어기의 전면부

- 비상정지 스위치 : "E-STOP"이라고 표기 되어 있으며, 어떤 경우에도 로봇의 동작을 중지시킬 수 있음. 고속 동작 중에도 브레이크가 동작하는 동시에 서보의 전원을 차단.
- 공기 흡입구 : 공기 흡입구는 제어기 내부 방열을 위한 공기의 흡입이 이루어지는 부분.

그림 7.6은 제어기의 후면부 모습이고 각 부분은 다음과 같다.

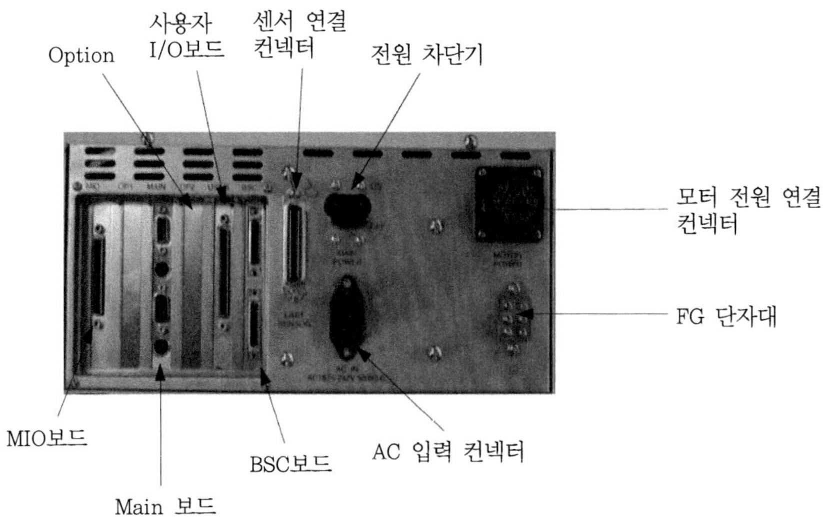

그림 7.6 SRCP 제어기의 후면부

- 전원차단기 : 제어기의 전원을 인가/단절.
- AC 전원 입력단 (컨넥터) : 세어기 주 전원 입력 부분(단상 AC220V)
- 모터전원 연결 컨넥터 : 로봇 기구부 모터 전원이 출력되는 부분.
- FG 단자대 : Frame Ground (어스) 연결하는 부분.
- 센서 연결 컨넥터 : 로봇의 리미트 센서에서 오는 출력이 연결되는 부분.
- Main 모드 : CPU와 DRAM 등이 실장된 산업 표준 PCISA CPU 보드.
- BSC 보드 : 서보 드라이브용 보드. 각 보드당 4축 제어가 가능.
- MIO 보드 : 제어기 통신, 프로그램 저장, 시스템 I/O제어 등을 담당.
- 사용자 I/O 보드 : 사용자가 입출력 접점을 증설하고자 하는 경우에 추가로 설치.
- Option 보드 : 구매한 제어기 종류에 따라 LAN 보드나 비젼 보드, 추가 IO 보드 등이 장착 됨.

7.2.3 티치 펜던트

티치 펜던트는 로봇을 조종할 수 있는 조종기이다. 티치 펜던트를 사용하여 원점 복귀, 위치 교시 등을 하거나 로봇을 프로그램할 수 있다. 실제 작업 현장에서의 로봇 운용은 티치 펜던트를 사용하여 로봇을 작업에 필요한 위치로 이동시킨 후 그 위치를 기억시키고, 필요한 경우 엔드 이펙터를 동작시키는 등 일련의 동작을 프로그램 한 후, 그 프로그램을 실행시키는 방식으로 진행된다. 이러한 방식을 교시 후 재현(teach and play back) 방식이라 한다. 따라서 티치 펜던트는 실제 로봇 운용에 있어서 매우 중요한 역할을 하는 인터페이스 장치이다.

그림 7.7은 삼성전자의 FARA 로봇용 티치 펜던트를 보이고 있다. 티치 펜던트는 중앙 상단에 LCD 화면, 중앙 중·하단에 각종 입력 키, 좌측 중앙에 비상정지용 원형 버튼, 우측 상단에 LED 표시부로 이루어져 있다.

LED 표시부는 제어기의 상태를 표시하며 표 7.3에 자세한 내용이 나타내어져 있다. 키는 총 65개로 기능키, 문자, 숫자 및 부호, JOG 키, 방향 키, 로봇 전용 특수 키로 분류된다. JOG 키는 누르는 동안 계속 입력이 되며 나머지 키는 누르면 한 번만 입력된다. 각 키의 이름과 내용은 표 7.4와 같다.

표 7.3 티치 펜던트의 LED 표시부

LED 이름	LED가 ON 된 경우의 조건
E_STOP	비상정지 Stop 인가 상태
SERVO	서보 전원 공급 중
H/W LMT	Hardware Limit에 도달
S/W LMT	Software Limit에 도달
ERROR	프로그램 실행 중 에러가 발생
RUN	프로그램이 실행되어 로봇이 구동 중
STEP	Step Running 방식으로 기동 중
HOLD	로봇이 잠시 가동을 중단
JOINT	Joint 모드
WORLD	World 모드
TOOL	Tool 모드
JOG	Jog 모드
EXT	External 모드
ZR	원점복귀 완료 상태
TP DISAB	티치 펜던트 비상정지 Disable/Enable
ARC ON	Welding시 Arc 상태표시

표 7.4 티치 펜던트의 주요 키

분류	이름	내용
기능키	F1 ~ F7, <<, >>	소프트 키로 화면의 주제에 따라 그 이름이 화면의 하단에 표시
문자 숫자 부호	'A' ~ 'Z' ,'0' ~ '9' . , * # ; + - / = ( ) [ ] < > | & :	영문자, 숫자, 부호키는 프로그램의 편집 및 정보 입력 시 사용
	SP, BS, ESC	Space, back Space, 입력 취소 기능
	ENTER	정보의 입력 완료 키
조그	± J1 ~ ± J6 ± X, ± Y, ± Z ± α, ± β, ± γ	JOG 모드에서 로봇을 임의의 위치로 운전하기 위한 키. J1~J6는 조인트 모드 시 각 조인트를 이동 WORLD 모드에서는 각 방향 (X,Y,Z,α,β,γ)으로 이동
방향키	→, ←, ↑, ↓	프로그램의 편집, 파라미터 수정 시 위치 이동키로 사용
특수키	ARC	용접기 연결 시 아크 출력의 인가 또는 중지
	RUN	프로그램의 실행 및 중지
	ROBOT	두 대 이상의 로봇제어 시 로봇을 선택
	PAUSE	실행 중인 프로그램을 일시정지
	SERVO	서보 전원을 인가, 해제

분류	이름	내용
특수키	ZR	로봇의 원점복귀를 실행
	RESET	제어기 및 서보의 에러상태를 해제
	JOG	JOG 상태의 전환 또는 해제 키
	MODE	JOG 상태를 JOINT/WORLD/TOOL 상태를 순차적으로 전환
	ESTOP	티치 펜던트의 비상정지 기능 사용가능 또는 불가능을 선택
	REC	현재 위치를 LOCATION으로 저장
	SPEED	로봇의 동작속도를 증가 또는 감소 (SHIFT를 누른 상태에서 누르게 되면 10씩 증감되며, 단독으로 누르면 1씩 증감)

그림 7.7 삼성전자의 FARA 로봇용 티치 펜던트

7.2.4 로봇의 교시(teaching) 및 위치 저장

삼성전자 FARA 로봇을 교시하기 위해서는 우선 로봇을 구동할 수 있는 상태로 만든 후에 JOG 모드에서 티치 펜던트를 이용하여 다양한 방식으로 로봇을 이동시킨 후 위치를 저장한다.

로봇 교시 준비

① 제어기의 전원 스위치를 ON하여 전원을 인가한다.

② 제어기가 정상적으로 부팅할 때까지 대기한다.

③ 티치 펜던트의 'SHIFT+SERVO'키를 눌러서 서보 제어 전원을 인가한다. 로봇의 관절을 구성하는 전기모터를 제어하기 위해서는 서보를 사용하는데, 이 서보에 전원을 공급하는 절차이다.

④ 티치 펜던트의 'SHIFT+ZR'키를 눌러서 로봇의 원점 복귀를 한다. 절대치 엔코더(absoulte-type encoder)의 경우에는 전원이 인가된 즉시 현재의 위치를 감지할 수 있으나, 증가형 엔코더(incremental-type encoder)는 그렇지 못하다. 증가형 엔코더에서는 모터 축을 회전시켜서 원점을 잡은 이후에야 비로소 위치를 감지할 수 있기 때문에 원점 복귀라는 작업이 필요한 것이다. 이 원점 복귀까지 끝나면 이제 로봇은 동작을 할 준비가 완료된 것이다.

로봇 교시 및 위치 저장

① 티치 펜던트의 'SHIFT+JOG/MODE'키를 눌러서 'Joint' Jog 모드로 들어간다. Jog 모드로 들어가면 원하는 대로 로봇을 조종할 수 있다.

② 'JOG/MODE'키를 누르면 'World' Jog 모드, 다시 누르면 'Tool' Jog 모드, 다시 누르면 'Joint' Jog 모드 순으로 순환한다.

③ 'Joint' Jog 모드에서 ± J1 ~ ± J6 키를 누르면 키를 누르는 동안 해당하는 관절이 움직인다. 즉 +J1 키를 누르면 1축 관절이 +방향으로 회전하고 -J3 키를 누르면 3축 관절이 −방향으로 회전한다.

④ 'World' Jog 모드에서 $\pm X$, $\pm Y$, $\pm Z$, $\pm\alpha$, $\pm\beta$, $\pm\gamma$키를 누르면 키를 누르는 동안 그림 7.8에 $x_w - y_w - z_w$로 정의된 월드좌표계에 대해서 이동한다. 즉 $+X$키를 누르면 월드좌표계의 $+\boldsymbol{x}_w$방향으로 직선 이동하고, $-\alpha$키를

누르면 월드좌표계의 $\boldsymbol{x}_w$방향에 대해서 −방향으로 회전한다. $\pm\alpha$, $\pm\beta$, $\pm\gamma$ 키를 누를 때는 로봇 선단의 위치는 고정된 채로 방향만 변한다.

⑤ 'Tool' Jog 모드에서 $\pm X$, $\pm Y$, $\pm Z$, $\pm\alpha$, $\pm\beta$, $\pm\gamma$키를 누르면 키를 누르는 동안 그림 7.8에 $x_t-y_t-z_t$로 정의된 툴좌표계에 대해서 이동한다. 즉 $+X$ 키를 누르면 툴좌표계의 $+\boldsymbol{x}_w$방향으로 직선 이동하고, $-\alpha$키를 누르면 툴좌표계의 $\boldsymbol{x}_w$ 방향에 대해서 −방향으로 회전한다. $\pm\alpha$, $\pm\beta$, $\pm\gamma$키를 누를 때는 로봇 선단의 위치는 고정된 채로 방향만 변한다.

⑥ 로봇을 원하는 자세로 이동시켰으면 ESTOP/REC 키를 눌러 위치를 저장한다. 로봇 위치 이름은 문자로 시작하는 7자 이내의 문자+숫자열로 지정해야 한다. 이름을 지정한 후 ENTER 키를 누르면 저장이 완료된다.

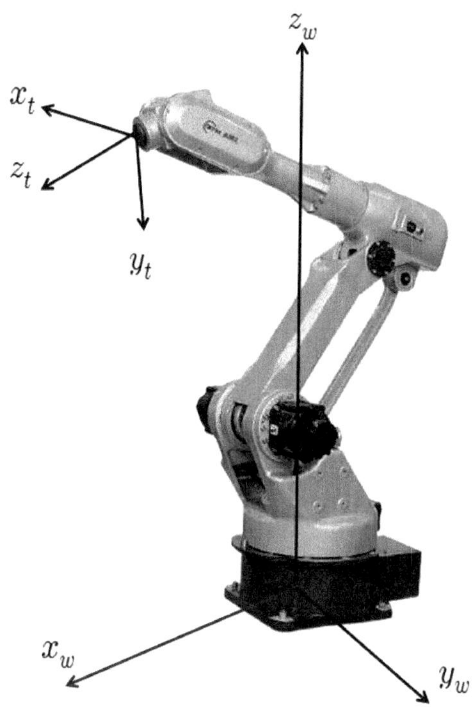

그림 7.8 FARA 로봇의 월드좌표계와 툴좌표계

7.2.5 로봇 프로그래밍

산업용 로봇을 판매하는 회사들은 자기 회사의 로봇 제품을 프로그램할 수 있는 로봇 언어를 제공한다. 삼성전자도 FARA 로봇을 프로그램할 수 있도록 FARAL 이라는 로봇 프로그램 언어(programming language)를 제공하고 있다. 사용자는 PC 또는 티치 펜던트에서 제공되는 에디터를 사용하여 FARAL 언어를 사용하여 로봇을 프로그램할 수 있다. 로봇 언어는 일반 컴퓨터 프로그래밍 언어의 기본적인 기능에다 로봇의 동작과 입출력 접점을 제어하는 기능을 추가한 것이다.

표 7.5는 FARAL 로봇 언어 구성의 일부를 나타낸 것이다.

표 7.5 FARAL 로봇 언어 구성의 일부

그룹	내용
DEFINE	INT, REAL, LOC, SUB, ENDSUB
MOTION	MOVE, MOVES, MOVEA, MOVEC, APPRO, ROTATE, ALIGN, DRIVE, CONT, FINE, LEFT, RIGHT, ABOVE, BELOW, FLIP, NOFLIP
LOCATION	LSET, LDEL, LREN, LCOPY, LDATA, SHIFT, HERE, WORK, TOOL, TCP
I/O	IFSIG, GOSIG, SDATA, SDEF, SIG, SIGIN, SIGOUT, SINT, PULSE, WAIT, SCHK, SOUT
PROGRAM	GOTO, IF, THEN, ELSE, ENDIF, RETURN, FOR, NEXT, WHILE, ENDWHILE, STOP, GOSUB, DELAY
COMMUNICATION	READ, WRITE, TRANS, LOAD
FUNCTION	SIN, COS, ATAN2, LN, LOG, EXP, ABS, POW, EXT, SQRT
PARAMETER	ACC, MSPD, GAIN, UL, LL, INPOST, INPOSA, ENVELA, REFPNT, SPEED

① DEFINE 부분은 정수형 변수, 실수형 변수, 위치, 서브루틴 등을 선언하는 부분이다.

② MOTION 부분은 MOVE 등과 같이 로봇의 동작을 제어하는 명령어들과 다음과 같이 여러 개의 역기구학 해 중에서 하나의 해를 선택하기 위해서 로봇 자세를 규정해 주는 명령어들로 구성되어 있다.

- MOVE : 지정된 위치까지 PTP 이동

- MOVES : 지정된 위치까지 직선 이동(CP 이동)
- LEFT, RIGHT : 왼팔 자세, 오른팔 자세
- ABOVE, BELOW : 팔꿈치 상향, 팔꿈치 하향 자세
- FLIP, NOFLIP : 구형 손목에서 손목이 위로 향하는 자세, 아래로 향하는 자세

③ LOCATION : 위치 관련 명령어들로 위치의 선언, 복사, 이동 등에 관한 명령어들로 구성되어 있다.

④ I/O : 입출력 접점에 관한 명령들로 입출력을 on/off 시키기, 입출력 포트 읽기, 쓰기, 상태 저장 등을 포함한다.

⑤ PROGRAM : 프로그램 흐름을 제어하는 명령어들이다.

⑥ COMMUNICATION : 통신 관련 명령어들이다.

⑦ FUNCTION : atan2와 같은 삼각함수, 지수 로그 등 계산과 관련된 함수들이다.

⑧ PARAMETER : 동작과 관련된 파라미터들이다.

- ACC : 각 축의 가속 구간을 설정
- MSPD : 각 축 모터의 최대 분당 회전수 설정
- UL, LL : 각 축별 소프트웨어 리미트의 상한, 하한 설정
- SPEED : PTP 동작과 CP 동작의 속도 설정

사용자는 위의 로봇 프로그램 언어를 사용하여 프로그램을 작성하면 된다. 프로그램의 마지막은 항상 END로 끝낸다. P1, P2, P3가 미리 기억되어 있는 로봇의 위치라고 할 때 간단한 프로그램은 다음과 같은 형태이다. 이 프로그램은 매우 간단하지만 온전한 하나의 로봇 프로그램이다. 이 프로그램에서 1행은 현재 로봇의 위치에서 P1의 위치로 PTP 이동하고, 2행은 CP 동작 시 이동 속도를 100mm/s로 설정하라는 명령이고, 3행은 P1에서 P3로 직선 이동하라는 명령이다. 4행은 프로그램의 끝을 나타낸다.

```
MOVE P1
SPEED/C 100
MOVES P3
END
```

7.2.6 로봇 구동

삼성전자 FARA 로봇은 내부제어와 외부제어 2가지 방식으로 제어할 수 있다. 내부 제어는 사용자가 티치 펜던트를 사용하여 제어하는 방법이고 외부제어는 PLC 등의 외부 장치에서 로봇 제어기의 MIO 보드에 있는 시스템 I/O 신호를 이용하여 제어하는 방식이다.

내부 제어에 의한 로봇 구동 순서

① 제어기의 전원 스위치를 ON하여 전원을 인가한다.

② 제어기가 정상적으로 부팅할 때까지 대기한다.

③ 티치 펜던트의 'SHIFT+SERVO' 키를 눌러서 서보 제어 전원을 인가한다.

④ 티치 펜던트의 'SHIFT+ZR' 키를 눌러서 로봇의 원점 복귀를 한다.

⑤ 티치 펜던트의 'RUN' 키를 눌러서 실행하고자 하는 프로그램을 선택한다.

⑥ 'CONT, CYCL, SRUN, DRUN' 등 프로그램 수행 방식 키를 눌러 프로그램을 실행한다.

프로그램 실행 모드의 동작은 다음과 같다.

- CONT : 선택된 프로그램의 연속 실행을 수행.
- CYCL : 프로그램을 단 한 번 실행.
- SRUN : 선택된 프로그램을 사용자의 명령에 의해 한 줄씩(STEP) 실행. 이 기능은 로봇 동작의 검증 등의 용도로 사용함.
- DRUN : Dry Run으로 실제로 로봇을 동작하지 않는 상태에서 STEP 단위로 프로그램 실행을 함. 주로 프로그램 상의 오류 등을 검출하기 위한 용도로 사용.

외부 제어에 의한 로봇 구동 순서

시스템 I/O 입력 접점 신호를 다음 순서대로 선택한다.

① 외부 입력 Disable 신호를 OFF한다.

② 외부 제어 신호를 ON한다.

③ 로봇 선택 신호로 제어할 로봇을 선택한다.

④ 서보 전원 신호를 ON한 후 서보 전원 상태가 ON될 때까지 대기한다.

⑤ 원점 복귀 신호를 ON한 후 원점복귀 상태가 ON될 때까지 대기한다.

⑥ 프로그램 선택 신호를 조작하여 프로그램을 선택한다.

⑦ 프로그램 기동 신호를 ON하여 선택된 프로그램을 실행한다.
⑧ 실행 중 일시 정지 신호를 ON시키면 프로그램 수행이 일시 정지된다.
⑨ 다시 실행시키고자 할 때에는 프로그램 기동 신호를 다시 ON시킨다.
⑩ 실행을 정지할 때에는 프로그램 정지 신호를 ON한다.

일반적인 로봇 운용 과정

로봇과 PLC, PC 등의 제어기기들로 구성된 자동화 시스템에서의 로봇 운용은 일반적으로 다음과 같은 순서로 한다.

① 내부제어 단계로 티치 펜던트를 사용하여 로봇을 이동시키면서 로봇의 위치, 툴의 상태 등을 저장한다.
② 입출력 접점의 상태 등과 연계하여 작업 공정의 전체 흐름에 맞도록 로봇 프로그램을 완성한다.
③ 티치 펜던트를 사용하여 로봇을 구동해 보면서 오류를 수정한다.
④ 로봇 프로그램이 완벽하다고 판단되면 PLC, PC 등의 외부 기기와 연결하여 전체 시스템을 운용한다. 이때 로봇은 외부 제어에 의해 구동된다.

7.2.6 로봇 프로그램의 예

이 절에서는 삼성전자 FARAL 언어를 사용한 로봇 프로그램의 예를 보인다.

그림 7.9에 도시된 상황은 다음과 같다. 상품이 입력 컨베이어 벨트 위에 놓여져 이송되고 정해진 위치 P1에 도달하면, 광센서가 이를 감지하여 로봇에 알리면 로봇이 상품을 집어서 정해진 위치 P2에 가져다 놓는다. P2에 놓인 상품은 출력 컨베이어 벨트에 의해 후속 공정으로 이송된다고 하자. 로봇은 위의 과정을 5회 반복한 후에 프로그램을 종료한다.

FARA 로봇의 제어기에는 User I/O가 있으며 이를 통하여 사용자가 정의한 입출력 정보를 처리할 수 있다. 상품의 도달 여부를 감지하는 광센서의 출력은 User I/O의 입력 1번으로 연결하였다고 하자. 또한 상품을 집을 수 있도록 그리퍼(gripper)를 달았다고 하고 그리퍼는 User I/O의 출력 3번을 통해 제어하도록 설정하였다고 하자. 위의 작업을 하는 프로그램의 한 예는 그림 7.10과 같다.

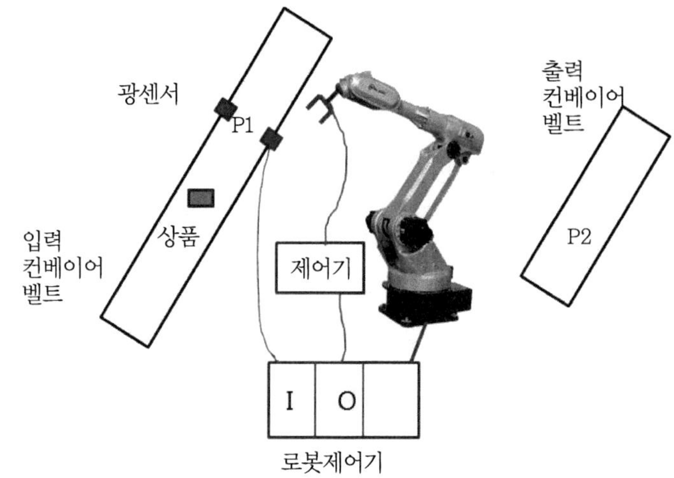

그림 7.9 FARAL 언어 프로그램을 위한 예제

```
INT A
LOC P1, P2
LSET P1=100, 200, 30, 0, 90, 0
LSET P2=100, -200, 30, 0, 90, 0

A=5
WHILE A !=0
APPRO P1, 50
WAIT(0) 1
MOVE P1
GOSUB CLOSE()
APPRO P1, 50

APPRO P2, 50
MOVE P2
GOSUB OPEN()
APPRO P2, 50
A=A-1
ENDWHILE
END

SUB OPEN()
      SIG 3
      DELAY 1.0
```

```
ENDSUB

SUB CLOSE()
      SIG -3
      DELAY 1.0
ENDSUB
```

그림 7.10 FARAL 언어 프로그램 예

다음은 위 프로그램에서 사용된 FARAL 로봇 언어의 문법의 일부이다.

- INT 변수명
  - 정수형 변수를 선언
- LOC [LOCATION], [LOCATION], ...
  - 로봇 프로그램 내부에서 임시로 사용할 수 있는 LOCATION 변수 선언
- LSET [LOCATION]=[DATA_1]...[DATA_N]
  - LOCATION 데이터를 설정.
  - [DATA_1]...[DATA_N]은 로봇의 축 수만큼 사용가능
  - 관절좌표계로 [LOCATION]명을 표시한 경우, 각 축의 각도 또는 거리
  - 직교좌표계로 [LOCATION]명을 표시한 경우, 직교좌표의 X, Y, Z 좌표와 회전각도를 지정
- WHILE <조건식>

      (실행문)

  ENDWHILE
  - 조건식의 값이 만족하는 동안 해당 실행문을 반복하여 실행
- APPRO [LOCATION], [거리]
  - 지정한 [LOCATION]에서 직교좌표계의 Z축 방향으로 지정한 [거리]만큼 이동된 위치로 동기 동작(PTP 동작)으로 이동
- WAIT(0) [외부입력1], [외부입력2], ···
  - 외부입력 신호가 ON될 때까지 무한정 대기. 외부입력이 여러 개인 경우 모든 입력이 ON될 때까지 무한정 대기.
- MOVE [LOCATION]
  - 지정된 [LOCATION]으로 로봇을 각축 동기 동작(PTP 동작)하여 이동

- GOSUB 부 프로그램명
  - 프로그램의 제어를 호출된 부 프로그램으로 이동하여 해당 부 프로그램을 수행한 후 호출한 다음 라인으로 돌아옴
- SUB 부 함수명 ([파라미터, ...])

  <부 함수 실행문>

  ENDSUB
  - 영문자로 시작되는 최대 10자의 부 함수 이름과 필요에 따라 전달 받는 파라미터를 선언
  - 부 함수의 끝은 'ENDSUB'로 표시

그림 7.10의 프로그램에 대한 상세 설명은 다음과 같다. 1행은 정수형 변수로 A를 선언한 것이고, 2행은 LOCATION(위치)을 선언한 것이다. LOCATION 이름 앞에 "#"표시가 있으면 관절 좌표계로 선언하는 것이고, 없으면 직교좌표계로 선언한 것이다. 여기에서는 P1, P2라는 LOCATION을 직교좌표계 변수로 선언한 것이다. P1은 상품이 들어와서 광센서 감지에 의해 정지하는 위치이고, P2는 로봇이 상품을 집어서 내려놓는 위치이다.

3, 4행은 P1, P2의 위치를 지정하는 부분이다. 6개의 숫자는 x, y, z 축 방향 거리와 각 방향 회전 각도를 표시한다.

5행은 정수형 변수 A에 5를 할당한 것이고, 5행과 16행은 While문으로 정수형 변수 A의 값이 0이 아닌 동안에 5행과 16행 사이를 수행하라는 명령이다. 5행에서는 A가 0이 아닌 동안 수행하라는 의미이고, 16행에서는 A를 1 감소시키므로 전체 5회의 수행 후에는 While문을 빠져나와서 18행 END에서 프로그램을 종료하게된다.

7행은 P1의 위치에서 월드좌표계의 z축 방향으로 50mm만큼 이동된 위치로 PTP 이동하라는 명령이다. 이는 상품을 안전하게 잡기 위해서 상품이 놓인 위치에서 50mm만큼 위쪽으로 로봇을 이동시키는 것이다.

8행은 외부입력 1번이 On될 때까지 무한정 기다리라는 명령이다. 로봇 제어기의 User I/O 보드의 입력 1번은 광센서의 출력과 연결되어 있으므로 광센서가 상품을 감지할 때까지 무한정 기다리라는 명령인 것이다. 광센서가 상품을 감지하면 외부입력 1번이 On이 되므로 다음 라인으로 진행한다.

9행은 상품을 잡을 수 있는 위치인 P1으로 이동하라는 명령이고 10행은 서브루틴 CLOSE()로 가라는 명령이다.

서브루틴 CLOSE()는 23행부터 26행까지 정의되어 있다. 24행 SIG -3은 외부출력 3번을 Off시키라는 명령이다. 로봇 제어기의 User I/O 출력 3번이 Off가 되면, 그리퍼를 제어하는 제어기기를 통해 그리퍼를 닫는 동작을 수행하도록 설정되어 있다고 가정한다. 25행은 그리퍼를 닫는 시간을 기다려 주기 위해서 1초의 시간 지연을 주는 명령이다.

서브루틴 CLOSE()의 수행이 완료되면 로봇은 그리퍼를 닫아서 상품을 잡은 상태이며 프로그램은 11행으로 돌아간다. 11행에서는 상품을 잡은 위치에서 위쪽으로 50mm 되는 위치로 이동하는 명령이다.

12행은 P2의 위치에서 월드좌표계의 z축 방향으로 50mm만큼 이동된 위치로 PTP 이동하라는 명령이다. 이는 상품을 안전하게 내려놓기 위해서 상품을 놓을 위치에서 50mm만큼 위쪽으로 로봇을 이동시키는 것이다.

13행은 상품을 놓을 위치인 P2로 이동하라는 명령이고 14행은 서브루틴 OPEN()으로 가라는 명령이다.

서브루틴 OPEN()은 19행부터 22행까지 정의되어 있으며 서브루틴 CLOSE()와 거의 유사하다. 다만 20행에서 SIG 3은 외부출력 3번을 On시키라는 명령이다. 로봇 제어기의 User I/O 출력 3번이 On이 되면 그리퍼를 제어하는 제어기기를 통해 그리퍼를 여는 동작을 수행하도록 설정되어 있다고 가정한다.

서브루틴 OPEN()의 수행이 완료되면 로봇은 그리퍼를 열어서 상품을 놓은 상태이며 프로그램은 15행으로 돌아간다. 15행에서는 상품을 놓은 위치에서 위쪽으로 50mm 되는 위치로 이동하는 명령이다.

16행에서는 앞에서 설명한 바와 같이 A의 값을 감소시킨다. 이후 위에서와 같은 동작을 5회 반복하고 프로그램을 종료한다.

7.3 로봇 실링 작업 공정

7.3.1 개요

이 절에서는 자동차 제조 공정 중 실링 작업 공정에서 로봇공학 이론이 어떻게 적용될 수 있는지를 살펴본다.

차량은 외부공기 등의 기체 및 비와 같은 액체 또는 운행 중에 발생하는 소음의 유입에 대비하여 차량의 내부 및 외부의 다양한 위치에 실링 작업이 요구된다. 실링 작업에서는 조립 및 점용접이 수행된 후 발생하는 접합부의 이음새를 접착제의 일종인 실러(Sealer)를 도포하여 막아준다. 실러 공급은 실러의 유량을 정밀하게 자동 공급해주는 유량 제어장치에 의해 수행되며 말단에 부착된 실링건(Sealing gun)에 의해 실러가 분사된다. 이때 실러의 두께와 폭을 균일하게 도포시키기 위해서 실러를 도포하는 실링건을 정밀하게 일정 속도로 이송하는 작업이 요구된다. 그리고 생산성을 높이기 위해 작업 속도를 최대한 빠르게 유지하는 것 또한 중요하다.

실링 공정에서는 차체의 다양한 위치에서 작업이 수행되어야 하므로 로봇에 이동성이 있어야 한다. 로봇에 이동성을 줄 수 있는 한 가지 방법은 로봇의 베이스에 직선으로 이동하는 대차형식의 이동식 플렛폼을 장착하는 방식이다.

따라서 자동차의 실링 공정에 사용되는 로봇 시스템은 6축의 회전 관절을 가지는 직렬형 로봇의 베이스에 1축의 직동 관절을 추가하여 총 7자유도로 구성되며 이는 여유자유도 로봇이다. 이와 같은 여유자유도 로봇은 다른 로봇에 비해 여러 가지 장점을 갖는다. 우선 로봇의 작업영역이 증가하고 말단장치의 움직임을 생성하는 데 있어서 다양한 자세를 취할 수 있으므로 동작 유연성이 증가한다. 즉, 여유자유도를 이용하여 장애물이나 특이점도 회피할 수 있다.

여유자유도 로봇에서는 역기구학 해가 무한히 많으므로 이중에서 최적의 해를 구하는 것이 필요한데 이는 쉽지 않은 문제로 여유자유도 로봇의 활용에서 단점이 된다. 실제 산업 현장에서도 여유자유도 이론을 응용해서 로봇의 궤적을 구하는 예는 거의 없고, 대부분 운용자(operator)가 경험적 지식을 바탕으로 티치 펜던트를 사용하여 로봇의 동작을 직접 교시 및 저장한 후 재현(Teach and Play back)하는 방식이 사용되고 있다. 이 절에서는 자동차 실링 공정에서 차체의 특정 경로를 따라 실링 작업을 수행하도록 여유자유도 이론을 적용하여 로봇의 최적 경로를 생성하는 과정을 살펴본다.

7.3.2 6축 수직다관절 머니퓰레이터

(1) 로봇 스펙

실링 공정에 사용된 6축 직렬형 로봇은 일본 YASKAWA사에서 제작된 MH50이라는 모델이다. 이 로봇은 용접, 절단, 실링, 자재 핸들링, 도색 등의 작업에 주로 사용되며 외형은 그림 7.11과 같고 주요 스펙은 표 7.6과 같다. 이 로봇의 구동을 위한 제어기로는 DX100 multiple robot controller가 사용된다.

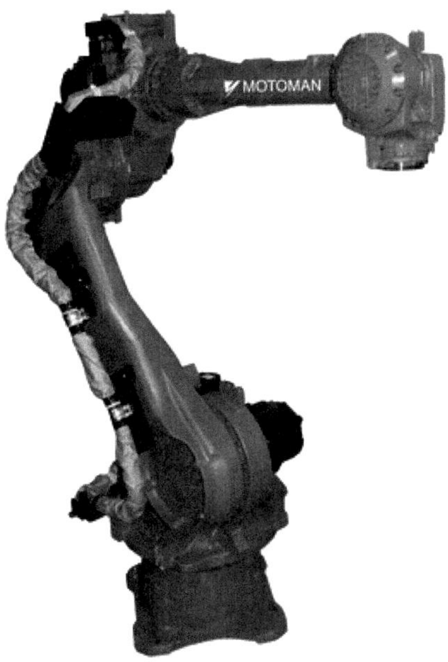

그림 7.11 YASKAWA MH50의 실제 모습

표 7.6 YASKAWA MH50의스펙

항목		사양
구조		직렬형
제어 축수		6
가반 중량		50kg
반복 정밀도		±0.07mm
수직 최대 도달거리		3,578mm
수평 최대 도달거리		2,061mm
작업 영역	S축(Turning)	±180°
	L축(Lower Arm)	+135°/−90°
	U축(Upper Arm)	+251°/−170°
	R축(Upper Arm Twist)	±360°
	B축(Pitcch/Yaw)	±125°
	T축(Twist)	±360°
최대 속도	S축	180°/s
	L축	178°/s
	U축	178°/s
	R축	250°/s
	B축	250°/s
	T축	360°/s
로봇 중량	약 550kg	
소비 전력	4kVA	
허용 Moment	R축	216N • m
	B축	216N • m
	T축	147N • m
허용 Moment of Inertia	R축	28kg • m^2
	B축	28kg • m^2
	T축	11kg • m^2
내부 User I/O 케이블		23 conductors+ground
내부 User Air Line		3/8" 파이프 탭 연결

(2) 로봇 치수 및 기구학

로봇 치수는 그림 7.12와 같으며 D-H 표기법에 따른 좌표계 설정과 파라미터들은 그림 7.13과 표 7.7과 같다. 표에서 θ_i 뒤에 괄호 안에 표시된 숫자는 그림 7.13에 표시된 좌표계에서의 현재 관절 값이다.

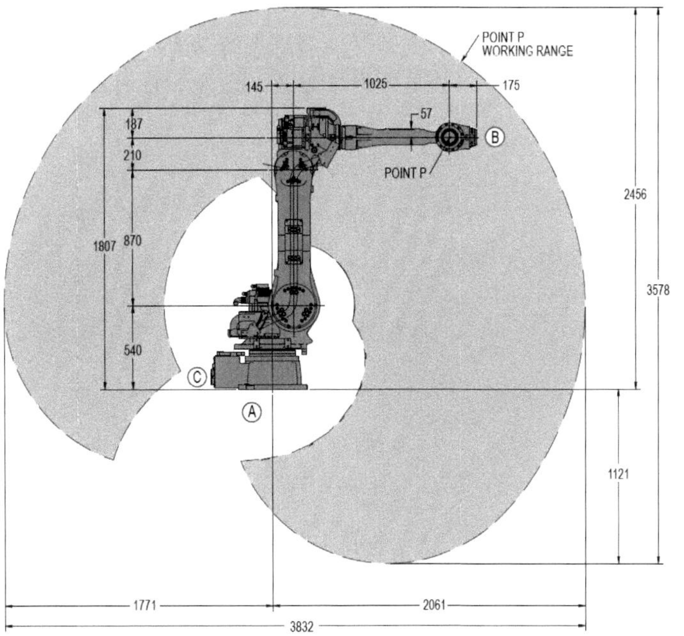

그림 7.12 YASKAWA MH50의 치수

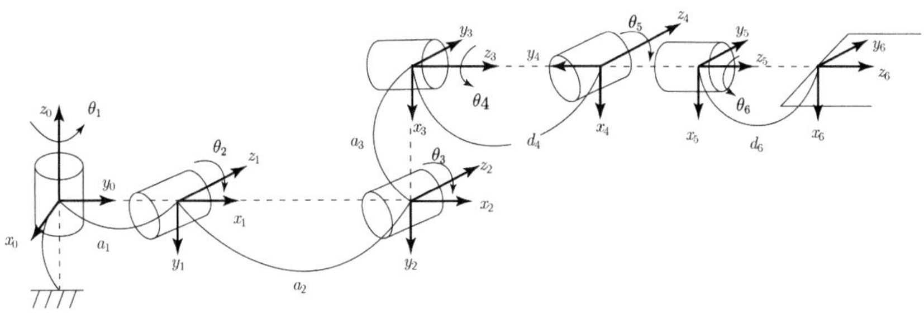

그림 7.13 좌표계의 설정

표 7.7 YASKAWA MH50의 DH 파라미터들

Link	θ_i	α_i	a_i	d_i
1	$\theta_1(=90^\circ)$	-90°	$a_1(=145)$	0
2	$\theta_2(=0^\circ)$	0°	$a_2(=870)$	0
3	$\theta_3(=90^\circ)$	90°	$a_3(=-210)$	0
4	$\theta_4(=0^\circ)$	-90°	0	$d_4(=1,025)$
5	$\theta_5(=0^\circ)$	90°	0	0
6	$\theta_6(=0^\circ)$	0°	0	$d_6(=175)$

이웃하는 좌표계들 사이의 동차변환행렬들은 다음 식과 같다.

$$\boldsymbol{A}_0^1=\begin{bmatrix} c_1 & 0 & -s_1 & a_1c_1 \\ s_1 & 0 & c_1 & a_1s_1 \\ 0 & -1 & 0 & 0 \\ 0 & 0 & 0 & 1 \end{bmatrix},\ \boldsymbol{A}_1^2=\begin{bmatrix} c_2 & -s_2 & 0 & a_2c_2 \\ s_2 & c_2 & 0 & a_2s_2 \\ 0 & 0 & 1 & 0 \\ 0 & 0 & 0 & 1 \end{bmatrix}, \tag{7.3.1}$$

$$\boldsymbol{A}_2^3=\begin{bmatrix} c_3 & 0 & s_3 & a_3c_3 \\ s_3 & 0 & -c_3 & a_3s_3 \\ 0 & 1 & 0 & 0 \\ 0 & 0 & 0 & 1 \end{bmatrix},\ \boldsymbol{A}_3^4=\begin{bmatrix} c_4 & 0 & -s_4 & 0 \\ s_4 & 0 & c_4 & 0 \\ 0 & -1 & 0 & d_4 \\ 0 & 0 & 0 & 1 \end{bmatrix},$$

$$\boldsymbol{A}_4^5=\begin{bmatrix} c_5 & 0 & s_5 & 0 \\ s_5 & 0 & -c_5 & 0 \\ 0 & 1 & 0 & 0 \\ 0 & 0 & 0 & 1 \end{bmatrix},\quad \boldsymbol{A}_5^6=\begin{pmatrix} c_6 & -s_6 & 0 & 0 \\ s_6 & c_6 & 0 & 0 \\ 0 & 0 & 1 & d_6 \\ 0 & 0 & 0 & 1 \end{pmatrix}$$

로봇의 첫 3개 관절들로 이루어지는 변환행렬은 다음과 같다.

$$\boldsymbol{T}_0^3=\boldsymbol{A}_0^1\boldsymbol{A}_1^2\boldsymbol{A}_2^3=\begin{bmatrix} c_1c_{23} & -s_1 & c_1s_{23} & a_1c_1+a_2c_1c_2+a_3c_1c_{23} \\ s_1c_{23} & c_1 & s_1s_{23} & a_1s_1+a_2s_1c_2+a_3s_1c_{23} \\ -s_{23} & 0 & c_{23} & -a_2s_2-a_3s_{23} \\ 0 & 0 & 0 & 1 \end{bmatrix} \tag{7.3.2}$$

또한 마지막 3개 관절들로 이루어지는 변환행렬은 다음과 같다.

$$\boldsymbol{T}_3^6=\boldsymbol{A}_3^4\boldsymbol{A}_4^5\boldsymbol{A}_5^6\equiv\begin{bmatrix} c_4c_5c_6-s_4s_6 & -c_4c_5s_6-s_4c_6 & c_4s_5 & d_6c_4s_5 \\ s_4c_5c_6+c_4s_6 & -s_4c_5s_6+c_4c_6 & s_4s_5 & d_6s_4s_5 \\ -s_5c_6 & s_5s_6 & c_5 & d_6c_5+d_4 \\ 0 & 0 & 0 & 1 \end{bmatrix} \tag{7.3.3}$$

따라서 전체 기구학식은 다음과 같이 위의 두 행렬의 곱으로 주어진다.

$$\boldsymbol{T}_0^6=\boldsymbol{T}_0^3\boldsymbol{T}_3^6=\boldsymbol{A}_0^1\boldsymbol{A}_1^2\boldsymbol{A}_2^3\boldsymbol{A}_3^4\boldsymbol{A}_4^5\boldsymbol{A}_5^6=\begin{pmatrix} n_x & s_x & a_x & p_x \\ n_y & s_y & a_y & p_y \\ n_z & s_z & a_z & p_z \\ 0 & 0 & 0 & 1 \end{pmatrix} \tag{7.3.4}$$

식 (7.3.4)의 성분들은 다음과 같다.

$$
\begin{aligned}
n_x &= c_1[c_{23}(c_4c_5c_6 - s_4s_6) - s_{23}s_5c_6] - s_1(s_4c_5c_6 + c_4s_6) \\
n_y &= s_1[c_{23}(c_4c_5c_6 - s_4s_6) - s_{23}s_5c_6] + c_1(s_4c_5c_6 + c_4s_6) \\
n_z &= -s_{23}(c_4c_5c_6 - s_4s_6) - c_{23}s_5c_6 \\
s_x &= c_1[-c_{23}(c_4c_5s_6 + s_4c_6) + s_{23}s_5s_6] - s_1(-s_4c_5s_6 + c_4c_6) \\
s_y &= s_1[-c_{23}(c_4c_5s_6 + s_4c_6) + s_{23}s_5s_6] + c_1(-s_4c_5s_6 + c_4c_6) \\
s_z &= s_{23}(c_4c_5s_6 + s_4c_6) + c_{23}s_5s_6 \\
a_x &= c_1[c_{23}c_4s_5 + s_{23}c_5] - s_1s_4s_5 \\
a_y &= s_1[c_{23}c_4s_5 + s_{23}c_5] + c_1s_4s_5 \\
a_z &= -s_{23}c_4s_5 + c_{23}c_5 \\
p_x &= d_6(c_1c_{23}c_4s_5 - s_1s_4s_5 + c_1s_{23}c_5) + d_4c_1s_{23} + a_1c_1 + a_2c_1c_2 + a_3c_1c_{23} \\
p_y &= d_6(s_1c_{23}c_4s_5 + c_1s_4s_5 + s_1s_{23}c_5) + d_4s_1s_{23} + a_1s_1 + a_2s_1c_2 + a_3s_1c_{23} \\
p_z &= d_6(-s_{23}c_4s_5 + c_{23}c_5) + d_4c_{23} - a_2s_2 - a_3s_{23}
\end{aligned}
\tag{7.3.5}
$$

7.3.3 7축 실링 로봇

그림 7.14는 7.3.2절의 6축 직렬형 로봇 MH-50의 하단부에 1축 직동형 이동식 플렛폼을 결합하여 7축 실링로봇으로 차체 실링 작업을 수행하고 있는 현장의 한 예를 보여준다. 전술한 바와 같이 로봇 시스템을 이용한 실링 작업을 위해서는 작업자가 직접 로봇의 이동경로를 제한 조건에 맞추어 티칭(Teaching)하고 이를 반복적으로

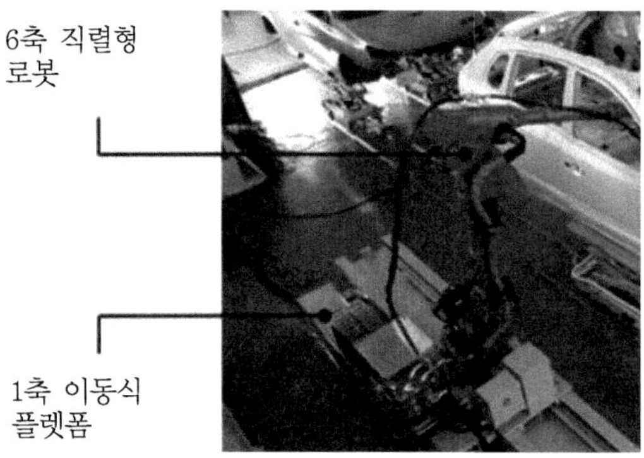

그림 7.14 7축 로봇을 이용한 차량 실링 작업

재현(Paly back)하는 방식을 사용하고 있어 효율성 및 생산성이 떨어진다. 이 절에서는 로봇공학에서의 이론을 적용하여 실링 작업을 위한 로봇 궤적을 생성하는 과정에 대해 살펴본다.

실링 작업에 사용되는 7축 로봇의 기구학 해석을 위하여 그림 7.15와 같이 좌표계를 설정하였다. 0좌표계와 1좌표계 사이 외에는 7.3.2절에서와 마찬가지로 DH(Denavit-Hartenberg) 파라미터 규약을 따랐으며 DH 파라미터 값들은 표 7.8과 같다. 첫 번째 관절은 직동 관절로서 관절 변수는 d_1이고 2~7번째 관절은 회전 관절로서 관절 변수는 $\theta_2 \sim \theta_7$이다. 1축 직동 관절에 추가된 6축 로봇은 7.3.2절에서와 같으므로 7.3.2절에서의 좌표계와 DH 파라미터에서 i 대신 $i+1$로 바뀐 것과 동일하다.

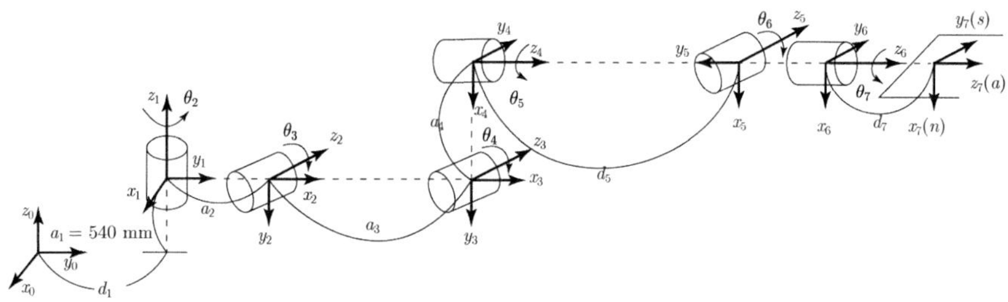

그림 7.15 7축 실링 여유자유도 로봇의 좌표계 설정

표 7.8 7축 로봇에서 MH50에 대한 DH 파라미터들

Link	θ_i	α_i	a_i	d_i
2	θ_2	−90°	a_2(=145)	0
3	θ_3	0°	a_3(=870)	0
4	θ_4	90°	a_4(=-210)	0
5	θ_5	−90°	0	d_5(=1025)
6	θ_6	90°	0	0
7	θ_7	0°	0	d_7(=175)

0 좌표계와 1좌표계는 좌표축의 방향은 동일하고 1좌표계가 0좌표계에 비해 $\boldsymbol{z}_0$축으로 a_1만큼 떨어져 있고 $\boldsymbol{x}_0$축으로 관절변수인 d_1만큼 떨어져 있으므로 $\boldsymbol{A}_0^1$는 다음 식과 같이 구할 수 있다.

$$\boldsymbol{A}_0^1 = \begin{bmatrix} 1 & 0 & 0 & d_1 \\ 0 & 1 & 0 & 0 \\ 0 & 0 & 1 & a_1 \\ 0 & 0 & 0 & 1 \end{bmatrix} \tag{7.3.6}$$

나머지 이웃하는 좌표계들 사이의 동차변환행렬들은 다음 식과 같다. 식 (7.3.1)과 변함없다.

$$\boldsymbol{A}_1^2 = \begin{bmatrix} c_2 & 0 & -s_2 & a_2c_2 \\ s_2 & 0 & c_2 & a_2s_2 \\ 0 & -1 & 0 & 0 \\ 0 & 0 & 0 & 1 \end{bmatrix},\ \boldsymbol{A}_2^3 = \begin{bmatrix} c_3 & -s_3 & 0 & a_3c_3 \\ s_3 & c_3 & 0 & a_3s_3 \\ 0 & 0 & 1 & 0 \\ 0 & 0 & 0 & 1 \end{bmatrix},\ \boldsymbol{A}_3^4 = \begin{bmatrix} c_4 & 0 & s_4 & a_4c_4 \\ s_4 & 0 & -c_4 & a_4s_4 \\ 0 & 1 & 0 & 0 \\ 0 & 0 & 0 & 1 \end{bmatrix} \tag{7.3.7}$$

$$\boldsymbol{A}_4^5 = \begin{bmatrix} c_5 & 0 & -s_5 & 0 \\ s_5 & 0 & c_5 & 0 \\ 0 & -1 & 0 & d_5 \\ 0 & 0 & 0 & 1 \end{bmatrix},\ \boldsymbol{A}_5^6 = \begin{bmatrix} c_6 & 0 & s_6 & 0 \\ s_6 & 0 & -c_6 & 0 \\ 0 & 1 & 0 & 0 \\ 0 & 0 & 0 & 1 \end{bmatrix},\ \boldsymbol{A}_6^7 = \begin{bmatrix} c_7 & -s_7 & 0 & 0 \\ s_7 & c_7 & 0 & 0 \\ 0 & 0 & 1 & d_7 \\ 0 & 0 & 0 & 1 \end{bmatrix}$$

이때 로봇 엔드 이펙터의 위치와 관련되는 첫 4개 관절들로 이루어지는 동차변환행렬은 다음과 같다.

$$\boldsymbol{T}_0^4 = \boldsymbol{A}_0^1\boldsymbol{A}_1^2\boldsymbol{A}_2^3\boldsymbol{A}_3^4 \tag{7.3.8}$$

$$= \begin{bmatrix} c_2c_3c_4 - c_2s_3s_4 & -s_2 & c_2c_3s_4 + c_2s_3c_4 & a_4c_2c_3c_4 - a_4c_2s_3s_4 + a_3c_2c_3 + a_2c_2 + d_1 \\ s_2c_3c_4 - s_2s_3s_4 & c_2 & s_2c_3s_4 + s_2s_3c_4 & a_4s_2c_3c_4 - a_4s_2s_3s_4 + a_3s_2c_3 + a_2s_2 \\ -s_3c_4 - c_3s_4 & 0 & -s_3s_4 + c_3c_4 & -a_4s_3c_4 - a_4c_3s_4 - a_3s_3 + a_1 \\ 0 & 0 & 0 & 1 \end{bmatrix}$$

$$= \begin{bmatrix} c_2c_{34} & -s_2 & c_2s_{34} & a_2c_2 + a_3c_2c_3 + a_4c_2c_{34} + d_1 \\ s_2c_{34} & c_2 & s_2s_{34} & a_2s_2 + a_3s_2c_3 + a_4s_2c_{34} \\ -s_{34} & 0 & c_{34} & -a_3s_3 - a_4s_{34} + a_1 \\ 0 & 0 & 0 & 1 \end{bmatrix}$$

또한 로봇 엔드 이펙터의 방향과 관련되는 마지막 3개 관절들로 이루어지는 동차변환행렬은 다음과 같다.

$$T_4^7 = A_4^5 A_5^6 A_6^7 = \begin{bmatrix} c_5c_6c_7 - s_5s_7 & -c_5c_6s_7 - s_5c_7 & c_5s_6 & d_7c_5s_6 \\ s_5c_6c_7 + c_5s_7 & -s_5c_6s_7 + c_5c_7 & s_5s_6 & d_7s_5s_6 \\ -s_6c_7 & s_6s_7 & c_6 & d_7c_6 + d_5 \\ 0 & 0 & 0 & 1 \end{bmatrix} \quad (7.3.9)$$

따라서 전체 기구학식은 다음과 같이 (7.3.8)과 (7.3.9)의 두 행렬의 곱으로 주어지며 로봇 베이스 좌표계와 로봇 엔드 이펙터와의 위치, 방향 관계는 그림 7.16과 같다.

$$T_0^7 = T_0^4 T_4^6 = A_0^1 A_1^2 A_2^3 A_3^4 A_4^5 A_5^6 A_6^7 = \begin{pmatrix} n_x & s_x & a_x & p_x \\ n_y & s_y & a_y & p_y \\ n_z & s_z & a_z & p_z \\ 0 & 0 & 0 & 1 \end{pmatrix} \quad (7.3.10)$$

식 (7.3.10)의 성분들은 다음과 같다.

$$\begin{cases} n_x = c_2[c_{34}(c_5c_6c_7 - s_5s_7) - s_{34}s_6s_7] - s_2(s_5c_6c_7 + c_5s_7) \\ n_y = s_2[c_{34}(c_5c_6c_7 - s_5s_7) - s_{34}s_6s_7] + c_2(s_5c_6c_7 + c_5s_7) \\ n_z = -s_{34}(c_5c_6c_7 - s_5s_7) - c_{34}s_6c_7 \end{cases} \quad (7.3.11)$$

$$\begin{cases} s_x = c_2[-c_{34}(c_5c_6c_7 + s_5c_7) + s_{34}s_6s_7] - s_2(-s_5c_6s_7 + c_5c_7) \\ s_y = s_2[-c_{34}(c_5c_6c_7 + s_5c_7) + s_{34}s_6s_7] + c_2(-s_5c_6s_7 + c_5c_7) \\ s_z = s_{34}(c_5c_6s_7 + s_5c_7) + c_{34}s_6s_7 \end{cases}$$

$$\begin{cases} a_x = c_2(c_{34}c_5s_6 + s_{34}c_6) - s_2s_5s_6 \\ a_y = s_2(c_{34}c_5s_6 + s_{34}c_6) + c_2s_5s_6 \\ a_z = -s_{34}c_5s_6 + c_{34}c_6 \end{cases}$$

$$\begin{cases} p_x = d_7(c_2c_{34}c_5s_6 - s_2s_5s_6 + c_2s_{23}c_6) + d_5c_2s_{23} + a_2c_2 + a_3c_2c_3 + a_4c_2c_{34} + d_1 \\ p_y = d_7(s_2c_{34}c_5s_6 + c_2s_5s_6 + s_2s_{34}c_6) + d_5s_2s_{34} + a_2s_2 + a_3s_2c_3 + a_4s_2c_{34} \\ p_z = d_7(-s_{34}c_5s_6 + c_{34}c_6) + d_5c_{34} - a_3s_3 - a_4s_{34} + a_1 \end{cases}$$

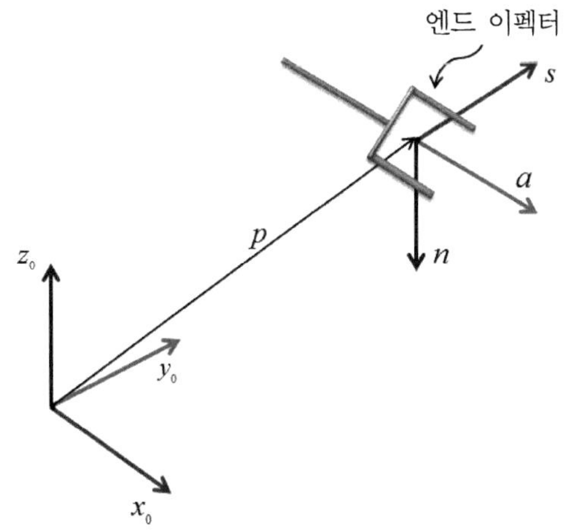

그림 7.16 로봇 베이스 좌표계와 로봇 엔드 이펙터와의 위치, 방향 관계

7.3.3 7축 실링 로봇의 역기구학 해

(1) 자코비안 및 역기구학 해

YASKAWA의 MH50은 구형 손목(Spherical wrist)을 가지고 있어서 로봇 머니퓰레이터의 위치는 처음 3개의 관절에 의해서 결정되고, 로봇 머니퓰레이터의 방향은 마지막 3개의 관절에 의해서 결정된다. 실링 작업, 도장 작업의 특성상 말단 장치는 일정한 방향을 유지해야 하므로 마지막 3개의 관절을 이용하여 이 일정한 방향을 구현하게 된다. 따라서 전체 로봇의 위치는 직동 관절 변수 d_1과 첫 3개의 회전 관절 $\theta_2 \sim \theta_4$로 이루어지는 4개의 관절에 의해 결정된다고 할 수 있다. 즉, 말단 장치의 방향이 고정된 채로 로봇의 이동이 이루어지므로 로봇 머니퓰레이터의 위치는 그림 7.15에 표시된 바와 같이 구형 손목의 중심인 5좌표계($o_5x_5y_5z_5$)의 원점의 위치 o_5를 고려하면 된다. o_5의 위치는 기구학 식을 이용하여 다음과 같이 구할 수 있다.

$$\boldsymbol{T}_0^5 = \boldsymbol{A}_0^1 \cdots A_4^5 \tag{7.3.12}$$

$$= \begin{bmatrix} c_2c_{34}c_5 - s_2s_5 & -c_2s_{34} & -c_2c_{34}s_5 - s_2c_5 & d_1 + a_2c_2 + a_3c_2c_3 + a_4c_2c_{34} + d_5c_2s_{34} \\ s_2c_{34}c_5 + c_2s_5 & -s_2s_{34} & -s_2c_{34}s_5 + c_2c_5 & a_2s_2 + a_3s_2c_3 + a_4s_2c_{34} + d_5s_2s_{34} \\ -s_{34}c_5 & -c_{34} & -s_{34}s_5 & a_1 - a_3s_3 - a_4s_{34} + d_5c_{34} \end{bmatrix}$$

따라서 $\boldsymbol{o}_5$의 위치는 다음과 같이 구할 수 있다.

$$\boldsymbol{o}_5 = \begin{bmatrix} o_{5x} \\ o_{5y} \\ o_{5z} \end{bmatrix} = \begin{bmatrix} d_1 + a_2c_2 + a_3c_2c_3 + a_4c_2c_{34} + d_5c_2s_{34} \\ a_2s_2 + a_3s_2c_3 + a_4s_2c_{34} + d_5s_2s_{34} \\ a_1 - a_3s_3 - a_4s_{34} + d_5c_{34} \end{bmatrix} \tag{7.3.13}$$

실링 작업을 위해 이동하는 로봇 머니퓰레이터의 위치는 시간에 따른 $\boldsymbol{o}_5$의 경로로 표시할 수 있다. 식 (7.3.14)와 같이 변수들을 정의하면 식 (7.3.15)와 같이 로봇 머니퓰레이터의 자코비안(Jacobian)을 구할 수 있다.

$$\boldsymbol{X}(t) = \begin{bmatrix} o_{5x}(t) \\ o_{5y}(t) \\ o_{5z}(t) \end{bmatrix}, \ \boldsymbol{\Theta}(t) = \begin{bmatrix} d_1(t) \\ \theta_2(t) \\ \theta_3(t) \\ \theta_4(t) \end{bmatrix} \quad \Leftrightarrow \dot{\boldsymbol{X}}(t) = \begin{bmatrix} \dot{o}_{5x}(t) \\ \dot{o}_{5y}(t) \\ \dot{o}_{5z}(t) \end{bmatrix}, \ \dot{\boldsymbol{\Theta}}(t) = \begin{bmatrix} \dot{d}_1(t) \\ \dot{\theta}_2(t) \\ \dot{\theta}_3(t) \\ \dot{\theta}_4(t) \end{bmatrix} \tag{7.3.14}$$

$$\dot{\boldsymbol{X}}(t) = \boldsymbol{J} \cdot \dot{\boldsymbol{\Theta}}(t), \ \boldsymbol{J} = \begin{bmatrix} j_{11} & j_{12} & j_{13} & j_{14} \\ j_{21} & j_{22} & j_{23} & j_{24} \\ j_{31} & j_{32} & j_{33} & j_{34} \end{bmatrix} \tag{7.3.15}$$

$$\begin{aligned}
&j_{11} = 1, \ j_{21} = j_{34} = j_{32} = 0 \\
&j_{12} = -a_2s_2 - a_3s_2c_3 - a_4s_2c_{34} - d_5s_2s_{34} \\
&j_{13} = -a_3c_2s_3 - a_4c_2s_{34} + d_5c_2s_{34} \\
&j_{14} = -a_4c_2s_{34} + d_5c_2c_{34} \\
&j_{22} = a_2c_2 + a_3c_2c_3 + a_4c_2c_{34} + d_5c_2s_{34} \\
&j_{23} = -a_3s_2s_3 - a_4s_2s_{34} + d_5s_2c_{34} \\
&j_{24} = -a_4s_2s_{34} + d_5s_2c_{34} \\
&j_{33} = -a_3c_3 - a_4c_{34} - d_5s_{34} \\
&j_{34} = -a_4c_{34} - d_4s_{34}
\end{aligned}$$

실링작업에서 로봇 머니퓰레이터의 위치만을 고려하면 작업에 사용한 로봇은 4개의 자유도를 사용하여 3차원 공간상에서 위치를 구현하는 여유자유도가 1인 로봇이 된다. 여유자유도 로봇은 주어진 위치를 구현할 수 있는 해가 무한 개이므로 특정한 기준하에서 해를 선정해 주어야 한다.

여기에서는 여유자유도 문제를 풀기 위해서 속도 레벨에서의 여유자유도 문제를 풀도록 하며 로봇 위치 경로를 추종하기 위해서 2가지 방법을 사용한다. 첫 번째 방법은 5.4.3에서 다룬 바와 같이 자코비안의 의사 역행렬을 사용한 방법으로 관절 속도 공간에서의 해는 다음과 같이 구할 수 있다.

$$\dot{\boldsymbol{\Theta}} = \boldsymbol{J}(\boldsymbol{\Theta})^{+}\dot{\boldsymbol{X}} \quad , \ \boldsymbol{J}^{+} = \boldsymbol{J}^{T}\left(\boldsymbol{J}\boldsymbol{J}^{T}\right)^{-1} \tag{7.3.16}$$

식 (7.3.16)으로 주어지는 식은 식 (7.3.17)의 최적화 문제에 대한 해로서 로봇에 주어진 위치 경로를 따라가는 제한조건($\dot{\boldsymbol{X}}(t) = \boldsymbol{J}\cdot\dot{\boldsymbol{\Theta}}(t)$)을 만족하면서 동시에 각 관절 변수들의 속도의 크기의 합을 최소화하는 최적해이다.

$$\text{min}imize\ \frac{1}{2}\dot{\boldsymbol{\Theta}}^{T}\dot{\boldsymbol{\Theta}} = \text{min}imize\ \frac{1}{2}(\dot{d}_1{}^2 + \dot{\theta}_2{}^2 + \dot{\theta}_3{}^2 + \dot{\theta}_4{}^2) \tag{7.3.17}$$

제한조건 : $\dot{\boldsymbol{X}}(t) = \boldsymbol{J}\cdot\dot{\boldsymbol{\Theta}}(t)$

두 번째 방법은 관절 변수들의 속도의 크기에 가중치를 준 후 이를 최소화하는 해로서 식 (7.3.18)과 같은 대각 행렬 $\boldsymbol{W}$를 이용하여 각 관절 변수들 간의 중요도를 조절할 수 있는 방법이며, 해는 식 (7.3.19)와 같이 주어진다. 이는 식 (7.3.20)의 최적화 문제에 대한 해이다. 식에서 $\boldsymbol{W}$의 대각성분들의 크기를 조절함으로써 각 관절 속도들 사이의 중요도를 달리할 수 있도록 해준다.

$$\boldsymbol{W} = \begin{bmatrix} w_1 & 0 & 0 & 0 \\ 0 & w_2 & 0 & 0 \\ 0 & 0 & w_3 & 0 \\ 0 & 0 & 0 & w_4 \end{bmatrix} \tag{7.3.18}$$

$$\dot{\boldsymbol{\Theta}} = \boldsymbol{J_W}^{+}\dot{\boldsymbol{X}} \quad , \ \boldsymbol{J_W}^{+} = \boldsymbol{W}^{-1}\boldsymbol{J}^{T}\left(\boldsymbol{J}\boldsymbol{W}^{-1}\boldsymbol{J}^{T}\right)^{-1} \tag{7.3.19}$$

$$\text{min}imize\ \frac{1}{2}\dot{\boldsymbol{\Theta}}^{T}\boldsymbol{W}\dot{\boldsymbol{\Theta}} \tag{7.3.20}$$

$$= \text{min}imize\ \frac{1}{2}(w_1\dot{d}_1{}^2 + w_2\dot{\theta}_2{}^2 + w_3\dot{\theta}_3{}^2 + w_4\dot{\theta}_4{}^2)$$

제한조건 : $\dot{\boldsymbol{X}}(t) = \boldsymbol{J}\cdot\dot{\boldsymbol{\Theta}}(t)$

(2) 실링로봇의 궤적

실링 로봇이 추종해야 할 경로들은 실링 작업 품질을 위해 주로 직선 경로들의 조합으로 주어진다. 여기에서는 직선 경로에 대해 앞서 기술한 두 가지 방법을 이용하여 여유자유도 머니퓰레이터의 궤적 생성 결과를 보인다.

로봇의 초기 관절 값이 $d_1 = 1{,}000\text{mm}$, $\theta_2 = 75°$, $\theta_3 = -70°$, $\theta_4 = 170°$이라 하자. 이때 5좌표계의 원점의 위치는 $o_{5x} = 1{,}385.2$, $o_{5y} = 1437.7$, $o_{5z} = 1386.4$이고 로봇의 자세는 그림 7.17과 같다. 로봇이 x축 방향으로 +500mm, z축 방향으로 −50mm를 1초 동안에 이동하는 궤적을 구해보자.

그림 7.17 로봇 머니퓰레이터의 초기 자세

로봇 5 좌표계의 원점의 궤적을 6.2.1절에서 다룬 바와 같이 3차 다항식으로 구해보자. 일반 변수인 $p(t)$에 대해서 식 (6.2.9)를 다시 쓰면 다음과 같다.

$$p(t) = -\frac{2(p_f - p_i)}{{t_f}^3}t^3 + \frac{3(p_f - p_i)}{{t_f}^2}t^2 + p_i \tag{7.3.21}$$

주어진 조건을 대입하면 식 (7.3.21)에서 $x_f - x_i = 500$, $z_f - z_i = -50$, $y_f - y_i = 0$, $t_f = 1$이다. 따라서 직교좌표 공간에서의 궤적은 다음과 같이 주어진다.

$$x(t) = -1{,}000t^3 + 1{,}500t^2 + 1{,}385.2 \tag{7.3.22}$$

$$y(t) = 1437.7$$

$z(t) = 100t^3 - 150t^2 + 1,386.4$

이제 식 (7.3.22)로 주어지는 궤적을 구현하는 관절 변수들의 궤적을 구해야 한다. 하지만 관절 변수가 4개인 여유자유도 로봇이므로 해가 무한히 많게 된다. 이와 같이 무한히 많은 해 중에서 다음과 같이 2가지 방법으로 해를 구한다.

첫 번째는 식 (7.3.16)으로 주어지는 의사역행렬을 이용하는 방법이고, 두 번째는 식 (7.3.19)로 주어지는 가중치를 준 의사역행렬을 이용하는 방법이다. 이 방법들은 속도레벨에서 해를 구하므로 직교좌표공간에서 $\boldsymbol{o}_5$에 대한 속도 $\dot{\boldsymbol{X}}(t)$를 구하면 다음 식과 같다.

$$\dot{x}(t) = -3,000t^2 + 3,000t \tag{7.3.23}$$
$$\dot{y}(t) = 0$$
$$\dot{z}(t) = 300t^2 - 300t$$

특정 시간 $t = t_k$에서의 $\dot{\boldsymbol{X}}$의 값은 식 (7.3.23)에 의해 구할 수 있다. 또한 $t = t_k$에서의 $\boldsymbol{\Theta}, \boldsymbol{J}(\boldsymbol{\Theta})$는 주어지고 이들로부터 $\dot{\boldsymbol{\Theta}}$를 구해낸다. 이와 같이 구한 $t = t_k$에서의 $\boldsymbol{\Theta}$, $\dot{\boldsymbol{\Theta}}$의 값으로부터 $t = t_{k+1}$에서의 $\boldsymbol{\Theta}$값을 구한다.(이 과정은 미분방정식을 푸는 4차 Runge Kutta법 등을 이용한다.)

식 (7.3.16)으로 주어지는 의사역행렬을 이용하는 방법으로 로봇의 궤적을 구한 결과 로봇 관절 값들의 변화는 그림 7.18에, 로봇 자세의 변화는 그림 7.19에 나타내었다. 그림 7.18의 (a)를 보면 d_1의 변화가 없음을 알 수 있다. 즉 이 방법에서는 여유자유도 로봇임에도 불구하고 마치 θ_2, θ_3, θ_4 세 개의 회전 관절만으로 이루어진 비 여유자유도 로봇과 같이 경로를 추종하고 있다. 이와 같은 결과의 원인은 단순 의사역행렬을 사용하여 구한 해는 각 관절 변수들의 속도의 크기들의 상대성을 고려하지 못하기 때문이다. 즉, 첫 번째 관절인 d_1은 직동 관절이고 나머지 관절들은 회전 관절들이어서 첫 번째 관절의 속도의 상대적인 크기가 크고 따라서 최소값에 영향을 많이 미치기 때문에, 이 첫 번째 직동 관절의 속도가 최소화되도록 해를 구하기 때문이다.

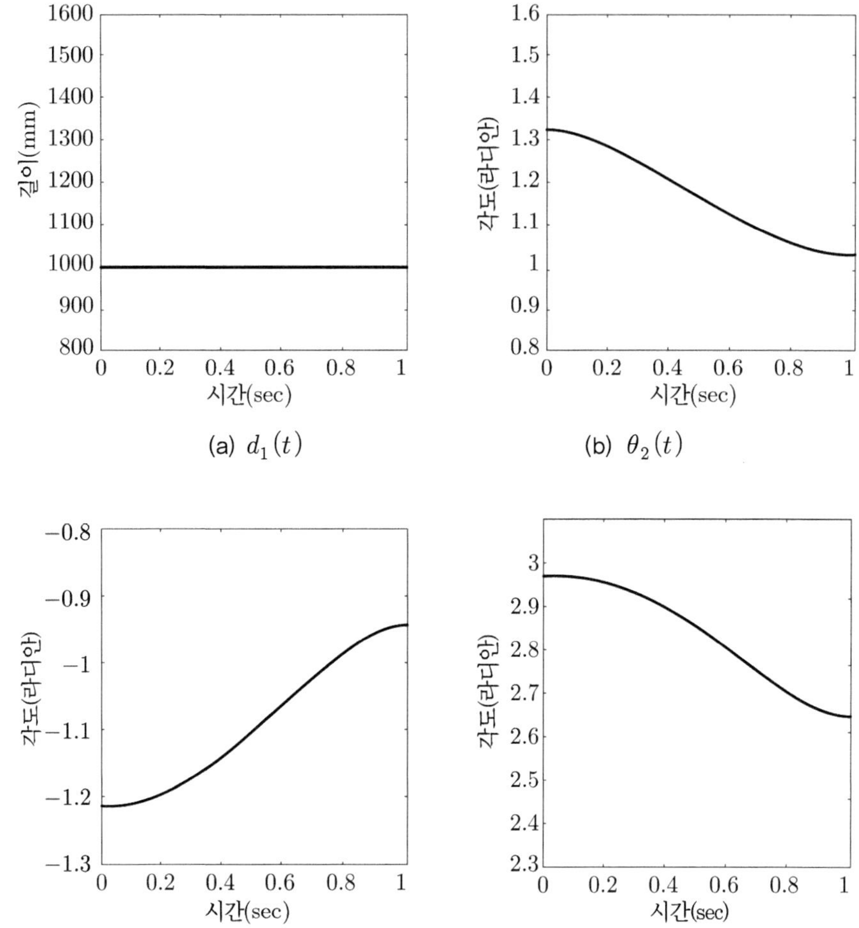

(a) $d_1(t)$　(b) $\theta_2(t)$　(c) $\theta_3(t)$　(d) $\theta_4(t)$

그림 7.18 의사역행렬을 사용한 경우의 역기구학 해

두 번째는 식 (7.3.19)로 주어지는 가중치를 준 의사역행렬을 사용하여 해를 구한 경우이다. 이 경우에는 그림 7.20 (a)에서와 같이 첫 번째 직동 관절 d_1의 변화에 따라 그림 7.20의 (b), (c), (d)에서 세 개의 회전 관절들의 조합으로 경로를 추종한다. 즉 모든 관절을 이용하여 역기구학 해를 풀고 있으며 따라서 여유자유도를 활용하고 있다. 로봇이 첫 번째 관절인 d_1을 양의 방향으로 증가시키면서 경로를 추종하고 있다.

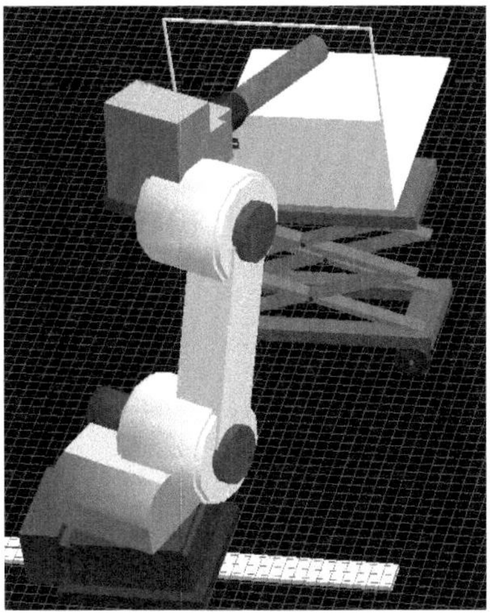

(a) $t = 300ms$

(b) $t = 650ms$

(c) $t = 1s$

그림 7. 19 의사역행렬을 사용한 경우의 로봇 자세 변화

직렬 로봇에서는 로봇 머니퓰레이터가 곧게 펴진 상태가 특이점(singularity point) 중의 하나이고 특이점 근방에서는 로봇 제어, 경로 계획 등 여러 가지 면에서 어려움이 생기기 때문에 가능하면 특이점에서 먼 자세를 좋은 자세로 규정한다. 그림 7.19의 (c)와 그림 7.21의 (c)를 비교해 보면 가중치를 준 의사역행렬을 사용하여 구한 해가 일반 의사역행렬을 사용하여 구한 해보다 특이점에서 먼 것을 알

수 있다. 즉 로봇의 제어, 후속 동작의 편리성 등에서는 가중치를 준 의사역행렬을 사용하여 구한 해가 일반 의사역행렬을 사용하여 구한 해보다 장점이 있다.

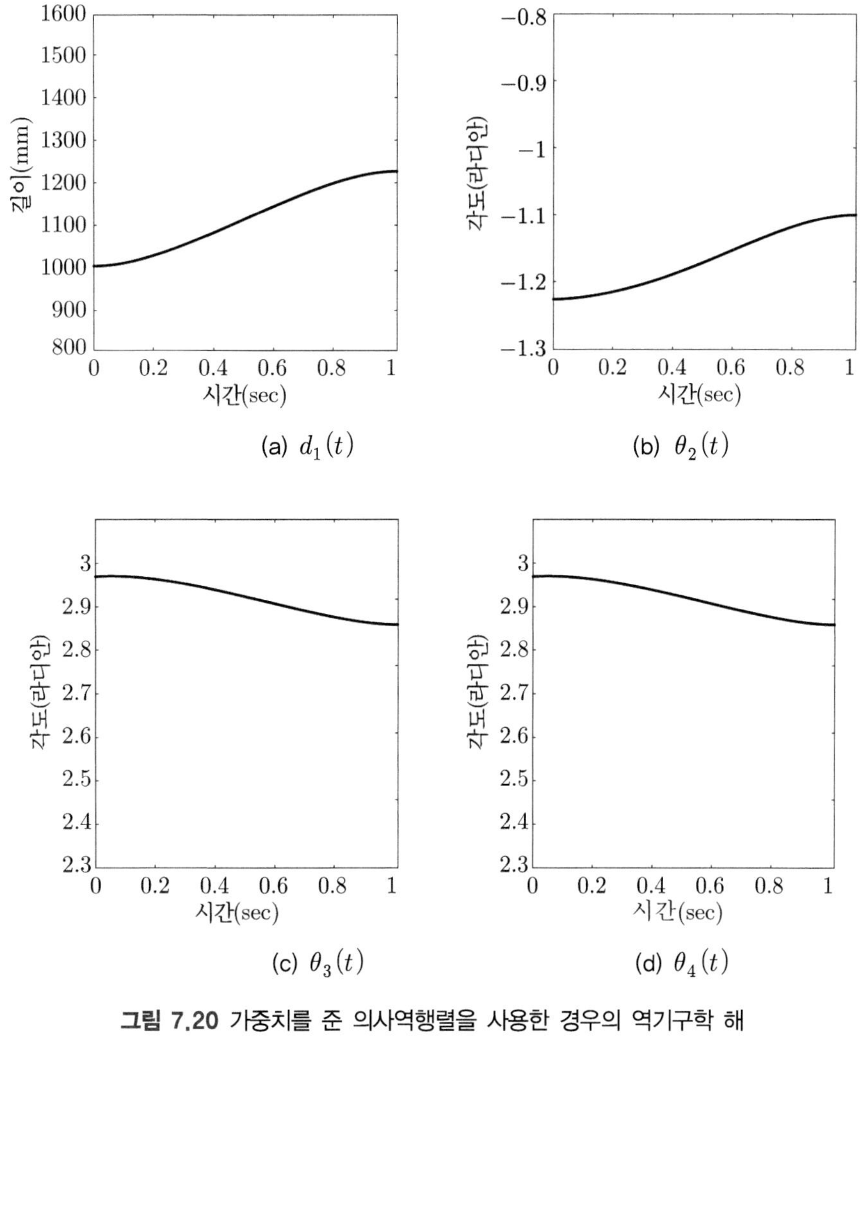

(a) $d_1(t)$ (b) $\theta_2(t)$

(c) $\theta_3(t)$ (d) $\theta_4(t)$

그림 7.20 가중치를 준 의사역행렬을 사용한 경우의 역기구학 해

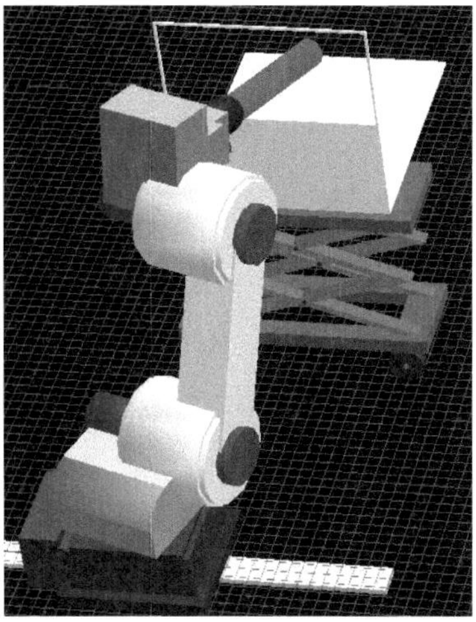

(a) $t = 300ms$

(b) $t = 650ms$

(c) $t = 1s$

그림 7.21 가중치를 준 의사역행렬을 사용한 경우의 로봇 자세 변화

참고문헌

[1] SRC PLUS 제어기 사용자 매뉴얼, 삼성전자, 2000

[2] SRCP 시리즈 로봇 제어기 취급 설명서, 삼성전자, 2000

[3] YASKAWA 홈페이지, http://www.yaskawa.co.kr/

[4] RS오토메이션 홈페이지, http://www.rsautomation.co.kr/

[5] Mark W. Spong and M. Vidyasagar, "Robot dynamics and control", John Wiley & Sons, 1989

48시간만에 끝내는 로봇공학 **제8장**

지능형 로봇 시스템의 예

8.1 개요

8장에서는 이 책의 전반부에서 공부한 여러 가지 로봇공학 관련 이론들이 실제 지능형 로봇에서는 어떻게 적용될 수 있는지, 실제 지능형 로봇 시스템은 어떻게 개발되는지를 알아본다. 대상 시스템은 금오공과대학교 로봇연구실에서 개발되었던 소형 인간형 로봇인 KIBOT III (Kumoh Intelligent Biped Robot)와 4족 보행 로봇인 IQbot(Intelligent Quadruped Robot)이다.

그림 8.1은 22개의 RC 서보 모터를 사용하여 제작한 KIBOT III의 외형과 관절 구성을 보이고 있고 그림 8.2는 18개의 다이나믹셀을 사용하여 제작한 IQbot의 외형과 관절 구성을 보이고 있다.

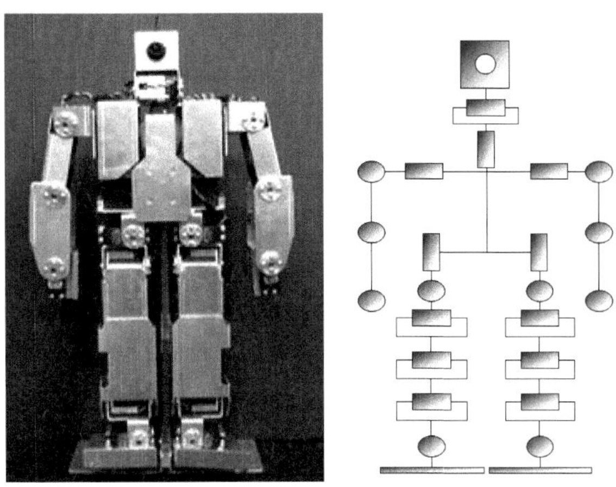

(a) 외관 (b) 관절 구성

그림 8.1 KIBOT-III의 외관과 관절 구성

(a) 외관

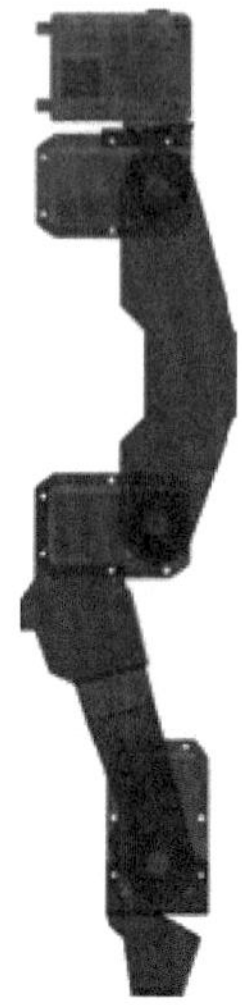

(b) 관절 구성

그림 8.2 IQbot의 외관과 관절 구성

8.2 인간형 로봇

8.2.1 전체 시스템

로봇의 관절에 사용하는 구동기는 전기 모터를 주로 사용하고 있는데, 인간형 로봇은 원활한 보행과 동작을 위해서 팔과 다리에 여러 개의 관절을 가져야 한다. 따라서 인간형 로봇은 필연적으로 많은 수의 모터를 사용하게 된다. 많은 로봇들의 경우에 구동기로 사용하는 모터는 주로 DC 서보 모터를 사용하는데, 감속기와 모터 드라이버 등을 포함하게 되면 전체 시스템의 크기가 매우 크고 무게가 많이 나가게 되고, 모터를 제어하기 위한 제어기와 센서 등 주변기기와의 인터페이스 부분도 복잡해 질 수밖에 없다.

전체 시스템의 소형화, 간략화를 위해서는 우선 소형의 구동기를 사용해서 로봇의 몸체를 소형 경량화해야 한다. 즉 소형의 구동기를 사용함으로써 로봇 자체의 무게를 줄일 수 있을 뿐만 아니라 제어기와 주변 인터페이스 부분을 포함하는 전체 시스템의 규모를 상당히 줄일 수 있다.

이 절에서는 22개의 RC 서보 모터를 사용하여 제작 구현된 소형 2족 보행 로봇인 KIBOT-III 로봇 시스템을 사용하여 앞에서 다루었던 로봇공학의 전반적인 이론 부분이 실제 로봇 시스템에서 어떻게 적용되는가를 나룬다.

전체 로봇 시스템은 크게 기구부와 제어부, 호스트 PC로 나눌 수 있다. 머리 부분에는 주위 환경 인식을 위한 아날로그 칼라 CCD 카메라와 무선 송신기가 장착되어 있으며, 이것은 모듈로 일체화 되어있다. 원격제어를 위한 호스트 PC에는 로봇의 CCD 카메라로부터 얻어진 영상 정보를 디지털화하는 프레임 그래버가 장착되어 있고, 캘리브래이션과 영상처리부, 영상처리된 결과로부터 로봇의 보행 경로를 생성하는 경로 계획부 등이 있다. 또한 주제어기인 DSP에 시리얼 통신으로 로봇의 모션 데이터를 전송하는 기능도 수행한다. 그림 8.3은 KIBOT-III의 전체 제어 시스템 구성도를 나타낸다.

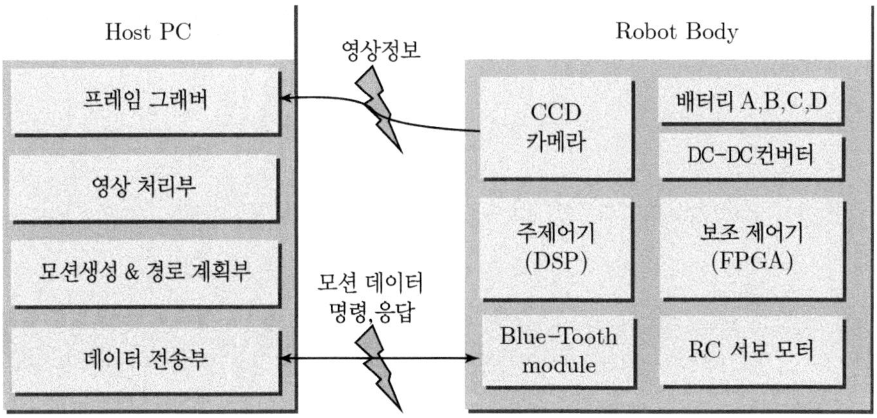

그림 8.3 KIBOT-III의 전체 제어 시스템 구성도

KIBOT-III의 제어부는 호스트 PC, 주제어기, 보조제어기의 세 개의 계층으로 이루어져 있다. 호스트 PC에서는 CCD카메라로부터 얻어진 영상 데이터를 해석하여 주변 환경에 대한 정보를 획득하고, 이를 바탕으로 로봇의 이동 경로 및 각 관절의 각도 데이터를 계산한다. 계산된 로봇의 경로 데이터와 각도 데이터는 블루투스 무선 모듈을 이용하여 로봇의 몸체에 부착되어 있는 주제어기로 전송된다. 그림 8.4는 각 제어기 계층 사이에서의 신호 흐름을 나타내고 있다. TMS320LF2407A를 사용하여 구현된 주제어기는 호스트 PC로부터 전송 받은 데이터를 메모리에 저장하고, 이를 매 샘플링 시간마다 관절각도 데이터로 변환하여 보조제어기에 전송한다. FPGA 칩(EPF6024)을 사용하여 구현된 보조제어기는 PWM 형태의 모터

구동 신호를 발생하여 22개의 RC 서보모터를 병렬로 동시 구동하여 로봇의 운동을 구현한다.

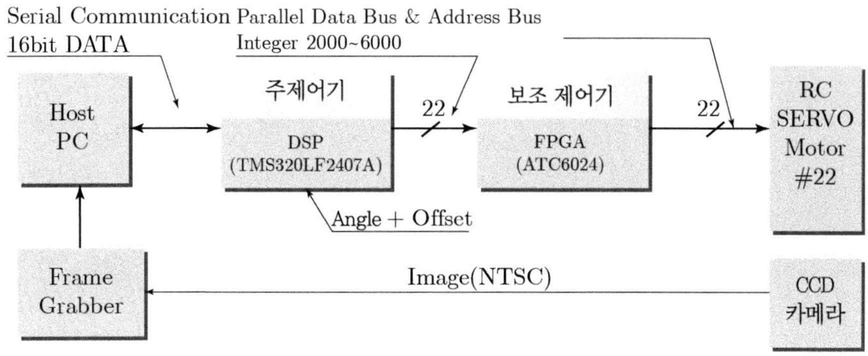

그림 8.4 KIBOT-III의 제어기 세부 구조

8.2.2 세부 시스템

(1) 기구부

KIBOT-III는 전체 키가 45cm, 중량이 3,500g이며, 기구부는 한 다리에 6자유도와 한 팔에 4자유도, 그리고 목에 2자유도를 가져, 총 22자유도를 가지는 소형 인간형 로봇이다. 기구학적으로 다리와 팔에 많은 자유도를 가지고 있어서 기본적인 보행 및 모션을 수행할 수 있을 뿐만 아니라, 축구와 골프 같은 다양한 응용 동작도 할 수 있다.

KIBOT-III의 관절 구동부로는 HITEC사에서 제조한 로봇 전용 디지털 RC 서보 모터인 HSR-5995TG를 사용하였다. RC 서보는 무선조정(RC)용 자동차나 비행기 등에서 속도나 방향을 조절하기 위한 구동기로서 RC 서보 내부에는 모터와 기어 그리고 위치 제어기가 들어있어 위치 기반 제어에 적합하다. HSR-5995TG는 다음 표와 같은 특성을 가지고 있다.

표 8.1 하이텍 RC 서보 모터의 특성

	HSR-5995TG
제어방식	Digital
제어펄스	가운데 펄스의 폭 : 1500usec 펄스 변화 : +400usec ~ -400usec 펄스 사이클 : 12 ~ 26msec
토크	24.0kg·cm/6.0V 30.0kg·cm/7.4V
회전 속도	0.15sec/60°/6.0V 0.12sec/60°/7.4V
구동 전류	무부하 300mA/6.0V, 380mA/7.4V 부하 4.2A/6.0V, 5.2A/7.4V
사이즈	40(L)×20(W)×37(H)mm
중량	62g
특징	• 금속 베어링의 바닥 케이스 • 초강력 티타늄 기어 + MP 기어 • 기록 가능한 디지털 FET 증폭기 • 금속의 브러쉬 없는 모터 • 출력 축을 위한 두 개의 볼 베어링 • 금속의 베어링 기어 축

그림 8.5는 RC 서보 모터의 외형을, 그림 8.6은 RC 서보 모터를 사용한 KIBOT-III의 외형을 나타낸다.

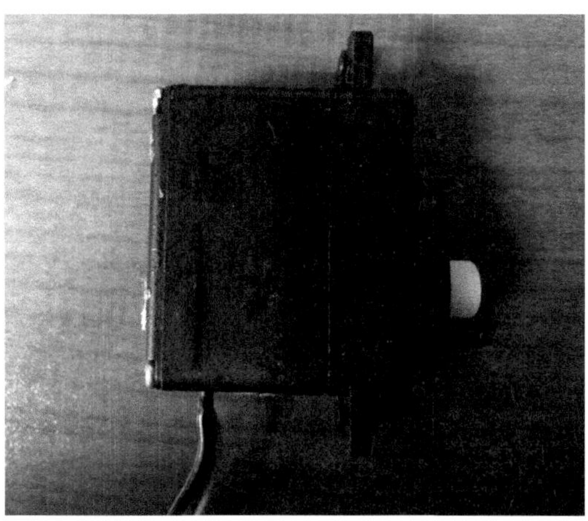

그림 8.5 RC 서보 모터의 외형

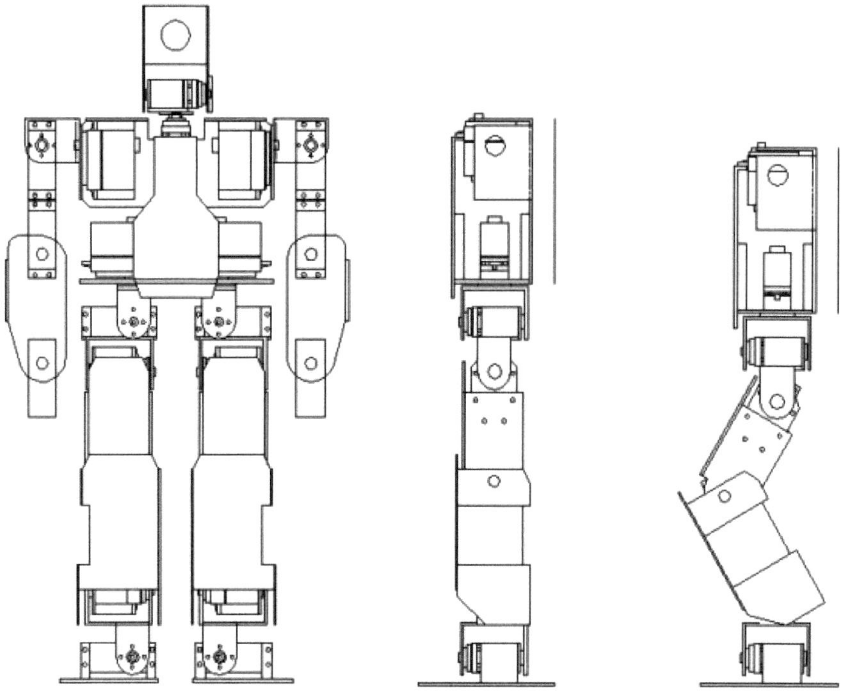

그림 8.6 RC 서보 모터를 사용한 KIBOT-III의 외형

그림 8.7은 RC 서보 모터를 분해한 모습으로 내부 구성을 보이고 있다.

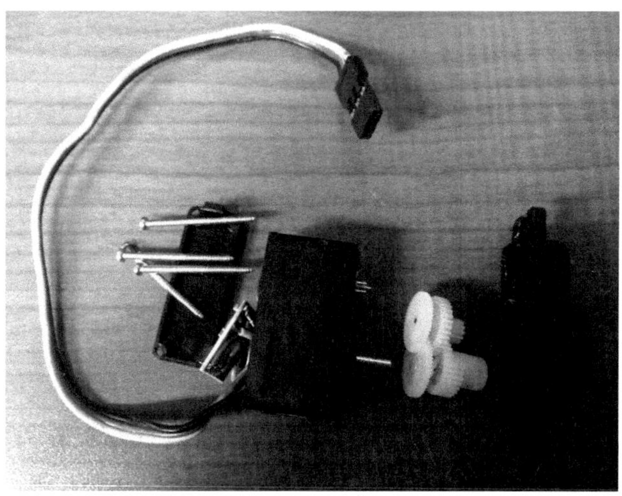

그림 8.7 RC 서보 모터의 내부 구성

RC 서보 모터의 입력단의 선은 3가닥으로 구성되어 있다. 검은색은 GND이며, 빨간색은 VCC, 그리고 노란색은 제어 신호선이다. VCC에는 4.8V ~ 6V 사이의 전원을 공급하여 주면 된다. 이 서보 모터를 제어하기 위해서는 모터의 스펙에 따라 약간씩의 차이는 있지만 다음과 같이 모터의 신호선에 펄스를 제공해 주는 방식으로 제어해 준다.

1. 펄스의 폭이 1.5ms이면 RC 서보는 중앙에 정지한다.
2. 0.7ms이면 오른쪽 끝까지 이동하며, 2.3ms이면 왼쪽 끝으로 이동한다.
3. 펄스의 주기는 최소 2.5ms 이상은 되어야 한다.

(2) 호스트 PC

KIBOT-III는 사용자가 호스트 컴퓨터의 사용자 인터페이스 프로그램을 통하여 모션 데이터를 생성한 후에 로봇의 행동 패턴을 제어할 수 있는 원격 조정 모드와 로봇으로부터 수집된 영상 정보를 처리하고 분석하여 얻어진 3차원 거리 정보로부터 로봇의 이동 경로를 생성하고, 로봇의 행동 패턴 데이터를 생성하여 로봇에 전송하여 로봇을 제어하는 자율 동작 모드 두 가지로 나뉘어진다.

영상처리부에서, CCD 칼라 카메라로부터 획득되는 영상신호는 무선 트랜스미터와 리시버를 통하여 호스트 컴퓨터의 프레임 그래버에 전송되고, 프레임 그래버(MeteorⅡ, Matrox)를 통하여 디지털화 된 영상 정보를 처리하여 물체에 대한 픽셀 정보를 얻고, 카메라 캘리브레이션을 통하여 2차원 영상의 픽셀 정보로 3차원 거리 정보를 획득한다.

모션 생성 및 경로 계획부에서는 로봇의 보폭, 발의 높이, 보행 주기, 샘플링 시간(sampling time) 등 안정된 보행을 위한 파라미터를 설정하여 순기구학 및 역기구학을 통한 궤적 계획 과정을 거쳐서 로봇이 각 샘플링 시간에 움직일 모션 데이터를 생성한다. 다양한 보행 패턴의 생성이 가능하고, 모션 에디터 기능을 추가하여 호스트 컴퓨터의 그래픽 시뮬레이션 프로그램과 연계하여 쉽게 데이터를 생성할 수 있다. 경로 계획부에서는 로봇의 현 위치와 캘리브레이션을 통한 목표물의 3차원 위치 지점과의 거리와 방향을 계산하여 로봇이 목표지점까지 이동할 행동 패턴(전진, 회전 등)의 순서를 결정한다.

데이터 통신부에서는, 사용자 명령 및 생성된 궤적 데이터를 무선 통신 모듈

(BIM2-433f)을 사용하여 무선 시리얼 통신 방식으로 로봇에 전송한다. 많은 데이터량과 무선으로 인해 오류가 발생할 수 있으므로, 로봇을 보호하기 위해 수신된 데이터에 대한 에러 검사 및 처리 과정이 필요하다. 그림 8.8은 호스트 컴퓨터와 제어기 사이의 통신을 나타낸다.

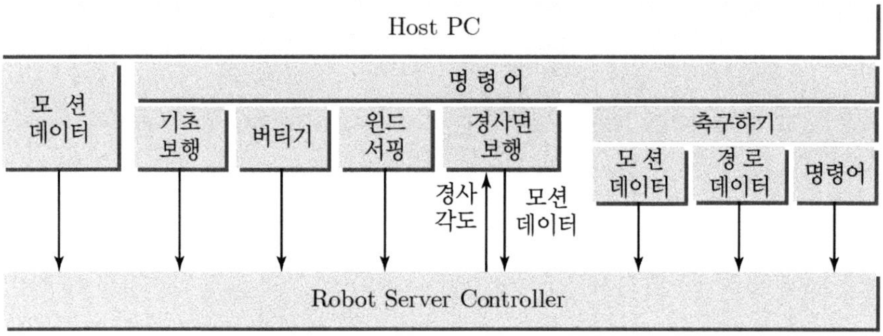

그림 8.8 호스트 컴퓨터와 제어기의 통신

(3) DSP 주제어기

2족 보행 로봇의 제어기는 다수의 관절 구동부를 신속하고 정확하게 제어해야 하고, 여러 가지 센서 인터페이스도 이루어져야 하며, 외부와의 통신도 가능해야 하므로 빠른 연산과 다양한 기능을 필요로 한다. 따라서 8비트 마이크로 컨트롤러는 속도와 연산처리부분에서 한계를 갖는다. 이러한 한계를 극복하고 Host PC에 대한 의존성을 낮추기 위해 DSP를 로봇의 제어기로 사용한다. 여기에서는 16비트 DSP이면서 램과 플래시 메모리를 내장하고 있어 주변에 별다른 부가 장치 없이도 동작이 가능하며, 10비트, 16채널의 AD 변환기, 16개의 PWM생성기, 4개의 16비트 타이머, 16비트 6채널의 캡쳐 유닛도 포함하는 TMS320LF2407A를 로봇의 제어기로 사용한다.

TMS320LF2407A는 TI사의 디지털 제어용으로 최적화된 구조로, 연산 속도는 최대 40Mips의 속도를 가지며, 고정 소수점 연산 DSP이고 16비트의 레지스터를 가지고 있다. 내부에 32K의 플래시 메모리와 544워드의 DARAM과 2K워드의 SARAM이 있고, 32K워드의 외부 메모리를 억세스할 수 있는 인터페이스가 마련되어 있어 크기가 큰 로봇의 모션 데이터의 처리에 유리하다.

TMS320LF2407A는 다양한 주변장치를 제공하고 있어 제어 응용에 적합하다. 2개의 Event manager(EVA, EVB)에는 각각 2개의 GP Timer(General Purpose

Timer), 3개의 Compare Unit, 3개의 Capture Unit, 4채널의 QEP Circuit이 구성되어 있어, 타이머 인터럽트, PWM 파형 발생, Capture기능, 위치 엔코더 인터페이스 등 AC 유도전동기, 브러쉬리스 DC모터, 릴럭턴스 스위치, 스텝 모터 제어에 용이하며, 다중 모터 제어나 변환 제어에도 적용할 수 있다.

향상된 Analog-to-Digital Converter(ADC) 유닛은 10비트의 분해능을 가지며, 16채널이 제공된다.

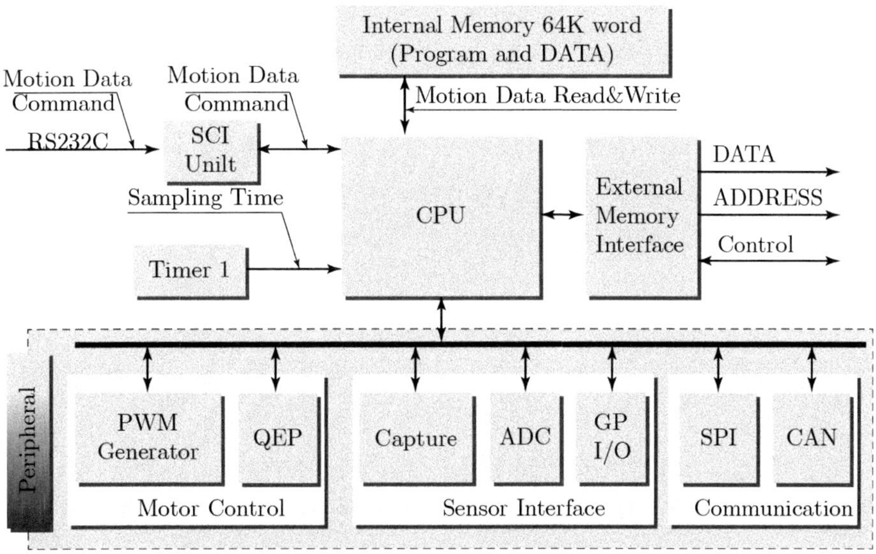

그림 8.9 주제어기로 사용된 TMS320LF2407A의 활용도

KIBOT-III에 사용된 제어기에서는 SCI Unit을 사용하여, 호스트 PC와의 통신을 수행하며, GP Timer 1을 이용하여 20msec의 샘플링 타입을 발생시키고, External Memory Interface를 이용하여 모터 데이터를 보조제어기로 전송한다. PWM발생기와 QEP 회로는 22개의 RC 서보 모터의 제어에 사용되며, 캡쳐 유닛과, A/D 컨버터, 그리고 GP I/O를 이용하여 센서 인터페이스가 가능하다. 그림 8.9는 주제어기로 사용된 TMS320LF2407A의 활용도를 나타낸다.

한편 TMS320LF2407A의 메모리는 64K word의 프로그램 메모리, 64K word의 데이터 메모리와 64K word의 I/O 메모리로 나뉘어진다. 프로그램 메모리는 내부에 Flash EEPROM의 전체 크기가 32K×16비트이고, 외부에 32K워드의 메모리 확장이 가능하다. KIBOT-III의 제어기에서는 사용자 프로그램 코드와 기본적인 보행데이터를 프로그램 메모리에 저장한다.

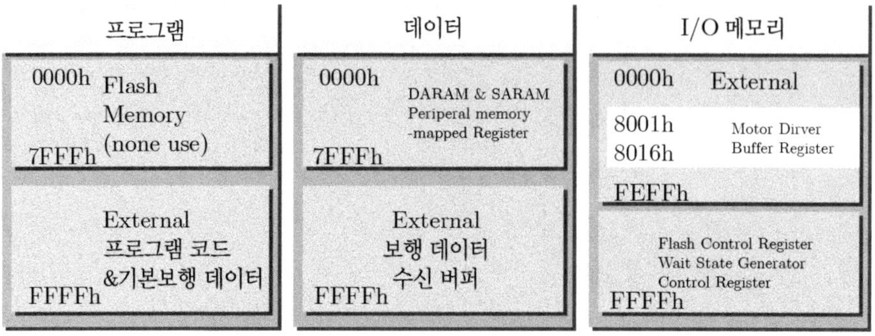

그림 8.10 구현된 제어기의 메모리 구조

데이터 메모리는 내부에 DARAM(dual-access RAM)과 SARAM(single-access RAM)으로 나뉘어져 있고, 프로그램 수행 시 필요한 데이터들을 저장하거나 내부 주변장치의 레지스터들이 위치한다. External 메모리 인터페이스를 통하여 엑세스하는 외부 램에는 호스트 PC로부터 받는 많은 양의 데이터를 저장하는 버퍼로 사용된다.

I/O 메모리 영역은 주변 회로를 확장할 때 사용할 수 있다. 사용된 제어기에서는 FPGA로 각도 데이터를 전송할 때, I/O 메모리의 외부 메모리 영역(8001h ~ 8016h)을 FPGA의 공간으로 할당하고, 외부 메모리 인터페이스를 이용하여 로봇 관절 데이터를 전송한다. 그림 8.10은 구현된 제어기의 메모리 구조를 나타낸다.

TMS320LF2407A는 내부에 PLL-based Clock module을 가지고 있어 디바이스에 제공되는 클럭을 조절하는 것이 가능하고, Low-Power Mode로 들어가는 제어도 담당한다. 본 제어기에서는 10Mhz의 오실레이터가 연결되고, x4의 클럭을 사용하여 내부 동작 주파수는 40Mhz로 1Cycle당 25nsec를 소모한다.

한편 TMS320LF2407A에는 외부 메모리와의 인터페이스 시 동기화를 위하여 Wait state기능이 있다. 본 제어기에서는 3 clock의 wait state clock을 설정하여 외부 램을 인터페이스한다.

TMS320LF2407A CPU는 1개의 Non-Maskable interrupt(NMI)와 코어 레벨에서 우선권이 매겨진 6개의 인터럽트 요구를 지원한다. TMS320LF2407A는 많은 주변 장치를 가지고 있고, 각각의 주변장치는 주변장치 레벨에서의 많은 이벤트에 대한 응답들의 인터럽트들이 한 개 내지는 다수가 발생되는데, 코어레벨에서는 이를 핸들링할 수 있는 능력이 없지만 집적화된 인터럽트 컨트롤러(PIE)를 사용함으로써 다양한 인터럽트 소스에 대한 인터럽트 요구를 받아들일 수 있다.

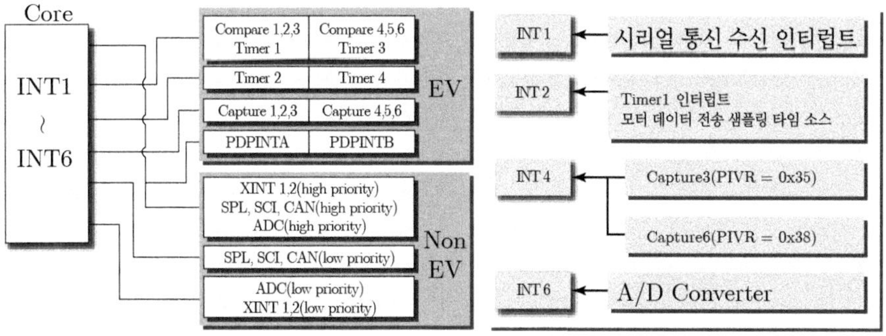

(a) TMS320LF2407의 인터럽트 구조 (b) 제어기의 인터럽트 벡터 구성

그림 8.11 인터럽트 구조

그림 8.11의 (a)는 TMS320LF2407A의 인터럽트 구조를 나타내는데, 1개의 인터럽트 레벨에 여러 개의 소스가 연결되어 있음을 볼 수 있다. 이러한 구조는 사용자의 필요에 따라 레벨을 지정할 수 있고, 인터럽트 처리 루틴에서 인터럽트 벡터를 검사함으로써 그에 상응하는 처리를 할 수 있음을 의미한다. 그림 8.11의 (b)는 제안된 제어기의 인터럽트 구조를 나타내는데, 호스트 PC로부터 명령에 따라 움직이는 시스템이므로 시리얼 통신의 수신 인터럽트를 최상위 레벨로 하였다.

(4) FPGA 보조 제어기

로봇 관절을 구성하는 RC 서보 모터를 제어하기 위해서는 20msec마다 각도에 해당되는 듀티 신호를 인가해야 되는데, 이는 제어기에 상당한 부담을 준다. 따라서 주제어기의 부담을 덜기 위해서 해당각도 데이터만 전송하면 그에 상응하는 듀티 신호를 발생시키는 보조제어기를 구현한다. 사용된 보조제어기는 FPGA로 구성하였으며, 16비트 데이터 버스를 통해 주제어기로부터 데이터를 입력받는다.

그림 8.12에 보조제어기의 블록 다이어그램을 나타내었다. 보조제어기는 파형발생부와 레벨 변환부로 나뉘어지는데 파형발생부는 FPGA를 사용하여 구현하였으며, 전압레벨 변환부에는 Octal bus Transceiver인 74LS245를 사용하였다.

FPGA는 VHDL로 내부 구조를 설계하였으며 Prescaler, Memory, Latch, Compare, Counter, Decoder 등의 디지털 회로들의 조합으로 이루어진다.

TMS320LF2407A와의 인터페이스를 위하여, 16비트의 데이터버스와 6비트의 어드레스버스, 3비트의 제어 신호가 필요하다. 주제어기에서 I/O메모리의 해당 모터의 고유 어드레스로 데이터를 전송하면, FPGA는 해당 레지스터에 데이터를 저장하고, Compare와 Counter를 이용하여 20msec의 주기를 갖는 PWM파형을 발생시키게 된다. FPGA의 내부구조는 크게 입력단, 출력단으로 나눌 수 있는데, FPGA의 입력단은 어드레스 버스와 데이터 버스, 제어신호를 이용하여 해당 주소의 레지스터에 데이터를 저장하는 역할과 입력 클럭을 1/4로 분주하는 역할을 담당한다.

그림 8.12에 보조제어기의 내부 구조를 나타내었다.

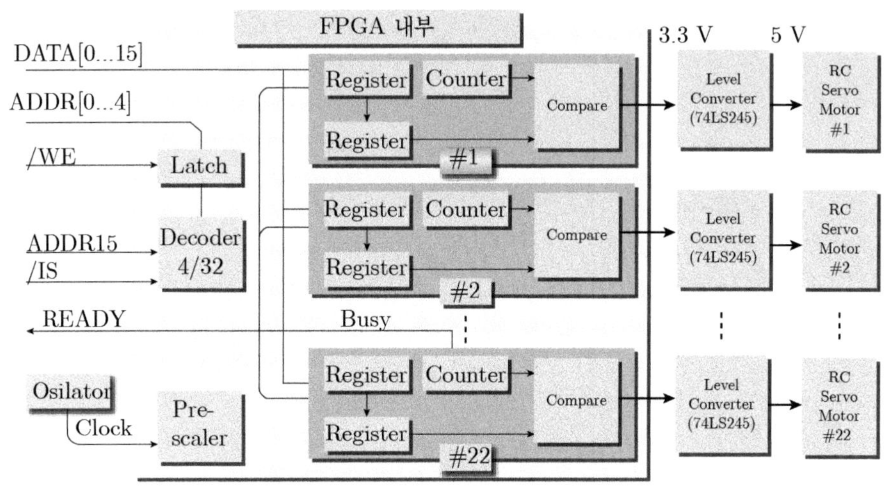

그림 8.12 보조제어기의 블록다이어그램

출력단은 주제어기로부터 입력단을 통하여 들어온 신호들을 모터를 구동할 수 있는 주기적인 파형으로 변환하는 역할을 한다. 입력단을 통하여 들어온 데이터는 MEMORY_1과 MEMORY_2에 저장되고, 비교기에서는 각 모터의 각도 데이터와 카운터의 계수를 비교하여 데이터가 클 경우에는 High를, 작을 때에는 Low를 발생시켜 모터의 각도 데이터에 해당되는 듀티신호를 발생시킨다. 최종 출력부분에 D 플립플롭을 연결하여, 신호가 동시에 출력되도록 한다. 카운터의 Carry 출력은 20ms마다 High가 되고, TMS320LF2407A의 READY핀과 연결되어 있다.

그림 8.14는 주제어기와 보조제어기의 계층적 구조로 이루어진 KIBOT-III의 제어기 구성을 나타내고, 그림 8.15는 구현된 제어기의 외형을 보이고 있다.

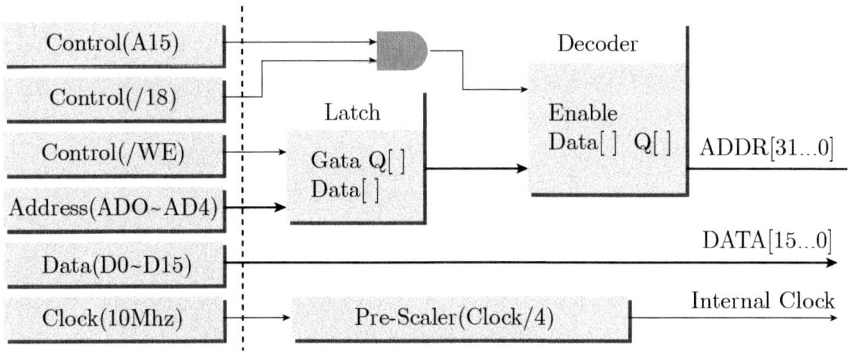

(a) 입력단

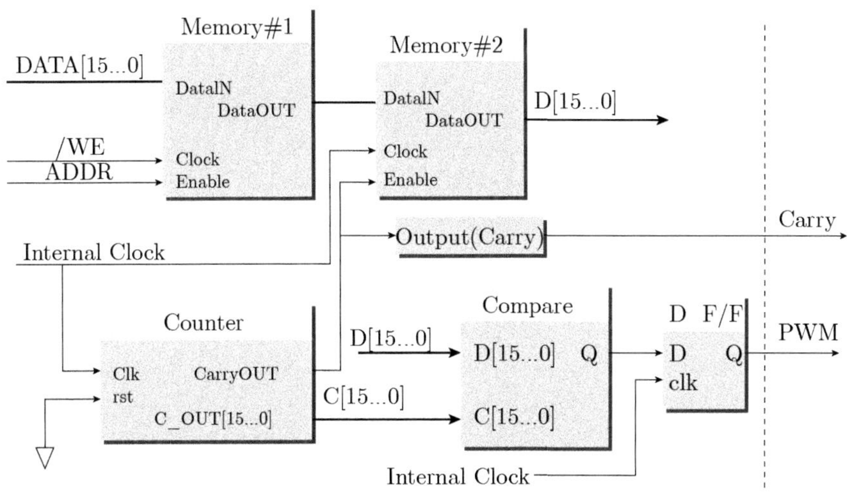

(b) 출력단

그림 8.13 보조제어기의 내부 구조

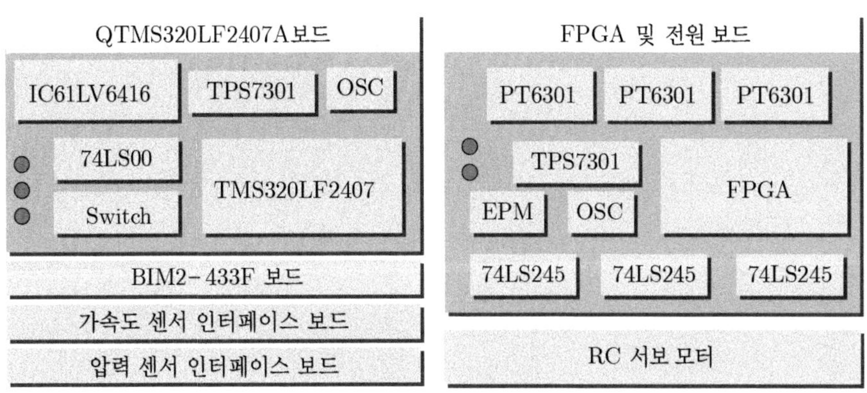

그림 8.14 제어기의 구성

그림 8.15 KIBOT-III의 탑재 제어기

(5) 전원부

KIBOT-Ⅲ는 평상시에도 대략 4A정도의 전류를 소모하고, 구동 시 최대 10A정도까지 전류를 소모한다. 소모 전류는 모터에 따라 다르지만, 사용하고자 하는 배터리와 컨버터는 이런 고출력의 전류를 감당할 수 있어야 한다. 사용된 배터리는 11.1V 1500mA의 리튬 폴리머 배터리로 니켈수소 배터리 또는 니카드 배터리에 비하여 전압/전류 대비 중량 특성이 가장 좋다. 그리고 완전 충전되었을 때 12.4V의 출력 전압을 가진다. 안정된 전원을 공급하기 위해 사용된 DC-DC 컨버터는 TI사의 DSP 전원용 모듈로, Logic에 전원을 공급하기 위해 12V 입력전압에 최대 10A의 출력전류를 가지는 PT6361을 사용하였고, Motor에 전원을 공급하기 위해 12V 입력전압에 최대 30A의 출력전류를 가지는 PT8125를 사용하였다.

이러한 구조는 PT6361의 출력 전압이 5.5V로써 모터의 특성을 최대로 끌어내기에는 부족하여, 출력전압이 4.5V ~ 7.6V까지 가변할 수 있는 PT8125를 6.0V의 출력 전압으로 맞추어 모터용으로 따로 사용한다.

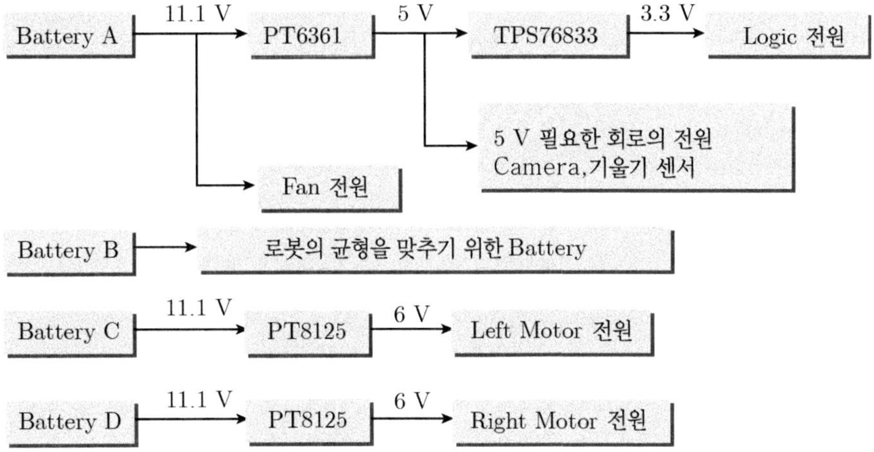

그림 8.16 KIBOT-III의 전원 구성도

그림 8.17은 실제 전원부를 나타낸다.

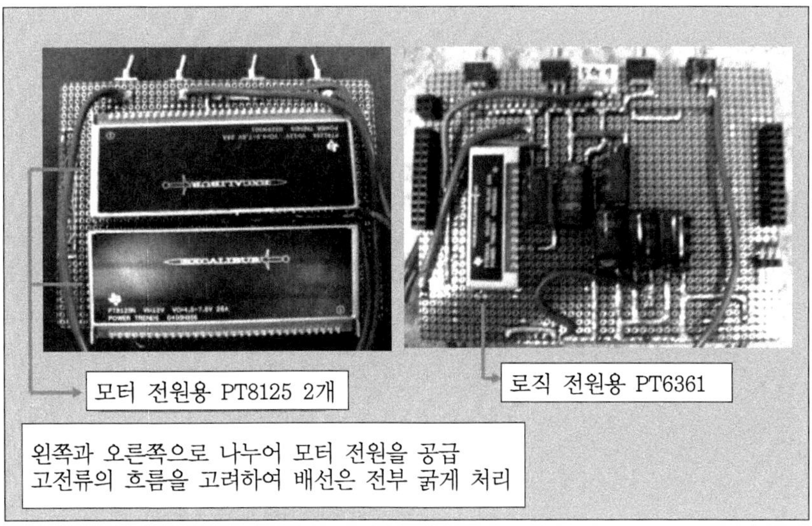

그림 8.17 KIBOT-III의 전원부

8.2.3 기구학

(1) 로봇 좌표계의 설정

로봇의 순기구학 방정식을 구하는 가장 일반적인 방법은 3장에서 살펴본 바와 같이 D-H 표기법을 사용하는 것이지만, 로봇에 설정한 좌표계 사이의 관계가 비교적 단순한 경우에는 좌표계 사이의 기하학적인 관계식으로부터 순기구학 방정식을 구하는 것이 더 간단하다. 이 절에서는 후자의 방법으로 KIBOT-III의 순기구학 방정식을 구하는 과정을 기술한다.

그림 8.18은 그림 8.1에 나타내어진 바와 같은 KIBOT-III에 몸체 중심 좌표계 $x_o - y_o - z_o$가 설정된 것을 같이 도시하고 있다. 그림에서와 같이 몸체 중심 좌표계는 로봇의 배꼽 부위에 설정되어 있으며, 로봇의 두 팔과 두 다리, 머리의 운동을 기술하기 위한 기준점의 역할을 하게 된다. 이는 일반적인 로봇 머니퓰레이터에서 베이스 좌표계가 머니퓰레이터 운동의 기준점 역할을 하는 것과 마찬가지로 생각할 수 있다.

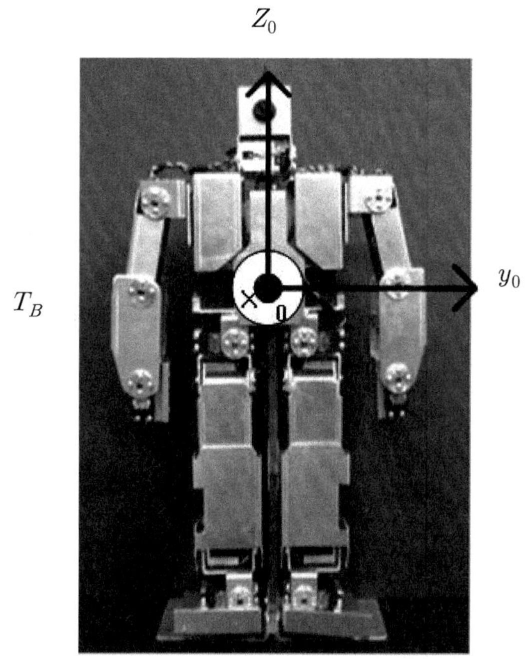

그림 8.18 KIBOT-III와 로봇의 몸체 중심 좌표계

그림 8.19와 그림 8.20은 KIBOT-III의 양 다리부의 각 관절에 설정된 좌표계를 나타내고 있다. 그림 8.19는 로봇의 앞에서 보았을 경우의 다리부의 모든 좌표계 사이의 위치 관계를 나타내고 있고, 그림 8.20은 로봇의 우측면에서 보았을 경우의 주요 좌표계 사이의 위치 관계를 나타내고 있다.

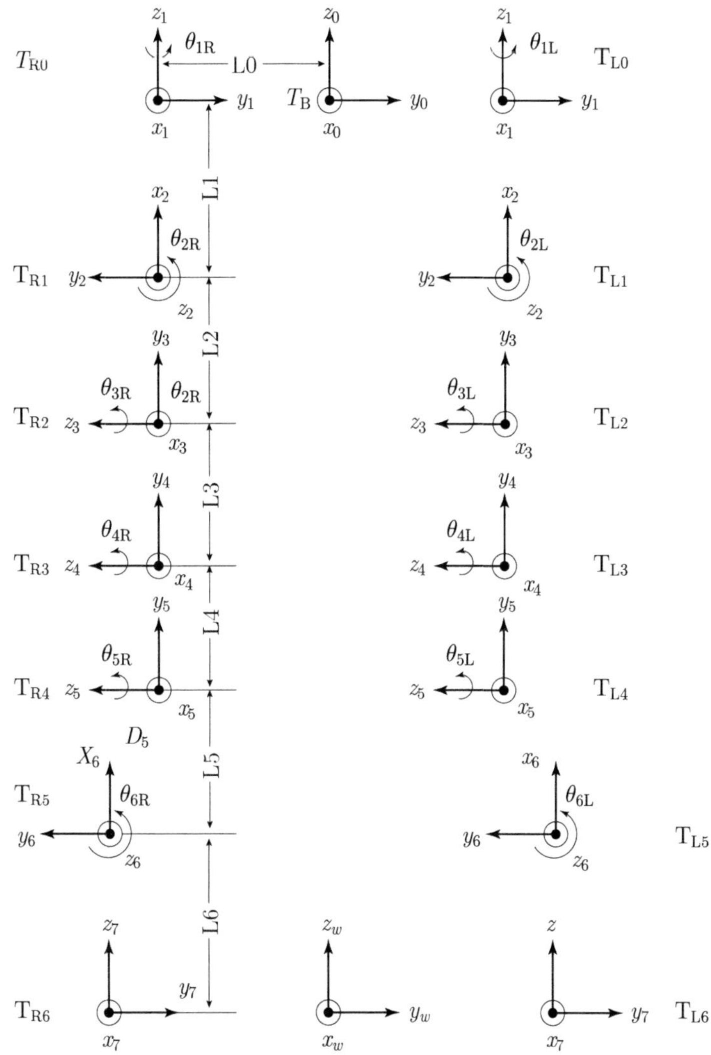

그림 8.19 KIBOT-III의 양 다리부 체인에서의 좌표계
(앞면에서 보았을 때)

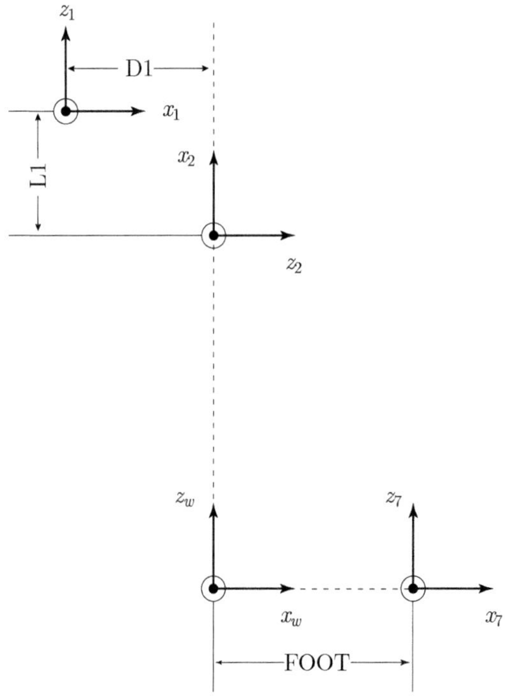

그림 8.20 KIBOT-III의 양 다리부 체인에서의 좌표계(우측면에서 보았을 때)

두 그림 모두에서 $x_w - y_w - z_w$ 좌표계는 월드 좌표계를 나타낸다. 월드 좌표계는 인간형 로봇의 월드에 대한 운동을 기술하기 위하여 사용하는 월드 기준 좌표계이며, 로봇이 속해 있는 환경에서의 기준 좌표계로 생각할 수 있다. 그림 8.19의 중앙부에는 그림 8.18에서 나타낸 것과 같이 몸체 기준 좌표계인 $x_o - y_o - z_o$가 설정되어 있으며, 이 좌표계를 기준으로 하여 오른쪽 다리 체인과 왼쪽 다리 체인에 대한 좌표계가 설정되어 있다. 그림에서 T_B는 월드 좌표계에 대한 몸체 중심 좌표계의 변환행렬을 나타내고, $\mathrm{T_{Ri}}$, $\mathrm{T_{Li}}(i = 0, 1, 2, 3, 4, 5, 6\ )$는 각각 월드 좌표계에 대한 오른쪽, 왼쪽 다리의 각 관절에 설정된 좌표계의 변환행렬을 나타낸다. 마지막의 좌표계$\mathrm{T_{R6}}$, $\mathrm{T_{L6}}$은 각각 월드 좌표계에 대한 오른쪽과 왼쪽의 발바닥에 설정된 좌표계의 변환행렬이다. 다리부 체인의 마지막 좌표계인 $x_7 - y_7 - z_7$는 그림 8.19와 그림 8.20에서 알 수 있듯이 로봇 양 발바닥의 가운데 앞쪽에 설정된 좌표계이다. 두 그림에서는 로봇 다리부 체인에서의 링크 파라미터들도 도시되어 있으며, 이 링크 파라미터들로부터 임의의 두 좌표계 사이의 기하학적인 관계를 알 수 있다. 그림 8.19에는 양 다리에서의 관절 변수의 방향도 정의되어 있다.

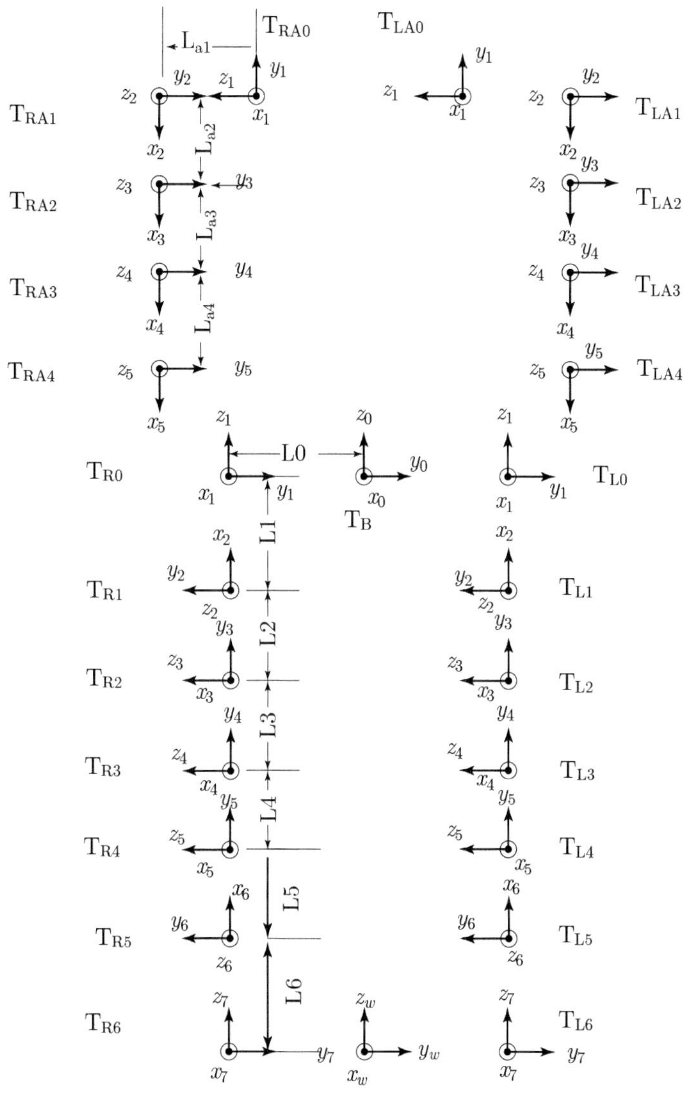

그림 8.21 KIBOT-III의 양 다리부 및 양 팔부 체인에서의 좌표계
(앞면에서 보았을 때)

그림 8.21은 KIBOT-III의 양 팔부와 양 다리부 체인에 설정된 좌표계를 도시하고 있다. T_{RAi}, $T_{LAi}(i=0,1,2,3,4)$는 각각 월드 좌표계에 대한 오른팔, 왼팔의 각 관절에 설정된 좌표계의 변환행렬들이고, T_{RA4}, T_{LA4}는 각각 월드 좌표계에 대한 오른팔과 왼팔의 끝에 설정된 좌표계의 변환행렬들이다. KIBOT-III에서 나머지 하나의 체인은 머리 체인이며, 이는 그림에 표시하지 않았다.

(2) 로봇 좌표계 사이의 변환행렬

여기에서는 서로 이웃하는 좌표계 사이의 변환행렬을 구한다. 우선 로봇의 오른 다리부의 변환행렬을 살펴보자. 로봇 몸체 좌표계를 0좌표계로 표시하기로 하자. 0좌표계와 오른 다리부의 1좌표계 사이에는 회전 관절이 존재하지 않는다. 따라서 두 좌표계 사이의 변환행렬은 다리부의 파라미터로 정해지는 상수행렬이다. 1좌표계의 방향은 0좌표계와 완전히 같고 1좌표계의 원점은 0좌표계에서 보았을 때, $-\boldsymbol{y}_0$ 방향으로 L_0 만큼 떨어져 있다. 따라서 두 좌표계 사이의 변환행렬은 다음 식과 같이 구할 수 있다. 이 변환행렬에서 0좌표계에 대해서 표현한 1좌표계의 방향은 0좌표계의 방향과 같으므로 $\boldsymbol{I}_{3\times 3}$로 표시되고 1좌표계의 원점을 0좌표계에 대해서 표현하면 $[0,\ -L_0,\ 0]^T$가 된다.

$$\mathbf{R}_0^1 = \begin{bmatrix} 1 & 0 & 0 & 0 \\ 0 & 1 & 0 & -\mathrm{L}_0 \\ 0 & 0 & 1 & 0 \\ 0 & 0 & 0 & 1 \end{bmatrix} \tag{8.2.1}$$

비슷한 방식으로 왼쪽 다리부에서는 0좌표계에 대한 1좌표계의 변환행렬은 다음식과 같이 표현된다.

$$\mathbf{L}_0^1 = \begin{bmatrix} 1 & 0 & 0 & 0 \\ 0 & 1 & 0 & +\mathrm{L0} \\ 0 & 0 & 1 & 0 \\ 0 & 0 & 0 & 1 \end{bmatrix} \tag{8.2.2}$$

오른 쪽 다리부의 1좌표계에 대한 2좌표계의 방향과 위치를 나타내는 변환행렬은 다음과 같이 구할 수 있다. 우선 그림 8.22를 보자. 이 그림에서는 두 좌표계 사이의 방향 관계만을 고려하기 위하여 실제와는 달리 원점을 일치시켜 놓았다. 그림에서 지면으로 나오는 방향은 $\boldsymbol{z}_1$ 또는 $\boldsymbol{x}_2$ 방향이다. 그림에서 알 수 있는 바와 같이 $\boldsymbol{x}_2$의 방향은 $\boldsymbol{z}_1$의 방향과 같고, $\boldsymbol{y}_2$의 방향을 1좌표계에서 표시하면 $[s_1\ \ -c_1\ \ 0]^T$와 같으며, $\boldsymbol{z}_2$의 방향을 1좌표계에서 표시하면 $[c_1\ \ s_1\ \ 0]^T$와 같다. 여기에서 $s_1 = \sin(\theta_{1R})$, $c_1 = \cos(\theta_{1R})$이다.

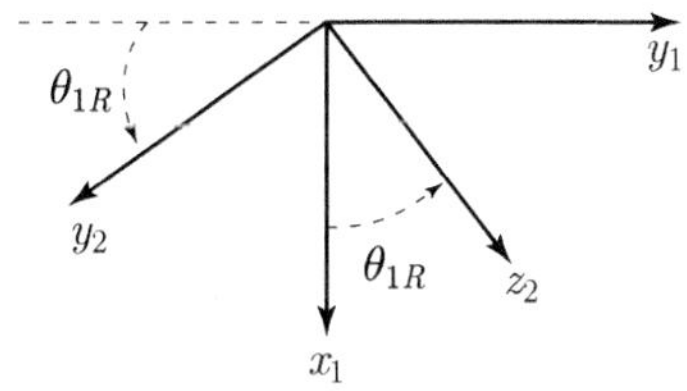

그림 8.22 오른 다리의 1 좌표계에 대한 2좌표계의 방향

2좌표계의 원점을 1좌표계에서 표시하기 위하여 관절 각 θ_{1R} 이 주어졌을 때의 위치 관계를 살펴보면 그림 8.22와 같다. 그림에서 지면으로 나오는 방향은 $\boldsymbol{x}_2$방향, 즉 $\boldsymbol{z}_1$의 방향이다. 관계된 파라미터는 그림 8.20에 보인 바와 같이 D_1과 L_1이다. 그림에서 2좌표계의 원점은 $\boldsymbol{x}_1$방향으로 $+D_1C_1$ 떨어져 있고, $\boldsymbol{y}_1$방향으로 $+D_1s_1$ 떨어져 있으며, $\boldsymbol{z}_1$방향으로 $-L_1$만큼 떨어져 있다. 따라서 벡터로 표시하면 $[D_1c_1 \quad D_1s_1 \quad -L_1]^T$와 같다. 따라서 1좌표계에 대한 2좌표계의 변환행렬은 식 (8.2.3)과 같이 나타낼 수 있다.

$$\mathbf{R}_1^2 = \begin{bmatrix} 0 & \mathrm{s}_1 & \mathrm{c}_1 & \mathrm{D1{\cdot}c}_1 \\ 0 & -\mathrm{c}_1 & \mathrm{s}_1 & \mathrm{D1{\cdot}s}_1 \\ 1 & 0 & 0 & -\mathrm{L1} \\ 0 & 0 & 0 & 1 \end{bmatrix} \tag{8.2.3}$$

왼쪽 다리부의 1좌표계에 대한 2좌표계의 변환행렬은 식 (8.2.4)과 같이 나타낼 수 있다.

$$\mathbf{L}_1^2 = \begin{bmatrix} 0 & \mathrm{s}_1 & \mathrm{c}_1 & \mathrm{D1{\cdot}c}_1 \\ 0 & -\mathrm{c}_1 & \mathrm{s}_1 & \mathrm{D1{\cdot}s}_1 \\ 1 & 0 & 0 & -\mathrm{L1} \\ 0 & 0 & 0 & 1 \end{bmatrix} \tag{8.2.4}$$

비슷한 방식으로 오른쪽 다리부와 왼쪽 다리부의 이웃하는 좌표계 사이의 변환행렬을 구하면 다음과 같다.

$$\mathbf{R}_2^3=\begin{bmatrix}0 & c_2 & -s_2 & -L2\cdot c_2\\ 0 & s_2 & c_2 & -L2\cdot s_2\\ 1 & 0 & 0 & 0\\ 0 & 0 & 0 & 1\end{bmatrix},\ \mathbf{L}_2^3=\begin{bmatrix}0 & c_2 & -s_2 & -L2\cdot c_2\\ 0 & s_2 & c_2 & -L2\cdot s_2\\ 1 & 0 & 0 & 0\\ 0 & 0 & 0 & 1\end{bmatrix} \tag{8.2.5}$$

$$\mathbf{R}_3^4=\begin{bmatrix}c_3 & -s_3 & 0 & L3\cdot s_3\\ s_3 & c_3 & 0 & -L3\cdot c_3\\ 0 & 0 & 1 & 0\\ 0 & 0 & 0 & 1\end{bmatrix},\ \mathbf{L}_3^4=\begin{bmatrix}c_3 & -s_3 & 0 & L3\cdot s_3\\ s_3 & c_3 & 0 & -L3\cdot c_3\\ 0 & 0 & 1 & 0\\ 0 & 0 & 0 & 1\end{bmatrix} \tag{8.2.6}$$

$$\mathbf{R}_4^5=\begin{bmatrix}c_4 & -s_4 & 0 & L4\cdot s_4\\ s_4 & c_4 & 0 & -L4\cdot s_4\\ 0 & 0 & 1 & 0\\ 0 & 0 & 0 & 1\end{bmatrix},\ \mathbf{L}_4^5=\begin{bmatrix}c_4 & -s_4 & 0 & L4\cdot s_4\\ s_4 & c_4 & 0 & -L4\cdot s_4\\ 0 & 0 & 1 & 0\\ 0 & 0 & 0 & 1\end{bmatrix} \tag{8.2.7}$$

$$\mathbf{R}_5^6=\begin{bmatrix}-s_5 & 0 & c_5 & L5\cdot s_5\\ c_5 & 0 & s_5 & -L5\cdot c_5\\ 0 & 1 & 0 & +D_5\\ 0 & 0 & 0 & 1\end{bmatrix},\ \mathbf{L}_5^6=\begin{bmatrix}-s_5 & 0 & c_5 & L5\cdot s_5\\ c_5 & 0 & s_5 & -L5\cdot c_5\\ 0 & 1 & 0 & -D_5\\ 0 & 0 & 0 & 1\end{bmatrix} \tag{8.2.8}$$

$$\mathbf{R}_6^7=\begin{bmatrix}0 & s_6 & c_6 & -L6\cdot c_6\\ 0 & -c_6 & s_6 & -L6\cdot s_6\\ 1 & 0 & 0 & Foot\\ 0 & 0 & 0 & 1\end{bmatrix},\ \mathbf{L}_6^7=\begin{bmatrix}0 & s_6 & c_6 & -L6\cdot c_6\\ 0 & -c_6 & s_6 & -L6\cdot s_6\\ 1 & 0 & 0 & Foot\\ 0 & 0 & 0 & 1\end{bmatrix} \tag{8.2.9}$$

식 (8.2.1)부터 식 (8.2.9)까지를 사용하면, 임의의 관절 좌표계 사이의 변환 행렬을 구할 수 있다. 예를 들어, 몸체 중심 좌표계에 대해서 표현한 오른발끝의 좌표계는 다음 식과 같이 구할 수 있다.

$$\boldsymbol{R}_0^7=\boldsymbol{R}_0^1\boldsymbol{R}_1^2\boldsymbol{R}_2^3\boldsymbol{R}_3^4\boldsymbol{R}_4^5\boldsymbol{R}_5^6\boldsymbol{R}_6^7 \tag{8.2.10}$$

한편, 식 (8.2.9)와 그림 8.20에 나타내어진 파라미터 *Foot*는 로봇 발바닥의 중심에서 발끝까지의 길이를 나타낸다. 나머지 파라미터들은 그림에서 명확하게 알 수 있다. KIBOT-III에서의 다리부의 파라미터는 표 8.2와 같다.

앞에서 살펴본 바와 같이 KIBOT-III에서는 몸체 중심 좌표계를 로봇의 기준 좌표계로 설정한 후에 이 기준 좌표계를 중심으로 하여 오른 다리 체인, 왼 다리 체인, 오른팔 체인, 왼팔 체인, 목 체인의 5개의 기구학 체인이 설정되어 있다. 이러한 각각의 체인은 기존의 베이스 좌표계가 고정되어 있는 로봇 머니퓰레이터의 경우와 똑 같은 방식으로 해석할 수 있다.

표 8.2 기구학 파라미터들의 값 (단위 : m)

구분	다리체인	
파라미터	L0	0.01900
	L1	0.02600
	D1	-0.01300
	L2	0.02800
	L3	0.04980
	L4	0.04300
	L5	0.03990
	D5	0.00600
	L6	0.01600
	Foot	0.05000

(3) 인간형 로봇 역기구학 해법

일반 로봇 머니퓰레이터에서 역기구학이란 기준 좌표계에 대한 로봇 말단 장치(end-effector)의 방향과 위치가 주어졌을 때 이를 달성할 수 있는 로봇 관절들의 값을 구하는 것을 의미한다. KIBOT-III에서는 5개의 기구학 체인이 있으며 이 체인들은 모두 하나의 로봇 머니퓰레이터와 같이 해석할 수 있다.

로봇의 역기구학을 구하는 문제는 자코비안(Jacobian)을 사용하여 속도 레벨(velocity level)에서 해를 구하고 이를 시간에 대하여 적분하여 관절각을 구하는 방법과 관절각을 닫힌 형태(closed form)로 곧바로 구하는 방법이 있다. 자코비안에 기초한 역기구학 해는 로봇의 특이점(singular points) 근처에서 오차가 많이 생기는 단점이 있는데, KIBOT-III의 다리부에서는 무릎이 곧게 펴지는 상태가 특이점이 된다. 인간형 로봇이 계단을 오르내리는 경우에는 무릎이 많이 펴지게 되므로 이러한 특이점이 문제가 될 수 있다. 한편 닫힌 형태의 해를 구하는 방법에서는 각 관절각이 식의 형태로 주어지기 때문에, 역기구학 계산 시간이 빠른 장점이 있으나 로봇의 기구학적 구조에 따라서는 닫힌 형태의 해를 구할 수 없는 경우도 있다.

KIBOT-III에서는 매 제어 주기마다 생성된 보행 운동에 따라 월드 좌표계에 대한 몸체 중심 좌표계의 변환행렬과 월드 좌표계에 대한 발끝 좌표계의 변환행렬이 정해진다. 따라서 KIBOT-III의 몸체 중심 좌표계에 대한 발끝 좌표계의 변환행렬을 구할 수 있으며, 이는 일반 로봇 머니퓰레이터에서 로봇 베이스에 대해서 말단 장치의 방향과 위치가 주어진 것과 같은 경우이다. KIBOT-III의 다리부 체인에서 닫힌 형태의 역기구학 해를 구하는 것은 이와 같이 로봇 몸체 중심 좌표계에 대한 발끝의 방향과 위치가 주어진 상태에서, 각 다리의 관절 값들을 구해내는 과정으로서 4장에서의 방법에 따라 역기구학을 구하면 된다.

여기에서는 역기구학 해를 구한 예만을 보인다. 그림 8.23에 로봇 자세의 한 예를 나타내었다. 이는 로봇의 직진 보행의 한 순간에 대한 경우이다. 로봇이 몸체 균형 유지를 위하여 월드 좌표계에 대하여 몸체 좌표계를 3° 기울였으며, 이때 $\beta = +3°$이다. 역기구학을 구하는 과정을 거쳐 구한 해는 오른쪽 다리의 경우 $\theta_{1R} = 0.0°$, $\theta_{2R} = -8.11°$, $\theta_{3R} = 45.45°$, $\theta_{4R} = -48.52°$, $\theta_{5R} = 3.06°$, $\theta_{6R} = 11.11°$이고 왼쪽 다리 관절의 경우 $\theta_{1L} = 0.0°$, $\theta_{2L} = -8.40°$, $\theta_{3L} = 30.19°$, $\theta_{4L} = -77.90°$, $\theta_{5L} = 47.71°$ 그리고, $\theta_{6L} = 11.40°$이다. 이에 대한 로봇의 자세는 그림 8.23과 같다.

그림 8.23 역기구학 해를 구하기 위한 자세의 예

8.2.4 보행 궤적 계획

(1) 보행 궤적 계획

KIBOT-III의 보행 궤적 계획은 매 샘플링 시간에 월드 좌표계에 대한 로봇 몸체 중심 좌표계의 방향과 위치를 설정해 주고, 월드 좌표계에 대한 다리부, 팔부, 머리부의 마지막 좌표계의 방향과 위치를 설정해 줌으로써 수행할 수 있다. 그림 8.24에 보행 궤적 계획 과정을 도시하였다.

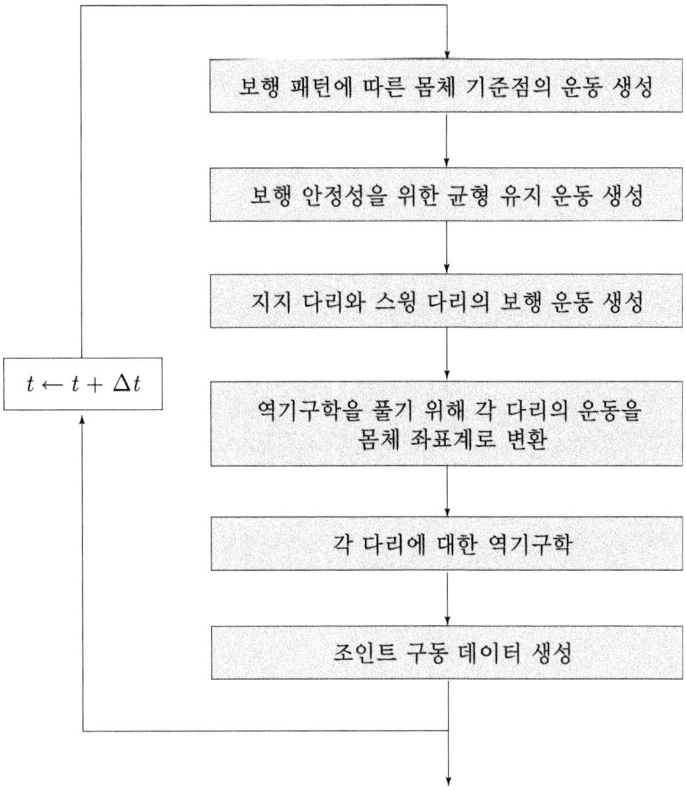

그림 8.24 로봇 보행 궤적 계획 과정

로봇의 보행 패턴은 직진 보행, 회전 보행 등 보행 방식을 의미하는데, 로봇이 수행할 보행이 결정되면, 이 보행 패턴에 따라서 월드 좌표계에 대한 로봇 몸체 중심 좌표계의 이동, 회전이 생성된다. 이때 인간형 로봇이 넘어지지 않고 안정되게 걸을 수 있게 하기 위해서는 로봇의 무게 중심을 적절히 이동해 주어야 하는데, 이를 위해서 무게 중심의 균형을 유지하기 위한 로봇의 운동도 생성되어야 한다. 이는 보행 운동을 계획하는 사람이 설정해 주어야 한다. 또한 보행을 하기 위해서는 양 다리가 교대로 지면을 지지하거나 보행을 해 주어야 하며, 이는 양 다리의 마지막 좌표계의 방향과 위치를 월드 좌표계에 대해서 설정해 주면 된다. 팔, 머리 운동을 하기 위해서는 월드 좌표계에 대한 팔부와 머리부의 마지막 좌표계의 방향과 위치를 설정해 준다.

위의 과정이 끝나면 로봇 몸체 중심 좌표계와 다리부, 팔부, 머리부의 마지막 좌표계가 모두 월드 좌표계에 대해서 표시되게 되고, 따라서 간단한 행렬 변환에 의해서 다리부, 팔부, 머리부의 마지막 좌표계를 로봇 몸체 중심 좌표계로 표시할 수 있게 되므로, 전 절에서 다룬 방법을 사용하여 역기구학 해를 구할 수 있게 된다.

로봇이 보행을 하기 위해서는 한쪽 다리가 스윙(swing) 운동을 하는 동안 다른 쪽 다리는 지면을 지지하고 있게 되며, 몸은 보행 방향으로 진행하게 된다. 보행 운동을 계획하기 위해서는 로봇의 보폭, 스윙하는 다리의 궤적, 걸음 속도, 샘플링 타임 등 여러 가지 매개변수들을 지정해 주어야 한다. 이 절에서는 스윙하는 다리의 궤적을 그림 8.25와 같이 설정하도록 한다. 그림에서 전체 주기는 T이고, P_1에서 P_2까지의 시간에는 왼쪽 다리가 스윙하고 오른쪽 다리는 지면에 닿아 있으며, $T/2+P_1$에서 $T/2+P_2$까지의 시간에는 오른쪽 다리가 스윙하고 왼쪽 다리는 지면에 닿아 있게 된다. 그림에서 원호로 표시된 부분은 스윙 다리의 발끝의 궤적 곡선이다.

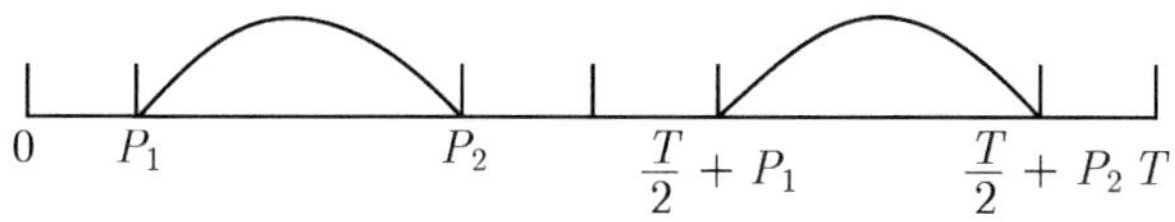

그림 8.25 스윙 다리의 발끝의 궤적

그림 8.25에 표시된 각 구간에서 생성되는 운동은 다음 식과 같다. 이 식에서 $+y$, $-y$방향은 몸체 중심 좌표계를 기준으로 한 것이다. 즉 $+y$방향은 로봇의 왼쪽이 된다.

$$\begin{cases} 0 \leqq t < \dfrac{T}{2} \begin{cases} 0 \leqq t < P_1 & :-y\text{방향으로 밸런싱} \\ P_1 \leqq t < P_2 & :\text{왼쪽 다리 스윙} \\ P_2 \leqq t < T/2 & :+y\text{방향으로 밸런싱 복귀} \end{cases} \\ \\ \dfrac{T}{2} \leqq t < T \begin{cases} T/2 \leqq t < T/2+P_1 & :+y\text{방향으로 밸런싱} \\ T/2+P_1 \leqq t < T/2+P_2 & :\text{오른쪽 다리 스윙} \\ T/2+P_2 \leqq t < T & :-y\text{방향으로 밸런싱 복귀} \end{cases} \end{cases} \tag{8.2.11}$$

한편 로봇 보행 운동을 위해서는 매 샘플링 시간마다 월드 좌표계에 대한 로봇 몸체 중심 좌표계와 발 끝 좌표계의 위치와 방향을 정해주어야 하는데, 이는 다음과 같은 미소 변위 식을 사용하여 구할 수 있다.

$$\boldsymbol{T}_B(k+1) = \boldsymbol{T}_B(k) + d\boldsymbol{T}_B \tag{8.2.12}$$

$$d\boldsymbol{T}_B = \begin{bmatrix} 0 & -\delta_z & \delta_y & d_x \\ \delta_z & 0 & -\delta_x & d_y \\ -\delta_y & \delta_x & 0 & d_z \\ 0 & 0 & 0 & 0 \end{bmatrix} \boldsymbol{T}_B(k) \tag{8.2.13}$$

여기에서, $\delta_x = w_x \Delta T$, $\delta_y = w_y \Delta T$, $\delta_z = w_z \Delta T$, $d_x = v_x \Delta T$, $d_y = v_y \Delta T$, $d_z = v_z \Delta T$ 이고, ω, v는 각각 월드 좌표계에 대한 몸체중심 좌표계의 각속도, 선속도이고 ΔT는 샘플링 시간 간격이다.

다음에는 각 보행방법들을 구현할 수 있도록 보행 궤적 계획을 통해서 선속도와 각속도를 적절히 지정해 주어야 한다. KIBOT III에서는 직진 보행, 좌/우 보행, 제자리 좌/우 회전, 좌/우 회전 보행, 대각선 보행, 공차기 동작, 경사면 보행 등이 구현되어 있다. 여기에서는 직진 보행, 좌/우 보행, 제자리 좌/우회전, 좌/우회전 보행, 대각선 보행, 공차기 동작, 경사면 보행 등에 대하여 살펴본다.

직진 보행은 First, Walk, Last 3동작으로 구현된다. Body는 몸체의 중심, Tip은 발끝, Stride는 보폭이다. 이동방향은 Stride의 부호에 따라 +면 전진 보행, -면 후진 보행이 된다. 이를 표로 나타내면 다음과 같다.

표 8.3 직진 보행

보행 패턴	x 방향으로 이동거리		진행하는 발
	Body	Tip	
First	1/2×Stride	Stride	오른발
Walk	Stride	2×Stride	왼발 → 오른발
Last	1/2×Stride	Stride	왼발

좌/우 보행에서 이동 방향은 Right, Left의 설정에 따라 결정된다. 다음 표는 보행 후 몸체와 발끝의 이동거리를 나타낸다.

표 8.4 좌/우 보행

보행 패턴	y 방향으로 이동거리		진행하는 발
	Body	Tip	
Right Side	2×Stride	2×Stride	오른발 → 왼발
Left Side	2×Stride	2×Stride	왼발 → 오른발

제자리 좌/우 회전 시에는 몸체의 이동거리는 없고 몸체 좌표계의 z축을 중심으로 회전 각도만큼 방향을 전환하며 Right, Left의 설정에 따라 좌/우 회전 방향을 결정한다. 그림 8.26은 초기 몸체 좌표계와 회전 각도 θ만큼 좌/우 회전한 후 바뀐 좌표계와의 관계를 나타내고 있다.

이때 로봇의 회전 후 발끝의 이동거리는 그림 8.27과 식 (8.2.14)로 주어진다.

$$x = L\sin\theta \tag{8.2.14}$$

$$y = -L\cos\theta$$

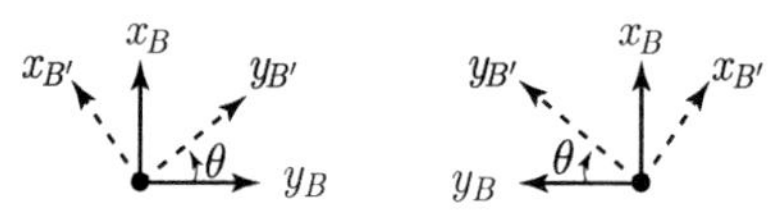

그림 8.26 초기 몸체 좌표계와 회전 각도 θ만큼 좌/우 회전한 후 바뀐 좌표계와의 관계

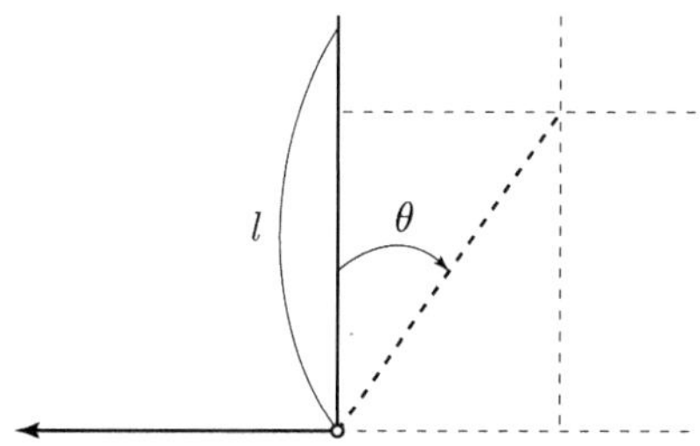

그림 8.27 로봇의 회전 후 발끝의 이동거리

좌/우 회전 보행의 경우 회전 각도가 클 때, 동적 영향이 크기 때문에 몸체를 기울이는 방향을 설정함으로써 로봇이 균형을 유지하도록 한다. 그림 8.28은 좌회전 보행에서의 몸체 움직임을 도시하고 있다.

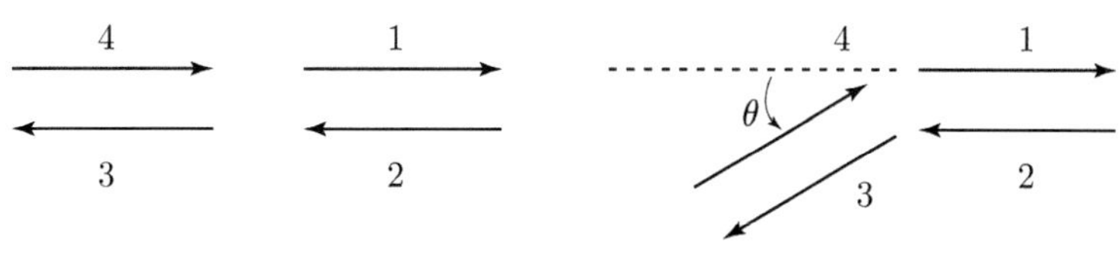

그림 8.28 좌회전 보행에서의 몸체 움직임

공차기 동작에서는 몸체의 밸런싱 운동과 공을 차기 위한 다리 궤적의 생성이 중요하다. 몸체의 이동거리는 없다. 그림 8.29에 표시되어 있으며 1번 구간은 다리를 설정된 높이만큼 들면서 Tip x 크기만큼 뒤로 다리를 빼는 것이고, 2번 구간은 다리 높이로 Tip x에 보폭을 더한 만큼 다리로 차는 구간이며, 3번 구간은 초기 위치로 다리를 복귀시키는 구간이다.

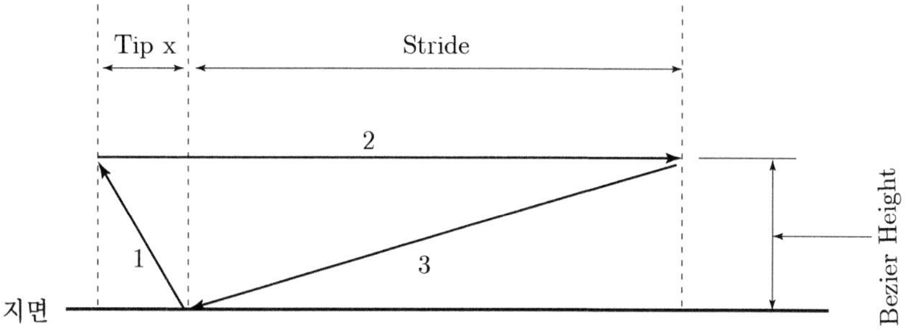

그림 8.29 공차기 동작시 발끝의 궤적

경사면 보행은 직진 보행과 마찬가지로 First, Walk, Last 부분으로 구성된다. 경사면 보행에서는 로봇에게 보행 파라미터 중 하나인 경사면의 각도(θ)가 주어진다. 이는 경로 계획에서 사용자가 주거나, 로봇이 자체의 센서를 사용하여 구할 수 있다. 그림 8.30은 경사면에서 이동해야 할 로봇의 좌표를 구하기 위한 그림이다. 표 8.5에 보폭과 경사면 각도에 따라 생성해야 할 보행 데이터를 나타내었다.

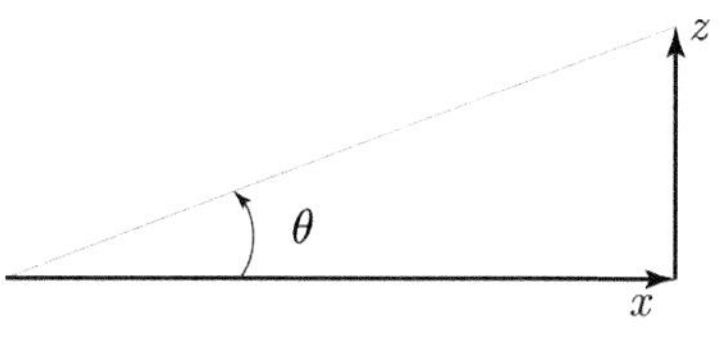

그림 8.30 θ 각도의 경사면 보행

표 8.5 경사면 보행

보행 패턴	Body의 이동거리	
Slope	x	z
First	1/2×Stride	1/2×Stride×tanθ
Walk	2×Stride	2×Stride×tanθ
Last	1/2×Stride	1/2×Stride×tanθ

좌/우 회전 보행동작은 제자리 좌/우 회전의 패턴과 좌/우 보행의 패턴을 겸한 것으로 KIBOT-III의 기구적인 제약으로 회전각도가 제한된다. 이것은 제자리에서 회전을 함으로써 양쪽 발의 뒷부분이 서로 닿는 문제가 생기기 때문이다. 이 문제를 해결하기 위해 다리를 파라미터 값만큼 좌 또는 우로 벌리면서 회전을 하게 되면 회전 각도를 크게 할 수 있다. 두 좌표계 사이에 변환행렬은 다음과 같다.

$$\boldsymbol{R}_1^2 = \begin{bmatrix} \cos\theta & -\sin\theta & -2\times Stride\times\sin\frac{\theta}{2} \\ \sin\theta & \cos\theta & 2\times Stride\times\cos\frac{\theta}{2} \\ 0 & 0 & 1 \end{bmatrix} \tag{8.2.15}$$

점 p_1은 회전 후에 1좌표계에 대해 다음과 같이 표현된다. 각도는 θ만큼 회전했다.

$$\begin{bmatrix} \cos\theta & -\sin\theta & -2\times Stride\times\sin\frac{\theta}{2} \\ \sin\theta & \cos\theta & 2\times Stride\times\cos\frac{\theta}{2} \\ 0 & 0 & 1 \end{bmatrix} \begin{bmatrix} L \\ 0 \\ 1 \end{bmatrix} = \begin{bmatrix} L\cos\theta - 2\times Stride\times\sin\frac{\theta}{2} \\ L\sin\theta + 2\times Stride\times\cos\frac{\theta}{2} \\ 1 \end{bmatrix} \tag{8.2.16}$$

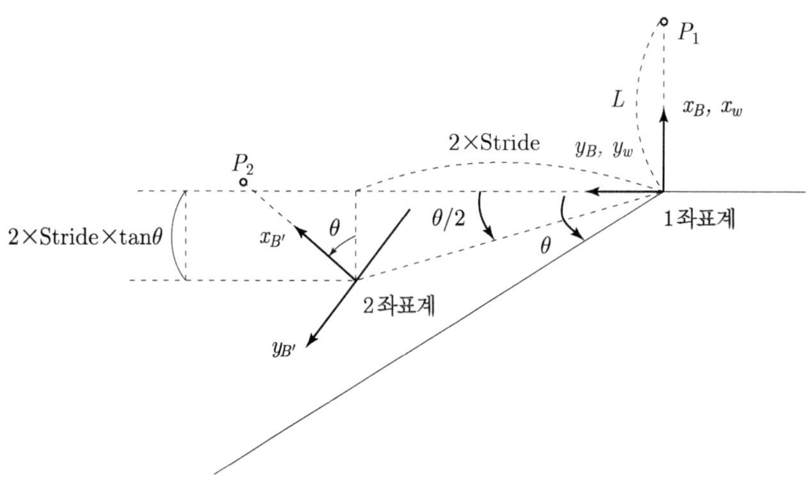

그림 8.31 좌 회전 보행 전과 후의 좌표계 변환

표 8.6 좌/우 회전 보행

보행 패턴 Turnside	Body의 이동거리		회전 각도
	x	y	
Right	-2×Stride	$-2\times\text{Stride}\times\tan\frac{\theta}{2}$	$+\theta$
Left	-2×Stride	$2\times\text{Stride}\times\tan\frac{\theta}{2}$	$-\theta$

대각선 보행은 직진 보행의 First 동작과 Last 동작의 변형 및 조합으로 만들어진다. 대각선 보행에서 중요한 파라미터는 대각선 방향으로의 각도 및 보폭이다. 대각선 보행에서의 x와 y방향의 이동거리는 그림 8.32와 같이 보폭과 이동 각도에 의해서 계산되어지며, 표 8.7에 표시되어 있다.

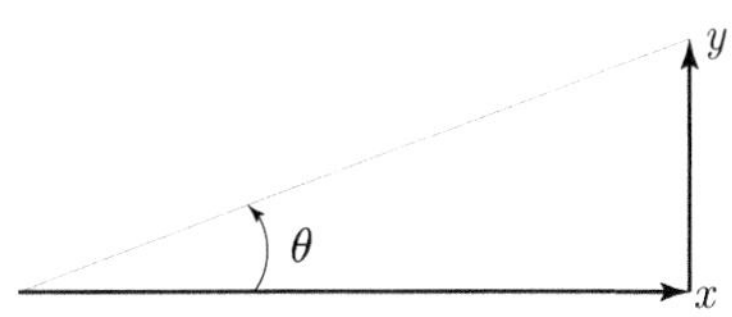

그림 8.32 대각선 보행

표 8.7 대각선 보행

보행 패턴	Body의 이동거리	
	x	y
Diagonal	$\text{Stride}\times\tan\theta$	Stride

(2) 여러 가지 보행

여기에서는 KIBOT-III에 구현되어 있는 여러 가지 보행에 대한 실례를 보인다. 그림 8.33은 여러 가지 보행 패턴을 보이고 있다. 그림에서 빗금친 사각형은 보행하기 전의 로봇의 발바닥의 위치를 나타내고 일반적인 사각형은 보행을 한 이후의 로봇의 발바닥의 위치를 나타내고 있다. 그림에서 (a)는 전진/후진 보행을, (b)는 두 발이 나란히 있는 상태에서 오른발이 반보 앞으로 전진한 보행을, (c)는 오른발이 반보 앞으로 전진한 상태에서 왼발 반보 보행을 하여 두 발을 나란히 한 상태를 나타내고 있다. 또한 (d)는 왼쪽/오른쪽으로의 옆으로 보행을 (e)는 제자리에서의 왼쪽/오른쪽 회전 보행을, (f)는 (d)와 (e)를 합해 놓은 형태로 왼쪽/오른쪽으로의 회전 보행을, (g)는 왼쪽/오른쪽 방향으로의 대각선 보행을 나타낸다.

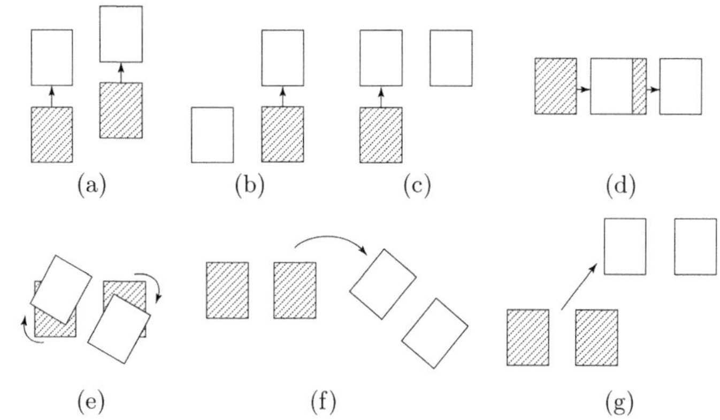

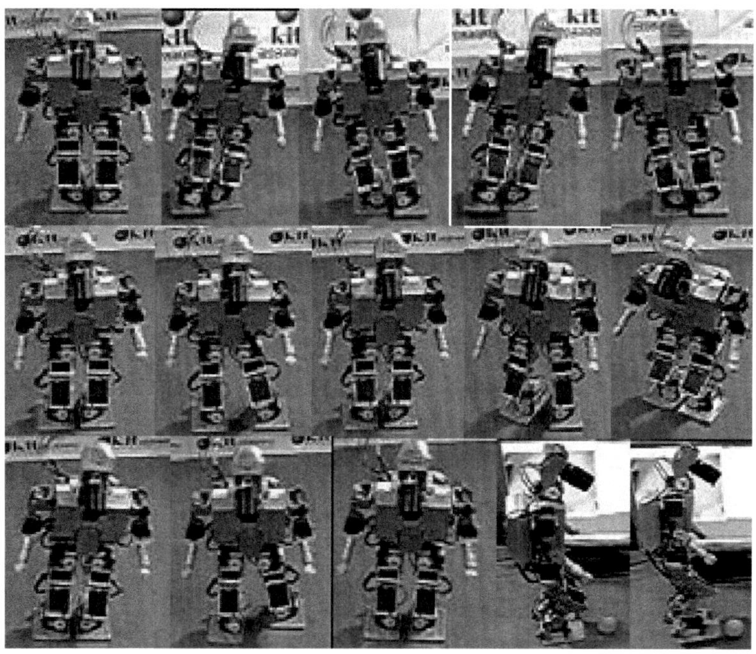

그림 8.33 KIBOT-III의 여러 가지 보행

보행을 구현하기 위해서는 고정되어 있는 월드 좌표계에 대해 이동하는 로봇 몸체 기준 좌표계의 변화를 설정해 주면 되므로, 선속도와 각속도를 설정해 주면 된다. 직진 보행에서의 선속도와 각속도는 다음에 주어진 식과 같이 설정한다.

$$
\begin{cases}
0 \leqq t < p_1: & \begin{array}{l} x_d = (stride/2.0)/(period/2.0), \\ y_d = magy/(bal\_ratio \times period),\ \ z_d = 0, \\ w_x = -\phi/p_1,\ \ w_y = 0,\ \ w_z = 0 \end{array} \\
p_1 \leqq t < p_2: & \begin{array}{l} x_d = (stride/2.0)/(period/2.0), \\ y_d = 0,\ \ z_d = 0, \\ w_x = 0,\ \ w_y = 0,\ \ w_z = 0 \end{array} \\
p_2 \leqq t < \dfrac{T}{2}: & \begin{array}{l} x_d = (stride/2.0)/(period/2.0), \\ y_d = -magy/(bal\_ratio \times period),\ \ z_d = 0, \\ w_x = \phi/p_1,\ \ w_y = 0,\ \ w_z = 0 \end{array}
\end{cases} \tag{8.2.17}
$$

$$
\begin{cases}
\dfrac{T}{2} \leqq t < \dfrac{T}{2} + p_1: & \begin{array}{l} x_d = (stride/2.0)/(period/2.0), \\ y_d = -magy/(bal\_ratio \times period),\ \ z_d = 0, \\ w_x = \phi/p_1,\ \ w_y = 0,\ \ w_z = 0 \end{array} \\
\dfrac{T}{2} + p_1 \leqq t < \dfrac{T}{2} + p_2: & \begin{array}{l} x_d = (stride/2.0)/(period/2.0), \\ y_d = 0,\ \ z_d = 0, \\ w_x = 0,\ \ w_y = 0,\ \ w_z = 0 \end{array} \\
\dfrac{T}{2} + p_2 \leqq t < T: & \begin{array}{l} x_d = (stride/2.0)/(period/2.0), \\ y_d = magy/(bal\_ratio \times period),\ \ z_d = 0, \\ w_x = -\phi/p_1,\ \ w_y = 0,\ \ w_z = 0 \end{array}
\end{cases}
$$

여기서 l 과 Φ는 주기 T 동안의 몸체 이동 거리와 보행 안정성을 위한 몸체 균형각의 크기를 의미하는 보행 운동 설계 파라미터들이다. 또한 stride는 보폭, period는 주기, magy는 Balancing 시에 y방향 직선 변위를 나타낸다. *bal_ratio*는 반주기의 시간을 일정한 비율로 나누는 값으로, 밸런싱과 리턴 밸런싱의 시간은 같고, 반주기에서 밸런싱과 리턴 밸런싱 구간을 뺀 나머지 시간은 스윙시간이 된다. 전체의 주기 동안 x축 방향으로 몸체의 운동이 일어나면서, 균형 유지를 위한 밸런싱, 리턴 밸런싱 시에는 y축 방향으로의 몸체 운동이 함께 일어난다. 또한 stride를 양의 값으로 주면 전진 보행을, 음의 값으로 주면 후진 보행을 하게 된다. 나머지 보행들에 대해서도 유사하게 설정해 주어 궤적 계획을 할 수 있다.

8.2.5 응용-축구하기

(1) 로봇 축구 개요

소형 2족 보행 로봇을 이용한 자율적인 로봇 축구는 로봇이 자체의 비젼 센서를 가지고 주위 환경에 대한 정보를 얻은 후, 외부의 도움 없이 자율적인 판단을 하여 공과 골대의 위치를 파악한 후 공을 골대에 차 넣는 경기를 하는 것을 의미한다. 주어진 경기장(1m×1.4m) 내에 고정된 위치에 골대가 놓여있고, 임의의 위치에 공이 놓여져 있다. 그리고 로봇이 임의의 위치에 놓여질 때, 로봇의 머리에 장착된 카메라를 통해 경기장 내의 영상을 획득하여, 영상처리 과정을 거쳐 공과 골대의 위치 및 방향 정보를 얻는다. 캘리브레이션 과정을 통해 얻은 카메라 파라미터를 사용하여 2차원 영상 데이터로부터 실제 3차원 공간상에서의 물체와의 거리 및 방향 정보를 얻으면, 경로 계획을 거쳐 로봇의 행동 패턴을 결정하여 로봇이 공에 접근한 뒤, 골대를 향해 공을 차는 동작을 하게 된다.

(2) 영상데이터 처리

영상처리를 통한 공 찾기

영상을 획득하고 기본적인 영상처리 과정을 거쳐 라벨링 과정까지 끝나면 설정된 최소의 라벨링 크기에 의한 필터링을 거친다. 필터링이 끝난 후 라벨링 크기가 큰 순서로 정렬하여, 라벨링 크기가 가장 큰 것을 공으로 인식하고 1차 픽셀 정보로 써 저장한다. 다음으로 소벨 연산자를 이용한 에지 처리를 한 뒤 역시 라벨링 최소 크기 값에 의해 필터링을 거친 다음, 공의 형태가 가로, 세로의 비율(wh)이 거의 같음을 이용하여 공과 그 외의 물체를 구별한다. 최종적으로 라벨링 크기가 가장 큰 것을 공으로 인식하고 2차 픽셀 정보를 저장한다. 그림에서 w를 라벨링 정보 중 외접사각형의 폭이라 하고, h를 라벨링 정보 중 외접사각형의 높이라 할 때, wh = Height / (Width + Height)이다.

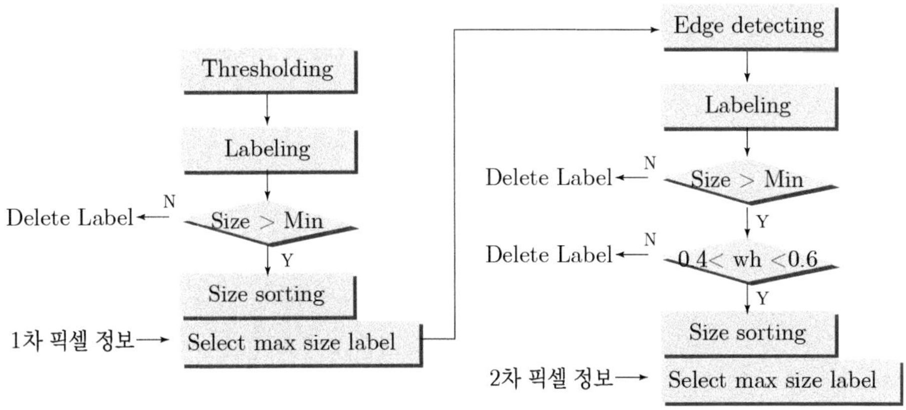

그림 8.34 공을 찾기 위한 영상처리 과정

영상처리를 통한 골대 찾기

골대를 찾기 위한 영상처리과정도 공을 찾을 때와 같은 방법을 사용한다. 1차 픽셀 정보를 얻고 난 뒤, 1차 픽셀 정보를 이용하여 외접 사각형 내에서 골대의 두 기둥이 바닥과 접하는 점을 찾는다. 찾아진 두 점의 중점을 구함으로써 골대의 중심점을 구할 수 있다. 그림 8.35는 골대를 찾기 위한 영상처리 과정을 나타낸다.

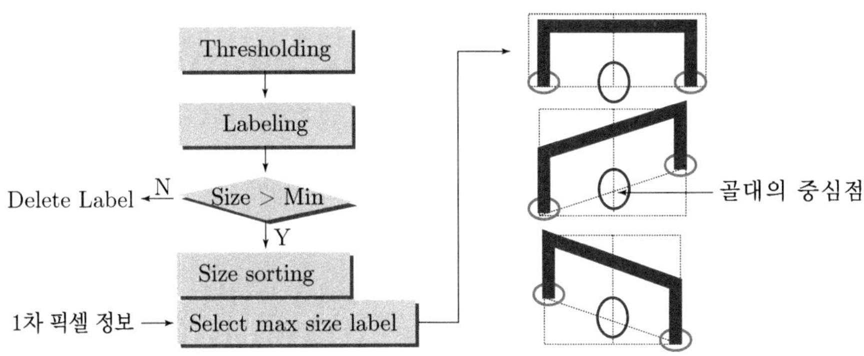

그림 8.35 골대를 찾기 위한 영상처리 과정

(3) 축구하기 알고리듬

영상처리 과정이 끝나면 찾고자 하는 물체의 거리 및 방향 정보를 얻을 수 있다. 호스트 컴퓨터에서는 이 정보를 통해 로봇이 이동하여야 할 경로를 계획하여 로봇의 보행 능력에 따라 연속적인 행동을 결정하게 된다. 로봇이 공에 접근하여 슛을 하기까지 크게 3번의 영상처리와 경로 계획 과정을 수행한다. 축구하기의 전체 알고리듬을 그림 8.36에 나타내었다.

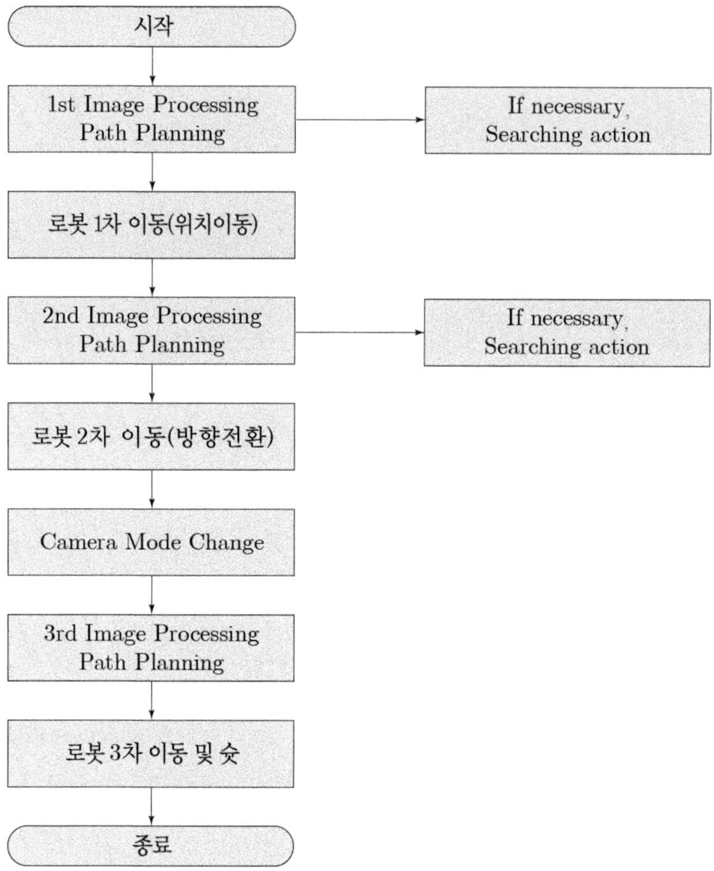

그림 8.36 로봇 축구 과정

위 알고리듬의 자세한 설명은 다음과 같다.

(1) 로봇이 공과 골대를 찾기 위해 global view 자세에서 영상을 얻고 영상처리 과정을 거쳐 공과 골대의 중심점에 대한 정보를 얻는다.

(2) 호스트 컴퓨터는 공과 골대의 중심점의 값을 이용하여 로봇의 최초 이동 지점을 결정하고 로봇의 행동을 결정한다.

(3) 로봇이 최초 이동 지점으로 이동한 뒤, global view 자세에서 영상을 얻고 골대의 중심점을 찾아 로봇을 골대의 중심을 향하도록 방향을 전환한다.

(4) 로봇의 진행방향이 골대의 중심을 향한 상태에서, local view 자세를 취하고 영상을 획득하여 보다 정확한 공의 위치 정보를 얻는다.

(5) 호스트 컴퓨터에서 결정된 경로 계획에 따라 로봇은 공에 접근한 뒤 골대를 향하여 슛을 한다.

(4) 축구하기를 위한 궤적 계획

공과 로봇이 임의의 위치에 놓여지기 때문에 무수히 많은 경우의 경로 계획을 세울 수 있다. 특히 로봇이 최초 공의 근방의 어떤 특정한 위치로 이동하기 위해 세우는 경로 계획은 로봇의 1차 이동 후 나머지 경로 계획 결정에도 영향을 준다. 여기에서는 몇 가지 경우의 경로 계획을 제시하고, 경우에 따라서 로봇이 물체를 찾기 위한 서치(Search) 과정을 통해 어떠한 위치에 공과 로봇이 위치하였을 때도 축구를 할 수 있도록 한다. 그림 8.37은 경기장에 놓여진 공과 로봇 사이의 상대적인 위치에 따라 구역을 나눈 것을 보이고 있다. 한편 KIBOT-III는 8.2.4에서 살펴본 바와 같이 궤적 계획 과정을 통해 다양한 보행 패턴을 생성할 수 있었다. 그림 8.37의 A, B, C와 같은 구역에 공이 놓여질 때, 각각 다른 보행 패턴을 이용하여 로봇이 이동을 할 수 있다.

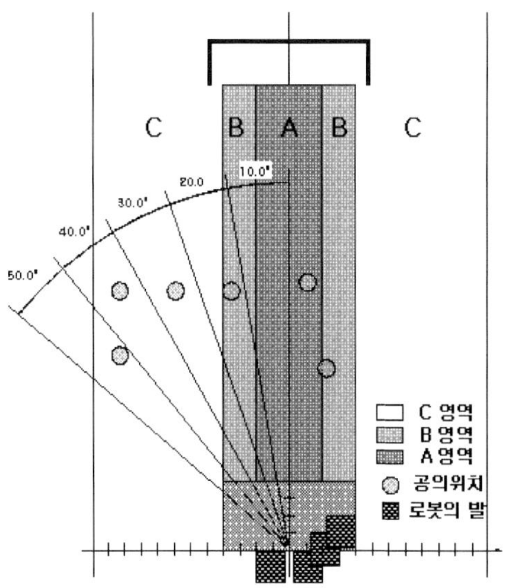

그림 8.37 경기장에 놓인 여러 가지 공의 위치

로봇의 1차 이동

그림 8.37에서 공의 위치가 A영역에 위치하였을 때에는 좌,우 옆걸음과 직진 보행을 이용하여 공에 접근한다. 그리고 B영역에 위치하였을 때는 좌,우 대각보행 및

직진 보행을 이용한다. 마지막으로 C영역에 공이 위치하였을 때 좌, 우회전 보행 및 직진 보행을 이용하여 이동한다.

이제 공이 C영역에 존재할 때 경로 계획 알고리듬을 살펴보자. 그림 8.38은 경기장 내에서 로봇과 공, 그리고 골대의 위치를 보이고 있다.

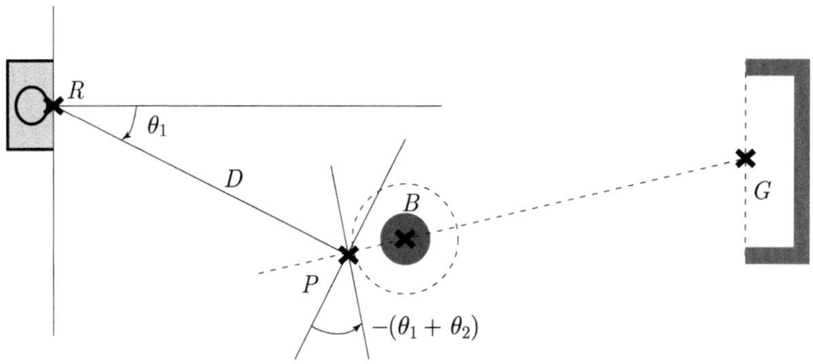

그림 8.38 로봇의 1차 이동을 위한 경로 계획

로봇의 카메라로부터 영상 정보를 획득하여 영상처리 과정을 통해 골대의 중심점인 G(x_g, y_g)지점의 좌표 값과 공의 중심점인 B(x_b, y_b)지점의 좌표 값을 얻는다. 구해진 두 점을 잇는 직선을 구하고, 공의 중심점 B로부터 임의의 반지름을 갖는 가상의 원의 방정식을 구하여 직선과 원이 만나는 새로운 점 P(x_p, y_p)를 얻는다. 여기서 새로운 점 P가 로봇이 1차로 이동하게 될 목표지점이 된다. 목표지점의 좌표 값을 구하고 나면 로봇으로부터 목표지점까지의 거리 D 및 방향 θ_1을 계산하고 로봇과 공과 골대의 중심이 일직선상에 위치하도록 하기 위해 θ_2를 구한다. 여기서 θ_2는 점 B와 점 G를 잇는 직선과 수직 관계에 있음을 이용하여 얻는다. 로봇의 위치가 (0, 0)이므로 다음 식에 의해서 θ_1과 D의 값을 계산할 수 있다.

$$\theta_1 = \tan^{-1}(y_p, x_p) \qquad D = \sqrt{(y_p^2 + x_p^2)} \tag{8.2.18}$$

모든 계산 과정이 끝나면 로봇은 θ_1만큼 회전 보행을 하고 거리 D만큼 직진 보행을 한 뒤, $-(\theta_1 + \theta_2)$만큼 다시 회전 보행을 하면 목표 지점인 P점에 위치하게 되고 로봇의 방향은 골대의 중심을 향하게 된다.

로봇의 2차 이동

로봇이 1차 이동 후 global view 자세에서 영상을 획득한다. 이것은 로봇이 보행을 하면서 생기는 불가피한 오차 때문에 다시 한 번 골대를 찾아 로봇의 진행 방향을 보정하는 것이다. 역시 골대의 중심점을 찾아 계산된 각도만큼 회전하여 로봇의 진행 방향을 골대의 중심을 향하도록 한다.

로봇의 3차 이동

로봇의 2차 이동이 끝나면 로봇은 local view 자세를 취하고 또다시 영상을 획득한다. 로봇의 3차 이동은 영상처리 과정을 통해 얻은 공의 위치 정보를 갖고 공을 찾아 로봇이 슛을 할 수 있을 정도의 정확한 위치까지 접근하는 것이다. 1차 이동을 위해서는 공의 중심점을 찾지만 3차 이동을 위해서는 그림 8.39에서와 같이 경기장을 수직으로 바라보았을 때 공의 하단부분을 찾는다.

(a) global view (b) local view

그림 8.39 global view와 local view 영상처리에서 찾는 공의 위치

탐색 알고리듬

경기장 내에서 로봇이 물체에 대한 정보를 얻는 방법은 오직 CCD 카메라를 통해 획득되는 영상을 이용하는 것이다. 현재 로봇에 장착되어 있는 카메라로 경기장 전체의 영상을 얻을 수 없기 때문에 찾고자 하는 물체를 한 번에 찾을 수 없는 경우도 생기게 된다. KIBOT-III는 목에 2자유도를 가지고 있어 pan, tilt의 움직임이 가능하다. 영상처리 과정을 통해 원하는 물체의 정보를 얻지 못하였을 때 임의의 각도만큼 목을 회전하여 물체를 찾는 과정을 반복 수행한다. 이때 획득되는 물체의 정보는 로봇의 카메라 좌표계가 변화되었기 때문에 로봇의 초기 좌표계에 대한 값으로 변환이 되어야 한다. 그림 8.40은 탐색 동작 후의 변환된 로봇 좌표계 사이의 관계를 보이고 있다.

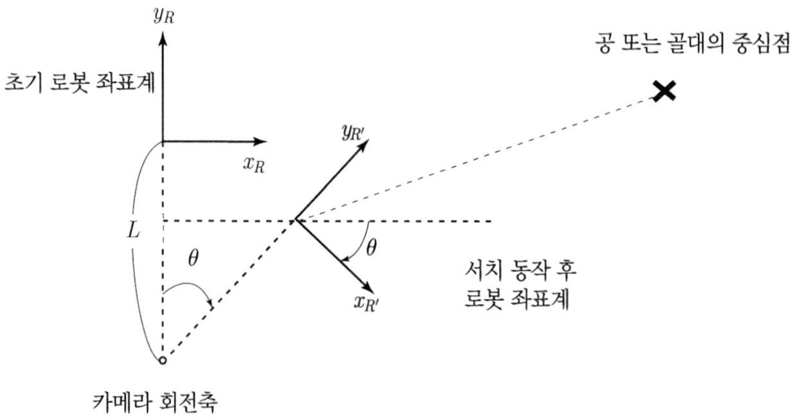

그림 8.40 탐색 동작 후의 변환된 로봇 좌표계 사이의 관계

카메라를 θ만큼 회전하였을 때 변환행렬은 다음 식과 같다.

$$H_R^{R'} = \begin{pmatrix} \cos\theta & \sin\theta & L\sin\theta \\ -\sin\theta & \cos\theta & L(\cos\theta - 1) \\ 0 & 0 & 1 \end{pmatrix} \tag{8.2.19}$$

$x_{R'} - y_{R'}$ 좌표계에서 (x', y')로 주어진 좌표 값을 원래의 로봇 좌표계에서의 좌표 값으로 변환하면 다음 식과 같다.

$$\begin{pmatrix} x \\ \\ y \end{pmatrix} = H_R^{R'} \begin{pmatrix} x' \\ y' \\ 1 \end{pmatrix} = \begin{pmatrix} \cos\theta & \sin\theta & L\sin\theta \\ -\sin\theta & \cos\theta & L(\cos\theta - 1) \\ 0 & 0 & 1 \end{pmatrix} \begin{pmatrix} x' \\ y' \\ 1 \end{pmatrix} \tag{8.2.20}$$

이를 계산하면 식 (8.2.21)과 같다.

$$x = x'\cos\theta + y'\sin\theta + L\sin\theta \tag{8.2.21}$$

$$y = x'(-\sin\theta) + y'\cos\theta + L\cos\theta - L$$

(5) 축구하기

앞에서 설명한 알고리듬들을 사용하여 로봇과 공을 다양한 위치와 방향에 놓고 로봇이 공과 골대를 찾아 골대의 중심을 향하여 공을 차도록 해 보자. 여기에서는 제한된 경기장 내에 로봇과 하나의 공과 골대만이 존재한다고 가정한다.

물체의 구분을 위하여 경기장 바닥은 초록색, 공은 오렌지색, 골대는 파란색으로 한다. 실험에서 사용한 호스트 컴퓨터는 펜티엄 4.2Ghz로 카메라로부터 영상을 획득하고, 영상처리를 거쳐 로봇 쪽으로 필요한 데이터를 전송하는데 약 0.5초의 처리 시간이 걸린다. 그림 8.41은 로봇 축구의 한 예를 보이고 있다.

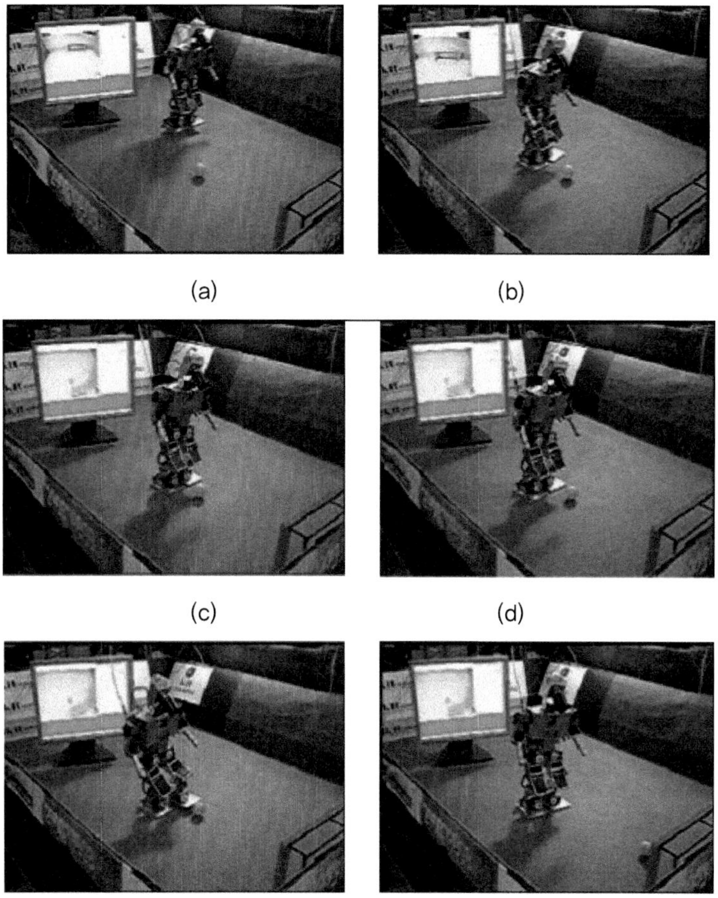

(a) (b) (c) (d) (e) (f)

그림 8.41 로봇 축구 장면

그림 8.41 (a)는 초기에 로봇과 공과 골대가 위치한 모습으로 그림 8.37에서의 C영역에 공이 놓인 경우를 나타내고 있다. 실험에서 A영역은 $|x| \leq 8$, B영역은 $8 < |x| \leq 14$, C영역은 $|x| > 14$로 설정하였다. 우선 로봇이 경기장을 넓게 볼 수 있는 global view 모드에서 골대와 공의 영상을 얻고, 경기장 내에서 3차원 절대 좌표를 얻게 된다. 로봇의 카메라에서 보이는 영상이 그림 속의 모니터 상에 나타

나고 있다.

그림 8.41 (b)는 로봇이 그림 8.38에서의 P의 위치로 우회전 보행, 직진 보행, 좌회전 보행의 순서로 이동하는 1차 이동을 완료한 후를 나타내고 있다. (c)에서는 1차 이동 후 미끄러짐 등에 의한 보행 오차에 의하여 정확히 P지점을 가지 못하게 된 후, global view 모드에서 골대와 지면이 맞닿는 두 지점을 표식점으로 하여 로봇과 공, 골대의 중심점이 일직선상에 놓일 수 있도록 회전 보행을 통하여 방향 수정을 한, 2차 이동 후의 모습을 보이고 있다. (d)는 로봇이 공을 찰 수 있도록 하기 위하여 카메라 모드를 local view 모드로 전환한 후, 영상 데이터로부터 공의 정확한 위치를 획득하여 왼발로 공을 차기 위해 공을 찰 수 있는 위치로 근접 이동하는 3차 이동 후의 모습을, (e)는 슛을 하는 모습, 그리고 (f)는 슛을 하고 난 후의 모습을 나타내고 있다.

8.2.6 응용-골프하기

(1) 로봇 골프 개요

여기에서는 KIBOT-Ⅲ의 기본 보행 능력을 바탕으로 칼라 CCD 카메라와 Host PC와 연계하여 제한된 골프 경기장에서 공과 하나의 폴대를 인식하여 자율적으로 골프를 할 수 있는 지능적 동작에 대해 다룬다. 먼저 팔 관절의 구조를 기구학적으로 해석하고 적용하여 동작 데이터를 만드는 것을 살펴보고, 로봇이 자율적으로 골프를 수행할 수 있도록 하기 위한 비젼 센서 데이터 영상처리와 다양한 시야 확보 및 목표 지점까지의 경로 계획에 의한 보행과 보행할 때 발생하는 오차를 수정하기 위한 방향과 경로 보상에 대해 다룬다. 골프장 내에는 한 개의 홀과 한 개의 공이 존재하며, 골프장 내에 다른 로봇은 존재하지 않는다고 가정한다.

(2) 팔의 기구학

로봇의 기구부

로봇이 골프를 하기 위해서는, 우선 다리부를 사용하여 적절한 위치와 방향을 갖도록 이동한 후, 공을 치기 위해 골프채를 공에 접근시키는 어드레싱(addressing) 동작과 공을 치는 스윙(swing)동작이 필요하다. 이러한 팔 동작을 하기 위한 로봇 팔 관절의 구성은 여러 가지 다양한 형태로 제작 가능하다. KIBOT-III에서는 로봇이 이러한 어드레싱과 스윙 동작을 쉽게 수행할 수 있도록 팔부에 그림 8.1의 (b)

에서와 같이 한쪽 팔에 4개의 회전 관절을 갖도록 설계되었다.

어드레싱 동작에서의 기구학

골프를 하기 위한 동작을 크게 두 가지로 나누어 보면 공을 치기 위해 골프채를 공에 접근시키는 어드레싱(addressing)동작과 공을 치는 스윙(swing)동작으로 구분할 수 있는데, 어드레싱 동작을 할 때에는 네 개의 팔 관절 Ja_1, Ja_2, Ja_3, Ja_4를 모두 사용하게 되고, 스윙 동작을 할 때에는 팔의 마지막 세 관절인 Ja_2, Ja_3, Ja_4만 사용하게 된다. 우선 어드레싱 동작을 할 때에만 필요한 관절Ja_1의 역기구학에 대해서 다룬다. 그림 8.42는 로봇이 공에 접근하여 어드레싱 자세를 취했을 때를 보여준다. 그림 8.42에는 특정한 형태로 제작되어 로봇의 오른손에 부착된 골프채도 나타내어져 있다. 한편 로봇의 기구학적 해석을 수행하기 위해서 로봇의 모든 관절에는 고유의 좌표계가 설정되어 있다. 그림 8.42에는 어드레싱 자세 때의 로봇 팔부의 역기구학을 해석하기 위하여 필요한 3개의 좌표계만을 도시하였다. 팔의 0좌표계는 팔부의 첫 번째 관절에서의 좌표계이고, 다리의 2좌표계는 다리부의 세 번째 관절에서의 좌표계이다.

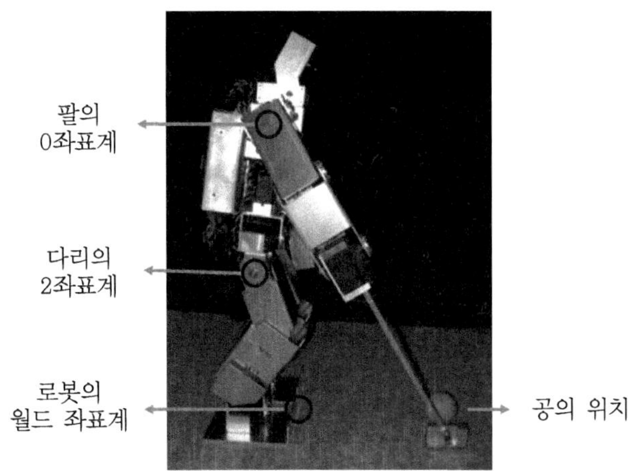

그림 8.42 어드레싱 자세에서의 로봇

한편 그림 8.43은 그림 8.42의 로봇 자세에서 팔의 첫 번째 관절에 대한 역기구학 해석을 위해 필요한 다양한 변수들을 도시하고 있으며, 그림에서의 변수들에 대한 정의는 다음과 같다.

- Ja_i : 팔의 i번 관절
- Jl_2 : 다리의 2번 관절
- $length\,1$: 공의 중심에서 Ja_1까지의 거리를 월드 좌표계의 z축에 투영시킨 길이
- $length\,2$: 공의 중심에서 Ja_1까지의 거리를 월드 좌표계의 x축에 투영시킨 길이
- $length\,3$: Jl_2에서 Ja_1까지의 거리를 월드 좌표계의 z축에 투영시킨 길이
- $length\,4$: Jl_2에서 Ja_1까지의 거리를 월드 좌표계의 x축에 투영시킨 길이
- $X\_w,\ Y\_w,\ o_w$: 로봇 월드 좌표계의 X, Y축과 원점
- $ball\_x$: o_w에서 공의 중심까지의 거리를 월드 좌표계의 x축에 투영시킨 길이
- $x(arm\_to\_world)$: o_w에서 Ja_1까지의 거리를 월드 좌표계의 x축에 투영시킨 길이
- $z(arm\_to\_world)$: o_w에서 Ja_1까지의 거리를 월드 좌표계의 z축에 투영시킨 길이
- $ball\_z$: o_w에서 공의 밑면까지의 거리를 월드 좌표계의 z축에 투영시킨 길이
- $ball\_radius$: 공의 반경
- $x(2\_to\_world)$: Jl_2에서 o_w까지의 거리를 월드 좌표계의 x축에 투영시킨 길이
- $z(2\_to\_world)$: Jl_2에서 o_w까지의 거리를 월드 좌표계의 z축에 투영시킨 길이

한편, 그림 8.43에서의 A, B, C, D는 각각 그림 8.42에서의 A, B, C, D와 같은 점을 나타낸다.

어드레싱 동작에서는 로봇이 공을 치기에 편리하도록 미리 설정된 위치로 이동하여 자세를 취하고, 골프채를 공의 중심부에 위치시키게 된다. 따라서 로봇 팔의 2, 3, 4관절은 미리 설정된 값을 갖게 되며, 로봇 팔의 첫 번째 관절에 대한 역기구학만을 해석하면 된다. 팔의 첫 번째 관절 값인 Ja_1의 각도는 공의 위치와 다리관절(Jl_2)에 의해 변하게 되며, 그림 8.43의 기하학적인 관계에 기초하여 식 (8.2.22)와 같이 구할 수 있다.

$$\theta a_1 = \theta a_{11} + \theta a_{12} \tag{8.2.22}$$

$$= \tan^{-1}\left(\frac{length\,2}{length\,1}\right) + \tan^{-1}\left(\frac{length\,4}{length\,3}\right)$$

$$= \tan^{-1}\left(\frac{ball\_x - x(arm\_to\_world)}{z(arm\_to\_world) - (ball\_z + ball\_radius)}\right)$$

$$+ \tan^{-1}\left(\frac{x(arm\_to\_world) - x(2\_to\_world)}{z(arm\_to\_world) - z(2\_to\_world)}\right)$$

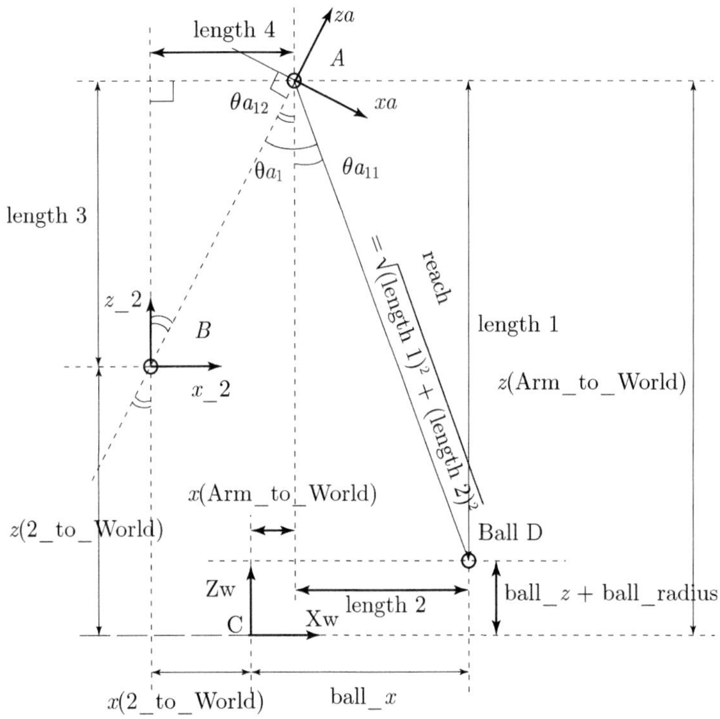

그림 8.43 팔의 첫 번째 관절에 대한 역기구학 해석

스윙 동작에서의 기구학

로봇이 어드레싱 동작을 끝마치면 스윙 동작을 수행하게 된다. 앞에서 구한 로봇 팔의 첫 번째 관절 값을 고정하여 놓으면 골프채의 중심과 공의 중심이 일치하게 되며, 이 상태에서 로봇 팔의 2, 3, 4 관절(Ja_2, Ja_3, Ja_4)을 사용하여 스윙을 하게 된다. 그림 8.44는 스윙을 할 오른쪽 팔의 2, 3, 4 관절의 실제 사진을 나타내고 있다.

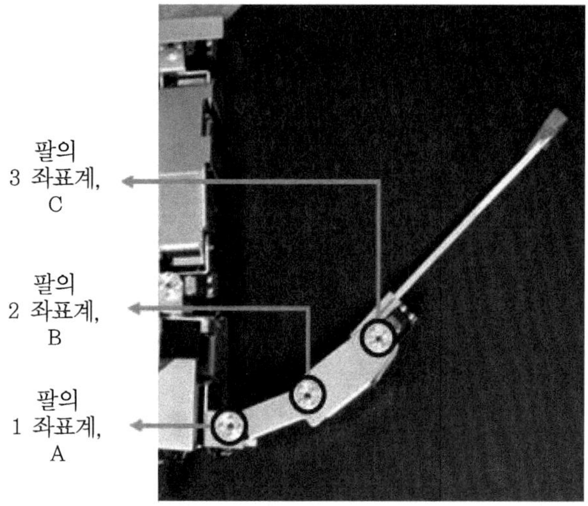

그림 8.44 로봇 팔의 2, 3, 4 관절 및 골프 채

그림 8.44의 로봇 팔을 로봇 파라미터들과 함께 그림 8.45에 다시 나타내었다. 그림 8.45를 살펴보면 로봇 팔 관절로 이루어지는 팔의 일부를 오프셋(offset) d_3를 가지며 3개의 회전 관절을 갖는 3축 평면머니퓰레이터와 같이 해석할 수 있음을 알 수 있다. 그림에서 a_1, a_2는 각각 로봇 팔의 첫 번째 링크 길이, 두 번째 링크 길이를 나타내며, a_3는 머니퓰레이터의 세 번째 링크 길이와 골프채의 길이를 합한 길이를 나타낸다. 그림 8.44와 그림 8.45에서 A, B, C점은 각각 같은 점을 나타낸다.

이제 그림 8.45로 주어진 3축 평면 머니퓰레이터의 역기구학을 해석해 보자. 팔의 관절 좌표계에 대한 동차 변환행렬은 다음 식과 같다. 여기에서는 $\boldsymbol{z}$축에 대한 표현을 생략하여 $\boldsymbol{T}$ 와 $\boldsymbol{A}$행렬을 3×3로 간략히 표기한다.

$$\boldsymbol{A}_1^2 = \begin{bmatrix} c_2 & -s_2 & a_1 c_2 \\ s_2 & c_2 & a_1 s_2 \\ 0 & 0 & 1 \end{bmatrix}, \ \boldsymbol{A}_2^3 = \begin{bmatrix} c_3 & -s_3 & a_2 c_3 \\ s_3 & c_3 & a_2 s_3 \\ 0 & 0 & 1 \end{bmatrix}, \qquad (8.2.23)$$

$$\boldsymbol{A}_3^4 = \begin{bmatrix} c_4 & -s_4 & r\,c_{4\alpha} \\ s_4 & c_4 & r\,s_{4\alpha} \\ 0 & 0 & 1 \end{bmatrix}$$

여기에서 $r = \sqrt{(a_3)^2+(d_3)^2}$, $c_{3\alpha} = \cos(\theta_3+\alpha)$, $s_{3\alpha} = \sin(\theta_3+\alpha)$ 이다.

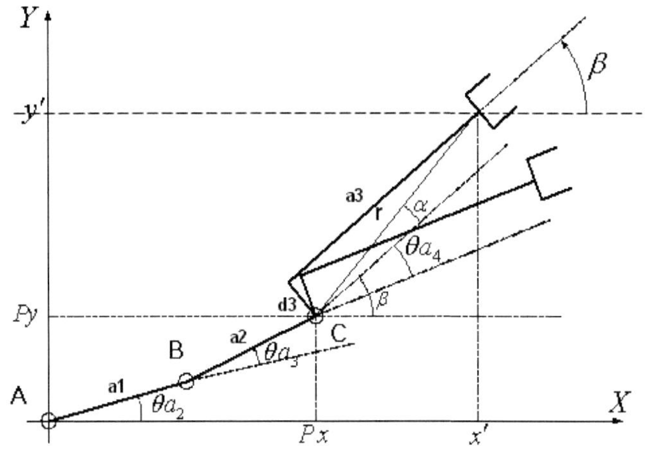

그림 8.45 로봇 팔의 3축 평면 머니퓰레이터로의 모델링

따라서 기준 좌표계와 말단장치인 골프채와의 관계를 나타내는 변환행렬은 다음 식과 같다.

$$\boldsymbol{T}_1^4 = \boldsymbol{A}_1^2 \boldsymbol{A}_2^3 \boldsymbol{A}_3^4 = \begin{bmatrix} c_{234} & -s_{234} & a_1c_2+a_2c_{23}+r\,c_{234\alpha} \\ s_{234} & c_{234} & a_1s_2+a_2s_{23}+r\,s_{234\alpha} \\ 0 & 0 & 1 \end{bmatrix} \qquad (8.2.24)$$

따라서 골프채의 방향은 식 (8.2.25)와 같이 나타내어진다.

$$\beta = \theta_2 + \theta_3 + \theta_4 \qquad (8.2.25)$$

또한 골프채의 위치는 식 (8.2.26)과 같이 나타내어진다.

$$\begin{aligned} x &= a_1c_2+a_2c_{23}+r\,c_{234\alpha} \\ y &= a_1s_2+a_2s_{23}+r\,s_{234\alpha} \end{aligned} \qquad (8.2.26)$$

스윙을 하기 위해 골프채의 방향과 위치(β, x', y')가 주어지게 되면 다음 식에 의해 그림 8.45에 표시된 팔 끝의 좌표 P_x, P_y를 구할 수 있다.

$$P_x = x' - r\cos(\alpha+\beta) \qquad (8.2.27)$$
$$P_y = y' - r\sin(\alpha+\beta)$$

여기에서 $r = \sqrt{(a_3)^2+(d_3)^2}, \alpha = \tan^{-1}(d_3/a_3)$ 이다.

식 (8.2.27))에 의해 $P_{x,}\ P_y$를 구하면, 각도 θa_3은 (8.2.28)과 같이 주어진다.

$$\cos\theta a_3 = -\frac{P_x^2+P_y^2-a_1^2-a_2^2}{2a_1a_2} \equiv D \qquad (8.2.28)$$

식 (8.2.28)의 해는 다음과 같이 주어진다.

$$\theta a_3 = atan2(\pm\sqrt{1-D^2}, D) \qquad (8.2.29)$$

한편, 스윙 동작을 하게 될 때 팔꿈치 하향의 자세를 계속 유지해야 하므로 조건 $\theta a_3 > 0$에 의해 해가 유일하게 결정된다. θa_3가 구해지면 $\theta a_2, \theta a_4$는 다음 식과 같이 구할 수 있다.

$$\theta a_2 = atan2(P_y, P_x) - atan2(a_2\sin\theta a_3, a_1 + a_2\cos\theta a_3) \qquad (8.2.30)$$
$$\theta a_4 = \beta - \theta a_2 - \theta a_3$$

골프를 하는데 있어서는 드라이브 샷(drive shot)과 퍼팅(putting)의 두 가지 종류의 스윙 동작이 필요하다. 드라이브 샷은 골프채가 공을 쳐 올리는 궤적을 가지며, 퍼팅은 골프채의 방향(orientation)을 일정하게 유지하면서 공을 미는 궤적을 갖는다. 그림 8.46은 스윙 경로 계획을 위한 팔과 공 좌표계에 대한 해석을 나타낸다. 그림의 지면은 로봇의 양팔의 두 번째 관절의 원점들, 즉, 그림 8.42에서의 팔의 0좌표계의 원점들과 공의 중심의 세 점들로 이루어지는 평면을 나타내고 있다. 그림에서 사용한 파라미터의 정의는 다음과 같다.

- $Breast\_width$: o_w에서 Ja_1까지의 거리를 월드 좌표계의 y축에 투영시킨 길이
- $ball\_y$: o_w에서 공까지의 거리를 월드 좌표계의 y축에 투영시킨 길이
- $x\_ball,\ y\_ball$: 공의 중심에 설정된 공 좌표계의 X, Y축

- X_LA0, Y_LA0 : 로봇 왼팔 첫 번째 관절 좌표계의 X, Y축
- X_RA0, Y_RA0: 로봇 오른팔 첫 번째 관절 좌표계의 X, Y축

그림 8.46에서 알 수 있는 바와 같이, 공 좌표계와 오른팔과 왼팔(Rarm, Larm) 좌표계사이의 변환 관계는 다음 식과 같다.

$$\boldsymbol{T}_{Rarm}^{ball} = \begin{bmatrix} 0 & -1 & reach \\ 1 & 0 & Breast\_width + ball\_y \\ 0 & 0 & 1 \end{bmatrix} \tag{8.2.31}$$

$$\boldsymbol{T}_{Larm}^{ball} = \begin{bmatrix} 0 & -1 & reach \\ 1 & 0 & -Breast\_width + ball\_y \\ 0 & 0 & 1 \end{bmatrix}$$

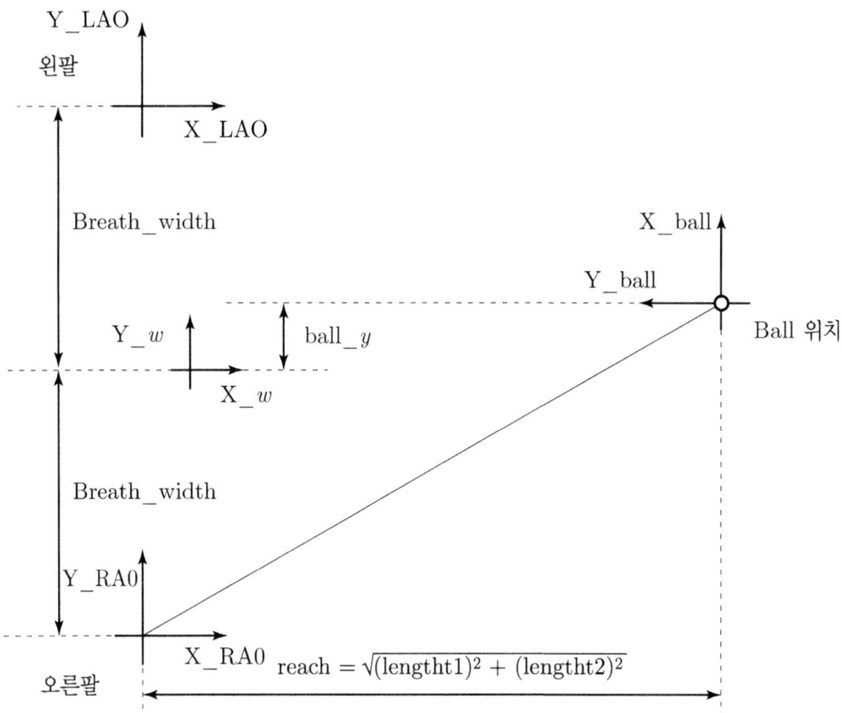

그림 8.46 스윙 경로 계획을 위한 좌표계

스윙 동작은 오른팔을 이용하여 만들게 되므로 공 좌표계의 오른팔 좌표계로의 변환은 아래의 식과 같이 결정된다.

$$\begin{bmatrix} x' \\ y' \\ 1 \end{bmatrix} = T_{Rarm}^{ball} \begin{bmatrix} x\_ball \\ y\_ball \\ 1 \end{bmatrix} \tag{8.2.32}$$

스윙 동작은 다음과 같은 순서에 따라 생성한다. (1) 그림 8.46과 같이 공이 놓인 곳을 원점으로 잡고, 공 좌표계를 설정한다. (2) 스윙 경로는 공 좌표계의 원점을 지나도록 공 좌표계에서 설정한다. 드라이브 샷의 경우는 곡선의 궤적$y=ax^2$, 또는 $y=ax^4$ 으로 설정하고, 퍼팅의 경우는 직선의 궤적($y=0$, $x=-b \sim b$)로 설정한다. 위의 두 경우 모두 x좌표는 시간의 함수로 주어지며, 변수a, b는 모두 사용자가 설정할 수 있는 값으로 이 값들을 조절하여 적절한 스윙 궤적을 생성하게 된다. 그러면 공 좌표계에서 시간 t에 따른 일련의 x, y 좌표가 결정된다. 또한 한 번의 스윙에 소요되는 시간을 조절함에 따라 스윙속도를 결정할 수도 있다. (3) 이 좌표를 변환행렬인 T_{Rarm}^{ball} 행렬을 사용하여 오른팔 좌표계에서의 x, y 값으로 변환한다. (4) 그림 8.45에서의 역기구학 해석을 이용하여 각 순간(Sampling time)마다 팔 관절의 각도를 구한다.

(3) 영상처리

골프에서 로봇과 공, 폴대(홀) 사이의 상대적인 위치관계는 매우 다양하게 주어질 수 있다. 이러한 다양한 상황에서 대상물들을 찾기 위해서는 로봇이 다양한 시야를 가지고 있어야 한다. KIBOT-III에서는 목의 2자유도를 이용하여 8개의 서로 다른 시야를 미리 설정하여 놓는다. 또한 8개의 시야에 대하여 각각 카메라 켈리브레이션 작업을 수행하고, 각 시야 내에서 공과 홀이 모두 $z=0$인 바닥면에 있다고 가정함으로써, 로봇에 부착된 한 개의 칼라 CCD 카메라를 사용하여 3차원 위치 정보를 얻을 수 있다. 그림 8.47은 미리 설정해 놓은 8개의 로봇의 시야를 나타낸다. 그림 8.47의 (a), (b), (c)는 먼 거리에서, (d)는 가까운 거리에서 폴대와 공의 정보를 얻을 때 사용하고, (e), (f), (g), (h)는 골프 동작 중에 퍼팅을 할 때 폴대와 공의 정보를 얻기 위해 사용한다. 영상처리는 칼라에 기반하여 물체를 구별한다. 픽셀 정보로는 중심의 좌표, 최하단 점의 좌표, 외접 사각형의 영역, 면적 등이 포함된다.

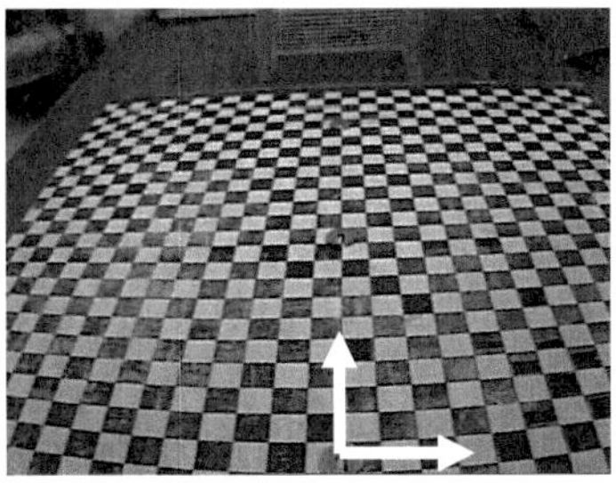

(a) Global view

(b) Right view

(c) Left view

(d) Local view

(e) Global Left view

(f) Global Right view

(g) Local Left view

(h) Local Right view

그림 8.47 로봇의 다양한 시야

(4) 경로 계획

이동 거리 및 회전 각도 구하기

골프동작을 위해서는 위치이동과 회전동작을 하여야 한다. 로봇의 첫 번째 이동은 공의 위치를 알고 있기 때문에 드라이브 샷을 하기 위해 미리 정해진 위치까지의 이동이며, 두 번째 이동은 공의 위치가 임의로 주어지므로 퍼팅을 하기 위한 임의의 위치까지의 이동이다. 원하는 위치까지 이동한 이후에 로봇의 방향을 수정하기 위한 회전이동을 하게 된다. 로봇이 원하는 위치까지 이동하기 위한 방법에는 다양한 경로가 있는데, 최단거리로 이동하는 경로를 선택하는 것이 적절하다.

그림 8.48은 로봇이 원하는 위치까지 최단거리로 이동할 수 있는 경로에 대해서 나타내고 있다. CCD 카메라로 들어온 영상정보를 이용하여 폴대와 공의 위치정보를 얻고 나면 두 지점을 이어주는 직선(A)를 구할 수 있다. 그 다음 직선(A)와 직교하면서 공의 위치를 지나는 직선(B)와 공을 중심으로 특정 반경을 가지는 원(C)을 구하고, 직선(B)와 원(C)에 의해서 발생하는 2개의 교점 중에 x값이 작은 것을 해로 결정하면, 그 해가 바로 로봇이 이동해야 할 목표 지점이 된다. 목표 지점에 도달하기 위한 최단거리를 보행 경로로 선택하고, 회전 보행, 직진 보행, 좌/우 보행 등과 같은 기본 보행 패턴들을 조합하여 실제 보행할 계획을 수립한다.

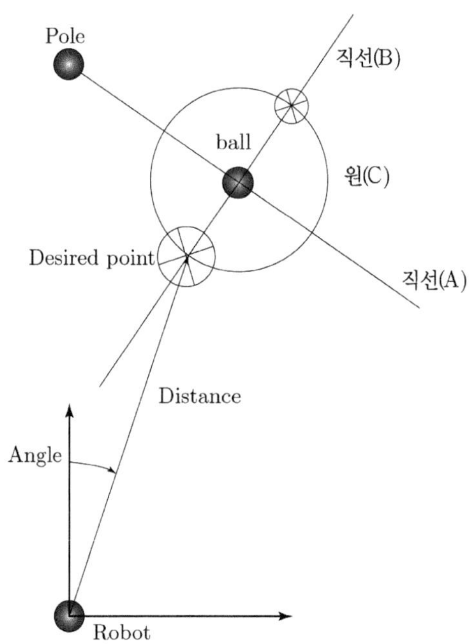

그림 8.48 최단 거리 이동을 위한 경로 계획

한편 로봇이 드라이브 샷을 하거나 퍼팅을 하기 위해서는 폴대와 공을 이어주는 직선(A)에 평행인 방향으로 자세를 유지하고 있어야 한다. 따라서 로봇이 위치 이동을 끝낸 후에는 회전 이동을 하여 적절한 방향을 갖도록 한다. 로봇 좌표계에서 직선(A)의 기울기를 구하면 로봇이 회전해야 할 회전각도(θ)를 그림 8.49에서와 같이 알 수 있다.

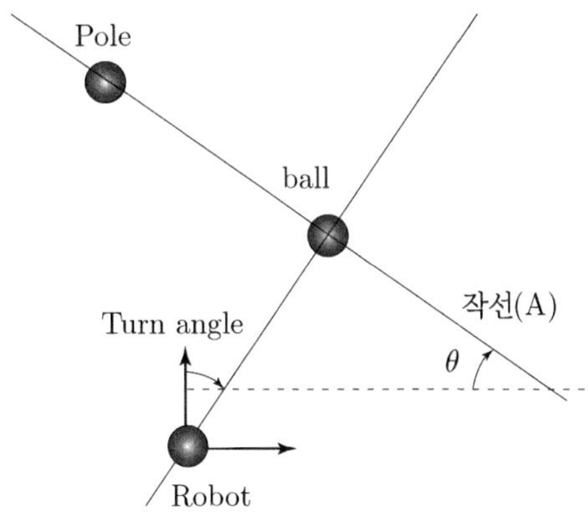

그림 8.49 회전 이동을 위한 회전 각도 구하기

오차의 보정

사람은 걸음을 걸으면서 눈을 통해 똑바로 걷고 있는지 확인을 하면서 방향을 보정하며 걷게 된다. 그러나 로봇은 평탄하지 않은 지면과 고르지 않은 마찰력, 보행 시 발생하는 많은 내/외부적 불안정한 요소 때문에 똑바로 걸을 수 없게 된다. 이런 요소들을 최대한으로 줄이기 위해 로봇의 환경을 최대한 이상적으로 맞추어 주는 것이 중요하지만 한계가 있다. 따라서 보행 도중에 멈추어서 고정된 위치에 있는 폴대와 공의 위치에 대한 정보를 다시 얻어 로봇이 원하는 방향으로 제대로 보행을 하고 있는지 확인을 하여 방향과 경로를 보정하며 보행을 하는 것이 필요하게 된다.

그림 8.50은 가장 오차가 많이 발생하는 원거리 직진보행을 할 때 실제 보행에 대한 방향 보정을 나타내고 있다. 처음에 KIBOT-Ⅲ는 호스트 PC에서 계산된 경로 계획에 따라 보행을 하게 되는데, 보행 중 발생하는 오차를 수정하기 위해서 보행 중간에 자신의 위치를 다시 한 번 확인하여 방향 수정 및 경로 계획을 하여 퍼팅을 하기 위한 안정영역까지 KIBOT-Ⅲ를 이동시키게 된다. 이와 같은 방향 보

정 과정을 자주 하게 되면 더욱 근접한 위치로 이동이 가능하여 안정한 동작을 할 수가 있지만, 수행시간이 많이 걸리게 되는 단점이 있어서 최소한의 방향 보정 과정으로 골프를 수행하게 해야 한다.

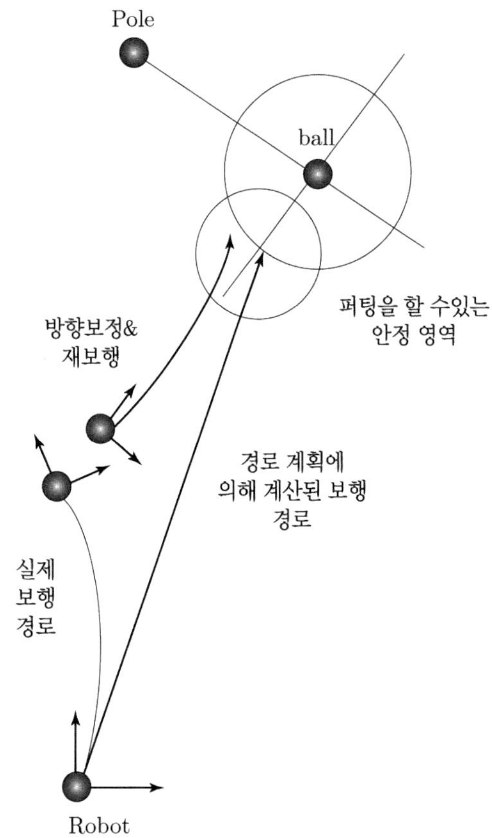

그림 8.50 실제 보행에 대한 방향 및 경로 보정

(5) 골프 알고리듬

골프장은 200(mm)×120(mm)의 크기를 가지며, 한쪽 끝 부분에 홀을 내고 폴대를 세워 놓았으며 그 반대편에 KIBOT-Ⅲ 드라이브샷을 시작하게 된다. 공은 탁구공을 사용한다. 아래의 그림 8.51은 골프장의 전체 형태와 기본 자세를 잡고 있는 KIBOT-Ⅲ를 나타내고 있다.

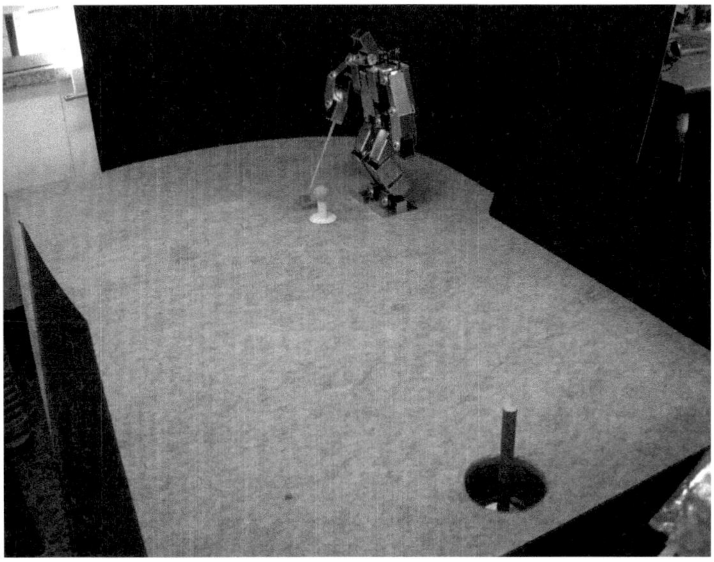

그림 8.51 골프장과 로봇

로봇의 골프과정은 다음과 같다.

(1) 호스트 PC에서 골프수행 명령을 전송

(2) 카메라를 이용한 영상처리와 경로 계획(1차) ➡ 물체를 찾지 못했을 때 물체 탐색

(3) 로봇의 이동 및 드라이브 샷

(4) 카메라를 이용한 영상처리와 경로 계획(2차) ➡ 물체를 찾지 못했을 때 물체 탐색

(5) 로봇의 이동 및 위치 확인에 의한 방향과 경로 보정 ➡ 목표 지점에 위치할 때까지 반복수행

(6) 퍼팅

(7) 골프 종료

그림 8.52는 골프를 위한 알고리듬을 도시한 것이다.

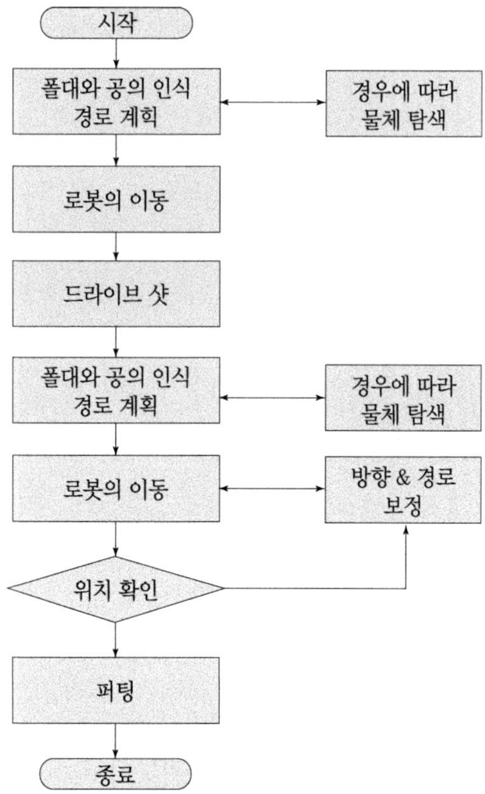

그림 8.52 골프를 하기 위한 전체 과정

(6) 로봇의 골프하기

골프 알고리듬에 따라 인간형 로봇의 자율적인 골프하기를 실험한다. 경기장은 가로 200cm, 세로 120cm로 경기장의 한쪽에는 골프 홀의 역할을 하는 지름 12.5cm, 깊이 8cm의 홀을 만들었고, 폴대는 지름 2cm, 높이 20cm의 원기둥의 형태의 파란색이며, 티(tee)는 지름 2.2cm, 높이 5.2cm의 원기둥의 형태를 가진다. 공은 지름 40mm의 오렌지색을 사용한다.

골프를 수행하라는 명령을 보내게 되면 로봇은 드라이브 샷을 하기 위해 영상처리 후 공에 접근한다. 그림 8.53은 전체 골프 수행 과정을 나타낸 것이다. 그림 (a)에서는 로봇이 임의의 초기 위치에서 드라이브 샷을 하기 위해서 이동하는 과정이다. 이후 그림(b)에서와 같이 드라이브 샷을 한다. 그림(c) ~ 그림(h)는 드라이브 샷 이후에 로봇이 공에 접근하여 퍼팅을 하는 과정을 보이고 있다. 그림 (c)와

(a)드라이브 샷을 위한 이동

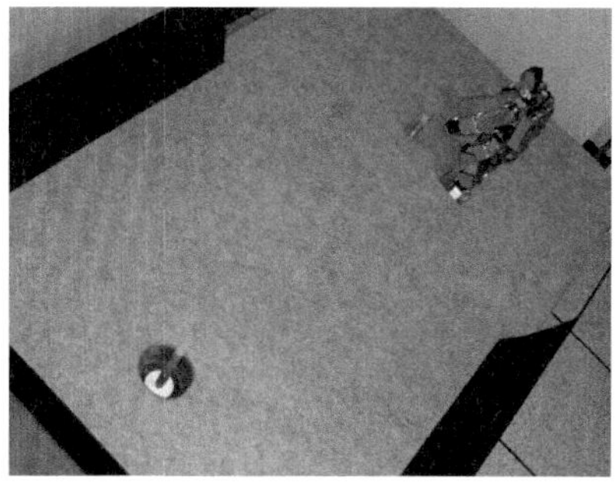

(b) 드라이브 샷

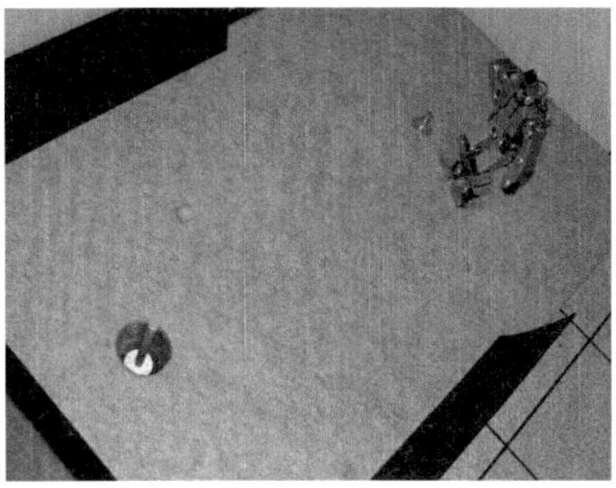

(c) 영상처리 & 경로 계획

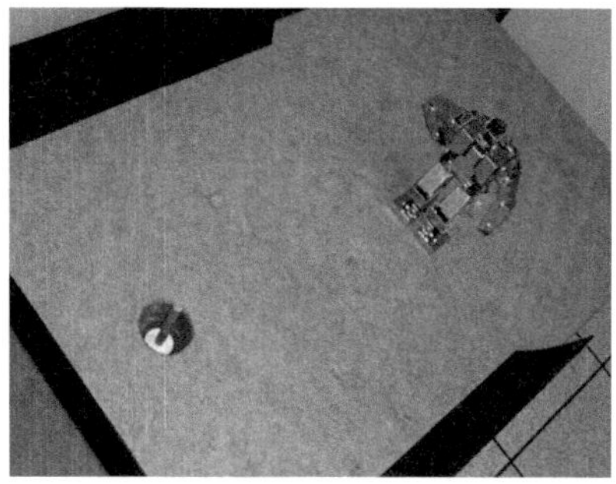

(d) 방향과 경로를 보정하며 이동

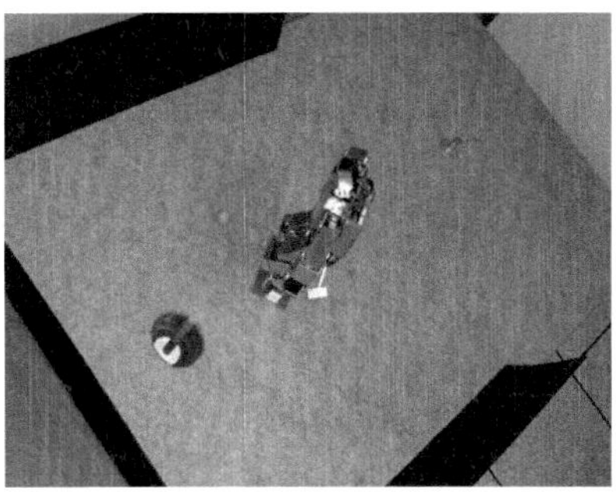

(e) 퍼팅을 위한 이동

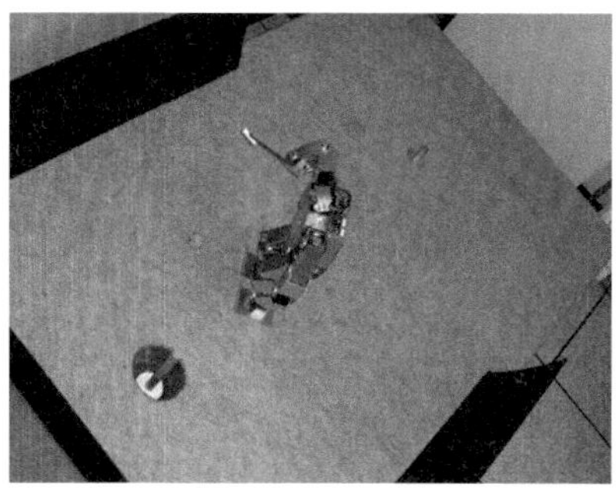

(f) 퍼팅을 위한 어드레싱

(g) 퍼팅 자세

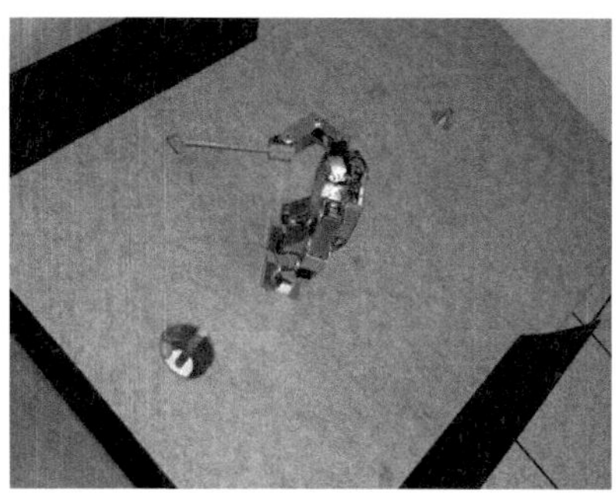

(h) 퍼팅

그림 8.53 로봇의 골프하기

그림 (d)에서는 이동해야 할 목표위치를 계산하기 위하여 영상처리와 경로 계획을 한 후, 목표 위치에 접근하는 과정을 보이고 있다. 그림 (e) ~ 그림(h)는 정확한 퍼팅을 위해서 폴대와 공의 위치에 대해 로봇이 원하는 각도와 위치에 있게 하기 위해서 각도와 거리를 수정하면서 다가가는 부분이다. 이동 시에 발생하는 오차를 줄이며 정확한 퍼팅지점에 도달하기 위해 수회 영상처리를 하게 되며, 그 결과에 따라 각도와 위치를 수정한다. 이 과정은 로봇이 공에 충분히 접근하였으므로 1, 2차에 비해 작은 거리와 방향 수정을 하게 된다.

8.3 4족 보행 로봇

8.3.1 전체 시스템

로봇의 전체 시스템은 기구부와 로봇 제어부, 원격지의 호스트 PC, 그리고 스마트폰으로 나눌 수 있다. 로봇의 몸체는 세부적으로 로봇의 관절을 구성하는 각 다리별 4개의 모터와 각 관절을 이어주는 링크인 프레임, 주변 환경에 대한 정보 획득을 위한 초음파, 적외선 센서, 무선 스테레오 카메라로 나눌 수 있다. 영상인식을 위하여 사용된 무선 스테레오 카메라는 로봇의 머리 부분에 위치하며, 관절을 구성하는 모터는 통신으로 동작하는 스마트 액추에이터인 다이나믹셀(Dynamixel)을 사용하였고, 프레임은 알루미늄으로 가공하여 제작하였다.

제어부는 외부의 호스트 PC와 로봇에 탑재되어 있는 주 제어기와 보조 제어기로 이루어진다. 호스트 컴퓨터는 TCP/IP통신과 영상처리를 담당하여 원격제어 명령과 영상처리 결과를 전송한다. 주 제어기인 DSP는 로봇의 보행경로를 생성하고 모터를 제어하며, 센서와 스테레오 카메라의 영상처리 결과를 통해 지능적 동작을 수행하고, 보조 제어기는 로봇에 부착된 각종 센서의 정보를 얻어 주 제어기로 송신하는 역할을 한다. 그림 8.54는 전체 로봇 시스템의 구성도를 나타낸다.

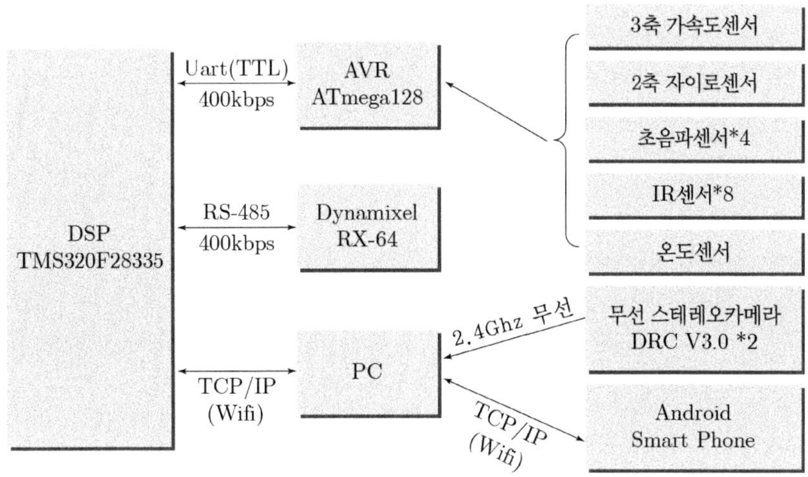

그림 8.54 4족 보행 로봇의 전체 시스템 구성도

8.3.2 세부 시스템

(1) 기구부

4족 보행 로봇은 한 다리에 4자유도와 목에 2자유도를 가진다. 머리 부분에는 영상을 PC로 전송하는 무선카메라 2대가 장착되어 있고, 각 다리는 4자유도를 가지고 있어 기본적인 보행뿐만 아니라 좌, 우, 회전 보행 등을 수행할 수 있다.

그림 8.55는 제작된 4족 보행 로봇을 나타내고 있다. 4족 보행 로봇은 전, 후 다리와 좌, 우 다리의 4개의 다리를 가진다.

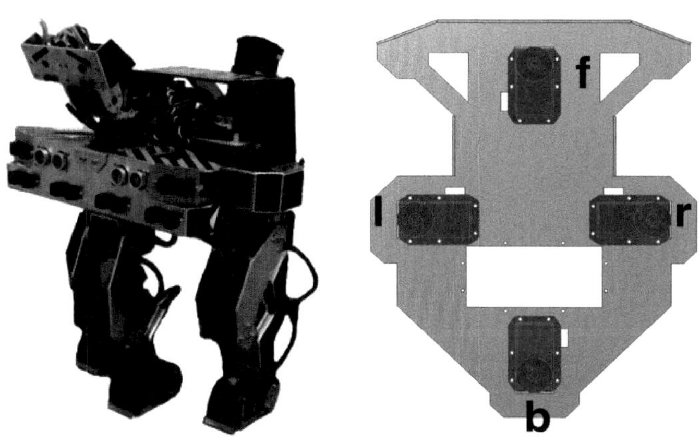

(a) (b)

그림 8.55 4족 보행 로봇의 다리부착위치 및 외관

로봇의 관절 구동부로는 로보티즈사에서 제조한 감속기, 제어기, 구동기 및 네트워크 기능 등을 일체형으로 구성하여 하나의 모듈로 제작된 다이나믹셀이라 불리는 스마트 액추에이터를 사용하였다. 로봇의 다리관절에 RX-64, 그리고 카메라 부분에 AX-12A를 사용하였다.

표 8.8 로보티즈사 다이나믹셀의 특성

	RX-64	AX-12A
Weight(g) / (oz)	125(g) / 4.4(oz)	54.6(g) / 1.92(oz)
Dimension(mm) / (inch)	40.2 × 61.1 ×41(mm) 1.58 × 2.41 × 1.61(inch)	32 × 50 × 40(mm) 1.26 × 1.97 × 1.57(inch)
Gear Ratio(material)	1 : 200 (metal)	1 : 254 (enpia)
Operation Voltage(V)	12 ~ 18.5	9 ~ 12
Holding Torque(kgf·cm)	52 at 18.5V / 2.6A	15 at 12V / 1.5A
No load speed(RPM)	64	59
Network Interface	RS-485	TTL
Position Sensor(Resolution)	Potentiometer(300°/1024)	Potentiometer(300°/1024)
Motor	Maxon Motor	Cored Motor
특징	• 크기 대비 상대적 큰 Toque • 1024단계의 resolution으로 위치, 속도제어 • Compliance Driving으로 위치제어의 탄력 설정 • 위치 및 현재속도 읽을 수 있음 • Daisy chain으로 연결되어 배선이 간단 • 통신 속도 최대 1Mbps • 한 번의 명령 Packet으로 속도, 위치, Compliance 등을 동시설정 가능	

다이나믹셀은 크기 대비 토크특성이 우수하고 0.29°의 분해능을 가져 로봇의 관절제어에 용이하다. 또한 하나의 버스 상에서 반이중 통신방식으로 제어되어 배선이 간결하며 한 번의 명령으로 속도, 위치, Compliance, 토크 등을 동시에 설정할 수 있어 매우 적은 자원으로 여러 개의 관절을 동시에 제어가 가능하다.

(2) 로봇제어기 구조

지능형 4족 보행 로봇의 제어기는 실시간으로 보행패턴을 생성하고 다수의 관절구동부를 신속하고 정확하게 제어해야 하고 여러 가지 센서 인터페이스도 이루어져야 하며, 외부와의 통신도 가능해야 하므로 빠른 연산과 다양한 기능을 필요로 한다. 이러한 조건을 만족시키기 위해 FPU 유닛을 탑재한 32bit MCU인 TMS320F28335를 사용한다. 주 제어기는 매 샘플링타임마다 기구학과 역기구학을 계산하여 보행 데이터를 실시간으로 계산한다. 또한 주 제어기가 보다 부드럽고 빠른 동작을 구현할 수 있도록 보조 제어기로 ATmega128을 선정하여 로봇에 장착된 다양한 센서 정보를 처리하여 주 제어기로 전송하도록 하였다. 그림 8.56은 로봇의 제어기 구조를 보이고 있다.

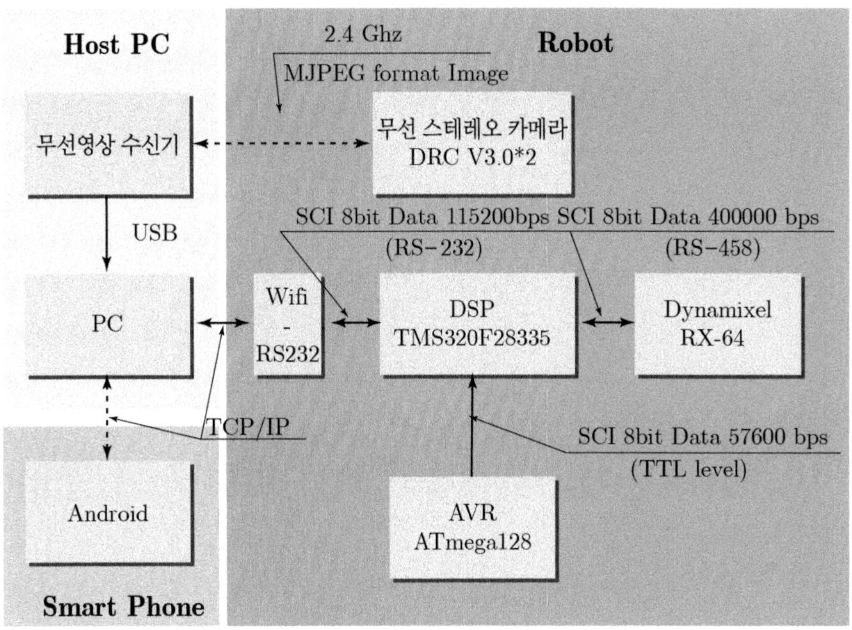

그림 8.56 로봇의 제어기 구조

(3) 호스트 PC

지능형 4족 보행 로봇은 사용자가 로봇을 직접 제어할 수 있는 원격 조종 모드와 로봇의 스테레오 카메라로부터 수집된 영상정보를 처리하고 분석하여 얻어진 3차원 거리 정보를 이용하여 자율적인 동작을 하는 자율 동작 모드 두 가지로 나눠진다. 호스트 PC는 로봇에 부착된 무선카메라로부터 송신된 비젼 센서 데이터를 처리한다.

영상처리부

그림 8.57은 로봇에 사용된 카메라와 수신기, 그리고 실제 로봇의 머리에 장착된 모습이다. 두 개의 카메라는 로봇의 머리에 나란히 부착하여 스테레오 카메라를 구현하였다.

그림 8.57 로봇의 카메라

표 8.9는 바램시스템사의 무선 DRC카메라의 특성이다. 무선 스테레오 카메라로부터 획득되는 영상은 카메라 내부에서 MJPEG포맷으로 압축되어 2.4GHz의 무선신호로 전송된다. 두 대의 카메라로부터 전송된 무선신호는 PC에 장착된 한 쌍의 수신기로 수신된다. 수신된 영상은 영상처리용 오픈소스 라이브러리인 OpenCV를 이용하여 처리하고, 두 개의 영상에서 얻어진 화면상 물체의 x축 위치 차이를 이용하여 3차원 거리정보를 얻는다. 또한 두 영상을 적청 애너글리프(Red-Cyan Anaglyph) 방식으로 합쳐 적청안경을 통해 입체영상으로 확인이 가능하다.

표 8.9 DRC 카메라 특성

항목	사양
USB	USB 1.1
CAMERA	CMOS(VGA)
영상포맷	MJPEG 압축 (160×120 : 15 ~ 30fps)
WIRELESS	2.4GHz
Input Voltage	5V
SIZE	48mm × 38mm

소켓 통신부

사용자 명령 및 영상처리 결과 값을 로봇으로 전송하고, 스마트폰 모니터링을 위한 영상전송 및 명령 수신을 위해 윈도우 소켓을 사용하여 TCP/IP방식으로 통신한다. 호스트 PC는 서버로 동작하게 되어 스마트폰과 로봇의 접속을 대기하고, 연결이 되면 통신을 시작하게 된다. TCP/IP 자체에서 오류제어과정을 거치기 때문에 에러 검사 및 처리과정은 불필요하다.

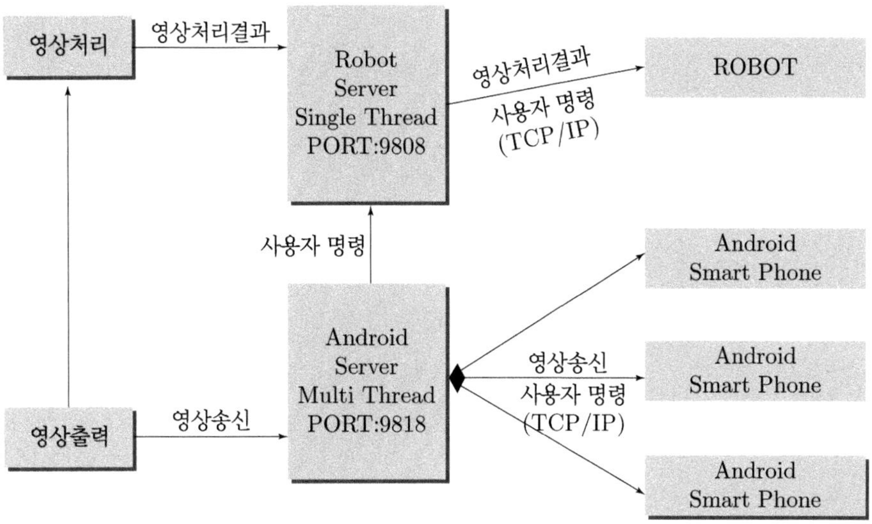

그림 8.58 MFC프로그램의 구조

그림 8.58은 호스트 PC의 MFC프로그램의 구조에 대해 나타내었다. MFC 프로그램 내에서 두 가지 서버가 쓰레드 형태로 로봇과 스마트폰의 통신을 담당하게 된다. 로봇과의 통신을 담당하는 서버는 싱글쓰레드로 로봇과 1:1통신을 하게 되고, 스마트폰과의 통신을 담당하는 서버는 멀티쓰레드 방식으로 최대 5개의 스마트폰의 접속을 허용하여 1:N 통신을 수행하게 된다. 접속된 스마트폰 중 한 개의 스마트폰만이 로봇의 제어를 담당할 수 있게 되고 그 권한은 호스트 PC에서 부여한다.

(4) DSP 주제어기

디지털 제어용으로 최적화된 구조로 연산 속도는 최대 150MHz로 동작한다. 하나의 명령어가 실행되기 위해서 Fetch-Decode-Read-Execution 각 2사이클씩 8개의 사이클이 필요하게 되지만 파이프라인 구조를 통해 1사이클에 1개의 명령어를 처리하는 능력을 가져 동작 클럭과 명령어 수행속도가 일치하여 150MMAC의 수행 능력을 가진다. 또한 Fixed point MCU이면서도 FPU(Floating Point Unit)를 탑재하여 300MFlops의 소수 연산이 가능하다.

4족 보행 로봇에 사용된 제어기에서는 32-bit의 CPU타이머 인터럽트를 사용하여 최대 5ms의 샘플링 주기를 만들었고, SCI 유닛을 사용하여 호스트 PC와의 통신을 수행하며, 보조 제어기로부터 센서의 값들을 수신하고, 각 관절을 구성하고 있는 다이나믹셀로 명령을 전달한다.

내부 메모리

TMS320F28335는 512KByte의 플래시메모리와 68KByte의 램을 가지고 있으며, 4MByte 확장이 가능한 32bit 외부 메모리 인터페이스를 가지고 있다. 플래시메모리는 전원이 없는 경우에도 저장된 데이터를 그대로 가질 수 있지만 램에 비해 속도가 느려 프로그램의 처리속도가 느려지는 단점이 있다.

본 제어기에서는 로봇의 보행패턴 생성과 지능적 동작을 위한 프로그램 코드를 플래시메모리에 저장하고 부팅 시 프로그램을 램으로 옮기는 과정을 거쳐 플래시메모리 상의 동작으로 인한 연산속도의 저하를 방지하였다.

SCI

SCI는 비동기식 직렬 통신의 한 방식이고 일반적으로 UART로 알려져 있다. TMS320F28335는 자체 분주비로 넓은 범위의 통신 속도 조절이 가능하며 최대 9.375Mbps의 통신 속도를 가진다. 총 3개의 SCI 유닛을 가지고 있다. 다이나믹셀의 제어를 위한 통신에는 SCIA, PC와의 TCP/IP통신을 위한 WIFI-RS232모듈에는 SCIB, 센서의 정보를 수신하기 위한 보조 제어기와의 통신에는 SCIC를 할당하였다. 1 stop bit, 8bit 형태의 통신을 수행하게 되며 데이터의 수신은 인터럽트를 통해 처리하게 된다.

(5) ATmega128 보조 제어기

4족 보행 로봇의 센서들의 값을 읽고, 주 제어기로 송신하기 위한 보조 제어기로 8bit 마이크로 프로세서인 ATmega128을 사용하였다. 자세 제어를 위한 3축 가속도센서와 2축 자이로센서는 일체형으로 구성되어 있어 UART통신으로 10ms의 주기로 센서 값을 수신하게 된다. 초음파 센서는 송신한 초음파가 장애물에 부딪

혀 돌아오는 시간을 측정하기 위해 16비트 오버플로 타이머 인터럽트와 외부 인터럽트를 사용하였다. 직외신 센서와 온도센서는 내부의 10비트 ADC를 사용하여 센서의 값을 측정하였다. 센서의 값들은 8비트 오버플로 타이머 인터럽트를 이용하여 주기적으로 주 제어기로 송신하게 된다.

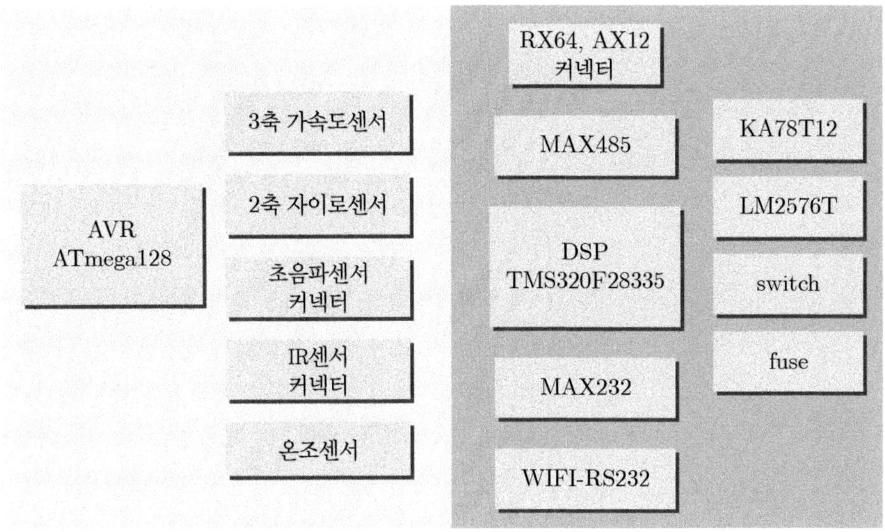

그림 8.59 제어기의 구성

그림 8.59는 4족 보행 로봇을 구동하기 위한 제어기의 구성을 나타낸다. 그림의 왼쪽에는 보조 제어기와 외부의 센서와 커넥터를 구성하였고, 오른쪽에는 주 제어기의 회로, 전원부와 통신을 위한 커넥터와 회로, 모터, 센서의 전원공급을 위한 전원부를 구성하였다. 과전류로부터 회로를 보호하기 위해 전원의 공급부와 각 모터로 연결되는 부분에는 퓨즈를 장착하였다.

8.3.3 순기구학

로봇의 각 다리는 총 4개의 관절로 구성되어 있다. 다리의 부착위치와 관절의 구성은 그림 8.60과 같다. θ_0은 로봇의 몸체와 수직이 되는 회전축으로 다리의 방향을 조절하게 되고, θ_1~θ_3은 서로 평행인 회전축을 가져, 첫 번째 축 θ_0에 직교하는 평면 내에서 동작범위를 가진다.

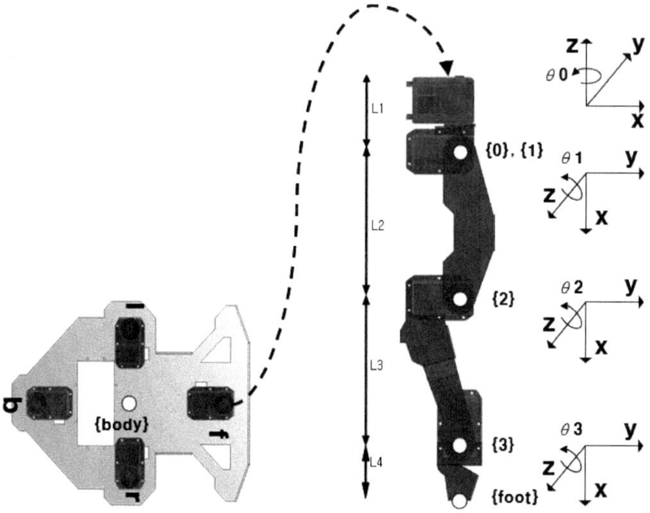

그림 8.60 4족 보행 로봇의 다리 부착위치와 관절구성 및 좌표계

로봇의 몸체 중심에 설정된 기준 좌표계(body)와 각 다리의 첫 번째 관절의 좌표계 사이의 좌표계 변환은 $\boldsymbol{A}_{body}^{0}$이고 $\boldsymbol{A}_{i}^{i+1}$(i=0, 1, 2, 3)은 각 관절 사이의 좌표계 변환을 나타낸다. $\boldsymbol{A}_{3}^{foot}$은 마지막 관절 좌표계와 로봇의 발바닥 좌표계 사이의 좌표계 변환을 나타내며 식 (2.1)과 같다. 아래 첨자는 $\cos\theta_1 = c\theta_1 = c_1$, $\sin(\theta_1+\theta_2) = s(\theta_1+\theta_2) = s_{12}$등과 같이 표기하였다.

$$\boldsymbol{A}_{body}^{0} = \begin{bmatrix} 1 & 0 & 0 & x \\ 0 & 1 & 0 & y \\ 0 & 0 & 1 & l_1 \\ 0 & 0 & 0 & 1 \end{bmatrix} \quad \boldsymbol{A}_{0}^{1} = \begin{bmatrix} c_0 & -s_0 & 0 & 0 \\ s_0 & c_0 & 0 & 0 \\ 0 & 0 & 1 & 0 \\ 0 & 0 & 0 & 1 \end{bmatrix}$$

$$\boldsymbol{A}_{1}^{2} = \begin{bmatrix} -s_1 & c_1 & 0 & 0 \\ 0 & 0 & -1 & 0 \\ -c_1 & -s_1 & 0 & 0 \\ 0 & 0 & 0 & 1 \end{bmatrix} \quad \boldsymbol{A}_{2}^{3} = \begin{bmatrix} c_2 & -s_2 & 0 & l_2 \\ s_2 & c_2 & 0 & 0 \\ 0 & 0 & 1 & 0 \\ 0 & 0 & 0 & 1 \end{bmatrix} \tag{8.3.1}$$

$$\boldsymbol{A}_{3}^{foot} = \begin{bmatrix} c_3 & -s_3 & 0 & l_4c_3+l_3 \\ s_3 & c_3 & 0 & l_4s_3 \\ 0 & 0 & 1 & 0 \\ 0 & 0 & 0 & 1 \end{bmatrix}$$

8.3.4 역기구학

설계된 로봇의 다리 중 θ_1, θ_2, θ_3에 해당하는 관절을 다시 표현하면 그림 8.61에 도시된 바와 같이 3-링크 평면 머니퓰레이터와 같이 생각할 수 있다. 따라서 식의 풀이 과정은 4.2절에서와 같다.

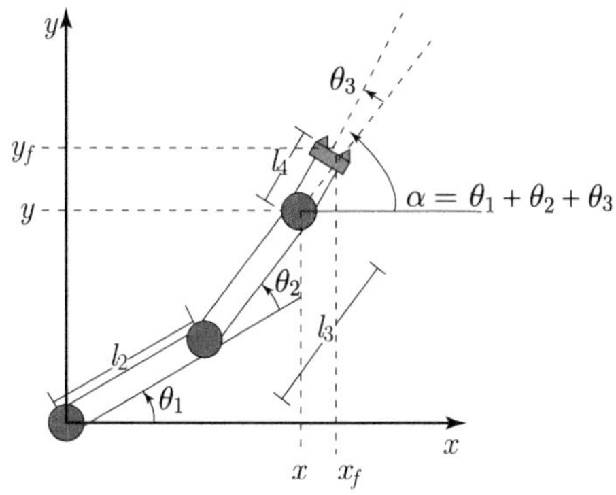

그림 8.61 3-링크 평면 머니퓰레이터

l_2, l_3는 로봇의 각 링크길이를 의미하고, α는 엔드 이펙터가 회전한 정도를 나타낸다. 엔드 이펙터의 목표위치 x_f, y_f와 α를 지정하였을 때, x, y는 다음과 같이 구할 수 있다.

$$\begin{aligned} x &= x_f - l_4\cos(\alpha) \\ y &= y_f - l_4\sin(\alpha) \end{aligned} \tag{8.3.2}$$

순기구학 식은 다음과 같다.

$$\begin{aligned} x &= l_2c_1 + l_3c_{12} \\ y &= l_2s_1 + l_3s_{12} \\ \alpha &= \theta_1 + \theta_2 + \theta_3 \end{aligned} \tag{8.3.3}$$

위 순기구학 식을 이용해 대수 해를 구한다. x, y를 제곱하고 합하면,

$$x^2 + y^2 = l_2^2 + l_3^2 + 2l_2l_3c_2 \tag{8.3.4}$$

여기서 $c_{12}=c_1c_2-s_1s_2$, $s_{12}=c_1s_2+s_1c_2$를 이용하여 위 식을 c_2에 관하여 풀면,

$$c_2=\frac{x^2+y^2-l_2^2-l_3^2}{2l_2l_3} \tag{8.3.5}$$

가 되며, 목표점이 작업 공간 안에 있다고 가정하면,

$$s_2=\pm\sqrt{1-c_2^2} \tag{8.3.6}$$

이므로,

$$\theta_2=Atan2(s_{2,}c_2) \tag{8.3.7}$$

θ_2를 식 (8.3.3)의 기구학 식에 대입하여 x, y에 관한 식을 다음과 같은 형태로 변경한다.

$$\begin{aligned} x&=(l_2+l_3c_2)c_1-(l_3s_2)s_1 \\ y&=(l_2+l_3c_2)s_1+(l_3s_2)c_1 \end{aligned} \tag{8.3.8}$$

식 (8.3.8)을 풀면 c_1과 s_1을 구할 수 있고 따라서 θ_1을 다음과 같이 구할 수 있다.

$$\begin{aligned} &c_1=\frac{(l_2+l_3c_2)x+l_3s_2y}{(l_2+l_3c_2)^2+(l_3s_2)^2}, \quad s_1=\frac{-l_3s_2x+(l_2+l_3c_2)y}{(l_2+l_3c_2)^2+(l_3s_2)^2} \\ &\theta_1=atan2(s_1,c_1) \end{aligned} \tag{8.3.9}$$

마지막으로 세 관절각들의 합은 로봇의 방향과 같으므로 θ_3는 다음과 같이 구할 수 있다.

$$\theta_3=\alpha-\theta_1-\theta_2 \tag{8.3.10}$$

4족 보행 로봇에서의 보행 궤적 계획도 8.2절에서와 유사하게 할 수 있으며 이를 활용하면 다양한 보행과 응용 동작을 수행하도록 할 수 있다.

참고문헌

[1] Mark W. Spong and M. Vidyasagar, "Robot dynamics and control", John Wiley & Sons, 1989

[2] Saeed B. Niku, "Introduction to Robotics", Prentice Hall, 2001

[3] 하이텍 홈페이지, http://www.hitecrcd.co.kr/

[4] 로보티즈 홈페이지, http://www.robotis.com/

[5] 바램시스템 홈페이지, http://www.varram.com/

[6] TI 코리아 홈페이지, http://www.ti.com/ww/kr/

[7] 서현세, "지능형 다족 보행 로봇에 관한 연구", 금오공과대학교 제어임베디드 공학과 석사학위논문, 2012

찾아보기

ㅅ

ㅇ

ㅈ

ㅌ

S

T

Z

기타